普通高等教育计算机专业系列教材

数据库基础与实践技术
（SQL Server 2017）

何玉洁 编著

Database Fundamentals
and Practical Technology
Based on SQL Server 2017

U0191482

机械工业出版社
CHINA MACHINE PRESS

图书在版编目（CIP）数据

数据库基础与实践技术（SQL Server 2017）/何玉洁编著 . —北京：机械工业出版社，2020.5（2024.7 重印）

（普通高等教育计算机专业系列教材）

ISBN 978-7-111-65473-5

I. 数… II. 何… III. 关系数据库系统 – 高等学校 – 教材 IV. TP311.132.3

中国版本图书馆 CIP 数据核字（2020）第 071134 号

数据库是一门实践性很强的应用性技术，本书主要介绍数据库技术的应用。

本书包括 14 章和 1 个附录，第 1 章介绍了数据库的基础理论，主要针对没有数据库知识基础的读者。从第 2 章到第 14 章主要突出数据库技术应用，包括数据库创建与维护、架构与基本表、数据查询、索引、视图、存储过程、触发器、函数、游标、安全管理、备份和还原数据库及数据传输等内容。本书采用应用范围非常广泛的 Microsoft SQL Server 2017 作为实践平台，介绍了 SQL Server 2017 的安装与配置。附录部分介绍了 SQL Server 2017 提供的一些常用系统函数。

本书在介绍数据库技术应用时注重结合其理论知识，条理清晰，内容翔实，实例丰富，善用浅显的数据和图表讲解难以理解的知识。

本书可作为数据库中、高级培训教材，有数据库理论知识的计算机专业人士想进一步提高数据库实践技能时，也可参考本书。

出版发行：机械工业出版社（北京市西城区百万庄大街 22 号　邮政编码：100037）

责任编辑：余　洁　　　　　　　　　　　　责任校对：李秋荣

印　　刷：北京建宏印刷有限公司　　　　　版　　次：2024 年 7 月第 1 版第 4 次印刷

开　　本：185mm×260mm　1/16　　　　　印　　张：24.75

书　　号：ISBN 978-7-111-65473-5　　　　定　　价：69.00 元

客服电话：（010）88361066　88379833　68326294

前　言

数据库技术主要研究如何存储、使用和管理数据，是计算机科学的重要分支，也是计算机技术中发展最快、应用最广的技术之一。目前，数据库技术已成为现代计算机信息系统和应用系统开发的核心技术，数据库已成为这些系统的组成核心，更是"信息高速公路"的支撑技术之一。

数据库的研究始于 20 世纪 60 年代中期，自诞生以来半个多世纪的时间里形成了坚实的理论基础、成熟的商业产品和广泛的应用领域。随着信息管理内容的不断扩展和新技术的不断出现，数据库新技术也层出不穷，如 XML 数据管理、数据流管理、Web 数据集成、数据挖掘等。

目前数据库规模主要向两个方向发展：大的越来越大，小的越来越小。所谓大的，是指企业级数据库。若干年前，数据库存储的数据大多以吉字节（GB）为基准衡量，而现在用太字节（TB）甚至拍字节（PB）来衡量屡见不鲜。另一方面，数据库也会越来越小。比如有些数据库已被安装在手表中，这些手表中记录着天气、气压、佩戴者的血压和心跳等数据。数据的存储方式也从按行发展到按行和按列两种方式。以前数据库都以行的形式存储，是因为用户需要对单条数据进行读取和存储。而如今，单纯的数据记录已不足以满足企业需求，企业更需要的是数据分析和决策支持。因此，单纯看一条记录没有任何意义，而是要把所有数据的某一项都统计出来进行分析，这就是列的概念。

本书是面向计算机专业学生学习数据库实践知识编写的一本教材，选用 Microsoft 的 SQL Server 2017 作为实践平台。SQL Server 具有友好的用户操作界面，功能全面且强大，有较大的市场占有率和很好的发展前景，非常适合用作学生的数据库实践平台。

本书主要包括两大部分内容，一部分是数据库管理方面的知识，这部分知识涵盖在第 2、3、5、8、12、13、14 章中，主要包括安装和配置 SQL Server 2017 数据库管理系统、创建与维护数据库、创建与维护关系表、创建分区表、构建索引、数据传输、备份和还原数据库、安全管理等内容。另一部分是数据库编程方面的知识，这部分知识涵盖在第 4、6、7、9、10、11 章中，主要包括 SQL 语言基础、基本数据操作语句、高级查询、视图、存储过程、触发器、函数和游标等内容。使用触发器主要是为了增强数据的完整性和一致性；使用存储过程主要是为了提高数据的操作效率，方便客户端的编程；使用函数主要是为了能实现一些复杂的数据操作和模块共享功能；使用游标可以实现对数据的逐行处理。为了方便没有数据库基础的读者学习和掌握数据库实践技能，本书特意用一章的篇幅（第 1 章）来介绍数据库中最常用的基础知识，读者在了解了第 1 章中介绍的知识后，可更方便地进行后续章节的学习。有数据库基础知识的读者可略去第 1 章内容。

本书内容覆盖了常用的数据库管理和编程技术，内容由浅入深。除包含一般数据库实践知识外，本书还全面介绍了数据库技术发展的新功能、新思想，这些新功能在 SQL Server 2017 版本中得到了全面的支持，包括开窗函数、分析函数、公用表表达式、筛选索引、包含列索引、分区表、索引视图（物化视图）、列索引等。

本书实例丰富、图文并茂，并紧密结合实际问题，从问题出发，循序渐进，给出解决问题的思路和方法，使读者能够更准确地理解和应用所学知识。本书非常适合作为学生了解数据库基础知识及后续学习的教材，同时也很适合作为有一定数据库基础的数据库爱好者进一步提高数据库实践能力的中级读物。

杜刚、李迎、迟易通、何玉书、何青、唐仲、李兰、李宗一、葛三敏等对本书编写工作提供了帮助，在此对他们表示衷心的感谢。

为了方便读者学习和实践所学知识，也为了便于更好地讲解某些知识，本书为读者提供了示例数据库 MySimpleDB，该数据库的数据选自 AdventureWorks 数据库，读者可从华章网站下载该数据库。

笔者知道教学探索之路没有止境，没有最好，只有更好，真诚希望读者和同行朋友们对本书提出宝贵的意见和建议，笔者不胜感激。

何玉洁

2019 年 10 月

教 学 建 议

教学章节	教学要求	课时
第1章 关系数据库基础	了解数据管理的发展，重点了解数据库技术给数据管理带来的本质上的变化	4～6
	理解关系数据模型的特点	
	掌握概念层数据模型、关系数据模型以及概念层模型向关系模型的转换方法	
	掌握数据库三级模式的概念，理解三级模式的作用	
	理解关系规范化的基本概念，知道 1NF、2NF 和 3NF 的定义	
第2章 SQL Server 2017 基础	了解安装 SQL Server 2017 的软硬件要求	2
	了解 SQL Server 2017 的安装及配置	
	掌握 SQL Server 配置管理器及 SQL Server Management Studio 工具的使用	
第3章 数据库的创建与管理	掌握用图形化方法和 T-SQL 语句创建数据库	3～4
	掌握数据库空间的维护方法	
	了解分离和附加数据库的实现方法	
第4章 SQL 基础	掌握常用的数据类型	2
	了解用户自定义数据类型的方法	
	掌握变量的定义和赋值方法，了解流程控制语句	
第5章 架构与基本表	知道架构的概念及创建方法	2
	掌握基本表的创建方法	
	掌握分区表的概念及创建方法	
第6章 数据操作语言	掌握单表查询、多表连接语句	6
	掌握自连接、外连接查询语句的含义和使用方法	
	掌握分组统计查询	
	掌握 TOP 子句的作用和使用方法	
	掌握 CASE 表达式的作用和使用方法	
	掌握将查询结果保存到永久表的方法	
	掌握数据插入、删除、修改语句	
第7章 高级查询	掌握嵌套子查询和相关子查询语句	6
	掌握查询结果的并、交、差运算	
	了解替代表达式的子查询以及派生表子查询的使用	
	了解开窗函数、公用表表达式语句的使用	
第8章 索引	理解索引的作用，了解 B 树索引的存储结构	4
	理解聚集索引、非聚集索引的特点	
	了解包含列索引、筛选索引的含义和作用	
	掌握建立聚集索引、非聚集索引、包含列索引、筛选索引的方法	

VI

（续）

教学章节	教学要求	课时
第9章 视图	掌握一般视图的作用及建立方法	2
	了解索引视图的作用	
	掌握分区视图的作用及建立方法	
第10章 存储过程和触发器	掌握存储过程的作用、定义方法及调用方法	4
	掌握 DML 触发器的作用及定义方法	
	知道 DDL 触发器的作用及定义方法	
第11章 函数和游标	知道用户自定义函数的类型和作用	4
	掌握标量函数、内联表值函数、多语句表值函数的定义和使用方法	
	知道游标的作用及定义过程	
第12章 安全管理	理解 SQL Server 权限认证的三个过程	3
	掌握登录账户的概念和创建方法	
	掌握数据库用户的含义和创建方法	
	掌握为用户授权的方法	
	掌握角色的概念，理解系统提供的主要角色的作用	
	掌握构建用户自定义角色及为角色授权的方法，掌握为角色添加和删除成员的方法	
第13章 备份和还原数据库	理解数据库备份的含义和作用，了解备份设备的作用和创建方法	3
	理解完整备份、差异备份和日志备份的备份内容，了解各种备份对数据库恢复模式的要求	
	了解常用的备份策略	
	掌握完整备份、差异备份和日志备份的备份方法	
	掌握数据库的恢复方法，理解数据库的恢复顺序	
第14章 数据传输	知道数据传输的基本含义	1
	掌握 Excel、文本文件及 SQL Server 之间数据的导入 / 导出方法	
附录 系统提供的常用函数	掌握常用的日期时间函数、字符串函数、类型转换函数	2
	了解数学函数以及其他一些函数	

说明：

1）建议课堂教学全部在多媒体机房内完成，实现"讲、练"结合。

2）建议教学分为核心知识技能模块（第1～6章，第7章的嵌套子查询，第8章的聚集、非聚集索引，第9章的一般视图，第10章的存储过程和 DML 触发器，第11章的用户自定义函数，第12～14章）和技能提高模块（核心知识技能模块之外的内容），不同学校可以根据各自的教学要求和计划学时数对教学内容进行取舍。

目 录

第1章　关系数据库基础

随着信息管理水平的不断提高，计算机应用的范围日益拓展，数据库技术逐步渗透到我们日常生活的方方面面。比如，银行对账户、信贷业务的管理，超市对货物销售、进货情况的管理，飞机、火车订票系统，图书馆对书籍及借阅信息的管理等，无一不采用了数据库技术。人们对数据库的使用甚至是难以察觉的。

有了准确的数据，还需要对数据进行科学的管理，使之能够服务于人。数据库就是研究如何对数据进行科学的管理以为人们提供可共享的、安全的、可靠的数据的技术。

本章主要介绍数据库技术在数据管理方面的优势和目前使用得最多的关系数据库管理系统的基本概念。

1.1　数据管理的发展

自计算机面世以来，人们一直用计算机存储并管理数据。最初，人们用计算机对数据进行管理是以文件方式进行的，即将数据保存在用户定义好的文件中，然后编写对数据文件进行操作的应用程序。这种数据管理方式要求用户有较高的计算机编程技能，同时还要具备数据存储和访问方面的知识，以最大限度地提高数据访问效率。随着数据量的不断增加、计算机处理能力的不断增强，人们对数据的要求越来越多，希望达到的目的也越来越复杂，因此用文件对数据进行管理、通过编程来操作文件中数据的方式，已经很难满足人们对数据的需求，数据库管理系统应运而生，人们开始用数据库管理系统对数据进行维护。因此，计算机对数据的管理经历了文件管理和数据库管理两个发展阶段。

本节讲解用文件管理数据和用数据库管理数据的主要差别。

1.1.1　文件管理系统

理解当前数据库特征的最好办法是了解一下应用数据库技术之前数据管理的特点。

早期的数据管理是以文件方式进行的，即将数据保存在文件中，由操作系统和特定的软件或程序共同管理。在文件管理方式下，将数据按其内容、结构和用途分成若干个命名的文件。文件一般为某一用户或用户组所有。用户可以通过操作系统和特定的识别这些文件格式的软件对文件进行打开、读、写等操作，也可以通过程序设计语言编写文件操作程序。

假设现在要用某种程序设计语言编写对学生信息进行管理的系统程序（注：程序负责对文件进行打开、关闭等操作，以及对其中数据进行读、写操作，对磁盘文件操作的具体实现是通过操作系统中的文件管理等部分实现的）。此系统需要能够对学生的基本信息和选课情况进行管理。在学生基本信息管理中要用到学生的基本信息数据，假设此数据保存在 F1 文件中。学生选课情况管理要用到学生的基本信息、课程的基本信息和学生的选课信息，假设用 F2 和 F3 两个文件分别存储课程基本信息和学生的选课信息数据，此部分的学生基本信息数据可以使用 F1 文件中的数据。设 A1 为实现"学生基本信息管理"功能的应用程序，A2 为实现"学生选课管理"功能的应用程序，如图 1-1 所示。

假设 F1、F2 和 F3 文件分别包含如下信息。

F1：学号、姓名、性别、出生日期、所在系、专业、所在班、特长、家庭住址。
F2：课程号、课程名、授课学期、学分、课程性质。
F3：学号、姓名、所在系、专业、课程号、课程名、修课类型、修课时间、考试成绩。

我们将文件中所包含的子项称为文件结构中的字段或列，将每一行数据称为一条记录。

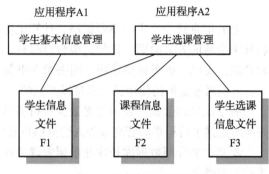

图 1-1   文件管理系统示例

"学生选课管理"应用程序的数据处理流程大致为：在学生选课管理中，若有学生选课，需先查询 F1 文件，判断有无此学生；若有则访问 F2 文件，判断其所选的课程是否存在；若全部合乎规则，则将学生选课信息写入 F3 文件中。

这看起来似乎很合理，但仔细分析，就会发现直接用文件管理数据有如下缺点。

1. 编写应用程序不方便

应用程序编写者必须对所使用文件的逻辑及物理结构（文件中包含多少个字段、每个字段的数据类型、采用何种存储结构，比如链表或数组等）有清楚的了解。操作系统只提供了打开、关闭、读、写等几个低级别的文件操作命令，而对文件的查询、修改等处理都必须在应用程序中通过编程实现。这样很容易造成各应用程序在功能上的重复，如图 1-1 中的"学生基本信息管理"和"学生选课管理"两个应用程序都要对 F1 文件进行操作。

2. 数据冗余不可避免

假设应用程序 A2 需要在 F3 文件中包含学生的所有或大部分信息，比如，除了学号之外，还需要学生的姓名、专业、所在系等信息，而 F1 文件中也包含这些信息，因此 F3 文件和 F1 文件中有重复的信息，由此造成数据的重复，也叫数据冗余。

数据冗余所带来的问题不仅仅是存储空间的浪费，更为严重的是会造成数据不一致（Inconsistency）。例如，假设学生所在的专业发生了变化，通常情况下，我们可能只记得修改 F1 文件中的数据，而忘记对 F3 文件中的数据进行同样的修改。这会造成同一名学生在 F1 和 F3 两个文件中的"专业"不一样，也就是数据不一致。人们不能判定哪个文件中的数据是正确的，因此也就失去了数据的可信性。

文件系统中没有维护数据一致性的功能，需要用户（应用程序开发者）全权负责维护。在简单的系统中用户还可以勉强应对，但要想在复杂的系统中保证数据的一致性，几乎是不可能的。

3. 应用程序依赖性

就文件处理而言，程序依赖于文件的格式。文件和记录的物理格式通常是应用程序代码的一部分（如 C 语言用 Struct，Visual Basic 用 Type 来定义用户定义的数据类型），文件结构的每一次修改都会导致应用程序的修改。而随着应用环境和需求的不断变化，文件结构的修改是不可避免的，比如增加一些字段、修改某些字段的长度（如电话号码从 7 位扩展到 8 位）。这些都需要在应用程序中做相应的修改，而（频繁）修改应用程序是很麻烦的。因为用户首先要熟悉原有程序，修改后还需要再对程序进行测试、安装等。

　　所有这些都是由应用程序对数据文件的过度依赖造成的，换句话说，文件系统的数据独立性（Data Independence）不佳。

4. 不支持对文件的并发访问

　　为了有效利用计算机资源，现代计算机系统一般允许多个应用程序并发执行（尤其是在多任务操作系统环境中）。文件最初是作为程序的附属数据出现的，一般不支持多个应用程序同时访问。我们可以想象一下，假设某用户打开了一个 Excel 文件，如果第二个用户想在第一个用户没有关闭此文件之前打开此文件，会发生什么情况？他只能以只读的方式打开此文件，而不能在第一个用户打开文件的同时对此文件进行修改。这就是文件系统不支持并发访问的含义。

　　对于以数据为中心的应用系统来说，支持多个用户对数据的并发访问是必不可少的功能。

5. 数据间联系弱

　　在文件系统中，文件与文件之间是彼此独立、毫不相干的，文件之间的联系必须通过程序来实现。比如上述 F1 和 F3 文件，F3 文件中的学号、姓名等学生的基本信息必须是 F1 文件中已经存在的（即选课的学生必须是已经存在的学生）；同样 F3 中的课程号等与课程有关的基本信息也必须是 F2 文件中已经存在的（即学生所选的课程也必须是已经存在的课程）。这些数据之间的联系是实际需求当中所要求的很自然的联系，但文件系统本身不具备自动实现这些联系的功能，必须依靠应用程序来建立这些联系，也就是必须通过编写程序来手动建立这些联系。这不但增加了程序编写的工作量和复杂度，而且当联系复杂时，也难以保证其正确性。因此，文件系统不能反映现实世界事物间的联系。

6. 难以按不同用户的期望表示数据

　　如果用户需要的信息来自多个文件时，就需要对多个文件中的数据进行提取、比较、组合和表示。例如，假设有用户希望得到如下信息：

　　（所在班，学号，姓名，课程名，学分，考试成绩）

　　上述信息涉及 3 个文件：从 F1 文件中得到学生的"所在班"信息，从 F2 文件中得到"学分"信息，从 F3 文件中得到"考试成绩"信息；而"学号""姓名"信息可以从 F1 或 F3 文件中得到，"课程名"信息可以从 F2 或 F3 文件中得到。在生成一行数据（所在班，学号，姓名，课程名，学分，考试成绩）时，必须对从 3 个文件中读取的数据进行比较，然后将其组合成一行有意义的数据。比如，将从 F1 文件中读取的学号与从 F3 文件中读取的学号进行比较，学号相同时才可以将 F1 中读取的"所在班"、F3 中读取的"考试成绩"以及当前所对应的学号和姓名组合成一行数据。同样，在处理完 F1 和 F3 文件的数据组合后，可以将组合结果再与 F2 文件中的内容进行比较，找出课程号相同的课程的学分，再与已有的结果组合起来。在数据量很大、涉及的表比较多时，我们可以想象出这个过程有多么复杂。可见，这种大容量复杂信息的查询在文件管理系统中很难处理。

7. 无安全控制功能

　　文件管理系统中很难控制某个用户对文件的操作权，比如只能读和修改数据而不能删除数据，或者不能对文件中的某个或某些字段进行读或修改操作等。而在实际生活中，数据的安全性是非常重要且不可缺少的。比如，在学生选课管理中，学生对其考试成绩一般只有查看权，而教师则拥有录入其所授课程的考试成绩的权限，教务部门对成绩有修改权等。

　　随着人们对数据需求的增加和计算机科学的不断发展，对数据进行有效、科学、正确、方便的管理已成为人们的迫切需求。针对文件系统的上述缺陷，人们逐步发展了以统一管理和共享数据为主要特征的数据库管理系统。

1.1.2   数据库管理系统

数据库技术的发展主要源于文件管理系统在数据管理方面的诸多缺陷。对于上述学生基本信息管理和学生选课管理，如果使用数据库技术实现，其实现方式与文件系统有本质的区别，如图1-2所示。

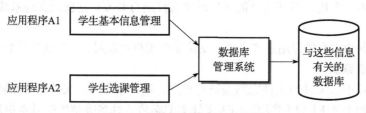

图1-2   用数据库技术实现示例

比较图1-1和图1-2，可以直观地发现两者有如下差别：

- 使用文件管理系统时，应用程序是直接访问存储数据的文件，而使用数据库系统时则是通过数据库管理系统（DataBase Management System，DBMS）访问数据，而且存放数据的文件以数据库的形式展示给客户，这使得应用程序开发人员无须再关心数据的物理存储方式和存储结构，这些都交给数据库管理系统来完成，从而极大地简化了应用编程工作。
- 在数据库系统中，数据不再仅仅服务于某个程序或用户，而是将其看成一定业务范围的共享资源，由数据库管理系统软件统一进行管理。

数据库管理系统与文件管理系统相比，实际上是在应用程序和存储数据的数据库（在某种意义上也可以把数据库看成是一些文件的集合）之间增加了一层数据库管理系统。数据库管理系统实际上是一个系统软件。有了这个系统软件后，以前在应用程序中由开发人员编程实现的很多烦琐的操作和功能均交给了数据库管理系统，这样应用程序无须再关心数据的存储方式，而且数据存储方式的变化也不会再影响应用程序，这些变化会交给数据库管理系统来处理，经过数据库管理系统处理后，应用程序也不需要再进行任何修改。

下面我们来看一下用数据库技术管理数据相较于直接用文件管理数据的优势。

1. 将相互关联的数据集成在一起

数据库系统中的所有数据都存储在数据库中，应用程序可通过DBMS访问数据库中的所有数据。

2. 数据冗余少

由于数据被统一管理，因此可以从全局着眼，合理地组织数据。例如，将1.1.1节中的F1、F2和F3文件中的重复数据去掉，这样就可以形成如下几部分信息：

学生基本信息：学号、姓名、性别、出生日期、所在系、专业、所在班、特长、家庭住址。
课程基本信息：课程号、课程名、授课学期、学分、课程性质。
学生选课信息：学号、课程号、修课类型、修课时间、考试成绩。

在关系数据库中，可以将每一种信息存储在一个表中（关系数据库的概念在本章后面部分介绍），上述重复信息只存储一份，当在学生选课管理中需要用到姓名时，系统可以根据学生选课信息中的学号很容易地在学生基本信息中找到此学号对应的姓名。因此，消除数据的重复存储并不影响系统对信息的提取，同时还可以避免由于数据重复存储而造成的数据不一致问题。比如，当某个学生所学的专业发生变化时，我们只需在"学生基本信息"一个表中进行修改即可。

同 1.1.1 节中的问题一样，当我们要检索（所在班，学号，姓名，课程名，学分，考试成绩）信息时，这些信息也需要从 3 个表中（关系数据库为 3 个表）得到，也需要对信息进行适当的组合，即"学生选课信息"中的学号只能与"学生基本信息"中学号相同的信息组合在一起，同样，"学生选课信息"中的课程号也必须与"课程基本信息"中课程号相同的信息组合在一起。在文件管理系统中，这项工作是由开发人员通过编程实现的，而在数据库管理系统中，这些烦琐的工作完全可以交给数据库管理系统来完成。

3. 程序与数据相互独立

在用数据库技术管理数据时，所有的数据和数据的存储格式都与数据一起存储在数据库中，它们通过 DBMS（而不是应用程序）来访问和管理数据，应用程序不再需要处理数据文件的存储结构。

程序与数据相互独立有两个方面的含义：一方面，当数据的存储方式发生变化（这里包括逻辑存储方式和物理存储方式）时，比如从链表结构改为散列结构，或者是顺序和非顺序之间的转换，应用程序不必做任何修改。另一方面，当数据的逻辑结构发生变化时，比如增加或减少了一些数据项，如果应用程序与修改的数据项无关，则应用程序也不用修改。这些变化都由 DBMS 负责维护。在大多数情况下，应用程序并不需要知道数据存储方式或数据项已经发生了变化。

4. 保证数据安全可靠

数据库技术能够保证数据库中的数据是安全的、可靠的，它有一套安全控制机制，可以有效防止数据库中的数据被非法使用或非法修改；数据库中还有一套完整的备份和恢复机制，以保证当数据遭到破坏时（由软件或硬件故障引起的），能够很快将数据库恢复到正确的状态，以确保数据不丢失或只有很少的丢失，从而保证系统能够连续、可靠地运行。

5. 最大限度地保证数据的正确性

保证数据的正确性是指存放到数据库中的数据必须符合现实世界的实际情况，比如人的性别只能是"男"和"女"，人的年龄应该在 0 到 150 之间（假设没有年龄超过 150 岁的人），如果我们在性别中输入了其他的值，或者将一个负数输入到年龄中，在现实世界中显然是不正确的。数据库系统能够保证进入数据库中的数据都是正确的数据。保证数据正确性的特征也称为数据完整性。数据完整性是通过在数据库中建立约束来实现的。当用户建立好保证数据正确性的约束之后，如果有不符合约束条件的数据进入数据库，数据库管理系统就能主动拒绝这些数据。

6. 数据可以共享并能保证数据的一致性

数据库中的数据可以被多个用户共享。共享是指允许多个用户同时操作相同的数据。当然这个特点是针对大型多用户数据库系统而言的，对于单用户数据库系统，在任何时候都最多只有一个用户访问数据库，因此不存在数据共享的问题。

多用户问题是数据库管理系统内部解决的问题，对用户是不可见的。这就要求数据库能够对多个用户进行协调，保证各个用户之间对数据的操作不发生矛盾和冲突，即在多个用户同时使用数据库时，能够保证数据的一致性和正确性。可以设想一下，在火车订票系统中，如果多个订票点同时对一列火车进行订票操作，那么必须要保证不同订票点订出票的座位不能相同。

数据集成与数据共享是大型环境中数据库系统的主要优点。

数据库技术发展到今天已经是一门比较成熟的技术了，从上面的讨论中可以概括出数据库具备如下特征：数据库是相互关联的数据的集合，它用综合的方法组织数据，具有较小的数据冗余，可供多个用户共享，具有较高的数据独立性，具有安全控制机制，能够保证数据安全、可靠，允许并发使用数据库，能有效、及时地处理数据，并能保证数据的一致性和完整性。

需要再次强调的是，上述特征并不是数据库中的数据固有的，而是靠数据库管理系统提供和保证的。

1.2　数据库系统与数据库管理系统

本节介绍数据库系统的组成和数据库管理系统的功能。

1.2.1　数据库系统的组成

数据库管理系统是一个系统软件，比如 SQL Server、Oracle、DB2 等都是著名的数据库管理系统软件。但有了数据库管理系统软件并不意味着我们已经具备了用数据库管理系统管理数据的全部优势，我们必须在这个软件的基础之上完成必要的工作，以把数据库管理系统的功能发挥出来。首先应该利用数据库系统存放自己的数据，让数据库管理系统帮助我们把这些数据管理起来；其次还应有对这些数据进行操作并让这些数据发挥作用的应用程序；最后还需要一个维护整个系统正常运行的管理人员，比如当数据库出现故障或问题时应该知道如何处理以使数据库恢复正常，这个管理人员称为数据库系统管理员。因此，完整的数据库系统是基于数据库的一个计算机应用系统，数据库系统一般包括 4 个主要部分：数据库、数据库管理系统、应用程序和系统管理员，如图 1-3 所示。

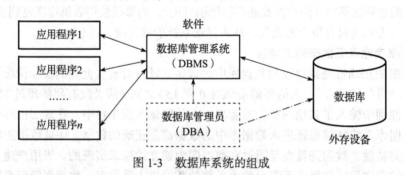

图 1-3　数据库系统的组成

其中：数据库是数据的汇集，它以一定的组织形式存储于存储介质上；DBMS 是管理数据库的系统软件，实现了数据库系统的各种功能，是整个数据库系统的核心；系统管理员负责数据库的规划、设计、协调、维护和管理等工作；应用程序是指以数据库和数据库数据为基础的应用程序。

数据库系统的运行还要有计算机的硬件和软件环境的支持，同时还要有使用数据库系统的用户。硬件环境是指保证数据库系统正常运行的最基本的内存、外存等硬件资源；软件环境是指数据库管理系统作为系统软件，需要建立在一定的操作系统环境上，没有合适的操作系统，数据库管理系统就无法正常运转，比如 SQL Server 2017 就有可在 Linux 和 Windows

上运行的不同版本。

至此我们可以看出，数据库、数据库管理系统和数据库系统是 3 个不同的概念，数据库强调的是数据，数据库管理系统是系统软件，而数据库系统强调的是整个应用系统。

1.2.2　数据库管理系统

数据库管理系统是数据库系统的核心，我们在 1.1.2 节中已经介绍了数据库的许多优点和功能，这些优点和功能并不是数据库中的数据固有的，而是由数据库管理系统提供的。数据库管理系统的任务就是对数据资源进行管理，并使之能为多个用户所共享，同时还能保证数据的安全性、可靠性、完整性和一致性，还要保证数据的高度独立性。

简单来说，数据库管理系统应该具备如下功能：

1）数据定义功能。定义数据的结构、数据与数据之间的关联关系、数据的完整性约束等。

2）数据更改功能。实现对数据库中数据的更改，包括插入、删除和修改数据。

3）数据查询功能。实现灵活的数据查询功能，使用户可以方便地查看数据库中的数据。

4）数据控制功能。实现对数据库数据的安全性控制、完整性控制等各方面的控制功能。

5）数据管理功能。实现数据库的备份和恢复。

6）数据通信功能。在分布式数据库或提供网络操作功能的数据库中还必须提供数据的通信功能。

除此之外，还有性能优化、并发控制等许多其他功能。

1.3　数据和数据模型

本节讲解如何理解现实世界、如何将现实世界"信息化"，以及如何描述现实世界的信息结构等内容。

1.3.1　概述

1. 数据

为了了解世界、研究世界和交流信息，人们需要描述各种事物。用自然语言来描述事物虽然很直接，但过于烦琐，不便于形式化，而且也不利于用计算机语言来表达。为此，人们常常只抽取那些感兴趣的事物特征或属性作为事物的描述。例如，一个学生可以用如下记录来描述：（张三，9912101，1981，计算机，应用软件），单凭这样一条记录人们一般很难知道其准确含义，但如果对其加以准确解释，就可以得到如下信息：张三是 9912101 班的学生，1981 年出生，是计算机系应用软件专业的。这种对事物进行描述的符号记录称为数据。数据有一定的格式，例如，性别是一个汉字的字符。这些格式的规定是数据的语法，而数据的含义是数据的语义。人们通过解释、推论、归纳、分析和综合等方法，从数据中所获得的有意义的内容被称为信息。因此，数据是信息存在的一种形式，只有通过解释或处理才能成为有用的信息。

2. 数据模型

模型，特别是具体的模型，人们并不陌生。一张地图、一组建筑设计沙盘、一架航模飞机等都是具体的模型。模型会使人联想到现实生活中的事物，是对现实世界特征的模拟和抽象。数据模型（Data Model）也是一种模型，它是对现实世界数据特征的抽象。

数据库是企业或部门相关数据的集合，数据库不仅要反映数据本身的内容，而且要反映数据之间的联系。由于我们无法用计算机直接处理现实世界中的具体事物，因此，必须把现实世界中的具体事物转换成计算机能够处理的对象。在数据库中，用数据模型来抽象、表示和处理现实世界中的数据和信息。通俗地讲，数据模型就是对现实世界数据的模拟。

对数据库中的数据的组织都必须基于某种数据模型，因此，了解数据模型的基本概念是学习数据库的基础。

数据模型一般应满足 3 个方面的要求：第一，能比较真实地模拟现实世界；第二，容易被人们理解；第三，便于在计算机上实现。想要用一种模型很好地满足这 3 个方面的要求是比较困难的。在数据库系统中，我们应该针对不同的使用对象和应用目的采用不同的数据模型。

不同的数据模型实际上是提供给我们模型化数据和信息的不同工具。根据模型应用目的的不同，可以将这些模型划分为两大类，分别属于两个不同的层次。

一类是概念层数据模型，也称概念模型或信息模型，该模型从数据的应用语义视角来抽取模型并按用户的观点对数据和信息进行建模。这类模型主要用在数据库设计阶段，与具体的数据库管理系统无关。另一类是组织层数据模型，也称组织模型，该模型从数据的组织层角度来描述数据。所谓组织层就是指用什么样的数据结构来组织数据。数据库发展到现在主要包括如下几种组织模型（或组织方式）：层次模型（用树形结构组织数据）、网状模型（用图形结构组织数据）、关系模型（用简单二维表结构组织数据）、对象 – 关系模型（用复杂的表格和其他结构组织数据）。组织层数据模型主要是从计算机系统的观点对数据进行建模，它与所使用的数据库管理系统的种类有关，主要用于 DBMS 的实现。

组织层数据模型是数据库系统的核心和基础。各不同厂商开发的数据库管理系统都基于某种组织层数据模型。

为了把现实世界中的具体事物抽象、组织为某一具体 DBMS 支持的数据模型，人们通常首先将现实世界抽象为信息世界，然后再将信息世界转换为机器世界。即首先把现实世界中的客观对象抽象为某一种信息结构，这种信息结构并不依赖于具体的计算机系统，也不与具体的 DBMS 相关，而是概念级的模型，也就是我们所说的概念层数据模型；然后再把概念级模型转换为 DBMS 支持的组织层数据模型。注意从现实世界到概念层模型使用的是"抽象"技术，从概念层模型到组织层模型使用的是"转换"，也就是说，先有概念模型，然后再到组织模型。从概念模型到组织模型的转换应该是比较直接和简单的，因此使用合适的概念层模型就显得比较重要。上述过程如图 1-4 所示。

1.3.2 数据模型三要素

数据一般包括如下两个特征。

（1）静态特征

数据的静态特征包括数据的基本结构、数据间的联系和对数据取值范围的约束。比如，1.1.1 节中给出的学生选课管理的例子。学生基本信息包含学号、姓名、性别、出生日期、所在系、专业、所在班、特长、家庭住址，这些都是学生所具有的基本

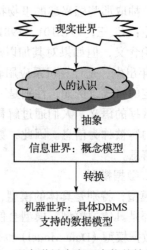

图 1-4 现实世界中客观事物的抽象过程

特征，是学生数据的基本结构。再看数据之间的联系，学生选课信息包括学号、课程号和考试成绩，学生选课信息中的学号与学生基本信息中的学号之间就有一种参照的关系，即学生选课信息中的学号的取值必须在学生基本信息中的学号所限定的取值范围之内，因为只有这样，学生选课信息中所描述的学生选课情况才是有意义的（我们不允许记录一个根本不存在的学生的选课情况），这就是数据之间的联系。再看下数据取值范围的约束。我们知道人的性别的取值只能是"男"或"女"、考试成绩一般为 0 ~ 100 分等，这些都是对某列的数据取值范围所做的限制，目的是在数据库中存储正确的、有意义的数据。这就是对数据取值范围的约束。

（2）动态特征

数据的动态特征是指对数据可以进行的操作和操作规则，对数据库数据的操作主要有查询数据和更改数据，更改数据一般又包括对数据的插入、删除和修改操作。

我们将对数据的静态特征和动态特征的描述称为数据模型三要素，即在描述数据时要包括数据的基本结构、数据的约束条件（这两个属于静态特征）和定义在数据上的操作（属于数据的动态特征）。

一般来讲，数据模型是严格定义的一组概念的集合，这些概念准确地描述了系统的静态特征、动态特征和完整性约束条件。因此，数据模型一般由数据结构、数据操作和数据完整性约束三部分组成，称为数据模型的三要素。

1. 数据结构

数据结构是所研究的对象类型的集合，这些对象是数据库的组成部分。数据结构包括两类，一类是与数据类型、内容、性质有关的对象，比如关系模型中的域、属性和关系等；另一类是与数据之间的联系有关的信息，这类信息从数据组织层来表达数据记录与字段的结构。

数据结构是数据模型最重要的方面。因此，在数据库系统中，人们通常按照数据结构的类型来命名数据模型。例如，层次结构、网状结构和关系结构的数据模型分别被命名为层次模型、网状模型和关系模型。

数据结构是对系统静态特征的描述。

2. 数据操作

数据操作是指允许对数据库中的各种对象（型）的实例（值）执行的操作的集合，包括如下操作及有关的操作规则。

- 数据查询：在数据集合中提取用户感兴趣的内容，此类操作不改变数据结构与数据值。
- 数据更改：包括插入、删除和修改数据，此类操作改变数据的值。

数据模型必须定义这些操作的确切含义、操作符号、操作规则和实现操作的语言。数据操作是对数据动态特征的描述。

3. 数据完整性约束

数据完整性约束是一组完整性规则的集合。完整性规则是给定的数据模型中数据及其联系所具有的制约和依存规则，用以保证数据正确、有效和相容，使数据库中的数据值与现实情况相符。比如，学生选课表中的学号与学生基本信息表中的学号之间的制约关系、人的年龄应该在 0 到 150 之间的取值约束等。

1.3.3 概念层数据模型

1. 基本概念

从图 1-4 中可以看出，概念层数据模型实际上是现实世界到机器世界的一个中间层次。

概念层数据模型抽象了现实系统中有应用价值的元素及其联系，反映了现实系统中有应用价值的信息结构，不依赖于数据的组织层结构。

概念模型用于信息世界的建模，是现实世界到信息世界的第一层抽象，是数据库设计人员进行数据库设计的工具，也是数据库设计人员和用户之间进行交流的工具，因此，一方面，该模型应该具有较强的语义表达能力，能够方便、直接地表达应用中的各种语义知识；另一方面，它还应该简单、清晰、易于用户理解和便于向机器世界进行转换。

概念层数据模型是面向用户、面向现实世界的数据模型，它与具体的DBMS无关。概念层数据模型可以让设计人员在设计之初把主要精力放在了解现实世界上，而把涉及DBMS的一些技术性问题推迟到设计阶段考虑。

常用的概念模型有实体 – 联系（Entity-Relationship，E-R）模型、语义对象模型。我们这里只介绍实体 – 联系模型。

2. 实体 – 联系模型

由于直接将现实世界信息按具体的数据组织模型进行组织时必须同时考虑很多因素，设计工作也比较复杂，并且效果也不太理想，因此需要一种方法来对现实世界的信息结构进行描述。事实上已经有了一些这方面的方法，我们要介绍的是P.P.S.Chen于1976年提出的实体 – 联系方法，即通常所说的E-R方法。由于这种方法简单、实用，所以得到了非常普遍的应用，也是目前描述信息结构比较常用的方法。

实体 – 联系方法使用的工具称作E-R图，它所描述的现实世界的信息结构称为企业模式（Enterprise Schema），这种描述结果被称为E-R模型。

实体 – 联系方法试图定义大量的数据分类对象，然后数据库设计人员就可以通过直观地识别将数据项归类到已知的类别中。

实体 – 联系方法主要涉及3个概念：实体、属性和联系。

（1）实体（Entity）

数据是用来描述现实世界的，而所描述的对象是形形色色的，有具体的也有抽象的；有物理存在的也有概念性的。比如，学生、课程等都是具体的对象，足球比赛可看成抽象的对象。

实体是具有相同性质且彼此之间可以相互区分的现实世界对象的集合。

比如，"学生"是一个实体，这个实体中的每个学生都有学号、姓名、性别、出生日期等相同的属性。

在关系数据库中，一般一个实体会被映射成一个关系表，表中的一行数据对应一个可区分的现实世界对象（这些对象组成了实体），称为实体实例（Entity Instance）。比如，"学生"实体中的每个学生都是"学生"实体的一个实例。

需要特别注意的是，有些书使用实体集或实体类型来表示本书中所说的实体，用实体来表示本书中所说的实体实例。

在E-R图中用矩形框表示具体的实体，把实体名写在矩形框内。

（2）属性（Attribute）

每个实体都具有一定的特征或性质，这样人们才能根据实体的特征来区分一个个实例。比如，学生的学号、姓名、性别等都是学生实体所具有的特征。将实体所具有的特征称为它的属性。

属性是描述实体或联系的性质的数据项。

在实体中，属于一个实体的所有实例都具有共同的性质，这些性质就是实体的属性。比如，"学生"实体的学号、姓名、性别、出生日期、所在系等性质就是"学生"实体的属性。

每个实体都有标识属性（或称为实体的码或码属性），标识属性是实体中的一个属性或者一组属性，每个实体实例在标识属性上具有不同的值。标识属性用于区分实体中的不同的实例，这个概念类似于后文中介绍的关系中候选键的概念。例如，"学生"实体的标识属性是学生的"学号"。

在E-R图中用圆角矩形或椭圆形框表示属性，并在框内写上属性名。当实体所具有的属性较多时，为了简便，在E-R图中我们经常省略对属性的描述，再在其他地方将属性单独罗列出来。

（3）联系

在现实世界中，事物内部以及事物之间都是有联系的，这些联系在信息世界中反映为实体内部的联系和实体之间的联系。实体内部的联系通常是指组成实体的各属性之间的联系；实体之间的联系通常是指不同实体之间的联系。比如，在"职工"实体中，假设有"职工号"和"部门经理号"两个属性，通常情况下，"部门经理号"与"职工号"之间有一种关联关系，即部门经理号的取值受职工号取值的约束（因为部门经理也是职工，也有职工号），这就是实体内部的联系。而"学生"实体（设有属性：学号、姓名、性别、系、班号）和"班级"实体（设有属性：班号、班主任、班级人数）之间也有联系，这个联系就是"学生"实体中的"班号"必须是"班级"实体中已经存在的班号，这种联系就是实体之间的联系。

联系是数据之间的关联集合，是客观存在的应用语义链。联系用菱形框表示，在框内写上联系名，并用连线将有关的实体连接起来。

两个实体之间的联系有如下3种类型。

1）一对一联系（1:1）。如果实体A中的每个实例在实体B中至多有一个（也可以没有）实例与之关联，反之亦然，则称实体A与实体B具有一对一联系，记作1:1。一对一联系示意图如图1-5a所示。

例如，部门和经理（假设一个部门只有一个经理，一个人只能担任一个部门的经理）、系和系主任（假设一个系只有一个系主任，一个人只能担任一个系的主任）都是一对一联系，如图1-6a所示。

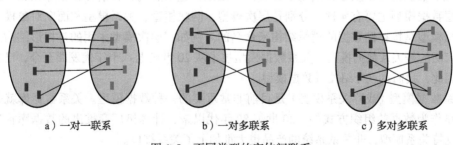

a）一对一联系   b）一对多联系   c）多对多联系

图1-5 不同类型的实体间联系

2）一对多联系（1:n）。如果实体A中的每个实例在实体B中有n个实例（n≥0）与之关联，而实体B中的每个实例在实体A中只有一个实例与之关联，则称实体A与实体B之间是一对多联系，记作1:n。一对多联系示意图如图1-5b所示。

例如，假设一个部门有若干个职工，而一个职工只在一个部门工作，则部门和职工之间就是一对多联系（如图 1-6b 所示）。又如，假设一个系有多名教师，而一个教师只在一个系工作，则系和教师之间也是一对多联系。

3）多对多联系（$m:n$）。如果对于实体 A 中的每个实例，在实体 B 中有 n 个实例（$n \geq 0$）与之关联，而实体 B 中的每个实例，在实体 A 中也有 m 个实例（$m \geq 0$）与之关联，则称实体 A 与实体 B 之间是多对多联系，记为 $m:n$。多对多联系示意图如图 1-5c 所示。

例如，一个学生可以选修多门课程，一门课程也可以有多个学生选修，因此学生和课程之间是多对多联系，如图 1-6c 所示。

实际上，一对一联系是一对多联系的特例，而一对多联系又是多对多联系的特例。

E-R 模型不仅能描述两个实体之间的联系，还能描述两个以上实体之间的联系。比如有顾客、商品、销售人员 3 个实体，并且有语义：每个顾客可以从多个销售人员那里购买多种商品；每种商品可由多个销售人员卖给多个顾客，每个销售人员可以将多种商品卖给多个顾客。则描述顾客、商品和销售人员之间的销售和购买关系的 E-R 图如图 1-7 所示，这里将联系命名为购买。

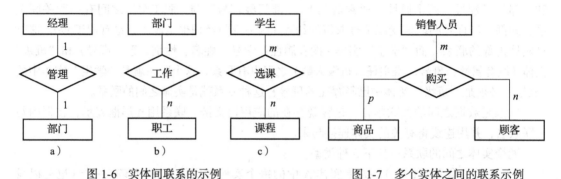

图 1-6   实体间联系的示例   图 1-7   多个实体之间的联系示例

联系也可以有自己的附加属性。比如，图 1-6c 的"选课"联系中，就可以有考试日期、考试成绩等属性。

1.3.4   组织层数据模型

组织层数据模型是从数据的组织方式的角度来描述信息的，目前在数据库领域中最常用的组织层数据模型主要有 4 种，分别是层次模型、网状模型、关系模型和面向对象模型。组织层数据模型是按存储数据的逻辑结构来命名的。例如，层次模型采用的是树形结构。目前使用最广泛的是关系数据模型。关系数据模型技术从 20 世纪七八十年代发展至今，已经非常成熟，因此，我们重点介绍关系数据模型。

关系数据模型（或称关系模型）是目前非常重要的一种数据模型。关系数据库就是采用关系模型作为数据的组织方式的。20 世纪 80 年代以来，计算机厂商推出的数据库管理系统几乎都支持关系模型，非关系系统的产品也大都加上了关系接口。

下面我们从数据模型三要素的角度来介绍关系数据模型的特点。

1. 关系模型的数据结构

关系数据模型源于数学，它把数据看成二维表中的元素，而这个二维表就是关系。

关系系统要求让用户所感觉到的数据库就是一张张表。在关系系统中，表是逻辑结构而不是物理结构。实际上，系统在物理层可以使用任何有效的存储结构来存储数据，比如有序文件、索引、散列表、指针等。因此，表是对物理存储数据的一种抽象表示——对很多存储细节的抽象，如存储记录的位置、记录的顺序、数据值的表示和记录的访问结构等。

表 1-1 所示为学生基本信息的关系模型形式。

表 1-1 学生基本信息表

学号	姓名	年龄	性别	所在系
0811101	王小东	18	男	计算机
0811102	张小丽	18	女	计算机
0821101	李海	19	男	信息管理
0821103	赵耀	19	男	信息管理

用关系表示实体以及实体之间联系的模型称为关系数据模型。下面讲解关系模型中常用的基本术语。

（1）关系

关系就是二维表，它满足如下条件：

1）关系表中的每一列都是不可再分的基本属性。如表 1-2 所示的表就不是关系表，因为"出生日期"列不是基本属性，它包含了子属性"年""月""日"。

2）表中各属性不能重名。

3）表中的行、列次序并不重要。即交换列的前后顺序，比如表 1-1 中，将"性别"列放在"年龄"列的前面，并不影响其表达的语义。

表 1-2 包含复合属性的表

学号	姓名	年龄	性别	所在系	出生日期		
					年	月	日
0811101	王小东	18	男	计算机	1984	4	6
0811102	张小丽	18	女	计算机	1984	12	15
0821101	李海	19	男	信息管理	1983	8	21
0821103	赵耀	19	男	信息管理	1983	6	3

（2）元组

表中的每一行数据称为一个元组，相当于一个记录值。例如，表 1-1 所示的学生关系中的元组如下：

```
(0811101，王小东，18，男，计算机)
(0811102，张小丽，18，女，计算机)
(0821101，李海，19，男，信息管理)
(0821103，赵耀，19，男，信息管理)
```

（3）属性

二维表中的每个列称为一个属性（或字段），每个属性有一个名字，称为属性名。二维表中对应某一列的值称为属性值；二维表中列的个数称为关系的元数。如果一个二维表有 n 列，则称其为 n 元关系。表 1-1 所示的学生关系有学号、姓名、年龄、性别、所在系 5 个属性，是一个五元关系。

在数据库中有两套标准术语，一套用的是表、列、行；另一套用的是关系（对应表）、元组（对应行）、属性（对应列）。

（4）值域

属性的取值范围称为值域。例如，如果假设大学生的年龄是 14 ～ 40 之间的整数，则属性"年龄"的值域就是 [14 .. 40]，而人的性别只能是"男"和"女"两个值，因此，属性"性别"的值域就是 {男，女}。

（5）关系模式

二维表的结构称为关系模式，或者说，关系模式就是二维表的表框架或表头结构。设某关系名为 R，属性分别为 A_1，A_2，…，A_n，则关系模式可以表示为：

$$R(A_1, A_2, \cdots, A_n)$$

例如，表 1-1 所示关系的关系模式为：学生（学号，姓名，年龄，性别，所在系）。

如果将关系模式理解为数据类型，则关系就是该数据类型的一个具体值。

（6）关系数据库

对应于一个关系模型的所有关系的集合称为关系数据库。

（7）候选键

如果一个属性或属性集的值能够唯一标识一个关系的元组而又不包含多余的属性，则称该属性或属性集为候选键。候选键也称候选码或候选关键字。一个关系的候选键可以不唯一。

（8）主键

主键（Primary Key）也称主码或主关键字，是表中的属性或属性组，可以唯一地确定一个元组。主键可以由一个属性组成，也可以由多个属性共同组成。例如，表 1-1 所示的学生关系中，学号就是其主键，因为学号的一个取值可以唯一地确定一个学生。而表 1-3 所示的修课关系的主键就由学号和课程号共同组成。因为一个学生可以修多门课程，一门课程也可以有多个学生选修，因此，只有将学号和课程号组合起来才能共同确定一行记录。我们称由多个属性共同组成的主键为复合主键。当某个关系的主键是由多个属性共同组成的时，需要用括号将这些属性括起来，表示共同作为主键。比如，表 1-3 所示的选课关系的主键是（学号，课程号）。

表 1-3　学生选课信息表

学号	课程号	成绩
0811101	C01	90
0811101	C02	80
0811101	C03	NULL
0811102	C02	94
0811102	C03	NULL
0821103	C01	75

注意，我们不能根据关系表在某一时刻存储的内容来决定其主键，这样做是不可靠的。表的主键与其实际的应用语义有关，与表的设计意图有关。比如，对表 1-3 来说，如果允许一个学生对同一门课程有多次考试（例如，对学生考试不及格的情况，一般允许有多次考试），则选择（学号，课程号）做主键显然就不合理了。对于这种情况，可以在表中添加一个新列——考试次数。现在学生选课表就包含学号、课程号、成绩和考试次数 4 个属性。对于允许一个学生对同一门课程有多次考试的情况，其主键为（学号，课程号，考试次数）。为什么不能用（学号，课程号，成绩）作为该关系的主键呢？请读者自己思考。

有时一个关系中可能存在多个可以作为主键的属性，比如，对于"学生"关系，假设增加了"身份证号"属性，则"身份证号"属性也可以作为学生关系的主键。如果关系中存在多个可以作为主键的属性，则称这些属性为候选键属性，相应的键称为候选键。候选键中的任意一个均可选作主键，因此，主键是从候选键中选取出来的。

（9）主属性和非主属性

包含在任意一个候选键中的属性称为主属性。不包含在任意一个候选键中的属性称为非主属性。

例如，学生选课关系中，学号和课程号为主属性，成绩为非主属性。

2. 关系模型的数据操作

关系模型的操作对象是集合而不是行，也就是操作的对象和操作的结果都是完整的表（是包含行集的表，而不只是单行，当然，只包含一行数据的表是合法的，空表或不包含任何数据行的表也是合法的）。而非关系型数据库系统中典型的操作是一次一行或一次一个记录。因此，集合处理能力是关系系统区别于其他系统的一个重要特征。

关系数据模型的数据操作主要有 4 种：查询、插入、删除和修改。关系数据库中的信息只有一种表示方式，就是表中的行列位置有明确的值。这种表示是关系系统中唯一可行的方式（当然，这里指的是逻辑层）。需要特别指出的是，关系数据库中没有连接一个表到另一个表的指针。在表 1-1 和表 1-3 中，表 1-1 "学生基本信息表"中的第一行数据与表 1-3 "学生选课信息表"中的第一行数据有联系（当然也与第二行和第三行数据有联系），因为学生 0811101 选了课程。但在关系数据库中这种联系不是通过指针来实现的，而是通过学生基本信息表"学号"列的值与学生选课信息表中"学号"列的值实现联系的（学号值相等）。但在非关系系统中，这些信息一般由指针来表示，这种指针对用户来说是可见的。

需要注意的是，当我们说关系数据库中没有指针时，并不是指在物理层没有指针，实际上，关系数据库的物理层也使用指针，但所有这些物理层的存储细节对用户来说都是不可见的。

3. 关系模型的数据完整性约束

数据完整性是指数据库中存储的数据是有意义的或正确的。关系模型中的数据完整性规则是对关系的某种约束条件。数据完整性约束主要包括三大类：实体完整性、参照完整性和用户定义的完整性。

（1）实体完整性

实体完整性指的是关系数据库中所有的表都必须有主键，而且表中不允许存在如下记录：

- 无主键值的记录；
- 主键值相同的记录。

因为若记录没有主键值，则此记录在表中一定是无意义的。前面我们介绍过，关系模型中的每一行记录都对应客观存在的一个实例或一个事实。比如，一个学号唯一地确定了一个学生。如果表中存在没有学号的学生记录，则此学生一定不属于正常管理的学生。另外，如果表中存在主键值相等的两个或多个记录，则这两个或多个记录会对应同一个实例。这会出现两种情况：第一，若表中的其他属性值也完全相同，则这些记录就是重复的记录，存储重复的记录是无意义的；第二，若表中的其他属性值不完全相同则会出现语义矛盾，比如同一个学生（学号相同），而其名字或性别不同，显然不可能。

在关系数据库中主键的属性不能取空值。关系数据库中的空值是特殊的标量常数，它代表未定义的（不适用的）或者有意义但目前还处于未知状态的值。比如，当向表 1-3 所示的学生选课信息表中插入一行记录时，在学生考试之前，其成绩是不确定的，因此此列上的值为空。数据库中的空值用"NULL"表示。

（2）参照完整性

参照完整性有时也称为引用完整性。现实世界中的实体之间往往存在着某种联系，在关系模型中，实体以及实体之间的联系在关系数据库中都用关系来表示，这样就自然存在着关系（实体）与关系（实体）之间的引用关系。参照完整性就是描述实体之间的联系的。

参照完整性一般是指多个实体或关系表之间的关联关系。比如表 1-3 中，学生选课信息表中的学生必须受限于表 1-1 中学生基本信息表中已有的学生，我们不能在学生选课信息表中描述一个根本不存在的学生的选课情况，也就是学生选课信息表中"学号"的取值必须在学生基本信息表的"学号"所限定的取值范围内。这种限定一个表中某列的取值受另一个表中某列的取值范围约束的特点就称为参照完整性。在关系数据库中用外键（Foreign Key，也称外码或外部关键字）来实现参照完整性。例如，我们只要将学生选课信息表中的"学号"定义为引用学生基本信息表的"学号"的外键，就可以保证学生选课信息表中的"学号"的取值在学生基本信息表的已有"学号"范围内。

外键一般出现在联系所对应的关系中，用于表示两个或多个实体之间的关联关系。外键实际上是表中的一个（或多个）属性，它引用某个其他表（特殊情况下也可以是外键所在的表）的主键，当然，也可以是候选键，但多数情况下是主键。

下面我们再看几个指定外键的例子。

例 1 设"学生"关系模式和"专业"关系模式所包含的属性如下，其中主键用下划线标识。

学生（<u>学号</u>，姓名，性别，专业号，出生日期）
专业（<u>专业号</u>，专业名）

这两个关系之间存在引用关系，即"学生"关系中的"专业号"引用了"专业"关系中的"专业号"，显然，"学生"关系中"专业号"的值必须是确实存在的专业的专业号，即"学生"关系中的"专业号"是引用了"专业"关系中的"专业号"的外键。

例 2 设学生、课程以及学生与课程之间的选课情况可以用如下 3 个关系模式表示：

学生（<u>学号</u>，姓名，性别，专业号，出生日期）
课程（<u>课程号</u>，课程名，学分）
选课（<u>学号</u>，课程号，成绩）

在这 3 个关系模式中，"选课"关系中的"学号"必须是"学生"关系中已有的学号，因此"选课"关系中的"学号"引用了"学生"关系中的"学号"。同样"选课"关系中的"课程号"也必须是"课程"关系中已有的课程号，即"选课"关系中的"课程号"引用了"课程"关系中的"课程号"。因此，"选课"关系中的"学号"是引用了"学生"关系中的"学号"的外键，而"选课"关系中的"课程号"是引用了"课程"关系中的"课程号"的外键。

主键要求必须是非空且非重的，但外键无此要求。外键可以有重复值，这点我们可以从表 1-3 中看出。外键也可以取空值。例如，职工与其所在的部门可以用如下两个关系模式表示。

职工（<u>职工号</u>，职工名，部门号，工资级别）
部门（<u>部门号</u>，部门名）

其中，"职工"关系模式中的"部门号"是引用了"部门"关系模式中"部门号"的外键，如果某新来职工还没有被分配到具体的部门，则其在"职工"表中的"部门号"就为空值；如果职工已经被分配到某个部门，则其部门号就有了确定的值（非空值）。

另外，外键不一定要与被引用列同名，只要它们的语义相同即可。例如，对以上例 1 所示的学生关系模式，如果将该关系模式中的"专业号"改为"所学专业"也是可以的，只要

"所学专业"属性的语义与专业关系模式中的"专业号"语义相同，且值域相同即可。

（3）用户定义的完整性

用户定义的完整性也称域完整性或语义完整性。任何关系数据库系统都应该支持实体完整性和参照完整性，除此之外，不同的数据库应用系统根据其应用环境的不同，往往还需要一些特殊的约束条件，用户定义的完整性就是针对某一具体应用领域定义的数据约束条件，它反映了某一具体应用所涉及的数据必须要满足应用语义的要求。

用户定义的完整性实际上就是指明关系中属性的取值范围，也就是属性的域，即限制关系中的属性的取值类型及取值范围，防止属性的值与应用语义矛盾。例如，学生的考试成绩的取值范围为 0 ～ 100，或取 {优、良、中、及格、不及格}。又如，假设有工作表（工作编号，工作性质，最低工资，最高工资），则应该约束其中的"最低工资"要小于或等于"最高工资"。

1.3.5　E-R 模型向关系模型的转换

E-R 模型向关系模型的转换要解决的问题是如何将实体以及实体间的联系转换为关系模式，如何确定这些关系模式的属性和键。

关系模型的逻辑结构是一组关系模式的集合。E-R 图由实体、实体的属性以及实体之间的联系三部分组成，因此将 E-R 图转换为关系模型实际上就是将实体、实体的属性以及实体间的联系转换为关系模式。转换的一般规则如下。

1）实体：一个实体转换为一个关系模式。实体的属性就是关系的属性，实体的标识符就是关系的主键。

2）联系：根据联系种类的不同有不同的转换规则。

- 1∶1 联系：可以与任意一端实体所对应的关系模式合并，并在该关系模式的属性中加入另一个实体的键和联系本身的属性，同时新加入的实体的键为此关系模式中引用另一个实体的外键。
- 1∶n 联系：与 n 端所对应的关系模式合并，并在 n 端关系模式中加入 1 端实体的键以及联系本身的属性，同时 1 端实体的键在 n 端实体中作为引用 1 端实体的外键。
- m∶n 联系：转换为一个独立的关系模式，与该联系相连的各实体的键以及联系本身的属性均转换为该关系模式的属性，新关系模式的主键包含各实体的键，同时新关系模式中各实体的键为引用各自实体的外键。

3）具有相同主键的关系模式可以合并。

例 3　1∶1 联系示例。设有如图 1-8 所示的描述部门和经理关系的 E-R 图，将其转换为合适的关系模式。

解：可以转换为如下两种关系模式。

1）将"经理"合并到"部门"。

经理（经理号，经理名，电话），"经理号"为主键。

部门（部门号，部门名，经理号），"部门号"为主键，"经理号"为引用"经理"关系模式的外键。

2）将"部门"合并到"经理"。

经理（经理号，部门号，经理名，电话），"经理号"为主键，"部门号"为引用"部门"关系模式的外键。

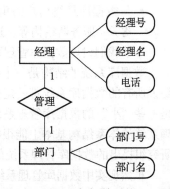

图 1-8　经理和部门关系的 E-R 图

部门（部门号，部门名），"部门号"为主键。

例4 1∶n联系示例。设有如图1-9所示的描述部门和职工关系的E-R图，将其转换为合适的关系模式。

解：对1∶n联系，需将1端的"部门"的主键加到n端的"职工"表中。转换结果如下：

部门（部门号，部门名），"部门号"为主键。

职工（职工号，部门号，职工名，性别），"职工号"为主键，"部门号"为引用"部门"关系模式的外键。

例5 m∶n联系示例。设有如图1-10所示的描述教师、课程和教师授课关系的E-R图，将其转换为合适的关系模式。

解：对m∶n联系，须将联系转换为一个独立的关系模式。转换结果如下：

教师（教师号，教师名，职称），"教师号"为主键。

课程（课程号，课程名，学分），"课程号"为主键。

授课（教师号，课程号，授课时数），（教师号，课程号）为主键，"教师号"为引用"教师"关系模式的外键，"课程号"为引用"课程"关系模式的外键。

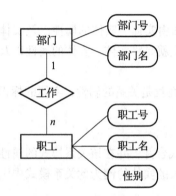

图1-9 部门和职工关系的E-R图

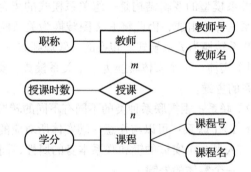

图1-10 教师、课程和教师授课关系的E-R图

1.4 数据库系统的结构

可以从多种不同的层次或不同的角度考察数据库系统的结构。

- 从数据库管理的角度看，数据库系统通常采用三级模式结构。这是数据库管理系统内部的结构。
- 从数据库最终用户的角度看，数据库系统的结构分为集中式结构、文件服务器结构、客户/服务器结构等。这是数据库系统外部的体系结构。

本节我们讨论数据库管理系统内部的结构。

数据库系统的结构是一个框架结构，这个框架用于描述一般数据库系统的概念，但并不是说所有的数据库系统都一定使用这个框架，这个框架结构在数据库中并不是唯一的，特别是一些"小"的数据库管理系统很难支持这个体系结构的所有方面。但这里介绍的数据库管理系统的体系结构基本上能很好地适应大多数系统，而且，它基本上与ANSI/SPARC DBMS研究组提出的数据库管理系统的体系结构（称作ANSI / SPARC体系结构）是相同的。

虽然现实中数据库管理系统产品的种类很多，它们所支持的数据模型和数据库语言也不尽相同，但它们在体系结构上通常都具有相同的特征，即采用三级模式结构并提供两级映像功能。

1.4.1 三级模式结构

数据库系统的三级模式结构是指数据库系统的外模式、模式和内模式。图 1-11 说明了各级模式之间的关系。

从广义上讲，三级模式之间的关系如下。

- 内模式：最接近物理存储，是数据的物理存储方式。
- 外模式：最接近用户，是用户所看到的数据视图。
- 模式：介于内模式和外模式之间的中间层次。

从图 1-11 中可以看到，外模式是单个用户的数据视图，而模式是一个部门或公司的整体数据视图。换句话说，外模式（外部视图）可以有许多，每一个都或多或少地抽象表示整个数据库的某一部分；而模式（概念视图）只有一个，它包含对现实世界数据库的抽象表示，注意这里的抽象指的是记录和字段这些更加面向用户的概念，而不是位和字节等面向机器的概念。大多数用户只对整个数据库的某一部分感兴趣。内模式（内部视图）也只有一个，它表示数据库的物理存储。

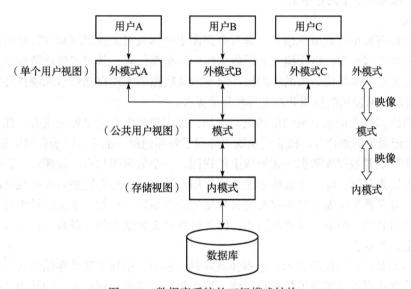

图 1-11   数据库系统的三级模式结构

关系系统中的模式一定是关系的，在该层可见的实体是关系表和关系的操作符。

外模式也是关系的或接近关系的，它们的内容来自模式。例如，我们可以定义两个外模式，一个记录学生的姓名、性别［表示为：学生基本信息 1（姓名，性别）］；另一个记录学生的姓名和所在系［表示为：学生基本信息 2（姓名，所在系）］。这两个外模式的内容均来自"学生基本信息"这个模式。外模式对应到关系数据库中就是"外部视图"或简称"视图"，它在关系数据库中有特定的含义，我们将在第 9 章详细讨论视图的概念。

内模式不是关系的，因为该层的实体不是对关系表的原样照搬。其实，不管是什么系统，其内模式都是一样的，都是存储记录、指针、索引、散列表等。事实上，关系模型与内模式无关，它关心的是用户的数据视图。

下面我们从外模式开始详细讨论这三层结构。整个讨论过程以图 1-11 为基础。该图显示了体系结构的主要组成部分和它们之间的联系。

1. 外模式

外模式也称用户模式或子模式，它是对现实系统中用户感兴趣的整体数据结构的局部描述，用于满足不同数据库用户需求的数据视图，是对数据库用户能够看见和使用的局部数据的逻辑结构和特征的描述，是数据库整体数据结构的子集或局部重构。

外模式通常是模式的子集。一个数据库可以有多个外模式。由于它是各个用户的数据视图，如果不同的用户在应用需求、看待数据的方式、对数据的保密要求等方面存在差异，则其外模式描述就是不相同的。即使是模式中同样的数据，外模式中的结构、类型、长度等也可以不同。

外模式同时是保证数据库安全的一个措施。每个用户只能看到和访问其需要操作的外模式中的数据，系统将其不需要操作的数据屏蔽起来，以防由于用户误操作和有意破坏而造成数据损失。

外模式就是特定用户所看到的数据库的内容，对那些用户来说，外模式就是数据库。例如，学校人事部门的用户可能把各系教师数据的集合作为他的外模式，而不考虑各个系的用户所看见的课程和学生的记录值。

2. 模式

模式也称逻辑模式或概念模式，是对数据库中全体数据的逻辑结构和特征的描述，是所有用户的公共数据视图。概念模式表示数据库中的全部信息，其形式要比数据的物理存储方式抽象。它是数据库系统结构的中间层，既不涉及数据的物理存储细节和硬件环境，也与具体的应用程序、所使用的应用开发工具和环境无关。

模式由许多概念记录类型的值构成。例如，可以包含学生记录值的集合、课程记录值的集合、选课记录值的集合等。概念记录既不等同于外部记录，也不等同于存储记录。

模式实际上是数据库数据在逻辑级上的视图。一个数据库只有一种模式。数据库模式以某种数据模型为基础，统一综合地考虑了所有用户的需求，并将这些需求有机地结合成一个逻辑整体。定义数据库模式时不仅要定义数据的逻辑结构，比如，数据记录由哪些数据项组成，数据项的名字、类型、取值范围等，而且还要定义数据之间的联系，定义与数据有关的安全性、完整性要求。

模式不涉及存储字段的表示，也不涉及对列、索引、指针或其他存储的访问细节。如果模式以这种方式真正地实现了数据独立性，那么根据这些概念模式定义的外模式也会有很强的独立性。

数据库管理系统提供了模式定义语言（DDL）来定义数据库的模式。

3. 内模式

内模式也称存储模式。内模式是对整个数据库的底层表示，它描述了数据的存储结构，比如数据的组织与存储方式，比如是顺序存储、B 树存储还是 Hash 存储，索引按什么方式组织，是否加密等。注意内模式与物理层是不同的，内模式不涉及物理记录的形式（即物理块或页、输入 / 输出单位），也不考虑具体设备的柱面或磁道大小。换句话说，内模式假定了一个无限大的线性地址空间，地址空间到物理存储的映射细节与特定系统有关，这些并不反映在体系结构中。

1.4.2 两级模式映像功能与数据独立性

数据库系统的三级模式是对数据的 3 个抽象级别，它把数据的具体组织留给 DBMS 管理，使用户能逻辑地、抽象地处理数据，而不必关心数据在计算机中的具体表示方式与存储方式。为了能够在内部实现这 3 个抽象层次的联系和转换，数据库管理系统在 3 个模式之间提供了两层映像，如图 1-11 所示。

- 外模式 / 模式映像；
- 模式 / 内模式映像。

正是这两层映像保证了数据库系统中的数据能够具有较高的逻辑独立性和物理独立性，使数据库应用程序不必随数据库数据的逻辑或存储结构的变动而变动。

1. 外模式 / 模式映像

模式描述的是数据的全局逻辑结构，外模式描述的是数据的局部逻辑结构。一个模式可以有多个外模式。对于每个外模式，都有一个从外模式到模式的映像，该映像定义了外模式与模式之间的对应关系。这些映像定义通常包含在各自的外模式描述中。

当模式发生变化时（比如，增加新的关系、新的属性，改变属性的数据类型等），可以通过外模式定义语句调整外模式 / 模式映像定义，从而保持外模式不变。由于应用程序是依据数据的外模式编写的，因此应用程序也不必修改，从而保证了程序与数据的逻辑独立性，简称数据的逻辑独立性。

2. 模式 / 内模式映像

模式 / 内模式映像定义了数据库的逻辑结构与存储结构之间的对应关系。当数据库的存储结构发生改变，比如选择了另一种存储结构，只需对模式 / 内模式映像做相应的调整就可以保持模式不变，从而无须修改应用程序。因此，保证了数据与程序的物理独立性，简称数据的物理独立性。

在数据库的三级模式结构中，模式是数据库的中心与关键，它独立于数据库的其他层次。设计数据库时也是首先设计数据库的模式。

数据库的内模式依赖于数据库的全局逻辑结构，但独立于数据库的用户视图（也就是外模式），也独立于具体的存储设备。内模式将全局逻辑结构中定义的数据结构及其联系按照一定的物理存储策略组织起来，以实现较好的时间与空间效率。

数据库的外模式面向具体的数据用户，它定义在模式之上，独立于内模式和存储设备。当应用需求发生较大变化，相应的外模式不能满足用户要求时，就需要对外模式做相应的改动，因此设计外模式时应充分考虑到应用的可扩充性。

特定的应用程序是在外模式描述的数据结构的基础上编制的，它依赖于特定的外模式，独立于数据库的模式和存储结构。不同的应用程序有时可以共用同一个外模式。数据库的两级映像保证了数据库外模式的稳定性，从而从底层保证了应用程序的稳定性，除非应用需求本身发生变化，否则一般不需要修改应用程序。

程序与数据之间的独立性，使得数据的定义和描述可以从应用程序中分离出来。另外，由于数据的存取由 DBMS 负责管理和实施，因此，用户不必考虑存取路径等细节，从而简化了应用程序的编写工作，减少了应用程序的维护和修改工作。

1.5 关系数据库规范化理论

数据库设计是数据库应用领域的一个主要研究课题。数据库设计的任务是在给定的应用环境下创建满足用户需求且性能良好的数据库模式、建立数据库及其应用系统，使之能有效地存储和管理数据，满足企业或单位各类用户的业务需求。

数据库设计需要一些理论作为指南，关系数据库规范化理论就是数据库设计的一个理论指南。规范化理论研究的是关系模式中各属性之间的依赖关系及其对关系模式性能的影响，探讨"好"的关系模式应该具备的性质，以及创建"好"的关系模式的方法。规范化理论为我们提供了判断关系模式好坏的理论标准，帮助我们预测可能出现的问题，是数据库设计人员的有力工具，同时也为数据库设计工作奠定了严格的理论基础。

本节主要讨论关系数据库规范化理论，讨论如何判断一个关系模式是否是好的关系模式，以及如何将不好的关系模式转换成好的关系模式。

1.5.1 函数依赖

数据的语义不仅表现为完整性约束，对关系模式的设计也提出了一定的要求。针对一个问题，如何构造一个合适的关系模式、应构造几个关系模式、每个关系模式由哪些属性组成等，这些都是数据库设计问题，确切地讲是关系数据库的逻辑设计问题。

下面首先介绍关系模式中各属性之间的关系。

1. 函数依赖基本概念

函数是我们非常熟悉的一个概念，我们对公式 $Y=f(X)$ 自然也不会陌生，但是大家熟悉的是 X 和 Y 之间在数量上的对应关系，也就是给定一个 X 值，都会有一个 Y 值与它对应，也可以说，X 函数决定 Y，或 Y 函数依赖于 X。在数据库中，函数依赖注重的是语义上的关系，比如我们有：

$$省 = f（城市）$$

只要给出一个具体的城市值，就会有唯一一个省值与它对应，如"武汉市"在"湖北省"，这里"城市"是自变量 X，"省"是因变量或函数值 Y。我们把 X 函数决定 Y，或 Y 函数依赖于 X 表示为：

$$X \rightarrow Y$$

由以上说明我们可以写出比较直观的函数依赖定义：设有关系模式 $R(A_1, A_2, \cdots, A_n)$，X 和 Y 为 $\{A_1, A_2, \cdots, A_n\}$ 的子集，如果对于 R 中的任意一个 X 值都只有一个 Y 值与之对应，则称 X 函数决定 Y，或 Y 函数依赖于 X。我们来看下面的例子。

对学生关系模式：Student(Sno, Sname, Sdept, Sage)

有：Sno → Sname, Sno → Sdept, Sno → Sage

对学生选课关系模式：SC(Sno, Cno, Grade)

有：(Sno, Cno) → Grade

显然，函数依赖讨论的是属性之间的依赖关系，它是语义范畴的概念，也就是说，关系模式的属性之间是否存在函数依赖只与语义有关。

2. 一些术语和符号

下面给出我们常用到的一些术语和符号。设有关系模式 $R(A_1, A_2, \cdots, A_n)$，X 和 Y 均为 $\{A_1, A_2, \cdots, A_n\}$ 的子集。

1）如果 $X \rightarrow Y$，但 Y 不包含于 X，则称 $X \rightarrow Y$ 是非平凡的函数依赖。如无特别说明，我们总是讨论非平凡函数依赖。

2）如果 $X \rightarrow Y$，则称 X 为决定因子。

3）如果 $X \rightarrow Y$，并且对于 X 的任意一个真子集 X' 都有 $X' \nrightarrow Y$，则称 Y 完全函数依赖于 X，记作 $X \xrightarrow{f} Y$；如果 $X' \rightarrow Y$ 成立，则称 Y 部分函数依赖于 X，记作 $X \xrightarrow{p} Y$。

4）如果 $X \to Y$ 且 $Y \to Z$，则称 Z 传递函数依赖于 X。

例 1 设有关系模式 SC(Sno, Sname, Cno, Credit, Grade)，其中各属性含义分别为学号、姓名、课程号、学分、成绩。该关系模式主键为 (Sno, Cno)。

其函数依赖关系有：

Sno $\to$ Sname	Sname 函数依赖于 Sno
(Sno, Cno) $\xrightarrow{p}$ Sname	Sname 部分函数依赖于 (Sno, Cno)
(Sno, Cno) $\xrightarrow{f}$ Grade	Grade 完全函数依赖于 (Sno, Cno)

例 2 设有关系模式 S(Sno, Sname, Dept, Dept_master)，其中各属性含义分别为学号、姓名、所在系和系主任（假设一个系只有一个主任）。该关系模式的主键为 Sno。

其函数依赖关系有：

Sno $\xrightarrow{f}$ Sname　　　　Sname 完全函数依赖于 Sno

由于：Sno $\xrightarrow{f}$ Dept　　　　Dept 完全函数依赖于 Sno

Dept $\xrightarrow{f}$ Dept_master　　Dept_master 完全函数依赖于 Dept

所以有：Sno $\xrightarrow{传递}$ Dept_master　　Dept_master 传递函数依赖于 Sno

3. 为什么要讨论函数依赖

讨论属性之间的关系、讨论函数依赖有什么必要呢？让我们通过例子来看一下。

设有描述学生选课及住宿情况的关系模式：

```
S-L-C(Sno,Sdept,Sloc,Cno,Grade)
```

其中各属性的含义分别为：学号、学生所在系、学生所住宿舍楼号、课程号、考试成绩。假设每个系的学生都住在同一个宿舍楼里。该关系模式的主键为（Sno, Cno）。

这个关系模式存在什么问题？部分示例数据如表 1-4 所示。

表 1-4　S-L-C 模式的数据示例

Sno	Sname	Ssex	Sdept	Sloc	Cno	Grade
0811101	李勇	男	计算机系	2公寓	C001	96
0811101	李勇	男	计算机系	2公寓	C002	80
0811101	李勇	男	计算机系	2公寓	C003	84
0811101	李勇	男	计算机系	2公寓	C005	62
0811102	刘晨	男	计算机系	2公寓	C001	92
0811102	刘晨	男	计算机系	2公寓	C002	90
0811102	刘晨	男	计算机系	2公寓	C004	84
0821102	吴宾	女	信息管理系	1公寓	C001	76
0821102	吴宾	女	信息管理系	1公寓	C004	85
0821102	吴宾	女	信息管理系	1公寓	C005	73
0821102	吴宾	女	信息管理系	1公寓	C007	NULL
0821103	张海	男	信息管理系	1公寓	C001	50
0821103	张海	男	信息管理系	1公寓	C004	80
0831103	张珊珊	女	通信工程系	1公寓	C004	78
0831103	张珊珊	女	通信工程系	1公寓	C005	65
0831103	张珊珊	女	通信工程系	1公寓	C007	NULL

从表 1-4 中我们可以看到如下问题：

- 数据冗余问题：在这个关系中有关学生所在系和其所对应的宿舍楼的信息冗余，因为一个系有多少个学生，这个系所对应的宿舍楼的信息就要重复存储多少遍。
- 数据更新问题：比如，某一学生从计算机系转到了信息系，则不但要修改此学生的 Sdept 列的值，而且还要修改其 Sloc 列的值，修改操作较为复杂。
- 数据插入问题：如果某个学生还没有选课，但已经有了 Sdept 和 Sloc 信息，我们无法将此学生的已知信息插入数据库中，因为主属性 Cno 为空，因此不能插入该学生的其他基本信息。
- 数据删除问题：如果一个学生只选了一门课，后来又不选了，则我们需要删除此学生选此门课程的记录。由于这个学生只选了一门课，故删掉此学生选课记录的同时也会删掉此学生的其他基本信息。

类似的种种问题我们将其统称为操作异常。为什么会出现上述操作异常呢？因为这个关系模式没有设计好，它的某些属性之间存在"不良"的函数依赖。如何改造这个关系模式？这就是我们这里要解决的问题，也是我们讨论函数依赖的原因。

解决上述种种问题的方法就是进行模式分解，即把一个关系模式分解成两个或多个关系模式，在分解的过程中消除那些"不良"的函数依赖，从而获得好的关系模式。关于模式分解的知识我们将在后面的章节中详细介绍。

1.5.2 关系规范化

1. 范式

在 1.5.1 节中，我们已经看到了设计得"不好"的关系模式所带来的问题，本节我们讨论"好"的关系模式应具备的性质，即关系规范化问题。

关系数据库中的关系要满足一定的要求，满足不同程度要求的为不同的范式。满足最低要求的为第一范式（First Normal Form，1NF）。在第一范式中进一步满足一些要求的为第二范式（2NF），以此类推，还有 3NF、BCNF、4NF 和 5NF。

所谓"第几范式"表示的是关系模式满足的条件，所以我们经常称某一关系模式为第几范式的关系模式。通常，我们把这个概念理解为符合某种条件的关系模式的集合，因此，R 为第二范式的关系模式也可以写为 $R \in 2NF$。

各种范式都是以对关系模式的属性间的函数依赖加以限制的形式表示的。这些范式是递进的：如果一个关系模式是 1NF 的，它比不是 1NF 的要好；同样，2NF 的要比 1NF 的好，以此类推。依据这种方法，我们可以从一个关系模式或关系模式集合开始，逐步产生一个与初始集合等价的关系模式集合（即提供同样的信息）。范式越高，规范化的程度越高，关系模式也就越好。

规范化的理论首先由 E.F. Codd 于 1971 年提出，目的是要设计"好的"关系数据库模式。关系规范化实际就是对有问题（操作异常）的关系模式进行分解以消除这些异常。

（1）第一范式

定义：不包含重复组的关系（即不包含非原子项的属性）是第一范式的关系。

图 1-12 所示的关系就不是第一范式的，因为在这个关系中，"高级职称人数"不是基本的数据项，它是由两个基本数据项组成的复合数据项。非第一范式的关系转换成第一范式的关系非常简单，只需要将所有数据项都表示为不可再分的最小数据项即可。图 1-13 所示关系

为将图 1-12 所示的非第一范式关系转换为第一范式关系的情况。

系名称	高级职称人数	
	教授	副教授
计算机系	6	10
信息管理系	3	5
电子与通信系	4	8

系名称	教授人数	副教授人数
计算机系	6	10
信息管理系	3	5
电子与通信系	4	8

图 1-12　非第一范式的关系　　　　　　图 1-13　第一范式的关系

（2）第二范式

定义：如果关系模式 $R \in$ 1NF，并且 R 中的每个非主属性都完全函数依赖于主键，则 $R \in$ 2NF。

从定义中我们可以看出，所有主键只由一个列组成的 1NF 关系都是 2NF 的。但如果主键是由多个属性列共同构成的复合主键，并且存在非主属性对主属性的部分函数依赖，则这个关系就不是 2NF 关系。

例如，S-L-C(Sno, Sdept, Sloc, Cno, Grade) 就不是 2NF 的。

因为 (Sno, Cno) 是主键，而又有 Sno → Sdept，因此有：

$$(Sno, Cno) \xrightarrow{p} Sdept$$

即存在非主属性对主键的部分函数依赖，所以，此 S-L-C 不是 2NF 的。我们已经讨论过且知道这个关系存在操作异常，这些操作异常就是因为它存在部分函数依赖造成的。

可以通过模式分解将非 2NF 的关系模式分解为 2NF 的关系模式。

去掉部分函数依赖的分解过程如下：

1）对于组成主键的属性集合的每一个子集，用它作为主键构成一个关系模式。

2）对每个关系模式，将依赖于此主键的属性放置到此关系模式中。

3）去掉只由主键的子集构成的关系模式。

S-L-C 关系模式分解后的形式为 S-L(Sno, Sdept, Sloc) 和 S-C(Sno, Cno, Grade)。

S-L 的主键是 (Sno)，并且有：Sno $\xrightarrow{f}$ Sdept, Sno $\xrightarrow{f}$ Sloc，此 S-L 已是 2NF 的关系模式。

S-C 的主键是 (Sno, Cno)，并且有：(Sno, Cno) $\xrightarrow{f}$ Grade，因此 S-C 也是 2NF 的关系模式。

下面我们看一下分解到 2NF 之后，关系模式是否还存在问题，首先讨论 S-L 关系模式。

首先，在这个关系模式中，描述多少个学生就会重复描述每个系及其所在的宿舍楼多少遍，如表 1-5 所示，因此还存在数据冗余。其次，当新成立一个系时，如果此系还没有招收学生，但已分配了宿舍楼，则无法将此系的信息插入 S-L 中，因为这时的学号为空，这是插入异常。

由此可以看到，第二范式的关系同样可能存在操作异常，因此需要对第二范式的关系模式进行进一步的分解。

（3）第三范式

定义：如果关系模式 $R \in$ 2NF，并且所

表 1-5　S-L 关系模式的数据示例

Sno	Sdept	Sloc
0811101	计算机系	2公寓
0811102	计算机系	2公寓
0821102	信息管理系	1公寓
0821103	信息管理系	1公寓
0831103	通信工程系	1公寓

有非主属性都不传递函数依赖于主键，则 $R \in 3NF$。

从定义中我们可以看出，如果存在非主属性对主键的传递函数依赖，则关系模式就不是 3NF 的。

先分析关系模式 S-L（Sno, Sdept, Sloc），因为有：

Sno → Sdept, Sdept → Sloc

因此有：Sno $\xrightarrow{\text{传递}}$ Sloc

从对表 1-5 的分析中我们已经知道，当关系模式中存在传递函数依赖时，这个关系模式仍然有操作异常，因此，还需要对其进行进一步的分解。

去掉传递函数依赖的分解过程如下：

1）对于不是候选码的每个决定因子，从表中删除依赖于它的所有属性。

2）新建一个关系模式，新关系模式中包含在原关系模式中所有依赖于该决定因子的属性。

3）将决定因子作为新关系模式的主键。

S-L 分解后的关系模式为：

S-D(Sno, Sdept)（主键为 Sno）和 S-L(Sdept, Sloc)（主键为 Sdept）

对 S-D，有：Sno $\xrightarrow{f}$ Sdept，因此 S-D 是 3NF 的。

对 S-L，有：Sdept $\xrightarrow{f}$ Sloc，因此 S-L 也是 3NF 的。

由于 3NF 关系模式中不存在非主属性对主键的部分函数依赖和传递函数依赖，因而消除了很大一部分数据冗余和更新异常，因此在数据库设计中，一般要求将关系模式分解到 3NF 即可。

2. 关系模式的分解准则

为了提高关系模式的规范化程度，通常把范式程度低的关系模式分解为若干个范式程度高的关系模式。每个规范化的关系模式应该只描述一个主题，如果某个关系模式描述了两个或多个主题，应该将其分解为多个关系模式，使每个关系模式只描述一个主题。当发现一个关系模式存在操作异常时，通过把关系模式分解为两个或多个独立的关系模式，使每个关系模式只描述一个主题，从而消除这些异常。

将关系规范化的方法是进行模式分解，但分解后产生的关系模式应与原关系模式等价，即模式分解必须遵守一定的准则，不能表面上消除了操作异常现象，却留下其他问题。因此，模式分解要满足以下前提条件：

- 模式分解具有无损连接性。
- 模式分解能够保持函数依赖。

无损连接是指分解后的关系通过自然连接可以恢复成原来的关系，即通过自然连接得到的关系与原来的关系相比，既不多出信息又不丢失信息。

保持函数依赖的分解是指在模式分解过程中函数依赖不能丢失的特性，即模式分解不能破坏原来的语义。

为了得到更高范式的关系而进行的模式分解，是否总能既保证无损连接又保持函数依赖呢？答案是否定的。这里我们对在分解过程中如何保持函数依赖以及如何保证无损连接不作讨论。一般情况下，在进行模式分解时，应将有直接依赖关系的属性放置在一个关系模式中，这样得到的分解结果一般就能保证具有无损连接性，并且能保持函数依赖关系不变。

小结

本章介绍了数据库系统的基本概念，特别是目前应用范围最为广泛的关系数据库系统的基本理论和基本概念。我们从比较文件系统与数据库系统对数据进行管理的特点入手，介绍了数据库管理系统在管理数据方面的优势。数据库系统较之文件系统来说，其优势主要来源于它的三级模式结构的划分以及所提供的三级模式之间的映像能力。本章同时介绍了数据模型的三要素，并着重说明了关系模型的概念。在将现实世界信息保存到机器世界的过程中，为了准确地表达现实世界，同时也为了方便将信息保存到机器世界，我们介绍了数据模型的概念。数据模型根据其应用目的的不同又分为两个层次（概念层和组织层），概念层数据模型是面向用户设计的，它与具体的数据库管理系统无关；组织层数据模型是面向数据库管理系统设计的，它与具体的数据库管理系统使用的数据模型有关。在概念层我们介绍了应用范围非常广泛的实体 – 联系模型（E-R 模型），在组织层我们主要以关系模型为主介绍了关系数据库的组织模型——关系表，并介绍了从实体 – 联系模型向关系模型转换应遵循的规则。

在关系模式设计过程中，为了保证所设计的关系模式没有数据冗余和操作异常，必须按照关系数据库的规范化理论来设计关系表的结构，这里我们介绍了设计没有数据冗余和操作异常的关系表的理论依据，并介绍了规范化关系表的方法——模式分解。

习题

1. 说明较之文件系统，数据库系统有哪些优势。
2. 说明数据库管理系统的主要功能。
3. 说明数据库系统的主要组成部分。
4. 说明数据模型三要素所包含的内容。
5. 说明概念层数据模型的作用。
6. 说明实体 – 联系模型中的实体、属性和联系的概念。
7. 指明下列实体之间的联系的类型：
   （1）教研室和教师（设一个教师只属于一个教研室，一个教研室可有多名教师）。
   （2）商店和顾客（设一个顾客可在多个商店购买商品，一个商店可将商品卖给多个顾客）。
   （3）班级和学生（设一个学生只属于一个班，一个班可有多名学生）。
   （4）班和班主任（设一个班只有一个班主任，一个教师可担任多个班的班主任）。
8. 解释关系模型中主键、外键、主属性、非主属性的概念。
9. 设有如下两个关系模式，试指出每个关系模式的主键和外键，并说明外键的引用关系。
   （1）产品（产品号，产品名，价格，型号），其中"产品名"可能有重复，每种产品有唯一的产品号，每种产品有唯一的价格和型号。
   （2）销售（产品号，销售时间，销售数量），假设能够同时销售多种产品，但同一产品在同一时间只能销售一次。
10. 关系模型的数据完整性约束包含哪些内容？分别说明每一种完整性约束的作用。
11. 简述数据库系统三级模式结构的含义。
12. 什么是逻辑数据独立性？什么是物理数据独立性？

13. 分别说明第一范式、第二范式和第三范式关系模式的概念。

14. 设有描述顾客购买商品情况的关系模式：购买（顾客号，顾客名，顾客地址，商品号，商品名，生产厂家，商品价格，购买时间，购买数量）。

    （1）指出此关系模式的主键。

    （2）判断此关系模式属于第几范式，如果不是第三范式，请将其规范化为第三范式关系模式。

15. 设有描述学生信息的关系模式：学生（学号，姓名，所在系，系主任，课程号，课程名，学分，成绩）。学分由课程号唯一确定，每个系只有一个系主任，一个人只担任一个系的主任。此关系模式属于第几范式？若不是第三范式，请将其规范化为第三范式，并指出分解后各关系模式的主键和外键。

16. 设有描述教师信息的关系模式：教师（教师号，教师名、职称，所在系，办公地点），假设每位教师只属于一个系，每个系有唯一一个办公地点。此关系模式属于第几范式？如果不是第三范式，请将其规范化为第三范式，并指出分解后各关系模式的主键和外键。

第2章 SQL Server 2017 基础

SQL Server 是微软推出的数据库管理系统，目前最新版本是 SQL Server 2017，SQL Server 2019 在 2019 年发布了预览版。在 SQL Server 2017 之前，微软基本是每 4 年发布一个新版本，但 2017 版是在 2016 版发布仅 1 年之后又发布的一个最新版本。

SQL Server 2017 比之前版本跨出了重要的一步，它支持在 Linux、基于 Linux 的 Docker 容器和 Windows 上运行（之前的 SQL Server 只支持在 Windows 上运行），使用户可以在 SQL Server 平台上选择开发语言、数据类型、本地开发或云端开发，以及操作系统开发。

本章主要介绍如下内容：SQL Server 2017 包含的版本和组件；在 Windows 平台上安装 SQL Server 2017 的过程；SQL Server 2017 的配置；SQL Server 2017 常用工具的功能和使用方法；卸载 SQL Server 2017。

2.1 SQL Server 2017 的版本和组件

SQL Server 2017 于 2017 年 10 月正式发布。为了满足不同用户在性能、功能、价格等方面的不同要求，SQL Server 2017 提供了不同的版本系列和不同的组件。

根据应用程序和用户业务的需要，可以选择安装不同的 SQL Server 版本。不同版本的 SQL Server 价格不同，提供的功能也不尽相同。用户应该根据自己的实际需求，选择安装合适的版本和组件。本节介绍 SQL Server 2017 提供的各种版本、组件及其主要功能。

2.1.1 SQL Server 2017 的版本

SQL Server 2017 有多个版本，具体需要安装哪个版本和哪些组件与具体的应用需求有关。不同版本的 SQL Server 2017 在价格、功能、存储能力、支持的 CPU 等很多方面都不同。SQL Server 2017 的版本及各版本的说明如表 2-1 所示。

表 2-1 SQL Server 2017 版本说明

版本	说　　明
Enterprise（企业版）	作为高级产品/服务，企业版提供了全面的高端数据中心功能，性能极为快捷，同时还具有端到端的商业智能，可为关键任务工作负荷提供较高服务级别并且支持最终用户访问数据
Standard（标准版）	提供了基本数据管理和商业智能数据库，使部门和小型组织能够顺利运行其应用程序并支持将常用开发工具用于内部部署和云部署，有助于以最少的 IT 资源获得高效的数据库管理
Web	对于为从小规模至大规模 Web 资产提供可伸缩性、经济性和可管理性功能的 Web 宿主和 Web VAP 来说，SQL Server Web 版本是一个总拥有成本较低的选择
Developer（开发版）	支持开发人员基于 SQL Server 构建任意类型的应用程序。该版本包括 Enterprise 版的所有功能，但许可限制，只能用作开发和测试系统，不能用作生产服务器，是构建和测试应用程序的人员的理想之选
Express（简易版）	入门级免费数据库，是学习和构建桌面及小型服务器数据驱动应用程序的理想选择。它是独立软件供应商、开发人员和热于构建客户端应用程序的人员的最佳选择。如果需要使用更高级的数据库功能，则可将 SQL Server Express 无缝升级到其他更高端的 SQL Server 版本

2.1.2 服务器组件

用户在安装 SQL server 2017 时可根据自己的需要安装部分或全部组件。表2-2 列出了 SQL Server 2017 的服务器组件。

表 2-2 SQL Server 2017 的服务器组件

服务器组件	说　明
SQL Server 数据库引擎	包括数据库引擎、一些工具和"数据库引擎服务"（DQS）服务器，其中引擎是用于存储、处理和保护、复制数据及全文搜索的核心服务，工具用于管理数据库分析集成和可访问 Hadoop 及其他异类数据源的 PolyBase 集成中的关系数据和 XML 数据
Analysis Services（分析服务）	包括一些工具，可用于创建和管理联机分析处理（OLAP）及数据挖掘应用程序
Reporting Services（报表服务）	包括用于创建、管理和部署表格报表、矩阵报表、图形报表及自由格式报表的服务器和客户端组件。还是一个可用于开发报表应用程序的可扩展平台
Integration Services（集成服务）	一组图形工具和可编程对象，用于移动、复制和转换数据。它还包括 Data Quality Services（DQS）组件
Master Data Services（主数据服务）	Master Data Services（MDS）是针对主数据管理的 SQL Server 解决方案。可以配置 MDS 来管理任何领域（产品、客户、账户）；MDS 中可包括层次结构、各种级别的安全性、事务、数据版本控制和业务规则，以及可用于管理数据的、用于 Excel 的外接程序
机器学习服务器（数据库内）	该组件支持使用企业数据源的分布式、可缩放机器学习解决方案。SQL Server 2016 支持 R 语言，SQL Server 2017 支持 R 和 Python
机器学习服务器（独立）	该组件支持在多个平台上部署分布式、可缩放机器学习解决方案，并可使用多个企业数据源，包括 Linux 和 Hadoop。SQL Server 2016 支持 R 语言，SQL Server 2017 支持 R 和 Python

2.1.3 管理工具

SQL Server 2017 提供了一些管理工具，客户可根据自己的实际需要选择安装。表2-3 列出了这些管理工具及其主要功能。

表 2-3 SQL Server 2017 的管理工具

管理工具	说　明
SQL Server Management Studio	SQL Server Management Studio（SSMS）是用于访问、配置、管理和开发 SQL Server 组件的集成环境。Management Studio 使各种技术水平的开发人员和管理员都能使用 SQL Server
SQL Server 配置管理器	为 SQL Server 服务、服务器协议、客户端协议和客户端别名提供基本配置管理
SQL Server Profiler	该工具提供了一个图形用户窗口，用于监视数据库引擎实例或 Analysis Services 实例的运行情况
数据库引擎优化顾问	该工具可以协助创建索引、索引视图和分区的最佳组合
数据质量客户端	该工具提供了一个非常简单和直观的图形用户窗口，用于连接到 DQS 数据库并执行数据清理操作。它还允许用户集中监视在数据清理操作过程中执行的各项活动
SQL Server Data Tools（SSDT）	该工具提供 IDE，以便为以下商业智能组件生成解决方案：Analysis Services、Reporting Services 和 Integration Services。该工具在之前版本中的名称为 Business Intelligence Development Studio。 SQL Server Data Tools 还包含"数据库项目"，为数据库开发人员提供集成环境，以便在 Visual Studio 内为任何 SQL Server 平台（包括本地和外部）执行其所有数据库设计工作。数据库开发人员可以使用 Visual Studio 中功能增强的服务器资源管理器，轻松创建或编辑数据库对象和数据或执行查询
连接组件	用于客户端和服务器之间通信的组件，以及用于 DB-Library、ODBC 和 OLE DB 的网络库

2.1.4　各版本功能差异

　　表 2-4 列出了 SQL Server 2017 各版本单个实例所支持的主要功能上的差异。由于开发版和企业版的功能相同，因此表 2-4 中未列出开发版功能。

表 2-4　SQL Server 2017 各版本的主要功能差异

功能名称	Enterprise	Standard	Web	Express
数据库引擎最大计算能力	操作系统支持的最大值	限制为 4 个插槽或 24 核，取二者中的较小值	限制为 4 个插槽或 16 核，取二者中的较小值	限制为 1 个插槽或 4 核，取二者中的较小值
每个 SQL Server 数据库引擎实例的缓冲池的最大内存	操作系统支持的最大值	128GB	64GB	1410MB
每个 SQL Server 数据库引擎实例的列存储段缓存的最大内存	不受限制	32GB	16GB	352MB
SQL Server 数据库引擎中每个数据库的最大内存优化数据大小	不受限制的内存	32GB	16GB	352MB
每个 Analysis Services 实例利用的最大内存	操作系统支持的最大值	表格：16GB MOLAP：64GB	不适用	不适用
每个 Reporting Services 实例利用的最大内存	操作系统支持的最大值	64GB	64GB	不适用
最大关系数据库大小	524PB	524PB	524PB	10GB

　　表 2-5 列出了 SQL Server 2017 各版本所支持的主要管理工具。

表 2-5　SQL Server 2017 各版本支持的主要管理工具

管理工具	Enterprise	Standard	Web	Express
SQL 管理对象（SMO）	支持	支持	支持	支持
SQL 配置管理器	支持	支持	支持	支持
SQL Profiler	支持	支持	不支持	不支持
数据库优化顾问（DTA）	支持	支持	支持	不支持

　　表 2-6 列出了 SQL Server 2017 各版本所支持的主要开发工具。

表 2-6　SQL Server 2017 各版本支持的主要开发工具

开发工具	Enterprise	Standard	Web	Express
Microsoft Visual Studio 集成	支持	支持	支持	支持
Intellisense（T-SQL 和 MDX）	支持	支持	支持	支持
SQL Server Data Tools	支持	支持	支持	不支持
MDX 编辑、调试和设计工具	支持	支持	不支持	不支持

　　表 2-7 列出了 SQL Server 2017 各版本对可编程性的支持。

表 2-7　SQL Server 2017 各版本对可编程性的支持

开发工具	Enterprise	Standard	Web	Express
基本 R 集成	支持	支持	支持	不支持
高级 R 集成	支持	不支持	不支持	不支持
基本 Python 集成	支持	支持	支持	不支持
高级 Python 集成	支持	不支持	不支持	不支持
机器学习服务器（独立）	支持	不支持	不支持	不支持
JSON	支持	支持	支持	支持

2.1.5 安装资源要求

SQL Server 2017 的安装有一定的软硬件要求，而且不同 SQL Server 2017 版本对操作系统及软硬件的要求也不完全相同。下面仅说明在 Windows10 操作系统中安装 64 位 SQL Server 2017 时对操作系统和硬件的要求。

在安装 SQL Server 2017 的过程中，Windows Installer 会在系统驱动器中创建临时文件。在运行安装程序之前应确保系统驱动器中至少有 6GB 的可用磁盘空间用以存储这些文件。

SQL Server 2017 的实际硬盘空间需求取决于系统配置和用户选择安装的功能，表 2-8 列出了 SQL Server 2017 组件对磁盘空间的要求。

表 2-8　SQL Server 2017 主要功能需要的磁盘空间

功　　能	磁盘要求
数据库引擎和数据文件、复制、全文搜索以及 Data Quality Services	1480MB
数据库引擎（如上所示）带有 R Services（数据库内）	2744MB
数据库引擎（如上所示）带有针对外部数据的 PolyBase 查询服务	4194MB
Analysis Services 和数据文件	698MB
Reporting Services	967MB
Microsoft R Server（独立）	280MB
Reporting Services-SharePoint	1203MB
用于 SharePoint 产品的 Reporting Services 外接程序	325MB
数据质量客户端	121MB
客户端工具连接	328MB
Integration Services	306MB
客户端组件（除 SQL Server 联机丛书组件和 Integration Services 工具之外）	445MB
Master Data Services	280MB
用于查看和管理帮助内容的 SQL Server 联机丛书组件	27MB
下载联机丛书内容	200MB
所有功能	8030MB

表 2-9 列出了 SQL Server 2017 对内存及处理器的要求。

表 2-9　SQL Server 2017 对内存及处理器的要求

功能	要　　求
内存	最低要求：2GB 建议值：至少 4GB，且应该随着数据库大小的增加而增加，以确保能达到最佳的性能
处理器速度	最低要求：x64 处理器（1.4GHz） 建议值：2.0GHz 或更快
处理器类型	x64 处理器：AMD Opteron、AMD Athlon 64、支持 Intel EM64T 的 Intel Xeon 和支持 EM64T 的 Intel Pentium IV

说明：仅 x64 处理器支持 SQL Server 的安装。x86 处理器不再支持此安装。

除了硬件要求之外，安装 SQL Server 2017 还需要一定的操作系统支持，不同版本的 SQL Server 2017 要求不同的 Windows 操作系统版本和补丁（Service Pack）。由于操作系统版本较多，这里不一一列出，有兴趣的读者可参阅微软网站上的相关文档（网址：https://docs.microsoft.com/zh-cn/sql/sql-server/install/hardware-and-software-requirements-for-installing-sqlserver?view=sql-server-2017)。

2.1.6 实例

在安装 SQL Server 之前，我们首先需要理解一个概念——实例。各数据库厂商对实例的解释不完全相同，在 SQL Server 中可以这样理解实例：每在一台计算机上安装一次 SQL Server 就会生成一个实例。

1. 默认实例和命名实例

如果是第一次在计算机上安装 SQL Server 2017（并且此计算机上没有安装其他 SQL Server 版本），则 SQL Server 安装向导会提示用户选择把这次安装的 SQL Server 实例作为默认实例还是命名实例（通常是默认实例）。命名实例只是表示在安装过程中为实例指定了一个名称，然后我们就可以用该名称访问该实例了。默认实例使用当前所用计算机的网络名作为 SQL Server 实例名。

在客户端访问默认实例的方法是：在 SQL Server 客户端工具中输入"计算机名"或计算机的 IP 地址。

访问命名实例的方法是：在 SQL Server 客户端工具中输入"计算机名 \ 命名实例名"。

在一台计算机上只能安装一个默认实例，但可以有多个命名实例。

当对 SQL Server 实例进行命名时，须注意以下几点：

- 实例名不区分大小写。
- 实例名不能包含"Default"或其他保留关键字。如果实例名中使用了保留关键字会发生安装错误。
- 如果将实例名指定为 MSSQLServer，则将创建默认实例。对于 SQL Server Express，如果将实例名指定为 SQLExpress，将创建默认实例。
- 实例名最多不超过 16 个字符。
- 实例名中的第一个字符必须是字母。可接受的字母为 Unicode 标准 2.0 定义的字母，这些字母包括 a ~ z、A ~ Z 和其他语言中的字母字符。后续字符可以是 Unicode 标准 2.0 定义的字母、源于基本拉丁语或其他国家 / 地区书写符号的十进制数字、美元符号（$）或者下划线（_）。
- 实例名称中不允许有空格或其他特殊字符，也不允许使用反斜杠（\）、逗号（,）、冒号（:）、分号（;）、单引号（'）、and 符（&）和 at 符（@）。

2. 多实例

SQL Server 的实例代表独立的数据库管理系统，SQL Server 2017 支持在同一台服务器上安装多个实例，或者在同一个服务器上同时安装 SQL Server 2017 和 SQL Server 的早期版本。在安装过程中，数据库管理员可以选择安装一个不指定名称的实例（默认实例），此时，将采用服务器的机器名作为默认实例名。如果在同一台计算机上除了安装 SQL Server 的默认实例外，还要安装多个实例，则必须给其他实例取不同的名称，这些实例均是命名实例。在一台服务器上安装 SQL Server 的多个实例，以便不同的用户将自己的数据放置在不同的实例中，从而避免不同用户数据之间的相互干扰。

但并不是在一台服务上安装的 SQL Server 实例越多越好，因为安装多个实例会增加管理开销，导致组件重复。SQL Server 和 SQL Server Agent 服务的多个实例需要额外的计算机资源，包括内存和处理能力。

2.2 安装 SQL Server 2017

从 SQL Server 2017（14.x）版本开始支持在 Linux 操作系统中安装 SQL Server。SQL Server 安装向导可以提供下列 SQL Server 组件的安装。

- 数据库引擎；
- Analysis Services；
- Reporting Services；
- Integration Services；
- Master Data Services；
- 数据库引擎服务；
- 连接组件。

建议在使用 NTFS 或 ReFS 文件格式的计算机上运行 SQL Server。出于安全性考虑，支持但不建议在使用 FAT32 文件系统的计算机上安装 SQL Server。

若要执行远程安装，介质必须处于网络共享状态，或者是物理计算机或虚拟机的本地介质。即 SQL Server 安装介质要么处于网络共享状态，要么是映射的驱动器、本地驱动器，或者是虚拟机的 ISO。

本节以在 Windows 10 操作系统中安装 64 位 SQL Server 2017 开发版为例，介绍其安装过程。

 注意 运行 SQL Server 2017 安装程序的用户必须是 Windows 系统管理员。

运行 SQL Server 2017 的 setup.exe，出现如图 2-1 所示安装窗口，在该窗口左侧列表框中选择"安装"，然后在右侧列表框中选择"全新 SQL Server 独立安装或向现有安装添加功能"选项，检测后进入图 2-2 所示的"产品密钥"窗口。

图 2-1 程序安装窗口

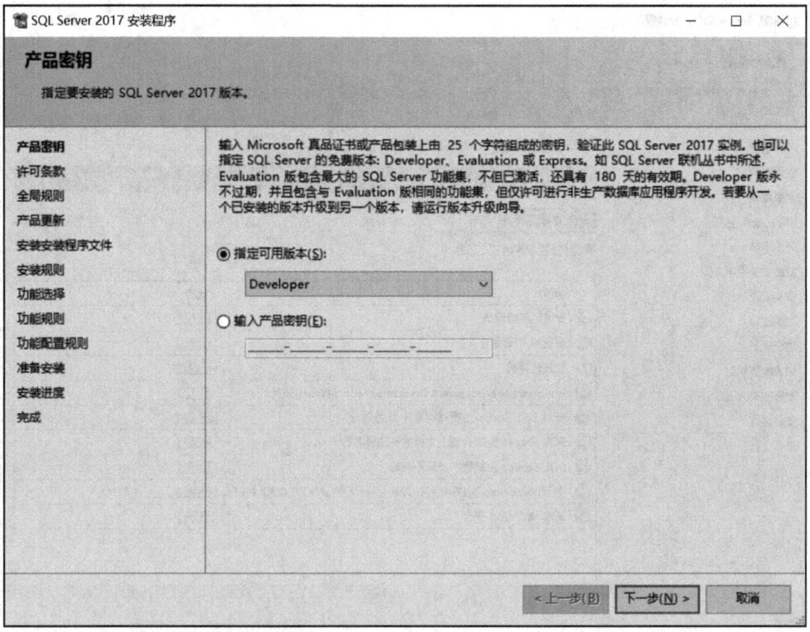

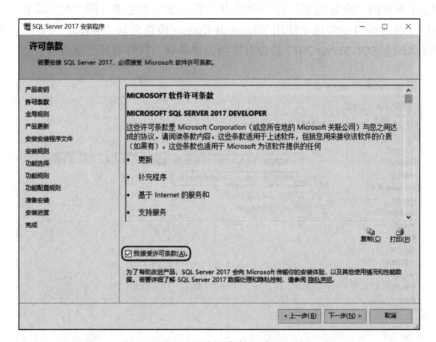

图 2-2　"产品密钥"窗口

在图 2-2 所示窗口中单击"下一步"按钮进入图 2-3 所示"许可条款"窗口。

图 2-3　"许可条款"窗口

在图 2-3 所示的"许可条款"窗口中勾选"我接受许可条款"复选框，单击"下一步"按钮进入"安装安装程序组件"窗口，此窗口功能完成后，自动进入如图 2-4 所示"全局规则"窗口。

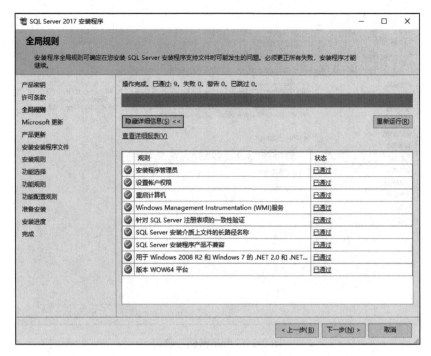

图 2-4   "全局规则"窗口

在图 2-4 所示的"全局规则"窗口中单击"下一步"按钮进入图 2-5 所示的"Microsoft 更新"窗口。在此窗口中勾选"使用 Microsoft Update 检查更新(推荐)"复选框,可以在安装过程中自动检查 SQL Server 2017 是否有更新,如果有,同时安装更新内容。

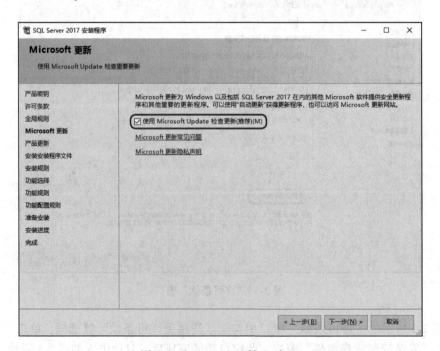

图 2-5   "Microsoft 更新"窗口

单击图 2-5 所示窗口中的"下一步"按钮，进入图 2-6 所示"产品更新"窗口。在此窗口中继续单击"下一步"按钮，进入图 2-7 所示的"安装安装程序文件"窗口。安装完成后系统自动进入图 2-8 所示的"安装规则"窗口。

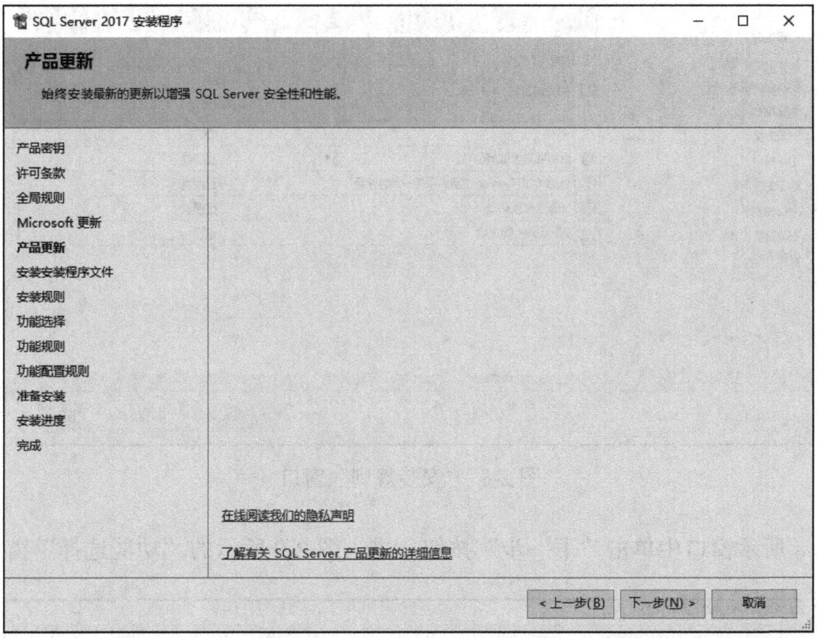

图 2-6 "产品更新"窗口

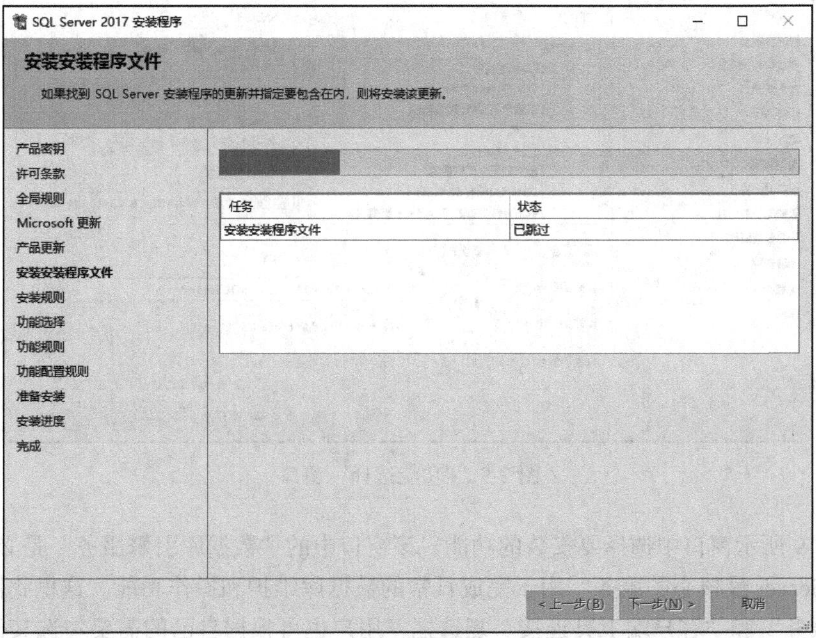

图 2-7 "安装安装程序文件"窗口

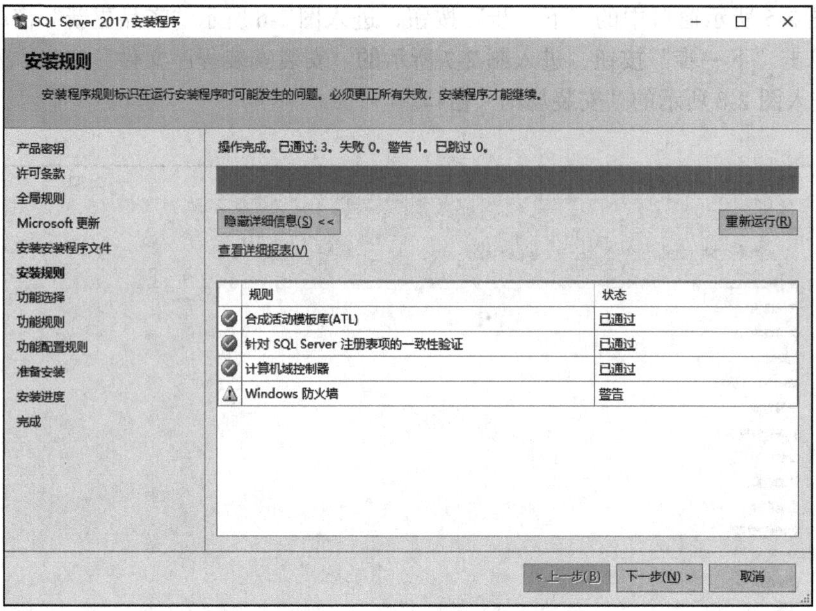

图 2-8 "安装规则"窗口

在图 2-8 所示窗口中单击"下一步"按钮，进入图 2-9 所示的"功能选择"窗口。

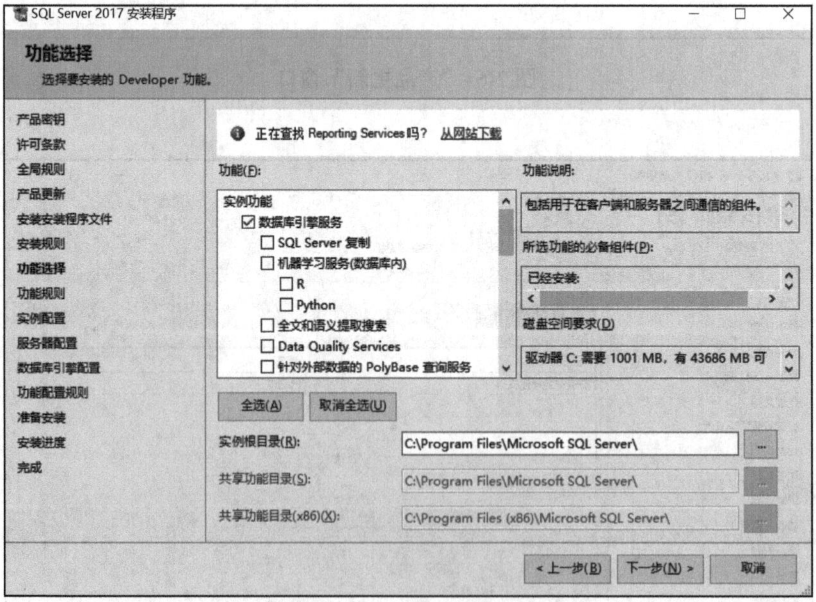

图 2-9 "功能选择"窗口

在图 2-9 所示窗口中选择要安装的功能。该窗口中的"数据库引擎服务"是必须安装的，它是 SQL Server 最核心的服务，用于完成日常的数据库维护和操作功能。这里我们勾选"数据库引擎服务"和"客户端工具连接"复选框，用户也可根据自己的需要勾选其他功能，或安装完成后，在需要时再补充安装其他功能。单击"下一步"按钮进入图 2-10 所示的"实例配置"窗口。

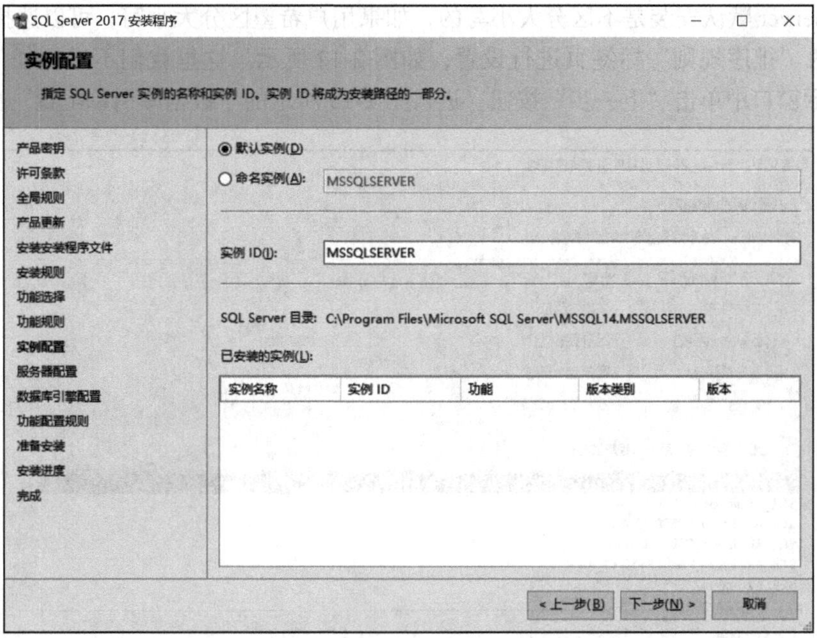

图 2-10　"实例配置"窗口

如果是第一次在计算机上安装 SQL Server（包括之前的版本），则"实例配置"窗口默认选中"默认实例"选项。在机器上第一次安装 SQL Server 默认安装默认实例，默认实例的实例名为"MSSQLSERVER"。如果之前安装过 SQL Server 2017 或之前的版本，则在此窗口系统会自动选中"命名实例"选项，这时用户需在"实例 ID"文本框中输入实例名。这里我们是第一次安装，选择"默认实例"。单击"下一步"按钮，进入图 2-11 所示的"服务器配置"窗口。

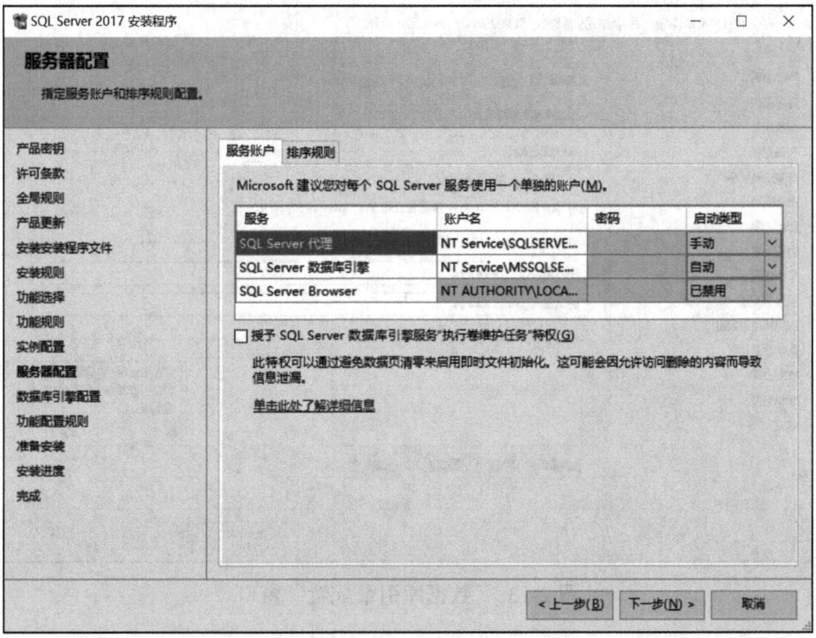

图 2-11　"服务器配置"窗口

SQL Server 默认安装是不区分大小写的，如果用户希望区分大小写，可以选择图 2-11 所示窗口中的"排序规则"标签页进行设置，如图 2-12 所示。这里我们不进行任何设置，在图 2-11 所示窗口中单击"下一步"按钮，进入图 2-13 所示的"数据库引擎配置"窗口。

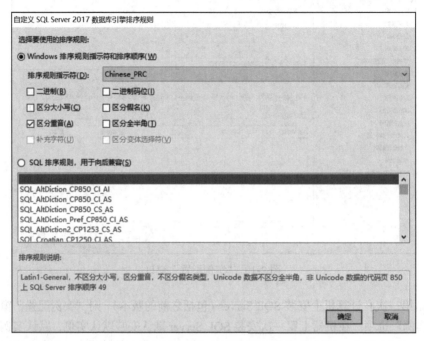

图 2-12　自定义排序规则

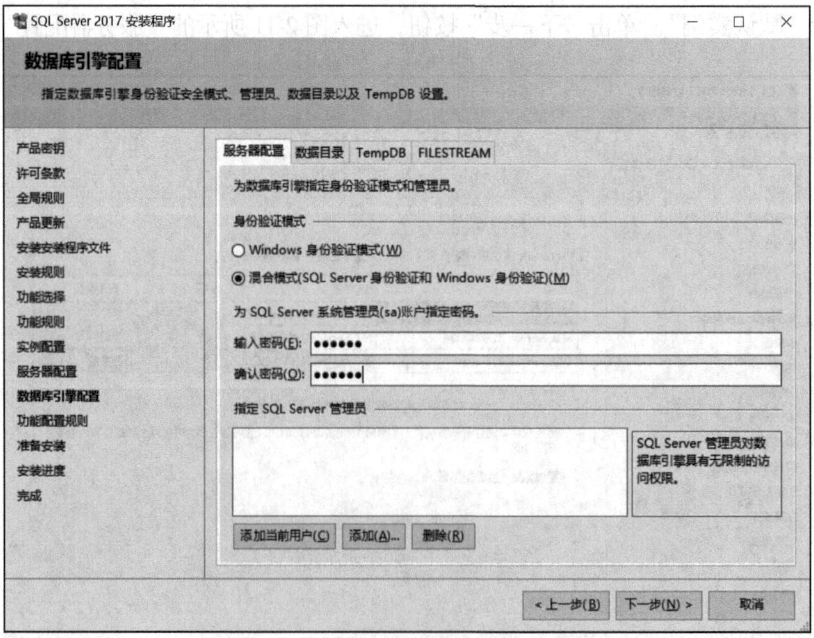

图 2-13　"数据库引擎配置"窗口

在图 2-13 所示窗口中，选中"混合模式（SQL Server 身份验证和 Windows 身份验证）"

选项，同时在"输入密码"和"确认密码"文本框中输入 sa（SQL Server 提供的默认系统管理员）的登录密码。然后再单击下面的"添加当前用户"按钮，表示当前登录的 Windows 用户（具有 Windows 系统管理员权限）也作为 SQL Server 的系统管理员。

或者也可以选择其他 Windows 系统管理员作为 SQL Server 管理员，方法是单击图 2-13 所示窗口中的"添加"按钮，弹出如图 2-14 所示的"选择用户或组"窗口。

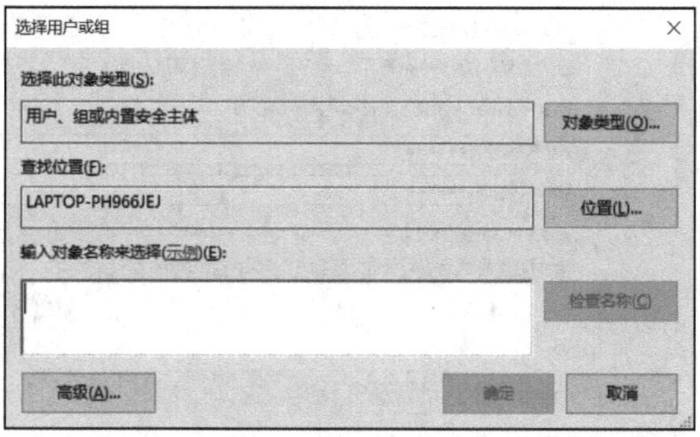

图 2-14   "选择用户或组"窗口

在图 2-14 所示窗口中单击左下方的"高级"按钮，弹出"选择用户或组"窗口，在此窗口中单击"立即查找"按钮，在下面的"搜索结果"列表框中将列出 Windows 的所有用户，选中一个具有管理员权限的用户，将此用户作为 SQL Server 的系统管理员，如图 2-15 所示。

单击"确定"按钮，返回到图 2-14 所示窗口，此时该窗口中的"输入对象名称来选择"列表框将列出所选的用户，再次单击"确定"按钮，回到图 2-13 所示窗口。此时图 2-13 所示窗口的形式如图 2-16 所示。

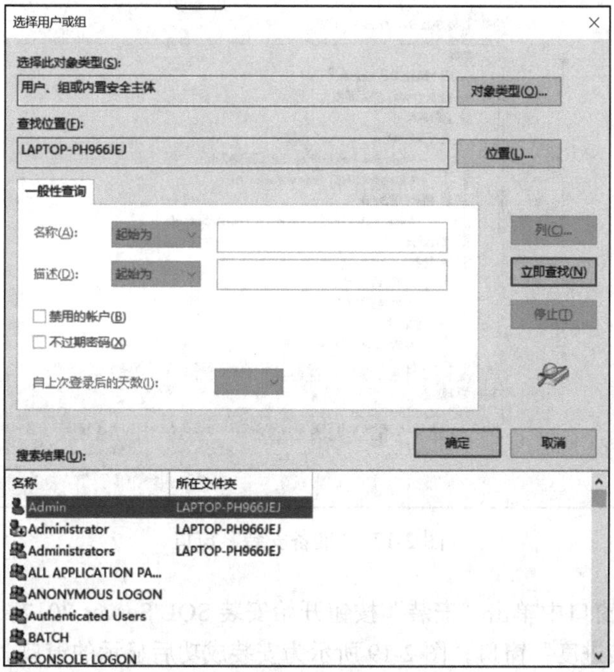

图 2-15   指定一个 Windows 管理员作为 SQL Server 管理员

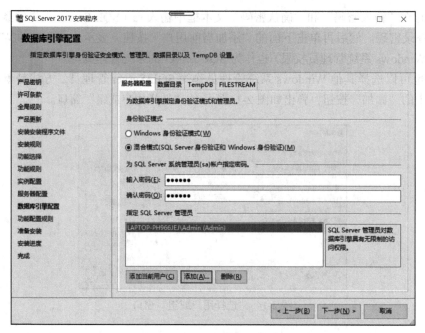

图 2-16　指定 Windows 管理员后的窗口样式

在图 2-16 所示窗口中单击"下一步"按钮，进入图 2-17 所示的"准备安装"窗口。

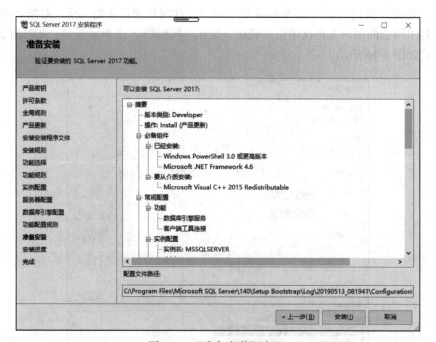

图 2-17　"准备安装"窗口

在图 2-17 所示窗口中单击"安装"按钮开始安装 SQL Server 2017。图 2-18 所示为安装过程中显示的"安装进度"窗口，图 2-19 所示为安装成功后显示的窗口。在图 2-19 所示窗口中单击"关闭"按钮，完成 SQL Server 2017 的安装。

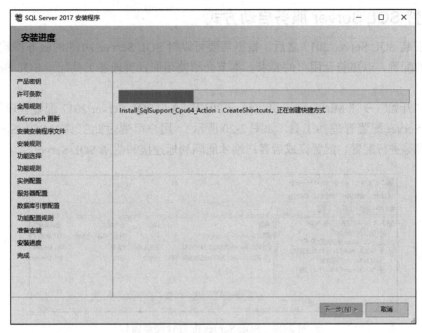

图 2-18   "安装进度"窗口

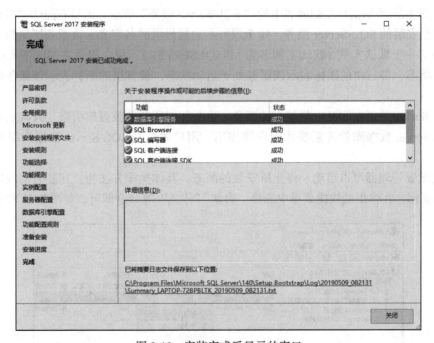

图 2-19   安装完成后显示的窗口

    基于系统环境不同、安装次数不同、所选功能不同，各安装步骤所示的窗口及窗口内容可能有所不同。

    SQL Server 2017 所有实例使用的公共文件安装在 <drive>:\Program Files\Microsoft SQL Server\140\ 文件夹中，<drive> 是安装组件的驱动器号，默认值通常为驱动器 C。"140"表示安装的是 SQL Server 2017 版（2014 版为 120，2016 版为 130，2017 版为 140）。

2.3   设置 SQL Server 服务启动方式

成功安装 SQL Server 2017 之后，根据需要可以对 SQL Server 2017 的服务器端和客户端进行适当的配置，以更符合用户的要求。本节介绍使用配置管理器工具配置 SQL Server 2017 的方法。

单击"开始"→"Microsoft SQL Server 2017"→"SQL Server 2017 配置管理器"命令，打开 SQL Server 配置管理器工具（如图 2-20 所示），用户可通过此工具对 SQL Server 服务、网络、协议等进行配置，配置完成后客户端才能顺利地连接和使用 SQL Server。

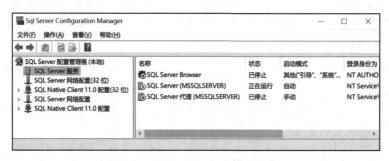

图 2-20   SQL Server 配置管理器窗口

单击图 2-20 所示窗口左侧列表中的"SQL Server 服务"节点，窗口右侧的"名称"列表框将列出已安装的 SQL Server 服务，每个服务右边括号里的名字表示该服务所属的实例。这里只安装了一个默认实例（默认实例名为 MSSQLSERVER）。每个服务左侧的图标代表该服务的当前状态，带三角的图标表示该服务处于启动状态，带方块的图标表示该服务处于停止状态。

SQL Server 是所有服务中最核心的服务，也是我们所说的数据库引擎。只有启动了该服务，SQL Server 数据库管理系统才能发挥作用，用户才能与 SQL Server 数据库服务器建立连接。

通过配置管理器可以启动、停止所安装的服务。具体操作方法为：在要启动或停止的服务上右击鼠标，在弹出的快捷菜单中选择"启动""停止"等命令即可，如图 2-21 所示。

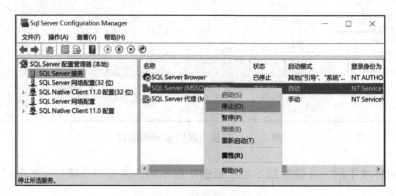

图 2-21   设置服务的状态

双击某个服务，比如"SQL Server（MSSQLSERVER）"，或者在该服务上右击鼠标，在弹出的快捷菜单中选择"属性"命令，弹出如图 2-22 所示的"属性"窗口。

可以在此窗口的"登录"选项卡中设置启动服务的账户，在"服务"选项卡中设置服务的启动方式（如图 2-23 所示）。这里有 3 种启动方式，分别为自动、手动和已禁用。

- 自动：表示当操作系统启动时自动启动该服务。
- 已禁用：表示禁止该服务启动。
- 手动：表示需要用户手工启动该服务。

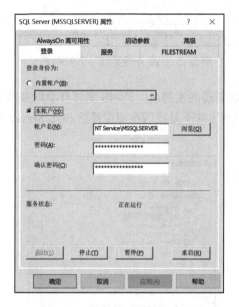

图 2-22 服务的"属性"窗口

图 2-23 设置服务的启动方式

2.4 SQL Server Management Studio 工具

从 SQL Server 2016（13.x）版本开始，SQL Server 的安装软件不再同时安装 SQL Server Management Studio（简称 SSMS），用户须自行下载和独立安装。适用于 SQL Server 2017 的 Management Studio 的下载网址为 https://docs.microsoft.com/zh-cn/sql/ssms/download-sql- : server-management-studio-ssms?view=sql-server-2017，用户下载 17.9 版本即可。

SQL Server Management Studio 是一个集成环境，用于访问、配置和管理所有的 SQL Server 组件，它组合了大量的图形工具和丰富的脚本编辑器，使各种技术水平的开发和管理人员都可以通过该工具访问和管理 SQL Server。

2.4.1 连接到数据库服务器

单击"开始"→"程序"→"Microsoft SQL Server Tools 2017"→"SQL Server Management Studio 2017"命令，打开 SQL Server Management Studio 工具，弹出"连接到服务器"窗口，如图 2-24 所示。

在图 2-24 所示的窗口中，各选项的含义如下：

1）"服务器类型"选项：列出了 SQL Server 数据库服务器所包含的服务，其下拉列表框中列出的内容是已安装的全部服务（如图 2-25 所示），用户可以根据实际需要选择连接到不同的服务。这里我们选择"数据库引擎"选项，即 SQL Server 服务。

图 2-24 "连接到服务器"窗口　　　　　　图 2-25 "服务器类型"下拉列表

2）"服务器名称"选项：指定要连接的数据库服务器的实例名。SSMS 能够自动扫描当前网络中的 SQL Server 实例。如果"服务器名称"中列出的不是我们希望连接的 SQL Server 实

例，则可单击右侧下三角按钮，然后在列表框中选择"＜浏览更多 ...＞"命令，弹出"查找服务器"窗口，如图 2-26 所示。在此窗口中展开"数据库引擎"，可以查看该服务器上安装的所有 SQL Server 实例。选中要连接的服务器实例（这里我们选中默认实例 LAPTOP-PH966JEJ），然后单击"确定"按钮。

3）"身份验证"选项：选择使用哪种身份的用户连接到数据库服务器实例，这里有两种选择，即"Windows 身份验证"和"SQL Server 身份验证"（如图 2-27 所示）。如果选择的是"Windows 身份验证"，则窗口形式如图 2-24 所示，这也是默认的身份验证方式，表示

图 2-26 选择要连接的 SQL Server 实例

用当前登录到 Windows 的用户连接到数据库服务器实例；如果选择的是"SQL Server 身份验证"，则窗口形式如图 2-28 所示，这时需要输入 SQL Server 身份验证的登录名和相应的密码。具体身份验证模式和登录账户的种类在第 12 章介绍。

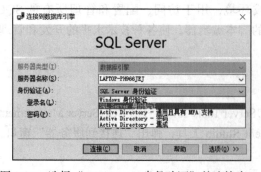 

图 2-27 选择"SQL Server 身份验证"的连接窗口　图 2-28 选择"SQL Server 身份验证"的连接窗口

这里我们选择"Windows 身份验证"，单击"连接"按钮连接到服务器。连接成功后进入 SSMS 操作窗口，如图 2-29 所示。

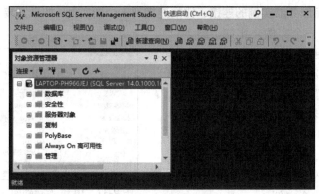

图 2-29　SSMS 操作窗口

在图 2-29 所示的窗口中，我们可以执行以下操作：

1）单击"新建查询"图标按钮 🔲 新建查询(N) 可以打开查询编辑器窗格，如图 2-30 所示。

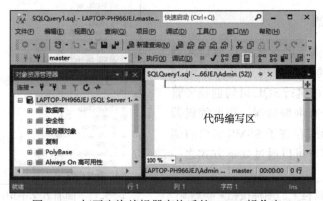

图 2-30　打开查询编辑器窗格后的 SSMS 操作窗口

2）单击"新建查询"按钮右边的"数据库引擎查询"图标按钮 🔲，将打开图 2-24 所示的"连接到服务器"窗口，在此窗口中，用户可以指定在查询编辑器窗格中执行操作的用户，以及执行操作的数据库服务器和实例。

3）单击"对象资源管理器"窗口中的"连接"图标按钮 连接▾，在弹出的下拉列表框中选择"数据库引擎"命令（如图 2-31 所示），也会弹出图 2-24 所示的窗口。用户可以利用此窗口

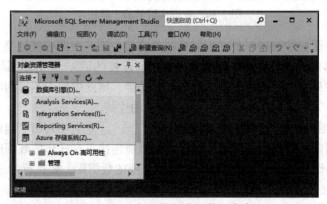

图 2-31　选择"数据库引擎"命令

再建立一个到数据库服务器实例的连接，比如连接到一个新实例（如果安装了多个），或者用另
一个用户连接到同一个实例。比如，图 2-32
所示为用 sa 连接到同一个 SQL Server 实例
（默认实例）。建立新连接后的 SSMS 窗口中
"对象资源管理器"的形式如图 2-33 所示，
从该图中我们可以看到，对象资源管理器中
同时列出了已连接的两个实例。SSMS 是一
个通用的管理工具，通过该工具用户可以同
时对多个实例进行管理和操作，也可以用不
同用户身份操作同一个实例。

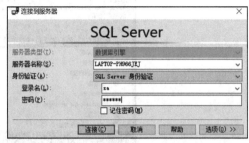

图 2-32   用 sa 连接到同一个 SQL Server 实例

　　如果希望断开与某个实例的连接，则在
要断开连接的实例名上右击鼠标，在弹出的
快捷菜单中选择"断开连接"命令即可。

2.4.2   查询编辑器

　　SSMS 工具提供了图形化操作窗口来创
建和维护对象，同时也为用户提供了编写
T-SQL 语句，并通过执行 SQL 语句创建和管
理对象的工具——查询编辑器。查询编辑器
以选项卡窗格的形式存在于 SSMS 窗口右侧
的文档窗格中，用户可以通过如下方式之一
打开查询编辑器：

- 单击标准工具栏上的图标按钮 新建查询(N)。
- 单击标准工具栏上的"数据库引擎查
  询"图标按钮。

图 2-33   同时有多个用户连接到服务器的
对象资源管理器

- 选择"文件"菜单中"新建"命令下的"数据库引擎查询"命令。

查询编辑器位于 SSMS 窗口的右侧，如图 2-30 所示。

查询编辑器的工具栏如图 2-34 所示。

图 2-34   查询编辑器的工具栏

　　最左侧的两个图标按钮用于处理到服务器的连接。第一个图标按钮是"连接"，用于
请求一个到服务器的连接（如果当前没有建立任何连接的话），单击此图标按钮将弹出如图
2-24 所示窗口。如果当前已经建立了到服务器的连接，则此按钮为不可用状态。第二个图标
按钮是"更改连接"，单击此按钮可以更改当前的连接。

　　"更改连接"图标按钮右侧的下拉列表框 master 中列出了当前所连接数据库服
务器上的所有数据库，列表框中显示的数据库是当前连接正在操作的数据库。如果要在不同
的数据库上执行操作，可以在下拉列表框中选择需要的数据库，要执行的 SQL 代码都是在所
选中数据库上进行的。

　　后面的 4 个图标按钮与查询编辑器中所键入代码的执行有关。

- ▶ 执行(X) （执行）图标按钮用于执行在编辑区选中的代码（如果没有选中任何代码，则执行全部代码）。
- 调试(D) （调试）图标按钮用于对代码进行调试。
- ■按钮默认是灰色的（取消执行查询），在执行代码时它将成为红色■。在执行代码的过程中，如果希望取消代码的执行，则可单击此按钮。
- ✓（分析）图标按钮用于对编辑区中选中的代码进行语法分析（如果没有选中任何代码，则表示分析全部代码）。

图标按钮组 ⊞⊞⊡用于改变查询结果的显示形式。

- ⊞图标按钮设置查询结果按文本格式显示；
- ⊞图标按钮设置查询结果按网格形式显示；
- ⊡图标按钮设置直接将查询结果保存到一个文件中。

2.5 卸载 SQL Server 2017 实例

只有拥有"作为服务登录"权限的本地管理员才有权卸载 SQL Server 实例。在进行实例卸载之前，最好先备份自己的数据，然后停止所有的 SQL Server 服务。

SQL Server 2017 本身没有提供卸载工具，需要借助 Windows 的控制面板来实现实例卸载。使用控制面板卸载 SQL Server 2017 的方法如下（以 Windows 10 操作系统为例）。

1）打开 Windows 的"控制面板"，如图 2-35 所示，单击"程序"下的"卸载程序"选择，弹出如图 2-36 所示的"程序和功能"窗口。

图 2-35　选择"卸载程序"选项

2）在图 2-36 所示窗口中，首先选中列表框中的"Microsoft SQL Server 2017（64 位）"选项，然后单击"卸载 / 更改"按钮，启动 SQL Server 安装向导。

- 系统将运行安装程序支持规则以验证计算机配置。在此窗口中单击"下一步"按钮。
- 在"选择实例"窗口中，使用下拉框指定要删除的 SQL Server 实例，或者指定与仅删除 SQL Server 共享功能和管理工具相对应的选项。若要继续，单击"下一步"按钮。
- 在"选择功能"窗口中指定要从指定的 SQL Server 实例中删除的功能。
- 在"准备删除"窗口中查看要卸载的组件和功能列表。单击"删除"按钮开始卸载。
- 在卸载完最后一个 SQL Server 实例后，与 SQL Server 关联的其他程序仍显示在"程序和功能"的程序列表中。如果关闭"程序和功能"，则下次再打开"程序和功能"时，将会刷新程序列表以显示实际安装的程序。

图 2-36　选择要卸载的程序

小结

　　本章首先介绍了 SQL Server 2017 数据库管理系统，包括服务器组件、管理工具以及主要版本的功能差异，然后重点介绍了 SQL Server 2017 的安装工程，最后介绍了 SQL Server 2017 中常用的工具——SSMS（SQL Server Management Studio），以及查询编辑器的主要界面和使用方法。

　　在 SQL Server 2017 中，最重要的服务是 SQL Server（MSSQLSERVER），只有启动了该服务，SQL Server 的功能才能显现出来。

　　SQL Server 2017 是一个支持多实例的数据库管理系统，一个实例就是一个独立运行的数据库管理系统。在一台服务器上可以安装多个 SQL Server 实例，但其中只能有一个默认实例（通常是第一个安装的 SQL Server 实例），其他都是命名实例。

习题

1. SQL Server 2017 的主要版本有哪些？各版本的主要特性是什么？
2. SQL Server 2017 提供的主要服务器组件有哪些？每个组件的作用是什么？
3. 请简述 SQL Server 2017 各版本之间的功能差异。
4. 什么是多实例？什么是默认实例？什么是命名实例？

上机练习

1. 请在你的计算机上安装一个 SQL Server 2017 命名实例，并设置实例名为 "SQL2017"。
2. 将新安装的 SQL Server 2017 的 "SQL Server" 服务设置为自动启动方式，将 "SQL Server 代理服务" 设置为手动启动方式。
3. 在查询编辑器中输入如下语句并执行：

```
SELECT name,type,create_date,modify_date FROM sys.all_objects
  WHERE type = 'S'
```

观察执行的结果，并完成如下操作。

（1）将查询结果的形式改为 "以文本格式显示结果"，再次执行上述语句，观察执行结果。

（2）将查询结果的形式改为 "将结果保存到文件"，再次执行上述语句，观察执行结果。

（3）将查询结果的形式改为 "以网格显示结果"，再次执行上述语句，观察执行结果。

第3章 数据库的创建与管理

数据库是存放数据的"仓库",用户在利用数据库管理系统提供的功能时,首先要将自己的数据保存到数据库中。本章介绍如何在 SQL Server 2017 中,通过图形化方法和 T-SQL 语句创建用户数据库,以及如何对用户数据库进行管理,包括对数据库空间的维护、分离和附加数据库等。

3.1 SQL Server 数据库概述

SQL Server 2017 中的数据库由包含数据的表集合和其他对象(如视图、索引、存储过程等)组成,目的是为执行与数据有关的活动提供支持。SQL Server 支持在一个实例中创建多个数据库,每个数据库在物理上和逻辑上都是独立的,相互之间没有影响。每个数据库存储相关的数据,例如,可以用一个数据库存储商品及销售信息,用另一个数据库存储人事信息。

从数据库应用和管理的角度来看,SQL Server 将数据库分为两大类:系统数据库和用户数据库。系统数据库是由 SQL Server 数据库管理系统自动创建和维护的,这些数据库用于保存维护系统正常运行的信息,如一个 SQL Server 实例上共建有多少个用户数据库,每个数据库的创建日期、占用空间大小、包含的文件个数,等等。用户数据库中保存的是与用户的业务有关的数据,通常我们所说的建立数据库都指的是创建用户数据库,通常所说的对数据库的维护也指的是对用户数据库的维护。一般用户对系统数据库只具有查询权。

图 3-1 默认安装的系统数据库

3.1.1 系统数据库

安装好 SQL Server 2017 后,默认情况下系统会自动安装 4 个用于维护系统正常运行的系统数据库,分别是 master、msdb、model 和 tempdb,如图 3-1 所示。

下面简单介绍这几个系统数据库的作用。

- master:是 SQL Server 中最重要的数据库,用于记录 SQL Server 实例的所有系统级信息,包括实例范围的元数据(如登录账户)、端点、链接服务器和系统配置设置。在 SQL Server 中,系统对象不再存储在 master 数据库中,而是存储在 Resource 数据库中。此外,master 数据库中还记录了所有其他数据库的存在、数据库文件的位置和 SQL Server 的初始化信息。因此,如果 master 数据库不可用,SQL Server 将无法启动。
- msdb:用于 SQL Server 代理计划警报和作业,保存调度报警、作业等的相关信息,作业是在 SQL Server 中定义的自动执行的一系列操作的集合,作业的执行不需要人工干预。
- model:用作 SQL Server 实例上创建的所有数据库的模板。对 model 数据库进行的修改(如数据库大小、排序规则、恢复模式和其他数据库选项)将应用于以后创建的所有用户数据库。当用户创建一个数据库时,系统会自动将 model 数据库中的全部内容复制到新建数据库中。因此,用户创建的数据库不能小于 model 数据库的大小。

- tempdb：临时数据库，是一个全局资源，可供连接到 SQL Server 实例或 SQL 数据库的所有用户使用。每次启动 SQL Server 时都会重新创建 tempdb 数据库。
  tempdb 数据库用于保留如下两种对象。
  - 显式创建的临时用户对象，如全局或局部临时表及索引、临时存储过程、表变量、表值函数返回的表或游标。
  - 由数据库引擎创建的内部对象，包括：
    - 用于存储游标、排序和临时大型对象（LOB）存储的中间结果的工作表。
    - 用于散列连接或散列聚合操作的工作文件。
    - 用于创建或重新生成索引等操作（如果指定了 SORT_IN_TEMPDB）的中间排序结果，或者某些 GROUP BY、ORDER BY 或 UNION 查询的中间排序结果。

3.1.2 数据库的组成

SQL Server 数据库由一组操作系统文件组成，这些文件被划分为两类：数据文件和日志文件。数据文件包含数据和对象，如表、索引、存储过程和视图。日志文件记录了用户对数据库所进行的更改操作。数据和日志信息绝不混合在同一个文件中，而且一个文件只由一个数据库使用。

1. 数据文件

数据文件用于存放数据库数据。数据文件又分为主要数据文件和次要数据文件。

- 主要数据文件（Primary Data File）：主要数据文件包含数据库的启动信息，以及数据库中其他文件的位置等信息。主要数据文件的推荐扩展名是 .mdf，其中既包含数据库的系统信息，也可存放用户数据。每个数据库中都有且只有一个主要数据文件。它是为数据库创建的第一个数据文件。SQL Server 2017 主要数据文件默认大小是 8MB。
- 次要数据文件（Secondary Data File）：次要数据文件是可选的，由用户定义并存储用户数据。数据库中可以不包含次要数据文件，也可以包含多个次要数据文件。次要数据文件的推荐扩展名是 .ndf。

当某个数据库包含的数据量非常大，需要占用比较大的磁盘空间时，有可能出现计算机上的所有磁盘都不能满足该数据库对空间的要求的情况。此时就需要为数据库创建多个次要数据文件，并分别创建在不同的磁盘上。在主要数据文件之后创建的所有数据文件都是次要数据文件。

次要数据文件和主要数据文件在使用时对用户来说是没有区别的，而且对用户都是透明的，用户不需要关心自己的数据是存放在主要数据文件上还是次要数据文件上。

为一个数据库创建多个数据文件，并将其分别创建在不同的磁盘上，不仅有利于充分利用多个磁盘上的存储空间，而且可以提高数据的存取效率。

2. 日志文件

日志文件的推荐扩展名为 .ldf，用于存放恢复数据库的所有日志信息。每个数据库必须至少有一个日志文件，也可以有多个日志文件。

默认情况下，数据和事务日志被存放在同一个驱动器上的同一路径下。这是为处理单磁盘系统而采用的方法。但在生产环境中，建议将数据和日志文件放在不同的磁盘上。

说明：

1）SQL Server 是将数据库映射为一组操作系统文件。数据和日志信息绝不混合在同一个文件中，而且一个文件只由一个数据库使用。

2）SQL Server 2017 不强制使用 .mdf、.ndf 和 .ldf 文件扩展名，但建议使用这些扩展名以利于标识文件的用途。

🔔**注**
意 日志文件和数据文件既不能安装在可移动磁盘驱动器上，也不能安装在压缩文件系统中。

---

3. 逻辑文件名和物理文件名

SQL Server 有以下两种文件名类型：

- 逻辑文件名（logical_file_name）：是指在所有 Transact-SQL 语句中引用物理文件时所使用的名称。逻辑文件名必须符合 SQL Server 标识符规则，而且必须是唯一的。
- 物理文件名（os_file_name）：是指包括目录路径的物理文件的名称，必须符合操作系统文件命名规则。

4. 关于数据的存储分配

在 SQL Server 中创建数据库时，首先要了解 SQL Server 是如何为数据分配空间的，这有助于比较准确地估算数据库须占用空间的大小，以及如何为数据文件和日志文件分配磁盘空间。

在 SQL Server 中，数据存储的基本单位是数据页（Page，也称页），即页是存储数据的最小空间分配单位。SQL Server 的数据页是一块固定 8KB（8192 字节）大小的连续磁盘空间，其中 132 字节被系统占用，用于存储有关页的系统信息，包括页码、页类型、页的可用空间和拥有该页的对象的分配单元 ID 等信息。因此每页有 8060 字节用于存储用户数据。数据库中的数据文件（.mdf 或 .ndf）分配的磁盘空间可以从逻辑上划分成页（从 0 到 n 连续编号）。磁盘 I/O 操作也在页级执行。

在进行数据存储时，不允许表中的一行数据存储在不同页上（varchar(max)、nvarchar(max)、varbinary(max) 和 image 等大数据类型除外，这些大类型数据被存储在其他位置），即行不能跨页存储。因此表中一行数据的大小（即各列所占空间之和）不能超过 8060 字节。

一般的大型数据库管理系统都不允许行跨页存储，当一页中剩余的空间不够存储一行数据时，系统将舍弃页内的这块空间，并分配一个新的数据页，将这行数据完整地存储在新的数据页上。根据一行数据不能跨页存储的规则，再根据一个表中包含的数据行数以及每行占用的字节数，就可以估算出一个数据表所需占用的大致空间。例如：假设某数据表有 10000 行数据，每行 3000 字节，则每个数据页可存放两行数据（如图 3-2 所示），此表需要的空间大小就为（10000/2）× 8KB = 40MB。其中，每页中有 6000 字节用于存储数据，有 2060 字节是浪费的。因此该数据表的空间浪费情况大约为 25%。

因此，在设计关系表时应考虑表中每行数据的大小，使一个数据页尽可能存储更多的数据行，以减少空间浪费。

在创建用户数据库时，model 数据库自动被复制到新建的用户数据库中，而且是复制到主要数据文件中。因此，用户新建数据库的大小不能小于 model 数据库的大小。

SQL Server 数据文件中的页是从 0 开始按顺序编号的。数据库中的每个文件都有一个唯一的文件 ID 号。若要唯一标识数据库中的页，需要同时使用文件 ID 和页码。图 3-3 所示为包含 4MB 主要数据文件和 1MB 次要数据文件的数据库中的页码，其中 "01:0002" 表示第 01 号文件的第 0002 号数据页。

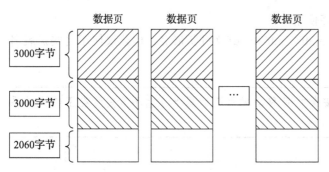
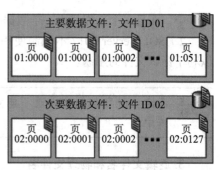

图 3-2　数据的空间占用情况　　　　图 3-3　数据文件在数据库中的页码

3.1.3　数据库文件组

为了便于分配和管理数据文件，SQL Server 将相关的数据文件组织起来放置到一个文件组中。在数据库中文件组的概念类似于操作系统中的文件夹，在操作系统中，为便于对文件进行管理，可以定义一些文件夹，然后将不同的文件放置到不同的文件夹中。在数据库中，可以定义多个文件组，然后将数据文件放置到不同的文件组中。

1. 文件组的分类

SQL Server 中有两种类型的文件组：主文件组和用户定义的文件组。

（1）主文件组（PRIMARY）

主文件组是由系统定义的一个文件组，其中包含了主要数据文件和所有没有明确分配给其他文件组的其他数据文件。系统表的所有页均分配在主文件组中。

（2）用户定义的文件组

用户可以创建自己的文件组，以将相关数据文件组织起来，便于管理和分配。

例如，可以分别在 3 个磁盘驱动器上创建 3 个数据文件 Data1.ndf、Data2.ndf 和 Data3.ndf，然后将它们分配到文件组 fgroup1 上，之后就可以明确地在文件组 fgroup1 上创建新表，而对表中数据的查询操作将被分散到 3 个磁盘上，从而提高数据查询性能。

2. 默认文件组

如果在数据库中创建对象时未指定对象所属的文件组，对象将被分配到默认文件组。任何时候都只能将一个文件组指定为默认文件组。

如果不做特别修改，默认情况下，PRIMARY 文件组是数据库的默认文件组，可以使用 ALTER DATABASE 语句更改数据库的默认文件组。但系统对象和表仍然会被分配给 PRIMARY 文件组，而不是新的默认文件组。

3. 文件和文件组填充策略

文件组对组内的所有文件都使用按比例填充策略。当有数据写入文件组时，SQL Server 数据库引擎按文件中的可用空间比例将数据写入文件组中的每个文件，而不是将所有数据都写入第一个文件直至其被填满，然后再写入下一个文件。例如，如果文件 f1 有 100MB 可用空间，文件 f2 有 200MB 可用空间，则从文件 f1 中分配一个盘区，从文件 f2 中分配两个盘区，以此类推。这样，两个文件几乎同时被填满，并且可获得简单的磁盘条带化。

如果将数据库设置为自动增长，则当文件组中的所有文件都被填满后，SQL Server 数据库引擎会采用循环方式一次自动扩展一个文件以容纳更多的数据。例如，假设某个文件组由 3 个文件组成，且均设置为自动增长。当文件组中所有文件的空间都已用完时，只扩展第一个文件。当第一个文件已满，无法再向文件组中写入更多数据时，再扩展第二个文件。当第二个文件已满，无法再向文件组中写入更多数据时，再扩展第三个文件。当第三个文件已满，无法再向文件组中写入更多数据时，再次扩展第一个文件，以此类推。

4. 文件和文件组的设计规则

进行文件和文件组设计时，必须遵循以下规则：

- 一个文件或文件组不能由多个数据库使用。例如，sales 数据库中的 sales.mdf 和 sales.ndf 文件不能用于其他数据库中。
- 一个文件只能是一个文件组的成员。
- 事务日志文件不能归属于任何文件组。

5. 使用文件和文件组时的一些建议

- 如果数据库中有多个数据文件，应为次要数据文件创建新文件组，并将其设置为默认文件组。这样，主要数据文件将只包含系统表和对象。
- 若要使性能最大化，应在尽可能多的不同可用磁盘上创建文件或文件组，将争夺空间最激烈的对象置于不同的文件组中。
- 使用文件组将对象放置在特定的物理磁盘上。
- 将在同一连接查询中使用的不同表放置在不同的文件组中。由于系统采用并行磁盘 I/O 对连接数据进行搜索，因此可以提高这类查询的性能。
- 将最常访问的表和属于这些表的非聚集索引放置在不同的文件组中。如果文件位于不同的物理磁盘，由于系统采用并行 I/O，因此性能将得以改善。
- 不要将事务日志文件放置在已有其他文件和文件组的同一物理磁盘上。

在 SQL Server 中，可以在首次创建数据库时创建文件组，也可以在以后向数据库中添加更多文件时创建文件组。

我们将在后文讲解数据库的创建及修改时介绍如何创建文件组。

3.1.4　数据库文件的属性

在定义数据库时，除了指定数据库的名称之外，还需要定义数据库的数据文件和日志文件，定义这些文件需要指定的信息如下。

（1）文件名及其位置

数据库的每个数据文件和日志文件都具有一个逻辑文件名和一个物理文件名。逻辑文件名是在所有 T-SQL 语句中引用物理文件时所使用的名称，该文件名必须符合 SQL Server 标识符规则，而且在一个数据库中逻辑文件名必须是唯一的。物理文件名包括存储文件的路径和物理文件名，该文件名必须符合操作系统文件命名规则。一般情况下，如果有多个数据文件，为了获得更好的性能，建议将文件分散存储在多个物理磁盘上。

（2）初始大小

用户可以指定每个数据文件和日志文件的初始大小。在指定主要数据文件的初始大小时，其大小不能小于 model 数据库中主要数据文件的大小，因为系统已将 model 数据库的主要数据文件内容拷贝到用户数据库的主要数据文件上。

（3）增长方式

如果需要，用户可以指定文件是否自动增长。该选项默认设置为自动增长，即当数据库的空间用完后，系统自动扩大数据库的空间，这样可以防止由于数据库空间用完而造成的不能插入新数据或不能进行数据操作的错误。

（4）最大大小

文件的最大大小是指文件增长的最大空间限制。默认为无限制。建议用户设定允许文件增长的最大空间大小，因为如果不设置文件的最大空间大小，但设置了文件自动增长，则文件会无限制增长直到磁盘空间用完。

3.2 创建数据库

利用 SQL Server Management Studio（SSMS）工具，可以用图形化的方法创建数据库，也可以通过 T-SQL 语句创建数据库。下面分别介绍这两种方法。

3.2.1 用图形化方法创建数据库

在 SSMS 工具中，用图形化方法创建数据库的步骤如下：

1）启动 SSMS，并以数据库管理员身份连接到 SQL Server 数据库服务器的一个实例上。

2）在 SSMS 的"对象资源管理器"中，在 SQL Server 实例下的"数据库"节点上右击鼠标，或者在某个用户数据库上右击鼠标，在弹出的快捷菜单中选择"新建数据库"命令，弹出如图 3-4 所示的"新建数据库"窗口。

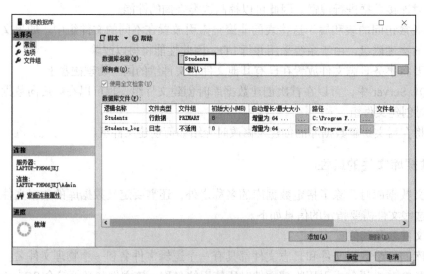

图 3-4　"新建数据库"窗口

3）在图 3-4 所示窗口中，在"数据库名称"文本框中输入数据库名，如本例中的"Students"。数据库名也可以是中文名。

当输入完数据库名后，在下面的"数据库文件"的"逻辑名称"列表框中就会有两个相应的名称，一个是数据文件（主要数据文件），其默认逻辑名为数据库名（这里为"Students"）；另一个是日志文件，其默认逻辑名为"数据库名 _log"（这里是"Students_log"）。这些默认名只是辅助用户命名逻辑文件，用户可以对其进行修改。

"数据库名称"下面是"所有者"，数据库的所有者可以是任何具有创建数据库权限的登录账户，数据库所有者对其拥有的数据库具有全部的操作权限。默认情况下，数据库的所有者是"<默认>"，表示该数据库的所有者是当前登录到 SQL Server 的账户。登录账户及数据库安全性的相关内容我们将在第 12 章详细介绍。

4）用户可以在图 3-4 所示的"数据库文件"下面的列表框中定义数据库包含的数据文件和日志文件。

①在"逻辑名称"部分可以指定文件的逻辑文件名。默认情况下，主要数据文件的逻辑文件名同数据库名，第一个日志文件的逻辑文件名为："数据库名" + "_log"。

②"文件类型"部分显示了该文件的类型，"行数据"表示该文件是数据文件；"日志"表示该文件是日志文件。用户新建文件时可通过此列表框指定文件的类型。由于一个数据库必须包含一个主要数据文件和一个日志文件，因此在创建数据库时，最开始的两个文件的类型是不能修改的。

③"文件组"部分显示了数据文件所在的文件组（日志文件没有文件组概念），默认情况下，所有的数据文件都属于 PRIMARY 主文件组。主文件组是系统预定义的，每个数据库都必须有一个主文件组，而且主要数据文件必须存放在主文件组中。用户可以根据需要添加辅助文件组，辅助文件组用于组织次要数据文件，目的是提高数据访问性能。文件组中的文件可以是位于不同的磁盘空间上的文件。当然为了简便，我们也可以将全部数据文件都放置在 PRIMARY 文件组上。

④在"初始大小"部分可以指定文件创建后的初始大小，默认情况下，SQL Server 2017 的主要数据文件和日志文件的初始大小都是 8MB。用户可以对文件的初始大小进行修改。

⑤通过"自动增长"部分的▢▢按钮可以指定文件的增长方式，如图 3-5 所示。默认情况下，文件每次增加 64MB，而且最大文件大小没有限制。

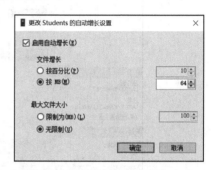

图 3-5　更改数据文件的增长方式和最大大小

在图 3-5 中，若取消勾选"启用自动增长"复选框，表示文件不自动增长，文件能够存放的数据量以文件的初始空间大小为限。若勾选"启用自动增长"复选框，则可进一步设置每次文件增长的大小和文件的最大大小限制。设置文件自动增长的好处是可以不必时刻担心数据库的空间维护。

- 文件增长：可以按 MB 或百分比增长。如果是按百分比增长，则增量大小为发生增长时文件大小的指定百分比。
- 最大文件大小：有下列两种方式。
  - 限制为：指定文件可增长到的最大空间。
  - 无限制：以磁盘空间容量为限制，在有磁盘空间的情况下可以一直增长。选择该选项有一定的风险，如果因为某种原因造成数据恶性增长，则会将整个磁盘空间占满。清理一块被完全占满的磁盘空间是非常麻烦的。

这里假设不修改主要数据文件的增长方式，将 Students_log 日志文件设置为限制增长，且最大大小为 20MB。

注意，在实际生产环境中，一般选择"限制文件增长"以防耗尽磁盘空间，也可以避免系统无法继续运行。

⑥"路径"部分显示文件的物理存储位置，默认的存储位置是 SQL Server 2017 安装位置：Program Files\Microsoft SQL Server\MSSQL14.MSSQLSERVER\MSSQL\DATA 文件夹。单

击此项后对应的▭▭按钮，可以更改文件的存放位置。假设这里将主要数据文件和日志文件均放置在 D:\Data 文件夹下（设此文件夹已建好）。

⑦在"文件名"部分可以指定文件的物理文件名，也可以采用系统自动赋予的文件名。系统自动创建的物理文件名为"逻辑文件名＋文件类型的扩展名"。比如，如果是主要数据文件，且逻辑名为 Students，则物理文件名为"Students.mdf"；如果是次要数据文件，且逻辑文件名为 Students_Data1，则其物理文件名为"Students_Data1.ndf"。

5）单击图 3-4 所示窗口中的"添加"按钮，可以增加该数据库的次要数据文件和日志文件。图 3-6 所示为单击"添加"按钮后的情形。

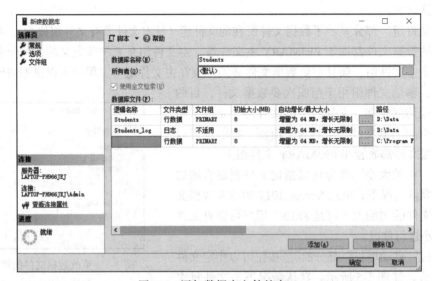

图 3-6　添加数据库文件的窗口

我们添加一个次要数据文件。在图 3-6 所示窗口中，对该新文件进行如下设置：

①在"逻辑名称"部分输入"Students_data1"。

②在"文件类型"下拉列表中选择"行数据"。

③单击"文件组"对应的列表框，其中有两个选项："PRIMARY"和"＜新文件组＞"（如图 3-7 所示）。选择"PRIMARY"，表示将数据文件放置在主文件组中；如果选择"＜新文件组＞"，则弹出图 3-8 所示的窗口，在此窗口中可以建立新的文件组。若要创建新文件组，可在"名称"文本框中输入新文件组的名字（这里输入的是"NewFileGroup"）。

图 3-7　"文件组"列表框

在图 3-8 所示窗口中的"选项"部分：

● 勾选"只读"复选框表示该文件组中的文件是只读的，即不能对标记为只读的文件组进行修改操作。对于不允许修改的表（如记录历史数据的表），可以将它们置于只读文件组中，这样可以防止意外更新。

● 勾选"默认值"复选框表示将该文件组作为该数据库的默认文件组。

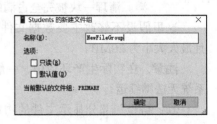

图 3-8　新建文件组窗口

我们这里不选中任何选项，单击"确定"按钮完成对新文件组的创建并关闭此窗口，返回图 3-6 所示窗口。此时图 3-6 所示窗口的新建文件 Students_Data1 对应的"文件组"列表框中已经显示新建立的 NewFileGroup 文件组，选中该文件组，如图 3-9 所示。

④将 Students_data1 文件的初始大小修改为 10。

⑤单击"自动增长"对应的 ... 按钮，设置文件自动增长，每次增加 5MB，最多增加到 100MB。

⑥将"路径"修改为"D:\Data"。

设置完成如图 3-10 所示。

图 3-9 文件组列表框

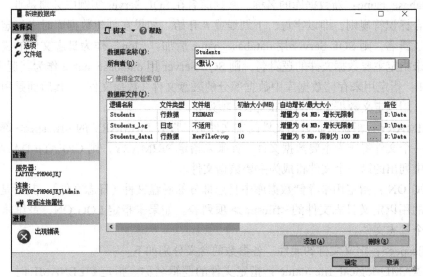

图 3-10 增加了一个次要数据文件后的 Students 数据库

6）选中某个文件后，单击图 3-10 所示窗口中的"删除"按钮，可删除选中的文件。这里不进行任何删除。

7）单击"确定"按钮，完成数据库的创建。

创建成功后，在 SSMS 的"对象资源管理器"中，可以看到新建立的数据库（如果没有显示新创建的数据库，可在"数据库"节点上右击鼠标，在弹出的快捷菜单中选择"刷新"命令）。

3.2.2 用 T-SQL 语句创建数据库

创建数据库的 T-SQL 语句为"CREATE DATABASE"，此语句的简化语法格式如下：

```
CREATE DATABASE database_name
[ ON
    [ PRIMARY ] [ <filespec> [ ,...n ]
    [ , <filegroup> [ ,...n ] ]
  [ LOG ON { <filespec> [ ,...n ] } ]
  ]
]

<filespec> ::=
{
( NAME = logical_file_name ,
  FILENAME = { 'os_file_name' | 'filestream_path' }
  [ , SIZE = size [ KB | MB | GB | TB ] ]
```

```
  [ , MAXSIZE = { max_size [ KB | MB | GB | TB ] | UNLIMITED } ]
  [ , FILEGROWTH = growth_increment [ KB | MB | GB | TB | % ] ]
) [ ,...n ]
}

<filegroup> ::=
{
  FILEGROUP filegroup_name [ DEFAULT ]
  <filespec> [ ,...n ]
}
```

各参数的含义如下。

- database_name：新数据库的名称。数据库名在 SQL Server 实例中必须是唯一的，且应符合标识符规则，即以字母、下划线或 # 开始。如果在创建数据库时未指定日志文件的逻辑名，则 SQL Server 用 database_name 后加 "_log" 作为日志文件的逻辑名。如果未指定主要数据文件的逻辑名，则 SQL Server 用 database_name 作为其逻辑名。
- ON：指定用来存储数据库中数据部分的磁盘文件（数据文件）。其后面是用逗号分隔的、用以定义数据文件的 <filespec> 项列表。
- PRIMARY：指定关联数据文件的主文件组。带有 PRIMARY 的 <filespec> 部分定义的第一个文件将成为主要数据文件。如果未指定 PRIMARY，则 CREATE DATABASE 语句中列出的第一个文件将成为主要数据文件。
- LOG ON：指定用来存储数据库中日志部分的磁盘文件（日志文件）。其后是以逗号分隔的用以定义日志文件的 <filespec> 项列表。如果未指定 LOG ON，系统将自动创建一个日志文件。
- <filespec>：定义文件的属性。各参数的含义分别如下。
  - NAME=logical_file_name：指定文件的逻辑名称。指定 FILENAME 时，需要使用 NAME 的值。在一个数据库中逻辑名必须唯一，而且必须符合标识符规则。名称可以是字符或 Unicode 常量，也可以是常规标识符或分隔标识符。
  - FILENAME='os_file_name'：指定操作系统（物理）文件名称。'os_file_name' 是创建文件时操作系统使用的路径和文件名。如果未指定物理文件名，则 SQL Server 用该文件的逻辑名作为其物理名，并将文件建立在系统默认的存储位置。

注意 在执行 CREATE DATABASE 语句前，指定的路径必须已经存在。不应将数据文件放在压缩文件系统中，除非这些文件是只读的次要数据文件或数据库是只读的。日志文件一定不要放在压缩文件系统中。

  - SIZE=size：指定文件的初始大小。如果没有为主要数据文件提供 size，则数据库引擎将使用 model 数据库中的主要数据文件的大小。model 数据库主要数据文件和日志文件的默认初始大小均为 8MB。如果指定了次要数据文件，但未指定该文件的 size，则数据库引擎将以 8MB 作为新文件的初始大小。可以使用千字节（KB）、兆字节（MB）、千兆字节（GB）或兆兆字节（TB）后缀。默认为 MB。size 是一个整数值，不能包含小数位。
  - MAXSIZE=max_size：指定文件可增大到的最大大小，可以使用 KB、MB、GB 和 TB 后缀，默认为 MB。max_size 为一个整数值，不能包含小数位。如果未指定

max_size，则表示文件大小无限制，文件将一直增大，直至占满磁盘空间。

- UNLIMITED：指定文件的增长无限制。在 SQL Server 中，指定为不限制增长的日志文件的最大大小为 2TB，而数据文件的最大大小为 16TB。
- FILEGROWTH=growth_increment：指定文件的自动增量。FILEGROWTH 的大小不能超过 MAXSIZE 的大小。growth_increment 为每次需要增加新空间时为文件添加的空间量。该值可以使用 MB、KB、GB、TB 或百分比（%）为单位指定。如果未在数字后面指定单位，则默认为 MB。如果指定了"%"，则增量大小为发生增长时文件大小的指定百分比。指定的大小舍入为最接近的 64KB 的倍数。FILEGROWTH=0 表示关闭文件自动增长功能，即不允许自动增加空间。

注意 对 SQL Server 2012 版，如果未指定 FILEGROWTH，则数据文件的默认增长值为 1MB，日志文件的默认增长比例为 10%，并且最小值为 64KB。从 SQL Server 2016（13.x）开始，数据文件和日志文件的默认增长值均为 64MB。

- <filegroup>：控制文件组属性。其中各参数的含义分别如下。
  - FILEGROUP filegroup_name：文件组的逻辑名称。filegroup_name 在数据库中必须唯一（不能是系统提供的名称 PRIMARY 和 PRIMARY_LOG），且必须符合标识符规则。
  - DEFAULT：指定该文件组为数据库中的默认文件组。

在使用 T-SQL 语句创建数据库时，最简单的创建方法是省略所有的参数，只提供一个数据库名，这时系统会按各参数的默认值创建数据库。

下面举例说明如何使用 T-SQL 语句创建数据库。

例 1 创建一个全部采用默认设置的数据库，数据库名为"mytest"。

如果创建数据库时全部采用默认设置，则数据库的主要数据文件和日志文件的初始大小均为 8MB。

```
CREATE DATABASE mytest;
```

例 2 创建包含一个数据文件和一个日志文件的数据库。创建一个名为"RShDB"的数据库，该数据库由主要数据文件和一个日志文件组成。主要数据文件的逻辑文件名为"RShDB_Data"，物理文件名为"RShDB_Data.mdf"，存放在 D:\RShDB_Data 文件夹下，初始大小为 100MB，最大大小为 300MB，自动增长时的递增量为 50MB。日志文件的逻辑文件名为"RShDB_log"，物理文件名为"RShDB_log.ldf"，也存放在 D:\RShDB_Data 文件夹下，初始大小为 20MB，最大大小为 120MB，自动增长时的递增量为 20MB。

创建此数据库的 SQL 语句如下（假设所需文件夹均已创建）：

```
CREATE DATABASE RShDB
ON
 ( NAME = RShDB_Data,
   FILENAME = 'D:\RShDB_Data\RShDB_Data.mdf',
   SIZE = 100,
   MAXSIZE = 300,
   FILEGROWTH = 50 )
LOG ON
( NAME = RShDB_log,
  FILENAME = 'D:\RShDB_Data\RShDB_log.ldf',
  SIZE = 20,
```

```
    MAXSIZE = 120,
    FILEGROWTH = 20 )
```

例 3 创建包含多个数据文件和多个日志文件，且数据文件存放在一个新文件组中的数据库。数据库名为"学生数据库"，该数据库包含 3 个数据文件和 2 个日志文件，每个文件的定义如下：

- 主要数据文件逻辑名为" student_data"，存放在 PRIMARY 文件组中，初始大小为 50MB，每次增加 10MB，最大大小无限制，物理存储位置为 D:\Data 文件夹，物理文件名为"student_data1.mdf"。
- 次要数据文件 1 的逻辑名为" student_data1"，存放在 DataGroup 文件组中，初始大小为 80MB，自动增长，每次增加 20MB，最多增加到 200MB，物理存储位置为 E:\Data 文件夹，物理文件名为"student_data1.ndf"。
- 次要数据文件 2 的逻辑名为" student_data2"，存放在 DataGroup 文件组中，初始大小为 100MB，不自动增长，物理存储位置为 F:\Data 文件夹，物理文件名为"student_data2.ndf"。
- 日志文件 1 的逻辑名为" student_log1"，初始大小为 20MB，每次增加 10%，最多增加到 60MB，物理存储位置为 F:\Log 文件夹，物理文件名为"student_log1.ldf"。
- 日志文件 2 的逻辑名为"student_log2"，初始大小为 10MB，每次增加 10MB，最多增加到 80MB，物理存储位置为 G:\Log 文件夹，物理文件名为"student_log2.ldf"。

创建此数据库的 SQL 语句如下（假设所需文件夹均已创建完成）：

```
CREATE DATABASE 学生数据库
ON PRIMARY
   ( NAME = 'students_data',
     FILENAME = 'D:\Data\student_data.mdf',
     SIZE = 50MB,
     MAXSIZE = UNLIMITED,
     FILEGROWTH = 10MB),
FILEGROUP DataGroup
   ( NAME = 'students_data1',
     FILENAME = 'E:\Data\student_data1.ndf',
     SIZE = 80MB,
     MAXSIZE = 200MB,
     FILEGROWTH = 20MB ),
   ( NAME = 'students_data2',
     FILENAME = 'F:\Data\student_data2.ndf',
     SIZE = 100MB,
     FILEGROWTH = 0 )
LOG ON
   ( NAME = 'students_log1',
     FILENAME = 'F:\Log\student_log1.ldf',
     SIZE = 20MB,
     MAXSIZE = 60MB,
     FILEGROWTH = 10%),
   ( NAME = 'students_log2',
     FILENAME = 'G:\Log\student_log2.ldf',
     SIZE = 10MB,
     MAXSIZE = 80MB,
     FILEGROWTH = 10MB )
```

例 4 创建具有多个用户文件组的数据库。创建一个名为" Sales"的数据库，该数据库除了主文件组 PRIMARY 外，还包括 SalesGroup1 和 SalesGroup2 两个由用户创建的文件组。

- 主文件组包含 Spri1_dat 数据文件，这个文件的 FILEGROWTH 均为 15%。

- SalesGroup1 文件组包含 SGrp1Fi1_dat 和 SGrp1Fi2_dat 数据文件，这两个文件的 FILEGROWTH 均为 5MB。
- SalesGroup2 文件组包含 SGrp2Fi1_dat 和 SGrp2Fi2_dat 文件，这两个文件的 FILEGROWTH 也都为 5MB。

简单起见，假设这些文件均存放在 D:\Sales 文件夹下，所有数据文件的初始大小都是 10MB，最大大小都是 50MB。

该数据库只包含一个日志文件 Sales_log，该文件也存放在 D:\Sales 文件夹下，初始大小为 10MB，最大大小为 50MB，每次增加 5MB。

创建此数据库的 SQL 语句如下（假设 D:\Sales 文件夹已建好）：

```
CREATE DATABASE Sales
ON PRIMARY
  ( NAME = 'SPri1_dat',
    FILENAME = 'D:\Sales\Spri1_dat.mdf',
    SIZE = 10,
    MAXSIZE = 50,
    FILEGROWTH = 15%),
FILEGROUP SalesGroup1
  ( NAME = 'SGrp1Fi1_dat',
    FILENAME = 'D:\Sales\SGrp1Fi1_dat.ndf',
    SIZE = 10,
    MAXSIZE = 50,
    FILEGROWTH = 5 ),
  ( NAME = 'SGrp1Fi2_dat',
    FILENAME = 'D:\Sales\SGrp1Fi2_dat.ndf',
    SIZE = 10,
    MAXSIZE = 50,
    FILEGROWTH = 5 ),
FILEGROUP SalesGroup2
  ( NAME = 'SGrp2Fi1_dat',
    FILENAME = 'D:\Sales\SGrp2Fi1_dat.ndf',
    SIZE = 10,
    MAXSIZE = 50,
    FILEGROWTH = 5 ),
  ( NAME = 'SGrp2Fi2_dat',
    FILENAME = 'D:\Sales\SGrp2Fi2_dat.ndf',
    SIZE = 10,
    MAXSIZE = 50,
    FILEGROWTH = 5 )
  LOG ON
  ( NAME = 'Sales_log',
    FILENAME = 'D:\Sales\Sales_log.ldf',
    SIZE = 10,
    MAXSIZE = 50,
    FILEGROWTH = 5 )
```

图 3-11 Sales 数据库包含的
文件组及文件

图 3-11 显示了 Sales 数据库的文件组及文件的分配情况。

3.3 查看和设置数据库选项

数据库选项是指在数据库范围内有效的一些参数，可以用于控制这个数据库的某些特性和行为。所有的数据库选项都有真、假两个值，只能取 True 或 False。

数据库创建完成后可以通过数据库属性窗口查看和设置所建数据库及数据库文件的属性。操作方法如下：在 SQL Server Management Studio 的资源管理器中，展开"数据库"节点，在要

查看属性的数据库上右击鼠标（假设我们这里选择的是用图形化方法创建的 Students 数据库），
然后在弹出的快捷菜单中选择"属性"命令，打开"数据库属性"窗口，如图 3-12 所示。

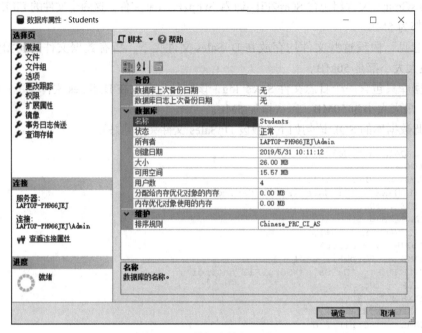

图 3-12 "数据库属性"窗口

在图 3-12 所示窗口的"常规"选项对应的界面中，可以看到数据库的名称、状态、所有
者、创建日期、占用空间总量（包括数据文件和日志文件所占用的空间）、可用空间大小等信息。

单击"选择页"下的"文件"选项可以查看该数据库包含的全部文件及各文件的属性，
如图 3-13 所示。可以在该界面中更改文件的逻辑名称，而且可以增大或减小文件的初始大
小，但其他各项均不能在此界面修改。

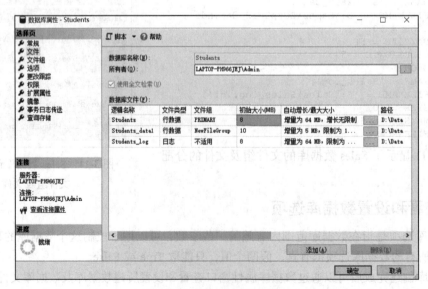

图 3-13 "文件"节点界面

单击图 3-13 所示窗口中的"添加"按钮可以添加新的数据文件和日志文件。

单击图 3-12 所示窗口中的"选择页"下的"文件组"选项，可以看到该数据库所包含的全部文件组及各文件组的属性，如图 3-14 所示。

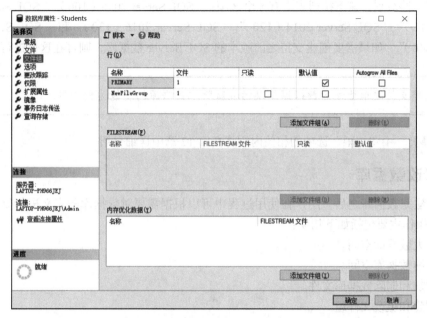

图 3-14 查看数据库所包含的文件组

单击图 3-14 所示窗口中"选择页"下的"选项"选项，可以查看并设置该数据库选项，如图 3-15 所示。该窗口中上面几个选项的含义如下（对其他选项含义有兴趣的读者可参考 SQL Server 帮助）：

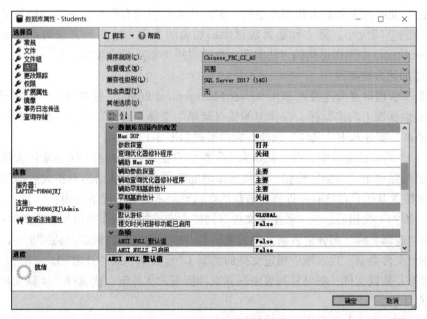

图 3-15 查看并设置数据库选项

- 排序规则：用于设置数据库的排序规则。
- 恢复模式：该选项列表框中有 3 个选项："完整""大容量日志"和"简单"，不同的恢复模式决定了能够进行的备份及日志的记录方式。恢复模式的作用我们将在第 13 章介绍。
- 兼容性级别：该下拉列表中有 5 个选项："SQL Server 2008（100）""SQL Server 2012（110）""SQL Server 2014（120）""SQL Server 2016（130）"和"SQL Server 2017（140）"。如果需要创建支持之前版本的 SQL Server 数据库，则可在这里进行设置。

注意 创建支持之前版本的数据库是以牺牲新版本数据库的功能为代价的。

"选择页"中"权限"选项的相关内容将在第 12 章中详细介绍。

3.4 修改数据库

在创建完数据库之后，用户在使用过程中可以根据需要对数据库的定义进行修改。修改数据库的操作主要包括如下几项：

- 扩大数据库空间。
- 收缩数据库空间。
- 添加和删除数据库文件。
- 创建和更改文件组。

3.4.1 扩大数据库空间

如果在创建数据库时未设置自动增长方式，则在使用一段时间后可能会出现数据库空间不足的情况（包括数据空间和日志空间）。数据空间不足意味着不能再向数据库中插入数据；日志空间不足则意味着不能再对数据库数据进行任何修改，因为对数据的修改操作是要记入日志的。此时就需要扩大数据库空间。扩大数据库空间有两种方法，一种是扩大数据库中已有文件的空间大小，另一种是为数据库添加新的文件。这两种方法均可在 SQL Server Management Studio 中用图形化的方法实现，也可以用 T-SQL 语句实现。

1. 用图形化方法实现

以数据库管理员身份连接到 SQL Server Management Studio，在对象资源管理器中，在要扩大空间的数据库上右击鼠标，在弹出的快捷菜单中选择"属性"命令，然后在弹出的窗口中的"选择页"部分选中"文件"选项，窗口形式如图 3-13 所示。

在图 3-13 所示的窗口中，在"初始大小"框中直接输入新的初始大小来扩大该文件空间的大小。也可以单击"添加"按钮，为数据库增加新的文件，从而达到扩大数据库空间的目的。这种方法尤其适合在已有文件所在磁盘的空白空间不足的情况下使用。

单击"添加"按钮后，在"数据库文件"网格中完成如下操作可添加新的文件：

1）在"逻辑名称"部分输入新文件的逻辑名。该文件名在数据库中必须唯一。

2）在"文件类型"列表框中指定文件的类型（"行数据"或"日志"）。

3）如果是数据文件，则可从列表中选择文件所属的文件组，或选择"<新文件组>"以创建新的文件组。

4）在"初始大小"部分指定文件的初始大小。

5）如果要指定文件的增长方式，可单击"自动增长"列中的▇▇按钮，然后从弹出的"自动增长设置"窗口（见图 3-5）中进行相应的设置。

6）在"路径"部分指定文件的存储位置。

可通过多次单击"添加"按钮添加多个文件。添加完成后单击"确定"按钮，完成添加文件操作，关闭"数据库属性"窗口。

2. 用 T-SQL 语句实现

用 T-SQL 的 ALTER DATABASE 语句也可以达到扩大数据库空间的目的，包括增加新的文件和扩大已有文件的初始大小。

扩大数据库空间的 ALTER DATABASE 语句的语法格式如下：

```
ALTER DATABASE database_name
{
    <add_or_modify_files>
}
<add_or_modify_files>::=
{
    ADD FILE <filespec> [ ,...n ]
        [ TO FILEGROUP { filegroup_name | DEFAULT } ]
  | ADD LOG FILE <filespec> [ ,...n ]
  | MODIFY FILE <filespec>
```

其中各参数的含义分别如下。

- database_name：要扩大空间的数据库的名称。
- <add_or_modify_files>::=：指定要添加或扩大初始大小的文件。
- ADD FILE：在数据库中添加新数据文件。
- TO FILEGROUP{filegroup_name | DEFAULT}：说明要将指定文件添加到的文件组。如果指定了 DEFAULT，则将文件添加到当前的默认文件组中。
- <filespec>：同 CREATE DATABASE 语句的 <filespec>。
- ADD LOG FILE：在数据库中添加新日志文件。
- MODIFY FILE：指定要扩大初始大小的文件。一次只能更改一个 <filespec> 属性。必须在 <filespec> 中指定 NAME，以标识要扩大初始大小的文件。还可以通过该选项修改数据文件或日志文件的逻辑名称，将数据文件或日志文件移动到新的位置，对具体实现方法有兴趣的读者可参考 SQL Server 2012 联机丛书中的相关内容。

例 1 为 RShDB 数据库添加一个新的数据文件，逻辑文件名为"RShDB_Data2"，物理存储位置为 E:\Data 文件夹，物理文件名为"RShDB_Data2.ndf"，初始大小为 60MB，不自动增长。

```
ALTER DATABASE RShDB
ADD FILE
(
  NAME = RShDB_Data2,
  FILENAME = 'E:\Data\RShDB_Data2.ndf',
  SIZE = 60MB,
  FILEGROWTH = 0
)
```

例 2 修改 Students 数据库中主要数据文件 Students 的初始大小，将其初始大小设置为 100MB。

```
ALTER DATABASE Students
MODIFY FILE
(
  NAME = Students,
  SIZE = 100MB
)
```

例 3   为 Students 数据库加添加一个新的日志文件，逻辑文件名为"Students_log1"，物理存储位置为 D:\Data 文件夹，物理文件名为"Students_log1.ldf"，初始大小为 20MB，每次增加 2MB，最多增加到 30MB。

```
ALTER DATABASE Students
ADD LOG FILE
(
  NAME = Students_log1,
  FILENAME = 'D:\Data\Students_log1.ldf',
  SIZE = 20MB,
  FILEGROWTH = 2MB,
  MAXSIZE = 30MB
)
```

3.4.2 收缩数据库空间

如果分配给数据库的空间中有大量的空白，势必会造成磁盘空间的浪费。因为操作系统将空间分配给数据库之后，就不会再使用数据库的这些空间，不管其中有多少空闲空间，操作系统都不会将其收回。当数据库运行一段时间后，由于删除了数据库中的大量数据，使得数据库所需的空间减少，或者是对数据库中将要存储的数据量估计不准确造成初始空间过大，都会造成数据库空间的大量浪费，此时就需要收缩数据库。收缩数据库就是释放数据库中未使用的空间，并可将释放的空间交还给操作系统。

用户可以对数据文件和日志文件的空间进行收缩，而且可以成组或单独地手动收缩数据库文件空间，也可以通过设置数据库选项，使其按照指定的间隔自动收缩。

文件的收缩都是从末尾开始的。例如，假设某文件的大小是 5GB，如果希望将其收缩到 4GB，则数据库引擎将从文件的最后一个 1GB 开始释放尽可能多的空间。如果文件中被释放的空间部分包含使用过的数据页，则数据库引擎会先将这些页重新放置到保留的空间中，然后再进行收缩。只能将数据库收缩到没有剩余的可用空间为止。例如，如果某个大小为 5GB 的文件中存有 4GB 的数据，则在对其进行收缩时，最多只能收缩到 4GB。

如果希望数据库实现自动收缩，只需将该数据库的"自动收缩"选项设置为"True"即可。具体实现方法如下：在"数据库属性"窗口的"选项"对应的窗口中，在"自动"下的"自动收缩"选项对应的列表框中选择"True"（如图 3-16 所示）。该选项默认设置为"False"，表示不自动收缩。如果将"自动收缩"选项设置为"True"，则数据库引擎会定期检查数据库空间的使用情况，并收缩数据库中文件的大小。该活动是在后台进行的，不会影响用户在数据库中的活动。

注意   除非有特定要求，否则不要将"自动收缩"选项设置为 True。

手动收缩数据库分为两种情况，一种是收缩数据库中某个数据文件或日志文件的大小，另一种是收缩整个数据库中全部文件的大小。注意，当收缩整个数据库空间的大小时，收缩

后数据库的大小不能小于创建数据库时指定的初始大小。例如，如果某数据库创建时的大小为 10GB，后来增长到 20GMB，则即使数据所占空间小于 10GB，该数据库最小也只能收缩到 10GB，若是收缩某个数据库文件，则可以将该文件收缩到比其初始大小更小。

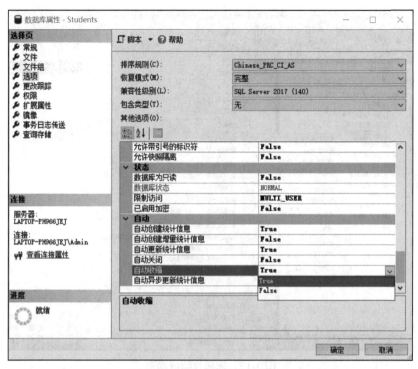

图 3-16　设置"自动收缩"选项为"True"

手动收缩数据库可以通过 SSMS 工具图形化实现，也可以通过 T-SQL 语句实现。

1. 用图形化方法收缩数据库

收缩数据库的操作包括收缩整个数据库的大小（即收缩其中的每个文件）和收缩指定文件大小两种方式。

（1）收缩整个数据库的大小

在 SQL Server Management Studio 中图形化地收缩整个数据库的大小的方法如下：

1）在 SQL Server Management Studio 中展开"数据库"节点。

2）在要收缩的数据库上右击鼠标，在弹出的快捷菜单中选择"任务"→"收缩"→"数据库"命令（如图 3-17 所示，这里我们假设收缩 Students 数据库），弹出如图 3-18 所示窗口。

3）在图 3-18 所示窗口中：

- "数据库大小"部分显示了已分配给数据库的空间（这里为 26MB）和数据库的可用空间（这里为 15.45MB）。

- 如果勾选"在释放未使用的空间前重新组织文件。选中此选项可能会影响性能"复选框，则必须为"收缩后文件中的最大可用空间"指定一个值，该值表示收缩后数据库中空白空间占数据库全部空间的百分比，此值介于 0 和 99 之间。例如，假设某数据库当前大小是 1000MB，其中数据占 40MB，若指定收缩百分比为 50，则收缩后该数据库的大小将是 80MB。如果不勾选该复选框，则表示将数据文件中所有未使用的空间全部释放给操作系统,并将文件收缩到最后分配的大小,而且不需要移动任何数据。默认情况下,该选项为未选中状态。

4)单击"确定"按钮即可实现收缩操作。这里我们单击"取消"按钮,不收缩数据库。

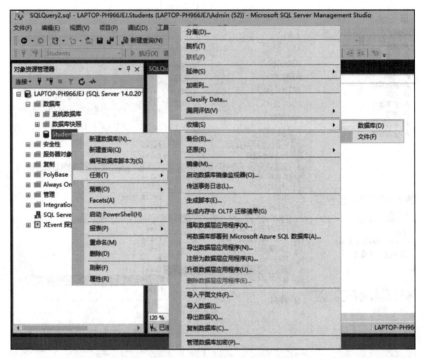

图 3-17　选择收缩数据库

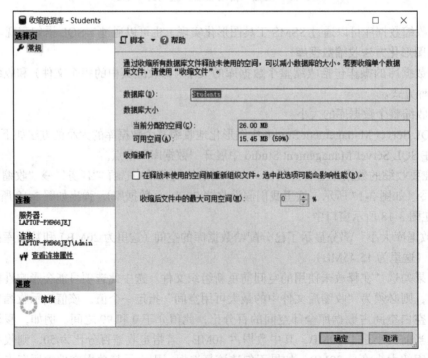

图 3-18　收缩数据库的窗口

收缩数据库时需要注意的事项：

- 收缩后的数据库不能小于数据库的最小大小。最小大小是指最初创建数据库时指定的数据库大小，或是上一次进行文件大小更改操作（如 DBCC SHRINKFILE）时设置的显式大小。例如，如果数据库最初创建时大小为 20MB，后来增长到 100MB，则该数据库最小只能收缩到 20MB，即使已经删除数据库的所有数据也是如此。
- 不能在备份数据库时收缩数据库。反之，也不能在对数据库执行收缩操作时备份数据库。

（2）收缩某个文件的大小

在 SSMS 中，用图形化的方法收缩某个文件大小的方法如下：

1）在 SSMS 中展开"数据库"节点，在要收缩的数据库上右击鼠标，然后在弹出的快捷菜单中选择"任务"→"收缩"→"文件"命令（如图 3-17 所示，这里我们假设收缩 Students 数据库），弹出如图 3-19 所示的窗口。

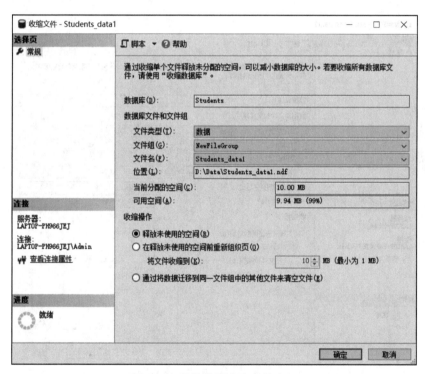

图 3-19   收缩数据库文件的窗口

2）在图 3-19 所示窗口中，用户可以进行如下设定：

- 可以在"文件类型"下拉列表中指定要收缩的文件是数据文件还是日志文件（这里选择的是"数据"）。
- 如果收缩的是数据文件，可在"文件组"下拉列表中指定要收缩的文件所在的文件组（这里选择的是"NewFileGroup"）。
- 可以在"文件名"列表框中指定要收缩的具体文件，这里我们指定的是 Students_data1。

在"收缩操作"部分有以下几个选项。

- 释放未使用的空间：选中此选项，表示释放文件中所有未使用的空间给操作系统，并将文件收缩到上次分配的大小。该操作将收缩文件的大小，但不移动任何数据。
- 在释放未使用的空间前重新组织页：若选中此选项，则必须指定"将文件收缩到"的值，以指定文件收缩的目标大小（假设这里我们指定的值是 6）。
- 通过将数据迁移到同一文件组中的其他文件来清空文件：若选中此选项，则将指定文件中的所有数据移至同一文件组中的其他文件中，使该文件为空，之后就可以删除该空文件了。

设置完成后的窗口内容如图 3-20 所示。

3）单击"确定"按钮，完成对文件大小的收缩操作。

 注意　收缩后的文件大小不能小于其当前存储的数据所占的空间大小。

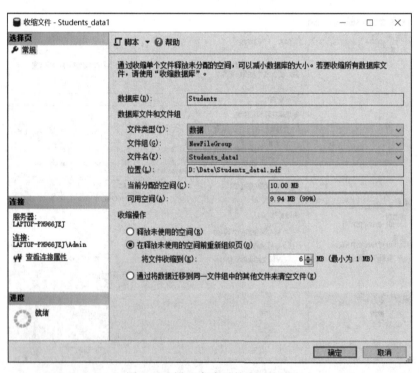

图 3-20　设置完成后的窗口内容

2. 用 T-SQL 语句收缩数据库

（1）收缩整个数据库的大小

收缩整个数据库大小的 T-SQL 语句是 DBCC SHRINKDATABASE，其语法格式如下：

```
DBCC SHRINKDATABASE
( 'database_name' | 0
[ ,target_percent ]
[ , { NOTRUNCATE | TRUNCATEONLY } ]
)
```

其中各参数的含义分别如下。

- 'database_name' | 0：要收缩的数据库名称。0 表示收缩当前正在使用的数据库。
- target_percent：数据库收缩后的剩余可用空间百分比。
- NOTRUNCATE：通过将已分配的页从文件末尾移动到文件前面的未分配页来压缩数据文件中的数据。使用该选项时 target_percent 是可选参数，且文件末尾的可用空间不会返回给操作系统，文件的物理大小也不会改变。因此，指定 NOTRUNCATE 时，数据库似乎不会收缩。该选项只适用于数据文件，日志文件不受影响。该选项的作用类似于勾选"在释放未使用的空间前重新组织文件。选中此选项可能会影响性能"复选框。
- TRUNCATEONLY：将日志文件末尾的所有可用空间释放给操作系统，并将文件收缩到最后分配的大小。该选项无须移动任何数据即可收缩文件大小。使用 TRUNCATEONLY 时，将忽略 target_percent 选项。该选项的作用类似于取消勾选"在释放未使用的空间前重新组织文件。选中此选项可能会影响性能"复选框。该选项只对日志文件有影响。若要仅截断数据文件，请使用 DBCC SHRINKFILE。

DBCC SHRINKDATABASE 以文件为单位对数据文件进行收缩，但在对日志文件进行收缩时，会视所有的日志文件都存在于一个连续的日志池中。收缩文件时都是从文件末尾开始的。

假设 mydb 数据库有几个日志文件和一个数据文件。数据文件和日志文件的大小都是 10MB，并且数据文件中包含 6MB 数据。数据库管理系统会计算每个文件的目标大小，该值是文件要收缩到的大小。如果收缩数据库时使用了 target_percent 参数，则数据库管理系统计算出的目标大小为收缩后文件中可用空间的 target_percent 数量。

例如，如果收缩 mydb 数据库时将 target_percent 指定为 25，则数据库管理系统计算出的数据文件的目标大小为 8MB（6MB 数据加上 2MB 可用空间）。因此，数据库管理系统会将数据文件后 2MB 中的所有数据移动到数据文件前 8MB 的可用空间中，然后再对该文件进行收缩。

假设 mydb 的数据文件有 7MB 数据，如果将 target_percent 指定为 40，则数据库管理系统将不会收缩该数据文件，因为将文件收缩到的大小不能小于数据当前占用的空间大小。而 40% 的可用空间加上 70% 的整个数据文件大小（10MB 中的 7MB）超过了 100%，因此数据库管理系统不会对该数据库进行收缩。

对于日志文件，数据库管理系统是使用 target_percent 计算整个日志的目标大小。这就是 target_percent 是收缩操作后日志中可用空间量的原因。然后再将整个日志的目标大小转换为每个日志文件的目标大小。

例 4　收缩 Students 数据库，使该数据库的可用空间为 20%。

```
DBCC SHRINKDATABASE(Students, 20)
```

（2）收缩指定文件的大小

收缩当前数据库中指定文件的大小的 T-SQL 语句是 DBCC SHRINKFILE，使用该语句可以收缩当前数据库中指定数据或日志文件的大小。使用该语句可以将一个文件中的数据移到同一文件组的其他文件中，可以将文件收缩到小于创建时所指定的大小，同时将最小文件大小重置为新值。

DBCC SHRINKFILE 语句的语法格式如下：

```
DBCC SHRINKFILE
```

```
(
  { file_name | file_id }
  { [ , EMPTYFILE ]
  | [ [ , target_size ] [ , { NOTRUNCATE | TRUNCATEONLY } ] ]
  }
)
[ WITH NO_INFOMSGS ]
```

各参数的含义分别如下。

- file_name：要收缩的数据库文件的逻辑名称。
- file_id：要收缩的文件的标识（ID）号。可使用 FILE_IDEX 系统函数获得文件 ID，或查询当前数据库中的 sys.database_files 目录视图。
- target_size：指定收缩后文件的目标大小（用整数表示，单位为 MB）。如果未指定目标大小，DBCC SHRINKFILE 会将文件收缩到文件创建时所指定的大小。该语句不会将文件收缩到小于文件中存储数据所需的空间大小。例如，如果大小为 10MB 的数据文件中有 7MB 数据，如果将 target_size 指定为 6，则该语句只能将文件收缩到 7MB。
- EMPTYFILE：将指定文件中的所有数据迁移到同一文件组的其他文件中，使该文件为空。将文件置空是为了方便删除。当某文件中有 EMPTYFILE 选项时，数据库引擎不会再将数据保存在该文件上。
- NOTRUNCATE：无论是否指定了 target_percent 都将数据文件末尾中的已分配页移到文件开头的未分配页区域中。操作系统不会回收文件末尾的可用空间，文件的物理大小也不会改变。因此，如果指定了 NOTRUNCATE，文件看起来就像没有收缩一样。NOTRUNCATE 只适用于数据文件，日志文件不受影响。
- TRUNCATEONLY：将文件中所有未使用的空间全部释放给操作系统，并将文件收缩到最后一次分配的大小，从而收缩文件的大小。使用该选项并不会移动任何数据。使用 TRUNCATEONLY 时，将忽略 target_size 选项。此选项只适用于数据文件。
- WITH NO_INFOMSGS：取消显示所有信息性消息。

例 5 将 Students 数据库中的 Students_data1 文件收缩到 4MB。

```
DBCC SHRINKFILE (Students_data1, 4)
```

📊说明　若要收缩特定数据库中的所有数据和日志文件，应使用 DBCC SHRINKDATABASE 命令。若要收缩特定数据库中的一个数据文件或日志文件，应使用 DBCC SHRINKFILE 命令。

3.4.3　添加和删除数据库文件

可以通过添加数据文件和日志文件的方法来扩大数据库空间，也可以通过删除文件的方法来收缩数据库空间。

1. 添加文件

SQL Server 对每个文件组中的所有数据文件都使用按比例填充的策略，这使得各文件中存储的数据量与文件中的可用空间成正比，这种方式会使得所有数据文件几乎同时被填满。例如，假设某文件组中有 DataFile1、DataFile2 和 DataFile3 3 个数据文件，每个文件的大小分别为 10MB、20MB 和 30MB。设该文件组中的数据总量为 30MB，则各文件中的数据量分别为 5MB、10MB 和 15MB，如图 3-21 所示，图中阴影部分表示数据占用的空间。因此，当添加数据文件时，系统会立刻使用新添加的文件。

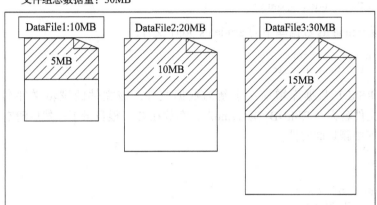

图 3-21　数据文件空间使用情况示意图

日志文件的使用方式与数据文件不同，日志文件是彼此相互独立的，不归属于任何文件组。在向日志文件中写入信息时，使用的是完全填充的策略而不是按比例填充策略。即先填充第一个日志文件，第一个日志文件填满后，再填充第二个日志文件，以此类推。因此，当添加日志文件时，系统并不会立刻使用该文件。

向数据库中添加文件时，可以指定文件的初始大小、存放位置、增长方式等属性，同创建数据库时指定文件属性的方法相同。也可以指定新添加的数据文件所属的文件组。

添加数据库文件的 T-SQL 语句是 ALTER DATABASE，具体添加方法参见 3.4.1 节中对 ALTER DATABASE 语句的解释和相应示例。

2. 删除文件

删除数据文件或日志文件是指将该文件从数据库中删除。只有当文件中没有任何数据或日志信息，文件完全为空时，才可以将其从数据库中删除。

若想要让某个数据文件为空，需要将该数据文件中的数据移到同一文件组的其他文件中，可通过 DBCC SHRINKFILE 语句和 EMPTYFILE 子句实现（参见 3.4.2 节）。在执行有 EMPTYFILE 子句的 DBCC SHRINKFILE 语句后，SQL Server 不允许再在该文件中存储数据，此时就可以删除该数据文件了。

但将日志信息从一个日志文件移到另一个日志文件后并不能删除该日志文件。只有当日志文件中不包含任何活动或不活动的事务时，才可以从数据库中将其删除。可以通过截断事务日志或者备份事务日志的方法清除日志文件中的事务记录。通过备份清除日志文件内容的实现方法将在第 13 章中详细介绍。

删除数据库文件的 T-SQL 语句是 ALTER DATABASE，其语法格式如下：

```
ALTER DATABASE database_name
  REMOVE FILE logical_file_name
```

其中各参数的含义分别如下。

● database_name：要删除文件的数据库名。

● logical_file_name：被删除文件的逻辑文件名。

例 6   删除 Students 数据库中的 Students_data1 文件。

```
ALTER DATABASE Students
  REMOVE FILE Students_data1
```

例 7   删除 Students 数据库中的 Students_log1 文件。

```
ALTER DATABASE Students
  REMOVE FILE Students_log1
```

例 8   为 RShDB 数据库增加一个新的数据文件，该文件的逻辑文件名为"RShDB_Data1"，物理文件名为"RShDB_Data1.ndf"，存放在 C：根目录下；然后清空该文件中的内容，并从数据库中删除此文件。

```
USE RShDB;
GO
-- (1)创建一个数据文件
ALTER DATABASE RShDB
ADD FILE (
  NAME = RShDB_Data1,
  FILENAME = 'C:\RShDB_Data1.ndf'
  );
GO
-- (2)清空该数据文件
DBCC SHRINKFILE (RShDB_Data1, EMPTYFILE);
GO
-- (3)从 RShDB 数据库中删除该数据文件
ALTER DATABASE RShDB
REMOVE FILE RShDB_Data1;
```

3.4.4 创建和更改文件组

可以在首次创建数据库时创建文件组（参见 3.2 节），也可以创建完数据库后在添加新数据文件时创建文件组。需要特别注意的是，一旦将文件添加到文件组中就无法再将其移动到其他文件组中了。

一个文件不能是多个文件组的成员。可以指定将表、索引和大型对象（LOB）数据放置到某个文件组中，这意味着这些对象的所有页都将从该文件组的文件中分配。

一个数据库最多可以创建 32 767 个文件组。文件组中只能包含数据文件，日志文件不能是文件组的一部分。

创建和更改文件组既可以用图形化方法实现，也可以用 T-SQL 语句实现。

1. 用图形化方法实现

用图形化方法创建数据库的方法我们在 3.2.1 节中已介绍，现在我们介绍添加文件组的方法。

1）在 SQL Server Management Studio 中，在要添加文件组的数据库上右击鼠标，在弹出的快捷菜单中选择"属性"命令，然后在弹出的"数据库属性"窗口中的"选择页"下选中"文件组"选项，窗口形式如图 3-14 所示。

2）若要添加新的文件组，可单击"添加文件组"按钮。单击该按钮后，系统会在列表框的最后增加一个新行，用户可在此指定文件组名并设置文件组属性，文件组属性包括"只读"

和"默认值",也可以采用默认设置,如图 3-22 所示。

图 3-22   添加新的文件组

设置完成后,单击"确定"按钮,即可在数据库中创建一个新的文件组。再向数据库中添加新数据文件时,就可以选用新文件组了。

3)若不再需要某个文件组时可将其删除,方法是选中要删除的文件组,然后单击"删除"按钮。删除文件组时会将文件组中包含的文件一起删掉。

注意 除非文件组为空,或者文件组中的文件全部为空,否则不要删除文件组。

2. 用 T-SQL 语句实现

使用 CREATE DATABASE 语句可以在创建数据库时定义新的文件组,该语句及实现方法我们已在 3.2.2 节中介绍过。使用 ALTER DATABASE 语句可以实现定义新的文件组和删除文件组。定义新文件组主要是为添加新数据文件使用的。

定义和删除文件组的 ALTER DATABASE 语句的语法格式如下:

```
ALTER DATABASE database_name
{
  | ADD FILEGROUP filegroup_name
  | REMOVE FILEGROUP filegroup_name
  | MODIFY FILEGROUP filegroup_name
    { <filegroup_updatability_option>
    | DEFAULT
    | NAME = new_filegroup_name
    }
}
```

```
<filegroup_updatability_option>::=
{
  { READ_ONLY | READ_WRITE }
}
```

其中各参数的含义分别如下。

- ADD FILEGROUP filegroup_name：将文件组添加到数据库中。
- REMOVE FILEGROUP filegroup_name：从数据库中删除文件组。
- MODIFY FILEGROUP filegroup_name, { <filegroup_updatability_option> , | DEFAULT, | NAME = new_filegroup_name , }：通过将状态设置为 READ_ONLY 或 READ_WRITE，将文件组设置为数据库的默认文件组，或者通过更改文件组名称来修改文件组。
- <filegroup_updatability_option>：对文件组设置"只读"或"读 / 写"属性。
- DEFAULT：将数据库默认文件组更改为 filegroup_name。数据库中只能有一个文件组可作为默认文件组。
- NAME = new_filegroup_name：将文件组名称更改为"new_filegroup_name"。
- <filegroup_updatability_option>::=：将文件组设置为"只读"或"读 / 写"，其中各参数的含义分别如下。
  - READ_ONLY：指定文件组为只读。不允许更新其中的对象。主文件组不能设置为只读。若要更改此状态，用户必须对数据库有独占访问权限。
  - READ_WRITE：指定文件组为可读 / 写的，即允许更新文件组中的对象。若要更改此状态，用户必须对数据库有独占访问权限。

例 9 为 Students 数据库定义一个新的文件组，文件组名为"NewFileGroup1"，同时在该文件组中添加两个新数据文件，逻辑文件名分别为"students_data2"和"students_data3"，初始大小分别为 80MB 和 60MB，均存放在 D:\Data 文件夹下，不自动增长。

（1）创建文件组

```
ALTER DATABASE Students
  ADD FILEGROUP NewFileGroup1
```

（2）添加新数据文件

```
ALTER DATABASE Students
ADD FILE
(
NAME = students_data2,
FILENAME = 'D:\Data\students_data2.ndf',
SIZE = 80MB,
FILEGROWTH = 0
),
(
NAME = students_data3,
FILENAME = 'D:\Data\students_data3.ndf',
SIZE = 60MB,
FILEGROWTH = 0
)
TO FILEGROUP NewFileGroup1
```

例 10 将 Students 数据库中的 NewFileGroup1 文件组设置为默认文件组。

```
ALTER DATABASE Students
  MODIFY FILEGROUP NewFileGroup1 DEFAULT
```

3.5　删除数据库

当不再需要某个数据库时可将其删除。删除一个数据库时也会删除该数据库中所包含的全部对象，包括数据文件和日志文件。一旦删除数据库，该数据库即被永久删除，并且不能再对其进行任何操作，除非之前对数据库进行了备份，并利用备份恢复了该数据库。

删除数据库有两种方法：一种是用图形化方法实现，另一种是用 T-SQL 语句 DROP DATABASE 实现。

1. 用图形化方法实现

在 SQL Server Management Studio 中，选中要删除的数据库（假设这里是要删除 Students 数据库），然后单击 Delete 键，或者在要删除的数据库上右击鼠标，然后在弹出的快捷菜单中选择"删除"命令，此时均会弹出如图 3-23 所示的窗口。

图 3-23　删除数据库窗口

图 3-23 所示窗口的下面有两个复选框，第一个是"删除数据库备份和还原历史记录信息"，勾选该复选框表示同时删除数据库备份或还原后产生的历史记录信息，不勾选则表示保留这些历史记录信息。

第二个复选框是"关闭现有连接"。如果某个程序是基于要删除的数据库运行的，或者有打开的设计窗口或查询窗口正连接到该数据库，则勾选该复选框将关闭这些连接。被删除的数据库应该是没有任何连接的数据库，如果有则需要勾选该复选框以关闭该数据库的所有连接，然后再将其删除。

在图 3-23 所示窗口中，单击"确定"按钮即可删除选中的数据库。

> 注意　不能删除系统数据库，也不能删除用户正在使用的数据库。

2. 用 T-SQL 语句实现

删除数据库的 T-SQL 语句是 DROP DATABASE，该语句的语法格式如下：

```
DROP DATABASE database_name [ , … n ]
```

其中，database_name 为要删除的数据库的名称。

例 1 删除单个数据库：删除 Students 数据库。

```
DROP DATABASE Students
```

例 2 同时删除多个数据库：删除"学生数据库"和"RShDB"数据库。

```
DROP DATABASE 学生数据库 , RShDB
```

3.6 分离和附加数据库

用户可以分离数据库的数据和事务日志文件，然后将它们重新附加到同一或其他 SQL Server 实例上。如果要将数据库移动或复制到同一台服务器的不同 SQL Server 实例中，或者要移动数据库的数据文件或日志文件的位置，分离和附加数据库是一种有效的方法。

在 64 位和 32 位环境中，SQL Server 磁盘存储格式相同。因此，可以将 32 位环境中的数据库附加到 64 位环境中，反之亦然。从运行在某个环境中的服务器实例上分离的数据库可以附加到运行在另一个环境中的服务器实例上。

数据库被分离后，其所包含的数据文件和日志文件不再受数据库管理系统管理，此时用户可以复制或剪切该数据库的全部文件，然后将它们放置到另一台计算机上，或者是同一台计算机的其他位置上。最后通过附加的方法将数据库恢复到同一台数据库服务器上，或者是附加到其他数据库服务器上。

3.6.1 分离数据库

分离数据库是指将数据库从 SQL Server 实例中去掉，但不实际删除数据库中的数据文件和日志文件。这与删除数据库不同，删除数据库会将数据库中的所有数据文件和日志文件删除，而分离数据库会保持数据库中的数据文件和日志文件的完整性和一致性。

数据库被分离后用户就不能再使用该数据库了，分离数据库实际就是让数据库的数据文件和日志文件不受数据库管理系统的管理，以方便用户将数据库中的数据文件和日志文件复制到另一台计算机上或者是同一台计算机的其他地方。

分离数据库可以用图形化的方法实现，也可以通过 T-SQL 语句实现。

1. 用图形化方法实现

在 SQL Server Management Studio 中分离数据库的方法如下。

1）在 SQL Server Management Studio 的对象资源管理器中，展开"数据库"节点，在要分离的数据库上右击鼠标，在弹出的快捷菜单中选择"任务"→"分离"命令，弹出如图 3-24 所示的窗口（假设这里分离的是 Students 数据库）。

2）在"要分离的数据库"列表框中列出了要分离的数据库名，用户可在此验证列表中的数据库是否为要分离的数据库。

3）若当前被分离的数据库有用户连接，则默认情况下是不能执行分离操作的。图 3-25 所示的"要分离的数据库"列表框中就有一个活动连接，此时如果单击"确定"按钮，则将弹出如图 3-26 所示的错误提示窗口。为避免出现这种情况，在分离数据库前，应断开该数据库的所有连接，或者勾选此窗口中的"删除连接"复选框，先删除数据库的连接，再进行分离。

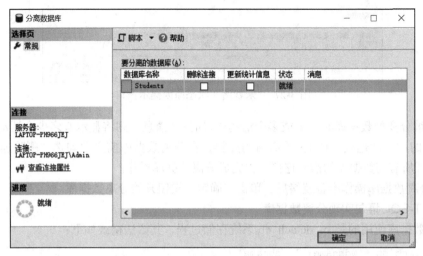

图 3-24　"分离数据库"窗口

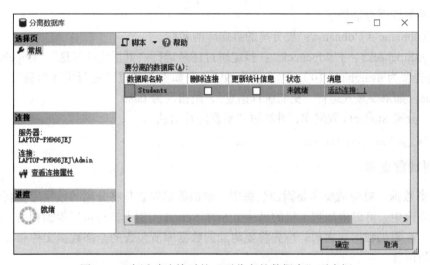

图 3-25　有活动连接时的"要分离的数据库"列表框

图 3-26　分离数据库失败的错误提示窗口

4）默认情况下，分离操作将在分离数据库时保留过期的优化统计信息。若要更新现有的优化统计信息，可勾选此窗口中的"更新统计信息"复选框。

5）"状态"列显示了当前数据库的状态（"就绪"表示可以被分离；"未就绪"表示不可以被分离）。

6）如果状态是"未就绪"，用户可单击"消息"列中的"活动连接：1"超链接以查看未就绪原因，提示窗口如图 3-27 所示。

图 3-27 "未就绪"状态原因提示窗口

当要被分离的数据库有一个或多个活动连接时，"消息"列将显示有多少个活动连接（如图 3-25 中的"活动连接：1"）。若有活动连接，在分离数据库前必须勾选"删除连接"复选框，以断开所有与数据库的活动连接，再完成分离数据库操作。

7）分离数据库操作准备就绪后，单击"确定"按钮开始分离数据库。

2. 用 T-SQL 语句实现分离数据库

分离数据库使用的是 sp_detach_db 系统存储过程，其语法格式如下：

```
sp_detach_db [ @dbname= ] 'dbname'
  [ , [ @skipchecks= ] 'skipchecks' ]
```

各参数的说明分别如下。

- [@dbname =] 'dbname'：要分离的数据库的名称。
- [@skipchecks =] 'skipchecks'：指定跳过还是运行"更新统计信息"。skipchecks 的数据类型为 nvarchar（10），默认值为 NULL。如果要跳过"更新统计信息"，则指定为 true；如果要显式运行"更新统计信息"，则指定为 false。

例 1 分离 Students 数据库，并跳过"更新统计信息"。

```
EXEC sp_detach_db 'Students', 'true'
```

3.6.2 附加数据库

与分离数据库对应的操作是附加数据库。附加数据库就是将分离的数据库重新附加到数据库管理系统中，可以附加到本机的另一个 SQL Server 实例上，也可以附加到另一台数据库服务器上。在附加数据库之前，应先将要附加的数据库所包含的全部数据文件和日志文件放置到合适的位置。

在附加数据库时，必须指定主要数据文件的物理存储位置和文件名，因为主要数据文件中包含了查找组成该数据库的其他文件所需的信息。在复制数据库文件时，如果更改了其他文件（包括次要数据文件和日志文件）的存储位置，则还应该明确指出所有已改变存储位置的文件的实际存储位置信息。否则，SQL Server 将试图基于存储在主要数据文件中的文件位置信息附加其他文件，从而导致附加数据库失败。

附加数据库可以用图形化方法实现，也可以通过 T-SQL 语句实现。下面我们以附加 3.6.1 节中分离的 Students 数据库为例，说明附加数据库的实现过程。

1. 用图形化方法实现

在 SQL Server Management Studio 中附加数据库的方法如下：

1）在 SSMS 的对象资源管理器中，连接到要附加数据库的 SQL Server 实例上，展开该实例。

2）在"数据库"节点上右击鼠标，在弹出的快捷菜单中选择"附加"命令，弹出如图 3-28 所示的"附加数据库"窗口。

3）单击"添加 ..."按钮，然后在弹出的"定位数据库文件"窗口中指定 Students 数据库的主要数据文件所在的磁盘位置，并选中主要数据文件（这里是 D:\Data 文件夹下的 Students.

mdf），单击"确定"按钮，返回到"附加数据库"窗口，此时该窗口形式如图 3-29 所示。

4）单击"确定"按钮完成附加数据库操作。

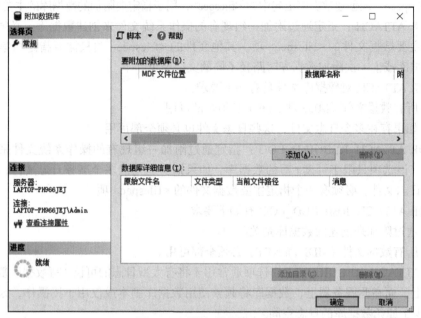

图 3-28 "附加数据库"窗口

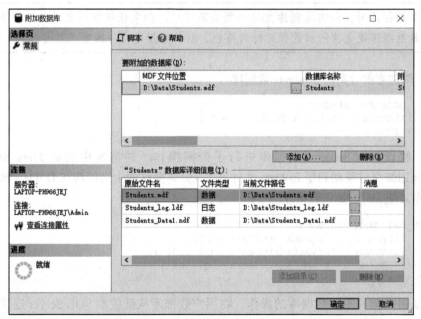

图 3-29 指定好文件后的附加数据窗口

2. 用 T-SQL 语句实现

附加数据库的 T-SQL 语句是 CREATE DATABASE，其语法格式如下：

```
CREATE DATABASE database_name
  ON <filespec> [ ,...n ]
  FOR { ATTACH | ATTACH_REBUILD_LOG }
```

各参数的说明分别如下。

- database_name：要附加的数据库的名称。
- \<filespec>：同创建数据库语句中的 \<filespec>，用于指定要附加的数据库的主要数据文件。
- FOR ATTACH：指定通过附加一组现有的操作系统文件来创建数据库。必须有一个指定主要数据文件的 \<filespec> 项。其他文件的 \<filespec> 项只需要指定与第一次创建数据库或上一次附加数据库时路径不同的文件即可。

  FOR ATTACH 对数据库文件具有如下要求：

  - 所有数据文件（MDF 和 NDF）必须全部可用。
  - 如果存在多个日志文件，这些日志文件也必须全部可用。
- FOR ATTACH_REBUILD_LOG：指定通过附加一组现有的操作系统文件来创建数据库。该选项只限于可读 / 写的数据库。如果缺少一个或多个事务日志文件，将重新生成日志文件。必须有一个指定主要数据文件的 \<filespec> 项。

  FOR ATTACH_REBUILD_LOG 有如下要求：

  - 通过附加来创建的数据库是关闭的。
  - 所有数据文件（MDF 和 NDF）必须全部可用。

FOR ATTACH_REBUILD_LOG 选项通常用于将有大型日志的可读 / 写数据库复制到另一台服务器上，而在此服务器上，数据库将频繁使用数据库副本或仅用于读操作，因而所需的日志空间少于原始数据库的日志空间。

> **注意** 附加数据库时，所有数据库文件必须全部可用。如果任何数据文件的路径不同于首次创建数据库或上次附加数据库时的路径，则必须指定文件的当前路径。

例 2 附加之前分离的 Students 数据库。

```
CREATE DATABASE Students
  ON (FILENAME = 'D:\Data\Students.mdf')
  FOR ATTACH
```

例 3 假设已对 Students 数据库进行了分离操作，并将其中的 students_data1.ndf 和 students_log1.ldf 文件移动到了 E:\Data 文件夹下（分离前这两个文件均在 D:\Data 文件夹下）。移动数据库文件后，附加该数据库。

```
CREATE DATABASE Students
  ON ( FILENAME = 'D:\Data\students.mdf'),
     ( FILENAME = 'E:\Data\students_data1.ndf'),
     ( FILENAME = 'E:\Data\students_log1.ldf')
  FOR ATTACH
```

可以通过分离和附加数据库的操作，将用户数据库从低版本 SQL Server 迁移到高版本 SQL Server 中。比如，将 SQL Server 2012 环境中的数据库迁移到 SQL Server 2016 环境中。

迁移过程如下：

1）用 sp_detach_db 存储过程将数据库从低版本 SQL Server 中分离出来。

2）将分离后的数据库的全部数据文件和日志文件复制到合适的位置，此步骤是可选的，如果不需要移动数据库文件的位置，则可略去此步骤。

3）使用带有 FOR ATTACH 或 FOR ATTACH_REBUILD_LOG 选项的 CREATE DATABASE

语句，将复制的全部文件附加到高版本 SQL Server 实例上。

3.7　移动数据库文件

数据库创建完成后，无法通过图形化的方法在"数据库属性"窗口中更改数据库文件的物理存储位置，如果要实现此操作，一种方法是使用 3.6 节介绍的分离和附加数据库的方法（分离数据库后，移动数据库文件的存储位置，然后再进行附加），这种方法的缺点是分离数据库时用户无法连接到该数据库，也就是所有用户都无法使用该数据库。如果只是单纯地移动数据库文件的存储位置，可以使用移动数据库文件的方法，该方法在移动数据库的过程中对数据库的使用状态没有特别要求。

通过在 ALTER DATABASE 语句的 FILENAME 子句中指定新的文件位置，可以将用户数据库中的数据、日志文件移动到新位置。此方法适用于在同一 SQL Server 实例中移动数据库文件。若要将数据库移动到另一个 SQL Server 实例或另一台服务器上，应该使用备份和还原或者分离和附加操作。

移动数据库文件在下列情况下可能很有用：

- 故障恢复。例如，由于硬件故障，数据库处于可疑模式或被关闭。
- 为更合理地使用磁盘空间和提高操作效率而重定位数据库文件。
- 为磁盘维护操作而进行的重定位。

例 1　将 Students 数据库的 Students_Data1 文件移动到 E:\Data 文件夹下，物理文件名为 Students_Data1.ndf。

```
ALTER DATABASE Students
   MODIFY FILE ( NAME = Students_Data1,
                 FILENAME = 'E:\Data\Students_Data1.ndf' );
```

小结

数据库是存放数据和各种数据库对象的场所。为维护系统正常运行，SQL Server 将数据库分为系统数据库和用户数据库两大类。系统数据库是由 SQL Server 数据库管理系统自己创建和维护的，用户不能删除或更改系统数据库中的信息。用户数据库用于存放用户自己的业务数据，由用户负责管理和维护。

本章对创建和管理数据库进行了详细的介绍。SQL Server 的数据库由数据文件和日志文件组成，而且每个数据库至少包含一个主要数据文件和一个日志文件，用户数据库的主要数据文件的大小不能小于 model 数据库的主要数据文件的大小。为了更充分地利用多个磁盘的存储空间，同时也为了提高数据的访问效率，一般是将数据文件和日志文件分别创建在不同的磁盘上。

SQL Server 将数据文件按文件组的形式组织，一个数据库可以包含多个文件组，每个文件组可用于分类存放不同的数据文件。每个数据库都包含一个 PRIMARY 文件组，该文件组是系统自动提供的，系统信息及数据库的主要数据文件都必须存放在 PRIMARY 文件组中。

创建数据库实际上就是定义数据库所包含的数据文件和日志文件，定义这些文件的基本属性。定义好数据文件也就定义好了数据库三级模式中的内模式。数据库中的数据文件和日志文件的属性是一样的，这些文件都有逻辑文件名、物理存储位置、物理文件名、初始大小、增长方式和最大大小限制等属性。数据库创建完成后，用户可以对数据库进行修改，主要的修改操作包括扩大和缩小数据库空间、创建和更改数据库的文件组等。当不再需要某个数据库时，可以将其删除，删除数据库也会删除数据库中所包含的全部内容。

当用户希望将数据库从一台服务器复制到另一台服务器时，可以使用分离和附加数据库的方法。分离数据库是将数据库从数据库管理系统中删除，但并不删除数据库中的文件，因此用户可以使用附加数据库技术将分离后的数据库再恢复到数据库管理系统中。

习题

1. 根据数据库用途的不同，SQL Server 将数据库分为哪两种类型？
2. SQL Server 提供了哪些系统数据库？每个系统数据库的主要作用是什么？
3. 文件组的作用是什么？每个数据库至少包含几个文件组？
4. 数据库的系统信息存放在哪个文件组中？用户能删除这个文件组吗？
5. SQL Server 数据库可以由几类文件组成？这些文件的推荐扩展名分别是什么？
6. SQL Server 中的一个数据库可以包含几个主要数据文件？几个次要数据文件？几个日志文件？
7. 数据文件和日志文件分别有哪些属性？
8. SQL Server 中数据的存储分配单位是什么？一个存储分配单位是多少字节？
9. 设某数据表包含 20000 行数据，每行数据大小为 5000 字节，则此数据表大约需要多少 MB 存储空间？在这些存储空间中，大约有多少 MB 空间是浪费的？
10. 用户创建数据库时，对数据库主要数据文件的初始大小有什么要求？

上机练习

1. 分别用图形化方法和 CREATE DATABASE 语句创建符合如下条件的数据库：数据库的名字为"students"，包含的主要数据文件的逻辑文件名为"students_dat"，物理文件名为"students.mdf"，存放在 D:\Test 文件夹下（若 D: 中无此子文件夹，请先创建此文件夹，然后再创建数据库），初始大小为 30MB，自动增长，每次增加 2MB。日志文件的逻辑文件名为"students_log"，物理文件名为"students.ldf"，也存放在 D:\Test 文件夹下，初始大小为 10MB，自动增长，每次增加 10%。
2. 分别用图形化方法和 CREATE DATABASE 语句创建符合如下条件的数据库：数据库中包含两个数据文件和两个日志文件。数据库的名字为"财务信息数据库"，数据文件 1 的逻辑文件名为"财务数据 1"，物理文件名为"财务数据 1.mdf"，存放在"D:\ 财务数据"文件夹下（若 D: 中无此文件夹，请先创建此文件夹，然后再创建数据库），初始大小为 20MB，自动增长，每次增加 4MB；数据文件 2 的逻辑文件名为"财务数据 2"，物理文件名为"财务数据 2.ndf"，与主要数据文件存放在同一文件夹下，初始大小为 30MB，自动增长，每次增加 10%。日志文件 1 的逻辑文件名为"财务日志 1"，物理文件名为"财务日志 1.ldf"，存放在"D:\ 财务日志"文件夹下，初始大小为 10MB，自动增长，每次增加 10%；日志文件 2 的逻辑文件名为"财务日志 2"，物理文件名为"财务日志 2.ldf"，存放在"D:\ 财务日志"文件夹下，初始大小为 15MB，不自动增长。
3. 删除新建立的财务信息数据库，并观察该数据库中所包含的文件是否已一起被删除。
4. 分别用图形化方法和 T-SQL 语句对第 1 题所创建的 students 数据库空间进行如下扩展：增加一个新的数据文件，文件的逻辑名为"students_dat2"，存放在新文件组 Group1 中，物理文件名为"students2.ndf"，存放在 D:\Test 文件夹下，文件的初始大小为 20MB，不自动增长。
5. 将第 4 题新添加的 Students_dat2 文件的初始大小改为 60MB。
6. 分别用图形化方法和 T-SQL 语句对 students 数据库进行如下操作：
   （1）收缩 students 数据库空间大小，使该数据库中的空白空间为 50%。
   （2）将数据文件"students_dat"的初始大小收缩为 20MB。

第4章　SQL 基础

用户在使用数据库的过程中需要对数据库进行各种操作，如查询数据，添加、删除和修改数据，定义、修改数据库模式等。DBMS 必须为用户提供相应的命令或语言，这就构成了用户和数据库的接口。接口的好坏会直接影响用户对数据库的接受程度。

数据库所提供的语言一般局限于对数据库进行操作，它不是完备的程序设计语言，也不能独立用于编写应用程序。

SQL（Structured Query Language，结构化查询语言）是用户操作关系数据库时使用的通用语言。SQL 虽然称为结构化查询语言，而且查询操作确实是数据库中的主要操作，但并不是说 SQL 只支持查询操作，它实际上包含数据定义、数据操纵和数据控制等与数据库有关的全部功能。

SQL 已经成为关系数据库的标准语言，现在所有的关系数据库管理系统都支持 SQL。本章主要介绍 SQL 支持的数据类型、SQL Server 2017 支持的 SQL 的一些基础知识和流程控制语句。

4.1　概述

SQL 是操作关系数据库的标准语言，本节简单介绍 SQL 的发展过程、特点和主要功能。

4.1.1　SQL 的发展

最早的 SQL 原型是 IBM 的研究人员在 20 世纪 70 年代开发的，该原型被命名为"SEQUEL"（Structured English QUEry Language 的首字母缩写）。现在许多人仍将在这个原型之后推出的 SQL 发音为"sequel"，但根据 ANSI SQL 委员会的规定，其正式发音应该是"ess cue ell"。随着 SQL 的颁布，各数据库厂商纷纷在他们的产品中引入并支持 SQL。尽管绝大多数产品对 SQL 的支持大部分是相似的，但它们之间也存在一定的差异，这些差异不利于初学者的学习。因此，我们在本章介绍 SQL 时主要介绍标准的 SQL，并称之为基本 SQL。

自 20 世纪 80 年代以来，SQL 就一直是关系数据库管理系统（RDBMS）的标准语言。最早的 SQL 标准是 1986 年 10 月由美国 ANSI（American National Standards Institute）颁布的。1987 年 6 月 ISO（International Standards Organization）也正式采纳它为国际标准，并在此基础上进行了补充，到 1989 年 4 月，ISO 提出了具有完整性特征的 SQL，并称之为 SQL-89（或 SQL1）。SQL-89 标准的颁布对数据库技术的发展和数据库的应用起了很大的推动作用。尽管如此，SQL-89 仍有许多不足且不能完全满足应用需求。为此，在 SQL-89 的基础上，经过 3 年多的研究和修改，ISO 和 ANSI 共同于 1992 年 8 月颁布了 SQL 的新标准，即 SQL-92（或称 SQL2）。SQL-92 标准也不是非常完备的，1999 年又颁布了新的 SQL 标准，称为 SQL-99 或 SQL3。

不同数据库厂商的数据库管理系统提供的 SQL 语言略有差别，本书主要以 Microsoft SQL Server 使用的 SQL（称为 Transact-SQL，简称 T-SQL）为主介绍其功能。

4.1.2　SQL 的特点

SQL 之所以能够被用户和业界所接受并成为国际标准，是因为它是一个综合的、功能强大且又比较简单易学的语言。SQL 集数据查询、数据操纵、数据定义和数据控制功能于一身，其主要特点如下。

（1）一体化

SQL 的语言风格统一，可以完成数据库活动中的全部工作，包括创建数据库、定义模式、更改和查询数据、安全控制、维护数据库可靠性等。这一特性为数据库应用系统的开发提供了良好的环境。用户在数据库系统投入使用之后，还可以根据需要修改数据库系统的模式结构，而且不会影响数据库的运行，因而使数据库系统具有良好的可扩展性。

（2）高度非过程化

在使用 SQL 访问数据库时，用户没有必要告诉计算机"如何"一步步地实现操作，而只需要描述清楚要"做什么"，SQL 就可以将用户要求提交给数据库管理系统，然后由系统自动完成全部工作。

（3）简洁

虽然 SQL 的功能很强大，但它只有为数不多的几条命令。另外，SQL 的语法也比较简单，比较接近自然语言（英语），因此容易学习和掌握。

（4）以多种方式使用

SQL 可以直接以命令行的方式使用，也可以嵌入程序设计语言中使用。现在很多数据库应用开发工具（比如 PowerBuilder、Delphi 等）都将 SQL 直接融入自身的语言当中，用户使用起来非常方便。而灵活的使用方式使用户有更大的选择空间。

4.1.3　SQL 功能

SQL 按其功能可分为四大部分：数据定义功能、数据控制功能、数据查询功能和数据操纵功能。表 4-1 中列出了实现这四部分功能的 SQL 动词。

数据定义功能用于定义、删除和修改数据库中的对象；数据查询功能用于查询数据，查询数据是数据库中使用得最多的操作；数据操纵功能用于增加、删除和修改数据；数据控制功能用于控制用户对数据库的操作权限。

表 4-1　SQL 中包含的动词

SQL 功能	动词
数据定义	CREATE、DROP、ALTER
数据查询	SELECT
数据操纵	INSERT、UPDATE、DELETE
数据控制	GRANT、REVOKE、DENY

本章主要介绍 SQL Server 2017 支持的主要数据类型和一些基础知识，第 5 章中主要介绍利用这些数据类型定义基本表的功能。

4.2　系统提供的数据类型

各个数据库产品所支持的数据类型并不完全相同，而且与 ISO 颁布的标准 SQL 也有差异，这里主要介绍 SQL Server 2017 支持的常用数据类型。

SQL Server 提供了 36 种数据类型，可归为如下几大类：

- 数字类型：又分为精确数字类型和近似数字类型两种。
- 字符串类型：又分为普通字符串类型、Unicode 字符串类型和二进制字符串类型。

- 日期时间类型。
- 其他数据类型。

4.2.1 数字类型

数字类型分为精确数字类型和近似数字类型两种。

1. 精确数字类型

精确数字类型是指在计算机中能够精确存储的数据，比如整型数、定点小数等都是精确型数据。

SQL Server 2017 支持的精确数字类型有以下几种。

（1）bit

bit 列存储 1 或 0。SQL Server 数据库引擎对 bit 列的存储进行了优化。如果一个表中有 8 个或 8 个以下的 bit 列，则这些列用一字节存储；如果 bit 列为 9～16 列，则这些列用 2 字节存储，以此类推。

（2）bigint、int、smallint 和 tinyint

bigint、int、smallint 和 tinyint 均为整型类型，这些类型的说明如表 4-2 所示。

表 4-2 整型类型

整型类型	范 围	存储字节数
bigint	-2^{63}（–9 223 372 036 854 775 808）到 $2^{63}-1$（9 223 372 036 854 775 807）	8
int	-2^{31}（–2 147 483 648）到 $2^{31}-1$（2 147 483 647）	4
smallint	-2^{15}（–32 768）到 $2^{15}-1$（32 767）	2
tinyint	0 到 255 之间的整数	1

为了节省数据库的存储空间，应尽可能使用能包含所有可能值的最小数据类型。例如，对于人的年龄数据，tinyint 就足够了，因为人的寿命目前还没有超过 255 的。

（3）numeric(p,s) 或 decimal(p,s)

numeric(p,s) 或 decimal(p,s) 是带固定精度和小数位数的数字类型，可以互换。使用最大精度时，有效值从 $-10^{38}+1$ 到 $10^{38}-1$，decimal 的 ISO 同义词为 dec 和 dec(p,s)，numeric 在功能上等同于 decimal。其中：

- p 为精度，是指最多可以存储的十进制数字的总位数，包括小数点左边和右边的位数。该精度必须是从 1 到最大精度 38 之间的值。默认精度为 18。
- s 为小数点右边可以存储的十进制数字的位数。从 p 中减去此值即可确定小数点左边的最大位数。小数位数的取值范围必须为 0 到 p。仅在指定精度后才可以指定小数位数。默认小数位数为 0；因此，$0 \leqslant s \leqslant p$。最大存储大小基于精度而变化，具体如表 4-3 所示。

（4）money 和 smallmoney

money 和 smallmoney 是代表货币或货币值的数据类型。货币类型是 SQL Server 特有的数据类型，它实际上是有固定小数位数的精确数字类型，小数点后固定为 4 位。货币类型的数据前可以有货币符号，如可在输入美元时加上 $ 符号。

表 4-3 精度与存储字节数

精度	存储字节数
1～9	5
10～19	9
20～28	13
29～38	17

表 4-4 中列出了 SQL Server 支持的货币类型。

表 4-4　SQL Server 支持的货币类型

货币类型	范　　围	存储字节数
money	−922 337 203 685 477.5808 到 +922 337 203 685 477.5807，精确到小数点后 4 位	8
smallmoney	−214 748.3648 到 214 748.3647，精确到小数点后 4 位	4

money 和 smallmoney 数据类型精确到它们所代表的货币单位的万分之一。

货币数据不需要用单引号 (') 引起来。虽然 money 和 smallmoney 数据类型可以指定前面带有货币符号的货币值，但 SQL Server 不存储任何与符号关联的货币信息，它只存储数值。

2. 近似数字类型

近似数字类型用于表示浮点型数据。由于它们是近似的，因此不能精确地表示所有值。

表 4-5 中列出了 SQL Server 支持的近似数字类型。

其中，n 为用于存储 float 数字尾数的位数（以科学记数法表示），因此可以确定精度和存储大小。

表 4-5　近似数字类型

近似数字类型	说　　明	存储字节数
float[(n)]	n 为用于存储 float 数字尾数的位数（以科学记数法表示）。存储从 −1.79E + 308 到 −2.23E −308、0 及 2.23E − 308 到 1.79E + 308 范围的浮点数。n 有两个值，、如果指定的 n 在 1 ～ 24 之间，则使用 24，精度为 7 位数，占用 4 字节空间；如果指定的 n 在 25 ～ 53 之间，则使用 53，精度为 15 位数，占用 8 字节空间。若省略 (n)，则默认为 53	4 或 8（取决于 n 的值）
real	存储从 −3.40E + 38 到 3.40E + 38 范围的浮点数	4

SQL Server 的 float[(n)] 数据类型从 1 到 53 之间的所有 n 值均符合 ISO 标准。double precision 的同义词是 float(53)。

4.2.2　字符串类型

字符串类型用于存储字符数据，字符可以是各种字母、数字符号、汉字以及各种符号。在 SQL Server 中使用字符数据时，需要将字符数据用英文的单引号或双引号括起来，如 'Me'。

字符的编码有两种方式：普通字符编码和统一字符编码（Unicode 编码）。Unicode 编码的字符可以处理国际性的 Unicode 字符。

不同国家或地区的字符编码长度不一样，比如，英文字母的编码是 1 字节（8 位），中文汉字的编码是 2 字节（16 位）。统一字符编码是指不管对哪个地区、哪种语言均采用双字节（16 位）编码，与之相对应的是普通字符编码。

1. 普通编码字符串类型

表 4-6 中列出了 SQL Server 2017 支持的普通编码字符串类型。

表 4-6　普遍编码字符串类型

普通编码字符串类型	说　　明	存储字节数
char[(n)]	固定长度字符串类型，n 用于定义字符串的最大长度（以字节为单位），取值范围为 1 ～ 8000 对于单字节编码字符集（如英文），存储大小为 n 字节，并且可存储的字符数也为 n。对于多字节编码字符集（比如汉字），存储大小仍为 n 字节，但可存储的字符数可能小于 n（比如，4 字节空间只可存储两个汉字） char 的 ISO 同义词是 character	n 字符。当实际字符串所需空间小于 n 时，系统自动在后面补空格

（续）

普通编码字符串类型	说　明	存储字节数
varchar [(n | max)]	可变长度字符串类型，n 用于定义字符串长度（以字节为单位），取值范围为 1 ～ 8000 　　max 指示最大存储大小是 $2^{31} - 1$ 字节（2GB）。对于单字节编码字符集（如英文），存储大小为 n + 2 字节，并且可存储的字符数也为 n。对于多字节编码字符集（比如汉字），存储大小仍为 n + 2 字节，但可存储的字符数可能小于 n 　　varchar 的 ISO 同义词是 charvarying 或 charactervarying	字符数 +2 字节的额外开销

说明　如果在使用 char(n) 或 varchar(n) 类型时未指定 n，则默认长度为 1。如果在使用 CAST 和 CONVERT 函数时未指定 n，则默认长度为 30。

关于使用 char 和 varchar，笔者有如下建议：

- 如果列数据项的大小一致，则使用 char。
- 如果列数据项的大小差异相当大，则使用 varchar。
- 如果列数据项的大小差异很大，而且字符串长度可能超过 8000 字节，则使用 varchar(max)。

2. 统一编码字符串类型

SQL Server 2017 支持统一字符编码标准——Unicode 编码。采用 Unicode 编码的字符，每个字符占用两字节的存储空间。

表 4-7 中列出了 SQL Server 2017 支持的统一编码的字符串类型。

表 4-7　SQL Server 2017 支持的统一编码的字符串类型

统一编码的字符串类型	说　明	存储字节数
nchar[(n)]	固定长度的字符串类型，n 用于定义字符串的最大长度（以双字节为单位），取值范围为 1 ～ 4000 　　存储大小为 n 字节的两倍。对于 UCS-2 编码，存储大小为 n 字节的两倍，并且可存储的字符数也为 n。对于 UTF-16 编码，存储大小仍为 n 字节的两倍，但可存储的字符数可能小于 n，因为补充字符使用两个双字节 　　nchar 的 ISO 同义词是 national char 和 national character	2n 字节。当实际字符串所需空间小于 2n 时，系统自动在后面补空格
nvarchar [(n | max)]	可变长度的统一编码字符串类型，n 用于定义字符串的最大长度，取值范围为 1 ～ 4000 　　max 指示最大存储大小是 $2^{30} - 1$ 字符（2GB）。存储大小为 n 字节的两倍 +2 字节。对于 UCS-2 编码，存储大小为 n 字节的两倍 +2 字节，并且可存储的字符数也为 n。对于 UTF-16 编码，存储大小仍为 n 字节的两倍 +2 字节，但可存储的字符数可能小于 n，因为补充字符使用两个双字节 　　nvarchar 的 ISO 同义词是 national char varying 和 national character varying	2 × 字符数 +2 字节额外开销
ntext	最多可存储 $2^{30} - 1$ (1 073 741 823) 个统一字符编码的字符	每个字符 2 字节
nvarchar(max)	最多可存储 $2^{30} - 1$ 个统一字符编码的字符	2 × 字符数 +2 字节的额外开销

说明 如果在使用 nchar(n) 或 nvarchar(n) 类型时未指定 n，则默认长度为 1。如果在使用 CAST 和 CONVERT 函数时未指定 n，则默认长度为 30。

关于 nchar 和 nvarchar 的使用建议同 char 与 varchar。

3. 二进制编码字符串类型

二进制编码的字符串数据一般用十六进制表示，若使用十六进制格式，可在字符前加 0x 前缀。

表 4-8 中列出了 SQL Server 2017 支持的二进制编码字符串类型。

表 4-8   SQL Server 2017 支持的二进制编码字符串类型

二进制编码字符串类型	说　　明	存储字节数
binary[(n)]	长度为 n 字节的固定长度二进制数据，n 的取值范围为 1 ～ 8000	n 字节
varbinary[(n | max)])	可变长度二进制数据。n 的取值范围为 1 ～ 8000。max 指示最大存储大小是 $2^{31} - 1$ 字节。 存储大小为所输入数据的实际长度 +2 字节。所输入数据的长度可以是 0 字节。 varbinary 的 ANSI SQL 同义词为 binary varying	字符数 +2 字节的额外开销

说明 如果未在数据定义或变量声明语句中指定 n，则默认长度为 1。如果未使用 CAST 函数指定 n，则默认长度为 30。

4.2.3　日期时间类型

表 4-9 中列出了 SQL Server 2017 支持的日期时间类型。

表 4-9   SQL Server 2017 支持的日期时间类型

日期时间类型	说　　明	存储字节数
date	定义一个日期，取值范围为 0001-01-01 到 9999-12-31。字符长度为 10 位。 默认格式为 YYYY-MM-DD。YYYY 表示 4 位年份数字，取值范围为从 0001 到 9999；MM 表示两位月份数字，取值范围为从 01 到 12；DD 表示两位日的数字，取值范围为从 01 到 31（最高值取决于具体月份） 默认值为 1900-01-01	3
time[(n)]	定义一天中的某个时间，该时间基于 24 小时制。默认格式为 hh:mm:ss[.nnnnnnn]，取值范围为 00:00:00.0000000 到 23:59:59.9999999。精确到 100 纳秒 n 为秒的小数位数，取值范围是 0 到 7 的整数。默认秒的小数位数是 7(100ns)	3 ～ 5
datetime	定义一个采用 24 小时制并带有秒的小数部分的日期和时间，取值范围为 1753-1-1 到 9999-12-31，时间范围是 00:00:00 到 23:59:59.997 字符长度：最低 19 位到最高 23 位 默认格式为 "YYYY-MM-DD hh:mm:ss.nnn"，nnn 为一个 0 到 3 位的数字，取值范围为 0 到 999，表示秒的小数部分 默认值为 1900-01-01	8
smalldatetime	定义一个采用 24 小时制并且秒始终为零的日期和时间，取值范围为 1900-1-1 到 2079-6-6。默认格式为 "YYYY-MM-DD hh:mm:00"。精确到分钟 对于小于或等于 29.998 秒的值向下舍入为最接近的分钟数；大于或等于 29.999 秒的值向上舍入为最接近的分钟数	4

（续）

日期时间类型	说　明	存储字节数
datetime2	定义一个结合了 24 小时制时间的日期。可将该类型看成是 datetime 类型的扩展，其数据范围更大，默认的小数精度更高，并具有可选的用户定义的精度。默认格式是 YYYY-MM-DD hh:mm:ss[.nnnnnnn]，n 为数字，表示秒的小数位数（最多精确到 100 纳秒），默认精度是 7 位小数。该类型的字符串长度最少为 19 位（YYYY-MM-DD hh:mm:ss），最多为 27 位（YYYY-MM-DD hh:mm:ss.0000000） 　　默认值是 1900-01-01 00:00:00	6～8
datetimeoffset	定义一个与采用 24 小时制并与可识别时区的一日内时间相组合的日期，该数据类型使用户存储的日期和时间（24 小时制）的时区一致。语法格式为 datetimeoffset [(n)]，n 为秒的精度，最大为 7。默认格式为 YYYY-MM-DD hh:mm:ss[.nnnnnnn] [{+|-}hh1:mm1]，其中 hh1 的取值范围为 -14 到 +14，mm1 的取值范围为 00 到 59。该类型的日期范围为 0001-01-01 到 9999-12-31，时间范围为 00:00:00 到 23:59:59.9999999。时区偏移量范围为 -14:00 到 +14:00。该类型的字符串长度最少为 26 位 (YYYY-MM-DD hh:mm:ss {+|-}hh:mm)，最多为 34 位 (YYYY-MM-DD hh:mm:ss.nnnnnnn {+|-}hh:mm)	8～10

> **说明** 对于新的开发工作，应使用 time[(n)]、date、datetime2 和 datetimeoffset 数据类型，因为这些类型符合 ISO SQL 标准，而且这 3 种类型提供了更高精度的秒数。datetimeoffset 为全局部署的应用程序提供时区支持。

datetime 用 4 字节存储 1900 年 1 月 1 日之前或之后的天数（以 1990 年 1 月 1 日为分界点，1900 年 1 月 1 日之前的日期的天数小于 0，1900 年 1 月 1 日之后的日期的天数大于 0），用另外 4 字节存储午夜（00:00:00）后代表每天时间的毫秒数。

smalldatetime 与 datetime 类似，它用 2 字节存储 1900 年 1 月 1 日之后的日期的天数，用另外 2 字节存储午夜（00:00:00）后代表每天时间的分钟数。

注意在使用日期时间类型的数据时也要用单引号括起来，比如 '2019-12-6 12:00:00'。

4.3　用户定义的数据类型

除了系统提供的数据类型之外，用户还可以根据需要定义数据类型（UDDT），用户定义的数据类型实际上就是为系统数据类型起了个别名，因此也称别名类型。当在多个表中存储语义相同的列时（比如主键和外键就属于这种情况），一般要求这些列的数据类型和长度要完全一致。为避免语义相同的列在不同的表中定义不一致，可以使用用户定义的数据类型。例如，可以为"学号"列定义一个数据类型 sno_type，以便在不同的表中定义"学号"列时均使用 sno_type 数据类型。

4.3.1　创建用户自定义数据类型

用户自定义数据类型可以在 SSMS 工具中通过图形化的方法实现，也可以通过 T-SQL 语句实现。

1. 用图形化方法实现

我们以在第 3 章创建的 Students 数据库中定义一个名为 "sno_type" 的数据类型为例，说明使用 SSMS 工具创建用户定义的数据类型的方法。

1）在 Students 数据库中，展开该数据库下的"可编程性"→"类型"节点，在"类型"节点下的"用户定义数据类型"项上右击鼠标，在弹出的快捷菜单中选择"新建用户定义数据类型"命令，弹出"新建用户定义数据类型"窗口。如果新建的数据类型是字符型的，则窗口形式如图 4-1 所示，如果新建的数据类型是定点小数类型，则窗口形式如图 4-2 所示。

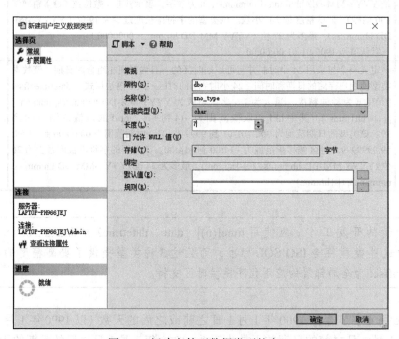

图 4-1   新建字符型数据类型的窗口

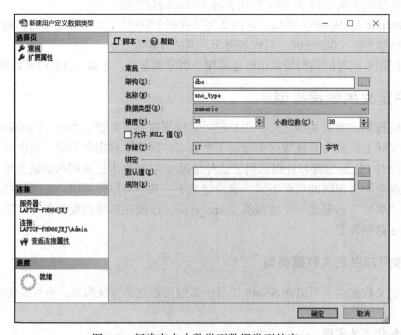

图 4-2   新建定点小数类型数据类型的窗口

2）在"新建用户定义数据类型"窗口中，各选项的含义分别如下。

- 架构：用户定义数据类型所属的架构，默认为当前用户（关于架构的概念将在第 5 章中详细介绍）。没有系统管理员权限的用户只能选择当前用户，具有系统管理员权限的用户可以从数据库用户列表中选择任何所有者。
- 名称：新创建的数据类型名。
- 数据类型：指定新类型所对应的基本数据类型。
- 长度 / 精度：指定新数据类型的长度或精度。"长度"适用于基于字符的新类型（见图 4-1）；"精度"适用于基于数字的新类型（见图 4-2）。该标签会根据所选的数据类型做出相应的改变。如果所选数据类型的长度或精度是固定的（比如 int、smallint 等），则不能编辑此框中的内容。
- 小数位数：该选项只在基本类型是 numeric 和 decimal 时才会显示，用于指定可以在小数点右边存储的十进制数字的最大位数。小数位数必须是 0 到 p 之间的值，其中 p 是"精度"值。最大存储大小会根据精度的变化而变化。
- 允许 NULL 值：指定新类型是否可以接受 NULL。
- 存储：显示新类型占用的最大存储空间，该空间会根据类型和精度的变化而变化。

这里我们定义的新类型名为"sno_type"，对应的基本类型为 char，长度为 7，不允许空值（如图 4-1 所示）。单击"确定"按钮完成新数据类型的定义。

2. 用 T-SQL 语句实现

创建用户定义数据类型的 T-SQL 语句是 CREATE TYPE，其简化语法格式如下：

```
CREATE TYPE [ schema_name. ] type_name
{
  FROM base_type
  [ ( precision [ , scale ] ) ]
  [ NULL | NOT NULL ]
```

各参数的说明分别如下。
- schema_name：用户定义的数据类型所属的架构名。
- type_name：用户定义的数据类型的名称。
- base_type：用户定义的数据类型所对应的基本数据类型。

该语句的作用是在当前数据库中创建一个用户定义的数据类型。

例 1　创建一个名为"telephone"的数据类型，其相应的基本数据类型为 char(8)，不允许空值。

```
CREATE TYPE telephone FROM CHAR(8) NOT NULL
```

定义好的数据类型会列在"用户定义数据类型"节点下。

当在数据库中创建了用户定义的数据类型后，以后再创建表时就可以像使用系统提供的数据类型一样使用用户定义的数据类型了。

4.3.2　删除用户自定义数据类型

删除用户自定义数据类型同样可以在 SSMS 中用图形化方法实现，也可以使用 T-SQL 语句实现。

在 SSMS 中删除用户自定义数据类型的方法是：在要删除的用户自定义数据类型上右击鼠标，在弹出的快捷菜单中选择"删除"命令即可。

删除用户自定义数据类型的 T-SQL 语句为 DROP TYPE，其语法格式如下：

```
DROP TYPE [ schema_name. ] type_name [ ; ]
```

各参数含义同 CREATE TYPE。

例 2   删除 telephone 数据类型。

```
DROP TYPE telephone
```

4.4   T-SQL 的基础知识

SQL Server 使用的 SQL 称为 Transact-SQL（简称 T-SQL），SQL 是一种非过程化的高级语言，其基本成分是语句，由一个或多个语句构成一个语句批，由一个或多个语句批构成一个脚本。可以将脚本以文件的形式保存到磁盘中。

4.4.1   语句批

一个语句批是一组 T-SQL 语句的集合，应用程序将这些语句作为一个单元提交给 SQL Server 服务器，并由 SQL Server 将批处理语句编译成一个可执行单元（此单元称为执行计划），再将其作为一个整体来执行。语句批的结束标记为 GO。

当处理语句批时有可能产生如下两类错误：

1）编译错误（如语法错误）。无法对脚本进行编译，从而导致批处理中的所有语句均无法执行。

2）运行时错误（如算术溢出或违反约束）。该错误会产生以下两种影响之一：

- 大多数运行时错误将造成批处理中当前语句和之后语句的停止执行。
- 少数运行时错误（如违反约束）仅停止执行当前语句，而继续执行语句批中的其他所有语句。

在遇到运行时错误之前执行的语句不受影响。

假定在语句批中有 10 条语句。如果第 5 条语句中有一个语法错误，则不会执行语句批中的任何语句；如果语句批编译成功，但在运行时执行到第 4 条语句时失败了，则前 3 条语句的执行结果不受影响，因为它们已经被执行。

一般情况下，创建对象的语句应该作为语句批的第一条语句。

4.4.2   脚本

脚本是存储在文件中的一组 T-SQL 语句的集合，这些语句可以包含在一个语句批中，也可以包含在多个语句批中。如果某个脚本中不包含任何 GO 命令，则该脚本将被作为一个语句批来执行。使用脚本可将创建和维护数据库时进行的操作保存到一个磁盘文件中，这样不仅可以方便以后重用此段代码，还可以将此代码复制到其他计算机上执行。

用户可以将在查询编辑器中输入的 SQL 语句保存到一个磁盘文件上，这个磁盘文件就叫作脚本文件，它是一个纯文本文件。以后用户可以在查询编辑器中打开、修改和执行脚本文件，也可以通过记事本打开和修改脚本文件。

1. 保存脚本

将在查询编辑器中输入的 T-SQL 语句保存为脚本文件的操作过程如下：

1）激活查询编辑器上部的脚本编辑器窗格（书写脚本的窗口，如果激活的是下半部分的结果窗格，则保存的将是结果窗格中的内容）。

2）选择"文件"菜单下的"保存"命令，或单击工具栏上的"保存查询 / 结果"按钮 ■。

3）如果文件是第一次保存，则会出现"另存文件为"对话框，如图 4-3 所示。用户可以在这里选择一个目标文件夹，并输入一个文件名（默认扩展名为 .sql），然后单击"保存"按钮；如果文件已保存过，直接使用当前文件名即可。

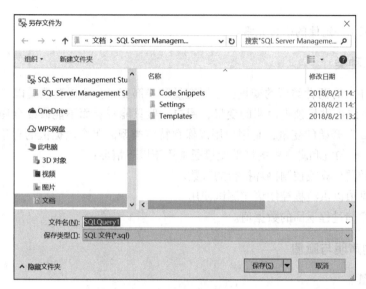

图 4-3　"另存文件为"窗口

2. 在查询编辑器中使用脚本文件

用户可以在查询编辑器中打开已保存的脚本文件，然后执行脚本。打开脚本文件的方法如下：

1）选择"文件"菜单下的"打开"→"文件"命令，或单击工具栏上的"打开文件"按钮 ■，会弹出"打开文件"对话框。

2）在"打开文件"对话框中选择要打开的脚本文件，然后单击"打开"按钮即可。

此时，新打开的脚本会显示在查询编辑器的脚本编辑器窗格中，用户可以在这里对脚本进行编辑或执行。

4.4.3　注释

注释是程序代码中不可执行的内容，但它也是程序设计中不可缺少的部分，它的作用是对程序代码进行说明，以提高程序的可读性，使程序代码的维护更加简单易行。在调试代码的过程中，若要临时跳过某些语句或语句成分，把它们变成注释就可以了。

T-SQL 支持两种类型的注释：单行注释和块注释。

- 单行注释的注释符为 "--"，说明从此注释符开始一直到行结束全部为注释内容。
- 块注释的开始符号为 "/*"，结束符号为 "*/"，表示从 "/*" 开始到 "*/" 结束中间的内容全部为注释内容。

例 1　单行注释符示例。

```
select * from Student   -- 查询学生表中全部数据
```

例 2 多行注释符示例。

```
/* 注释开始
  select * from Student
  select * from course
注释结束 */
```

4.5 变量

变量是被赋予一定值的语言元素。

4.5.1 变量的种类

在 T-SQL 中，有两种类型的变量：全局变量和局部变量。全局变量是以"@@"开始的变量，它是由系统提供且预先声明的变量，用户一般只能查看而不能修改全局变量的值；局部变量是以"@"开始的变量，是用户用以保存特定类型的单个数据值的对象，它局部作用于一个语句批。语句批和脚本中的局部变量通常用于以下情形：

- 作为计数器计算或控制循环执行的次数。
- 保存数据值以供流程控制语句测试使用。
- 保存由存储过程返回的数据值。

4.5.2 变量的声明与赋值

1. 声明变量

局部变量必须先声明，然后才能使用。

声明变量的语句为 DECLARE，其简化语法格式如下：

```
DECLARE  { @local_variable [AS] data_type } | [ = value ] }
  [ , ... n ]
```

其中各参数的说明分别如下。

- @ local_variable：变量的名称。变量名必须以"@"开头，且最多可包含 128 个字符。
- data_type：任何系统提供的数据类型或用户定义的数据类型。变量的数据类型不能是 text、ntext 或 image。
- = value：变量的初始值，可以是常量或表达式。

使用 DECLARE 语句声明一个局部变量后，这个变量的值将被初始化为 NULL。

SQL Server 2017 支持在声明变量的同时给变量赋值，例如：

```
DECLARE @Age int = 50
```

2. 给变量赋值

给变量赋值的语句为 SET，其简化语法格式如下：

```
SET  { @local_variable = expression }
  | { @local_variable
    { += | -= | *= | /= | %= | &= | ^= | |= } expression }
```

其中各参数的说明分别如下。

- @local_variable：同 DECLARE 语句。
- { += | -= | *= | /= | %= | &= | ^= | |= }：复合赋值运算符，含义如下。
  - +=：相加并赋值。
  - -=：相减并赋值。
  - *=：相乘并赋值。
  - /=：相除并赋值。
  - %=：取模并赋值。
  - &=："位与"并赋值。
  - ^=："位异或"并赋值。
  - |=："位或"并赋值。

SET 语句是对局部变量进行赋值的首选方法，除此之外，也可以使用 SELECT 语句对局部变量赋值，格式为 SELECT @local_variable = expression。

变量只能出现在使用常数的位置上。在标准的 SQL 语句中，变量不能用在表、字段或其他数据库对象的名称的位置上，也不能用在关键字的位置上。

3. 示例

例 1 计算两个变量的和，然后显示其结果。

```
DECLARE @x int = 10
DECLARE @y int = 20
DECLARE @z int
SET @z = @x + @y
Print @z
```

注意，Print 语句的作用是向客户端返回用户定义消息。其语法格式如下：

```
PRINT msg_str | @local_variable | string_expr
```

其中各参数的说明分别如下。

- msg_str：字符串或 Unicode 字符串常量。
- @ local_variable：任何有效的字符数据类型的变量。@local_variable 的数据类型必须为 char 或 varchar，或者能够隐式转换为这些类型的数据。
- string_expr：返回字符串的表达式。可包括串联的文字值、函数和变量。

📊说明
1）如果消息字符串为非 Unicode 字符串，则最长不能超过 8000 个字符；如果消息字符串为 Unicode 字符串，则最长不得超过 4000 个字符。超过最大长度的字符串会被截断。
2）T-SQL 的字符串串联（字符串拼接）符号为 "+"。例如，PRINT 'ABC' + 'DEF' 的返回结果为 ABCDEF。

4.6　流程控制语句

在使用 SQL 语句编程时，经常需要按照指定的条件进行控制转移或重复执行某些操作，这个过程可以通过流程控制语句来实现。

流程控制语句用于控制程序的流程，一般分为三类：顺序、分支和循环。SQL Server 也提供了对这三种流程控制的支持。表 4-10 中列出了 T-SQL 提供的流程控制语句。

表 4-10 T-SQL 提供的流程控制语句

语句	描　述
BEGIN … END	定义语句块
BREAK	退出最内层的 WHILE 循环
CASE（表达式）	允许表达式按照条件返回不同的值
CONTINUE	重新开始 WHILE 循环
GOTO 标签	从标签所定义的标签之后的语句处继续处理
IF … ELSE	如果指定条件为真，执行一个分支，否则执行另一个分支
RETURN	无条件退出
WAITFOR	为语句的执行设置延迟
WHILE	当指定条件为真时重复一些语句

为简单起见，这里我们只介绍 BEGIN … END、IF … ELSE 和 WHILE 语句。关于其他语句的用法，有兴趣者可参考联机丛书中的相关内容。

1. BEGIN … END 语句

BEGIN … END 用于定义一个语句块，它将一系列 T-SQL 语句包容起来，使其可以作为一个语句块来执行。位于 BEGIN 和 END 之间的 T-SQL 语句都属于这个语句块。

BEGIN … END 的语法格式如下：

```
BEGIN
   {
      sql_statement | statement_block
   }
END
```

其中，{sql_statement | statement_block} 表示使用语句块定义的任何有效的 T-SQL 语句或语句组。

 说明　BEGIN…END 语句块允许嵌套。

BEGIN … END 语句块通常与流程控制语句 IF … ELSE 或 WHILE 一起使用。如果不使用 BEGIN … END 语句块，则只有 IF、ELSE 或 WHILE 这些关键字后面的第一个 T-SQL 语句属于这些语句的执行体。

2. IF … ELSE 语句

IF … ELSE 语句用于构造分支选择结构，是一种最基本的选择结构。可以利用 IF … ELSE 语句对一个条件进行测试，并根据测试结果执行相应的操作。常用在批处理或存储过程中，通常用于测试某些参数的存在性。IF … ELSE 语句的语法格式如下：

```
IF Boolean_expression
   { sql_statement | statement_block }
[ ELSE
   { sql_statement | statement_block } ]
```

其中各参数的说明分别如下。

- Boolean_expression：返回 TRUE 或 FALSE 的表达式。如果布尔表达式中含有 SELECT 语句，则必须用括号将 SELECT 语句括起来。
- {sql_statement | statement_block}：任何 T-SQL 语句或用语句块定义的语句组。如果未使用语句块，则 IF 或 ELSE 条件只影响其后面的第一个 T-SQL 语句。

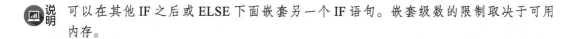 可以在其他 IF 之后或 ELSE 下面嵌套另一个 IF 语句。嵌套级数的限制取决于可用内存。

例 1 运行以下代码：

```
DECLARE @x int, @y int, @z int
SET @x = 40
Set @y = 30
IF (@x > @y )
  SET @z = @x - @y
ELSE
  SET @z = @y - @x
Print @x
Print @y
Print @z
```

执行结果如下：

```
40
30
10
```

3. WHILE 语句

WHILE 语句用于设置重复执行的语句块。WHILE 语句的语法格式如下：

```
WHILE Boolean_expression
  { sql_statement | statement_block }
  [ BREAK ]
  { sql_statement | statement_block }
  [ CONTINUE ]
  { sql_statement | statement_block }
```

其中各参数的说明分别如下。

- Boolean_expression：返回 TRUE 或 FALSE 的表达式。如果布尔表达式中含有 SELECT 语句，则必须用括号将 SELECT 语句括起来。
- {sql_statement | statement_block}：任何 T-SQL 语句或用语句块定义的语句组。如果未使用语句块，则 WHILE 只影响其后面的第一个 T-SQL 语句。
- BREAK：从最内层的 WHILE 循环中退出。将执行出现在 END 关键字（循环结束标记）后面的语句。
- CONTINUE：使 WHILE 循环重新开始执行，并忽略 CONTINUE 关键字后面的所有语句。

说明 如果嵌套了两个或多个 WHILE 循环，则内层的 BREAK 将退出到下一个外层循环；将首先运行内层循环结束之后的所有语句，然后重新开始下一个外层循环。

例 2 计算 $1 + 2 + 3 + \cdots + 100$ 的和。

```
DECLARE @i int, @sum int
SET @i = 1
SET @sum = 0
WHILE @i <= 100
BEGIN
    SET @sum = @sum + @i
    SET @i = @i + 1
END
PRINT @sum
```

小结

本章介绍了 SQL 的发展，以及 SQL Server 2017 支持的数据类型，同时介绍了如何根据实际需要自定义数据类型，用户定义的数据类型实际上就是系统数据类型的一个别名类型。本章还介绍了 T-SQL 的一些基础知识，包括语句批、脚本和注释符号，同时介绍了在 T-SQL 中声明变量并为变量赋值的方法，最后介绍了 T-SQL 支持的流程控制语句，包括语句块（BEGIN … END）、分支语句（IF … ELSE）和循环语句（WHILE），包括这些语句的概念、语法格式和使用方法。

本章中所介绍的内容是用户以后使用 T-SQL 语句进行开发和编程的基础。

习题

1. T-SQL 支持哪几种数据类型？
2. tinyint 数据类型定义的数据的取值范围是多少？
3. smallDatetime 类型精确到哪个时间单位？
4. 定点小数类型 numeric(p, s) 中的 p 和 s 的含义分别是什么？
5. smallmoney 数据类型精确到小数点后几位？
6. char(10)、nchar(10) 最多能存放多少个汉字？
7. char(n) 和 varchar(n) 的区别是什么？其中 n 的含义是什么？
8. 语句批的结束标记是什么？
9. SQL 语句脚本文件的扩展名是什么？
10. T-SQL 支持哪几种变量？分别用什么前缀标识？

上机练习

1. 在 Students 数据库中创建一个用户定义的数据类型：类型名为"my_type"，对应的基本数据类型为 char(10)，允许为空。
2. 声明一个字符串型的局部变量，并对其赋初值"My First Var"，然后在屏幕上显示此值。
3. 编写实现如下功能的脚本，并将编写好的脚本保存到磁盘文件中。
   （1）声明两个整型局部变量 @i1 和 @i2，@i1 的初值为 10，@i2 的值为 @i1 乘以 5，最后在屏幕上显示 @i2 的值。
   （2）声明一个整型变量 @grade，给该变量赋值 88。并判断如果 @grade 大于等于 90，则显示"优"；如果 @grade 在 80 到 89 之间，则显示"良"；如果 @grade 小于 80，则显示"其他"。
   （3）用 While 语句实现计算 5000 减 1、减 2、减 3……，一直减到 50 的结果，并显示最终结果。

第 5 章　架构与基本表

表或称基本表，是数据库中最重要的对象，用于存储用户的数据。在读者了解了数据类型的基础知识后，就可以开始创建基本表了。架构相当于数据库中的一个容器，我们可以在该容器中存放数据库对象，比如表、视图等。架构的作用是便于管理数据库对象，它实际上是对数据库对象进行逻辑划分，将解决同类问题的对象放置在同一个架构中。

本章首先介绍架构的概念和作用，然后介绍基本表的创建和管理，包括完整性约束的定义，最后介绍分区表的概念。分区表主要用于对数据进行水平划分，使每次访问的数据量相对较小，以提高数据访问效率。

5.1　架构

架构（schema，也称模式）是数据库下的一个逻辑命名空间，可以存放表、视图等数据库对象，它是一个数据库对象容器。如果将数据库看成一个操作系统，那么架构就相当于该操作系统中的文件夹，而架构中的对象就相当于文件夹下的文件。因此，通过将同名表放置在不同架构中，使得一个数据库中可以包含同名的表。

一个数据库中可以包含一个或多个架构，架构由特定的授权用户所拥有。在同一个数据库中，架构的名字必须是唯一的。架构中所包含的对象称为架构对象，即它们依赖于该架构。架构对象的类型包括基本表、视图、触发器等。

一个架构可以由零个或多个架构对象组成，架构名规定了属于它的对象名，可以是显式的，也可以是由 DBMS 提供的默认名。对数据库中对象的引用可以通过架构名前缀来限定。不带任何架构限定的 CREATE 语句是指在当前架构中创建对象。

5.1.1　创建架构

定义架构可以通过 T-SQL 语句实现，也可以用 SSMS 工具图形化地实现。

1. 用 T-SQL 语句实现

定义架构的 T-SQL 语句为 CREATE SCHEMA，其语法格式如下：

```
CREATE SCHEMA <schema_name_clause> [ <schema_element> [ ...n ] ]
<schema_name_clause> ::=
  {
    schema_name
  | AUTHORIZATION owner_name
  | schema_name AUTHORIZATION owner_name
  }
<schema_element> ::=
  {
      table_definition | view_definition | grant_statement
      revoke_statement | deny_statement
  }
```

其中各参数的含义分别如下。

● schema_name：新建架构的名称。

- AUTHORIZATION owner_name：指定将拥有架构的数据库级主体的名称。
- table_definition：指定在新架构内创建表的 CREATE TABLE 语句。
- view_definition：指定在新架构内创建视图的 CREATE VIEW 语句。
- grant_statement：指定对新架构中的对象授予权限的 GRANT 语句。
- revoke_statement：指定对新架构中的对象撤销权限的 REVOKE 语句。
- deny_statement：指定对新架构中的对象拒绝授予权限的 DENY 语句。

执行创建架构语句的用户需要具有数据库的 CREATE SCHEMA 权限，若要通过 CREATE SCHEMA 语句创建架构对象，用户还必须拥有相应的 CREATE 权限。

例 1 为用户"U1"定义一个架构，架构名为"Salse"。

```
CREATE SCHEMA Sales AUTHORIZATION U1
```

定义架构实际上就是定义一个命名空间，在这个空间中可以进一步定义该架构的数据库对象，比如表、视图等。而且还可以在定义这些对象的同时为其授权。

例 2 创建一个由 U1 拥有、包含 Test 表的架构，该架构名为"Common"，同时授予 U2 对 Test 表具有 SELECT 权限，U3 不具有对 Test 表的 DELETE 权限（关于创建表的语句请参阅 5.2 节中的相关内容，授权语句请参阅第 12 章中的相关内容）。

```
CREATE SCHEMA Common AUTHORIZATION U1
  CREATE TABLE Test (
    C1 int primary key,
    C2 char(4) )
GRANT SELECT TO U2
DENY DELETE TO U3;
```

2. 用图形化方法实现

通过图形化的方法创建架构的方法是：展开要创建架构的数据库，并展开其下的"安全性"节点，在"架构"节点上右击鼠标，选择"新建架构"命令，弹出如图 5-1 所示的"架构 – 新建"窗口。在此窗口中的"架构名称"文本框中输入新建架构的名称，在"架构所有者"文本框中指定该架构的所有者。可以通过单击"搜索"按钮来查找并指定数据库中将拥有该架构的用户名或数据库角色名。

5.1.2 在架构间传输对象

在架构间传输对象就是更改对象所属的架构，该操作可通过 T-SQL 的 ALTER SCHEMA 语句实现，其语法格式如下：

```
ALTER SCHEMA schema_name TRANSFER securable_name
```

其中各参数的说明分别如下。

- schema_name：当前数据库中的架构名，且是架构对象将移入的架构的名称。
- securable_name：被移出架构的对象名，可以是两部分名（架构名.对象名），也可以是一部分名（对象名）。如果使用的是由一部分构成的对象名，则将使用当前生效的名称解析规则查找该对象。

1）ALTER SCHEMA 仅适用于同一个数据库中不同架构之间的对象移动。

2）若要从架构中传输对象，当前用户必须拥有该对象的 CONTROL 权限，并且拥有对目标架构的 ALTER 权限。

3）在传输完对象之后，系统将自动删除与所传输对象相关联的所有权限。

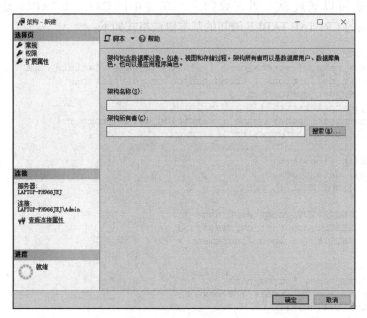

图 5-1　建立新架构的窗口

例 3　将 Test 表从 Common 架构传输到 Special 架构中。

```
ALTER SCHEMA Special TRANSFER Common.Test;
```

5.1.3　删除架构

SQL Server 删除架构的 T-SQL 语句是 DROP SCHEMA，其语法格式如下：

```
DROP SCHEMA schema_name
```

其中 schema_name 为要删除的架构的名称。

注意　1）无法删除包含对象的架构。如果架构中含有对象，则系统将拒绝删除该架构。必须先删除（或传输）架构中所包含的全部对象，然后再进行删除。

2）执行删除架构语句的用户必须拥有对架构的 CONTROL 权限，或者拥有对数据库的 ALTER ANY SCHEMA 权限。

例 4　删除 Special 架构，假设该架构中包含 Test 表。

```
DROP TABLE Special.Test;      -- 首先删除架构中的对象
DROP SCHEMA Special;          -- 然后删除架构
```

5.2　基本表

定义基本表可以通过 T-SQL 语句实现，也可以在 SSMS 中用图形化的方法实现。

5.2.1 用 T-SQL 语句实现

1. 创建基本表

创建基本表可以通过 SQL 语言数据定义功能中的 CRETAE TABLE 语句实现。SQL Server 2017 提供的 CRETAE TABLE 语句的基本语法格式如下：

```
CREATE TABLE
   [ database_name. [ schema_name ]. | schema_name. ] table_name
   ( { <column_definition> | <computed_column_definition> |
      <column_set_definition> }
    [ <table_constraint> ] [ ,...n ] )
   [ ON { partition_scheme_name ( partition_column_name ) |
         filegroup | "default" } ]
 [ ; ]
<column_definition> ::=
column_name <data_type>
    [ NULL | NOT NULL ]
    [
       [ CONSTRAINT constraint_name ]
        DEFAULT constant_expression ]
    | [ IDENTITY [ ( seed ,increment ) ]
    ]
<data type> ::=
[ type_schema_name. ] type_name
    [ ( precision [ , scale ] | max
 <column_constraint> ::=
[ CONSTRAINT constraint_name ]
{    { PRIMARY KEY | UNIQUE }
      [ CLUSTERED | NONCLUSTERED ]
      [ ON { partition_scheme_name ( partition_column_name )
            | filegroup | "default" } ]
   | [ FOREIGN KEY ]
      REFERENCES [ schema_name. ] referenced_table_name
               [ ( ref_column [ ,...n ] ) ]
      [ ON DELETE { NO ACTION | CASCADE | SET NULL | SET DEFAULT } ]
      [ ON UPDATE { NO ACTION | CASCADE | SET NULL | SET DEFAULT } ]
   | CHECK ( logical_expression )
}
<computed_column_definition> ::=
column_name AS computed_column_expression
<table_constraint> ::=
[ CONSTRAINT constraint_name ]
{
     { PRIMARY KEY | UNIQUE } [ CLUSTERED | NONCLUSTERED ]
```

说明 默认情况下 SQL 语言不区分大小写。

各参数的说明分别如下。

- database_name：在其中创建表的数据库的名称。如果未指定 database_name，则默认为当前数据库。
- schema_name：新表所属架构的名称。如果未指定 schema_name，则使用创建表的用户的默认架构。
- table_name：新表名，表名必须遵循标识符规则，最多可包含 128 个字符。
- column_name：表中列的名称。列名必须遵循标识符规则并且在表中是唯一的。列名最多可包含 128 个字符。

- computed_column_expression：定义计算列的表达式。该列由同一表中的其他列通过表达式计算得到。例如，计算列可以定义为 cost AS price * qty。表达式可以是非计算列的列名、常量、函数、变量，也可以是用一个或多个运算符连接的上述元素的任意组合。表达式不能是子查询，也不能包含用户定义的数据类型。计算列可用于选择列表、WHERE子句、ORDER BY 子句或任何可使用常规表达式的其他位置，但下列情况除外：
  - 计算列不能用作 DEFAULT 或 FOREIGN KEY 约束定义，也不能与 NOT NULL 约束一起使用。但如果计算列的值由具有确定性的表达式定义，并且索引列中允许计算结果所属的数据类型，则可将该列用作索引键列，或用作 PRIMARY KEY 或 UNIQUE 约束的一部分。例如，假设表中含有整数列 a 和 b，则可以对计算列 a+b 创建索引，但不能对计算列 a+DATEPART(day, GETDATE()) 创建索引，因为在以后的调用中，其值可能会发生改变。
  - 不能用 INSERT 语句为计算列插入值，也不能用 UPDATE 语句修改计算列的值。
- ON {<partition_scheme> | filegroup | "default"}：指定存储表的分区方案或文件组。如果指定了 <partition_scheme>，则该表将成为已分区表，其分区存储在 <partition_scheme> 所指定的一个或多个文件组的集合中。如果指定了 filegroup，则该表将存储在命名的文件组中（该文件组必须是数据库中已经存在的）。如果指定了 "default"，或者根本未指定该选项，则表会存储在默认文件组中。用户也可以在 PRIMARY KEY 约束或 UNIQUE 约束中指定该选项。系统会为这两个约束自动创建索引，如果指定了 filegroup，则索引将存储在命名的文件组中。如果指定了 "default"，或者根本未指定该选项，则索引将与表存储在同一个文件组中。

说明　这里的 default 不是关键字，它是默认文件组的标识符。

- [type_schema_name.] type_name：指定列的数据类型和该列所属的架构。列的数据类型可以是下列类型之一：
  - 系统数据类型。
  - 用户定义的数据类型。在 CREATE TABLE 语句中，可以覆盖用户定义的数据类型设置的 NULL 或 NOT NULL，但不能更改用户定义的数据类型的长度，而且也不能在 CREATE TABLE 语句中指定用户定义的数据类型的长度。

  如果未指定 type_schema_name，则 SQL Server 将按以下顺序引用 type_name：
  - SQL Server 系统数据类型。
  - 当前数据库中当前用户的默认架构。
  - 当前数据库中的 dbo 架构。
- Precision：指定数据类型的精度。
- Scale：指定数据类型的小数位数。
- max：只适用于 varchar、nvarchar 和 varbinary 数据类型，用于存储 2^{31} 个字节的字符和二进制数据，以及 2^{30} 个字节的 Unicode 数据。
- DEFAULT constant_expression：指定列的默认值。constant_expression 是用作列的默认

值的常量、NULL 或系统函数。

- IDENTITY [(seed, increment)]：说明该列是标识列。在表中添加新行时，数据库引擎将为该列提供一个唯一的增量值。标识列通常与 PRIMARY KEY 约束一起用作表的唯一行标识符。可以为整型类型［tinyint、smallint、int、bigint、decimal(p,0) 或 numeric(p,0)］的列指定 IDENTITY。一个表上只能创建一个标识列，不能对标识列使用 DEFAULT 约束。在创建标识列时要么必须同时指定种子值（插入表中第一行数据时所使用的值，用 seed 指定）和增量值（插入表中后续行数据时使用的增量值，用 increment 指定），要么两者都不指定。如果两者都未指定，则默认值是（1，1），即种子值和增量值均为 1。
- CONSTRAINT：可选关键字，表示 PRIMARY KEY、NOT NULL、UNIQUE、FOREIGN KEY 或 CHECK 约束定义的开始。
- constraint_name：约束名。约束名在表所属的架构中必须唯一。
- NULL | NOT NULL：确定列中是否允许使用空值。
- PRIMARY KEY：定义主键约束。每个表只能创建一个 PRIMARY KEY 约束。
- UNIQUE：定义列取值不重复约束。如果是在多个列上定义一个 UNIQUE 约束，则这些列的值组合起来不能重复。一个表可以有多个 UNIQUE 约束。
- CLUSTERED | NONCLUSTERED：指定为 PRIMARY KEY 或 UNIQUE 约束创建聚集索引还是非聚集索引（有关索引的概念请参阅第 8 章）。PRIMARY KEY 约束默认为 CLUSTERED，UNIQUE 约束默认为 NONCLUSTERED。在 CREATE TABLE 语句中，只能为一个约束指定 CLUSTERED。如果为 UNIQUE 约束指定了 CLUSTERED，则 PRIMARY KEY 约束将默认为 NONCLUSTERED。
- FOREIGN KEY REFERENCES：定义引用完整性约束。FOREIGN KEY 约束要求列中的每个值在所引用表的对应被引用列中都存在。该约束只能引用在被引用的表中有 PRIMARY KEY 或 UNIQUE 约束的列。
- [schema_name.] referenced_table_name]：指定 FOREIGN KEY 约束引用的表名及该表所属架构的名称。
- (ref_column [, ... n])：指定 FOREIGN KEY 约束所引用的表中的一个列或多个列。
- ON DELETE {NO ACTION | CASCADE | SET NULL | SET DEFAULT}：指定如果表中的行具有引用关系，并且被引用行已从父表中删除时对引用行所采取的操作。默认值为 NO ACTION。
  - NO ACTION：数据库引擎将引发错误，并回滚对父表中相应行的删除操作。
  - CASCADE：如果删除父表中的某些数据行，则也从引用表中删除相应的行。
  - SET NULL：如果删除父表中的某些数据行，则引用表中外键列对应的所有值都将被置为 NULL。若要执行此操作，则外键列必须允许为空值。
  - SET DEFAULT：如果删除父表中的某些数据行，则引用表中外键列对应的所有值均被置为默认值。若要执行此操作，则所有外键列都必须有默认值。如果外键列允许为空，并且未显式地设置默认值，则将使用 NULL 作为该列的隐式默认值。

说明 如果表中已存在 ON DELETE 的 INSTEAD OF 触发器（关于触发器的概念请参阅第 10 章），则不能定义 ON DELETE 的 CASCADE 操作。

- ON UPDATE {NO ACTION | CASCADE | SET NULL | SET DEFAULT}：指定如果表中的行具有引用关系，并且父表中已更新了被引用行的数据时对这些行所采取的操作。默认值为 NO ACTION。
  - NO ACTION：数据库引擎将引发错误，并回滚对父表中相应行的更新操作。
  - CASCADE：如果更新了父表中的某些数据行，则在引用表中更新相应的行。
  - SET NULL：如果更新了父表中的某些数据行，则在引用表中外键列对应的所有值均被置为 NULL。若要执行此操作，则外键列必须允许为空值。
  - SET DEFAULT：如果更新了父表中的某些数据行，则引用表中外键列对应的所有值都将被置为默认值。若要执行此操作，则所有外键列都必须有默认值。如果外键列允许为空，并且未显式地设置默认值，则将使用 NULL 作为该列的隐式默认值。

> 说明 如果表中已存在 ON UPDATE 的 INSTEAD OF 触发器，则不能定义 ON UDPATE 的 CASCADE 操作。

- CHECK：定义 CHECK 约束，该约束通过限制列的取值来强制实现域完整性。
- logical_expression：返回 TRUE 或 FALSE 的约束表达式。
- partition_scheme_name：分区方案名，该分区方案定义了要将已分区表的分区映射到的文件组。数据库中必须存在该分区方案。
- [partition_column_name.]：指定对已分区表进行分区所依据的列。该列必须在数据类型、长度和精度方面与 partition_scheme_name 所使用的分区函数中指定的列相匹配。

在上述约束中，除了 NOT NULL 和 DEFAULT 不能在表级完整性约束处定义之外，其他约束均可在表级完整性约束处定义。但有几点需要注意，第一，如果 CHECK 约束是定义多列之间的取值约束，则只能在表级完整性约束处定义；第二，如果在表级完整性约束处定义外键，则不能省略 FOREIGN KEY 和引用列的列名。

> 说明 在 SQL Server 2017 中，每个数据库最多可包含 20 亿个表。一个表最多可包含 30 000 个列。表的行数和总大小仅受可用存储空间的限制。每行最多占用 8060 字节。而包含 varchar、nvarchar、varbinary 列的表将不受 8060 字节的限制。

例 1　用 SQL 语句创建如下 3 张表：Student（学生）表、Course（课程）表和 SC（学生修课）表，这 3 张表的结构如表 5-1 ～表 5-3 所示。

表 5-1　Student 表结构

列名	含义	数据类型	约束
Sno	学号	char(7)	主键
Sname	姓名	nchar(5)	非空
SID	身份证号	char(18)	取值不重
Ssex	性别	nchar(1)	默认值为"男"
Sage	年龄	tinyint	取值范围为 15 ～ 45
Sdept	所在系	nvarchar(20)	

表 5-2 Course 表结构

列名	含义	数据类型	约束
Cno	课程号	char(6)	主键
Cname	课程名	nvarchar(20)	非空
Credit	学分	numeric(3,1)	大于 0
Semester	学期	tinyint	

表 5-3 SC 表结构

列名	含义	数据类型	约束
Sno	学号	char(7)	主键，引用 Student 表的外键
Cno	课程名	char(6)	主键，引用 Course 表的外键
Grade	成绩	tinyint	

创建满足上述约束条件的 3 张表的 SQL 语句如下：

```
CREATE TABLE Student (
  Sno     CHAR(7)        PRIMARY KEY,
  Sname   NCHAR(5)       NOT NULL,
  SID     CHAR(18)       UNIQUE,
  Ssex    NCHAR(1)       DEFAULT '男',
  Sage    TINYINT        CHECK(Sage>=15 AND Sage<=45),
  Sdept   NVARCHAR(20) )
CREATE TABLE Course (
  Cno      CHAR(6)       PRIMARY KEY,
  Cname    NVARCHAR(20)  NOT NULL,
  Credit   NUMERIC(3,1)  CHECK(Credit>0),
  Semester TINYINT )
CREATE TABLE SC (
  Sno    CHAR(7)  NOT NULL,
  Cno    CHAR(6)  NOT NULL,
  Grade  TINYINT,
  PRIMARY KEY (Sno, Cno),
  FOREIGN KEY (Sno) REFERENCES Student(Sno),
  FOREIGN KEY (Cno) REFERENCES Course(Cno) )
```

例 2 创建有计算列的表。

```
CREATE TABLE CompTable (
  low int,
  high int,
  myavg AS (low + high)/2
)
```

例 3 创建包含标识列的表，标识列的种子值为 1，增量值也为 1。

```
CREATE TABLE IDTable (
  SID  INT IDENTITY(1,1) NOT NULL,
  Name VARCHAR(20)
)
```

一般情况下，在插入数据时不能为标识列提供值。标识列的值是系统自动生成的。如果确实要为标识列提供值，则必须将表的 IDENTITY_INSERT 属性设置为 ON（默认情况下该属性的值为 OFF）。设置表的 IDENTITY_INSERT 属性的 T-SQL 语句如下：

```
SET IDENTITY_INSERT [ database_name. [ schema_name ]. ] table
  { ON | OFF }
```

例 4

1）为上述例 3 中建立的表执行下列语句，插入部分数据：

```
INSERT INTO IDTable(Name) VALUES ('Screwdriver')
INSERT INTO IDTable(Name) VALUES ('Hammer')
INSERT INTO IDTable(Name) VALUES ('Saw')
INSERT INTO IDTable(Name) VALUES ('Shovel')
```

2）执行下列语句删除名字为"Saw"的数据：

```
DELETE IDTable WHERE Name = 'Saw'
```

3）查询表中的数据：SELECT * FROM IDTable，结果如图 5-2 所示。
执行如下数据插入语句：

```
INSERT INTO IDTable(SID, Name) VALUES (3, 'Garden shovel')
```

系统将返回如下错误信息：

当 IDENTITY_INSERT 设置为 OFF 时，不能为表 'IDTable' 中的标识列插入显式值。

4）将 IDENTITY_INSERT 属性设置为 ON：

```
SET IDENTITY_INSERT IDTable ON
```

5）再次执行步骤③中的插入语句，插入成功后再次查看表中数据，执行下列语句：

```
SELECT * FROM IDTable
```

执行结果如图 5-3 所示。

	sid	name
1	1	Screwdriver
2	2	Hammer
3	4	Shovel

图 5-2　删除一行数据后

	sid	name
1	1	Screwdriver
2	2	Hammer
3	3	Garden shovel
4	4	Shovel

图 5-3　插入一行数据后

2. 创建临时表

临时表是存储在内存中的表，临时表根据其使用范围可分为两种：本地临时表和全局临时表。

- 本地临时表仅在当前会话中可见，通过在表名前加一个"#"来标识本地临时表，比如：#T1。其生存期为创建此本地临时表的会话的生存期。
- 全局临时表在所有会话中都可见，通过在表名前加两个"##"来标识全局临时表，比如：##T1。其生存期为创建全局临时表的会话的生存期。

例 5　创建一个本地临时表。

```
CREATE TABLE #MyTempTable (cola INT PRIMARY KEY);
```

除非使用 DROP TABLE 语句显式地删除临时表，否则临时表将在退出其生存期时由系统自动删除。

3. 修改表结构

在定义完表之后，如果需要修改表结构，比如添加列、删除列或修改列定义，可以使用

ALTER TABLE 语句实现。**ALTER TABLE** 语句可以对已定义的表进行添加列、删除列、修改列定义等操作，也可以进行添加和删除约束的操作。

不同数据库产品的 ALTER TABLE 语句的语法略有不同，这里给出 SQL Server 的 ALTER TABLE 语句的部分语法格式。

```
ALTER TABLE [database_name.[schema_name]. | schema_name. ] table_name
{
  ALTER COLUMN column_name
  {
     [ type_schema_name.] type_name [({ precision[ , scale ] | max } ) ]
     [ NULL | NOT NULL ]
  }
  | ADD
  {
       <column_definition>
    | <computed_column_definition>
    | <table_constraint>
  } [ ,...n ]
  | DROP
  {
     [ CONSTRAINT ] constraint_name
    | COLUMN column_name
    } [ ,...n ]
} [ ; ]
```

其参数说明如下。

- database_name：要在其中修改表的数据库的名称。
- schema_name：表所属架构的名称。
- table_name：要更改结构的表的名称。如果表不在当前数据库中，或者不包含在当前用户所拥有的架构中，则必须显式地指定数据库和架构。
- ALTER COLUMN：指定要更改命名的列。但不允许更改以下列的数据类型。
  - 计算列或用于计算列的列。
  - 有 PRIMARY KEY 或 [FOREIGN KEY] REFERENCES 约束的列。
  - 有 CHECK 或 UNIQUE 约束的列。但允许更改有 CHECK 或 UNIQUE 约束的长度可变的列的长度。
  - 与默认约束定义关联的列。但如果不改变数据类型，则可以更改列的长度、精度或确定位数。
  - 已分区表的列。
  - 除非列的数据类型为 varchar、nvarchar 或 varbinary，且新大小大于或等于原大小，否则无法更改索引中所含列的数据类型。

注意 不能将主键约束中的列从非 NULL 更改为 NULL。

- column_name：要更改、添加或删除的列的名称。
- [type_schema_name.] type_name：更改后的列的新数据类型或新添加列的数据类型。不能为已分区表的现有列指定 type_name。数据类型可以是 SQL Server 提供的系统数据类型，也可以是用户定义的数据类型。

- Precision、Scale、Max：同 CREATE TABLE 语句。
- ADD：指定添加一个或多个列定义、计算列定义或者表约束。
- DROP {[CONSTRAINT] constraint_name | COLUMN column_name}：指定要从表中删除的约束（由 constraint_name 指定）或列（由 column_name 指定）。可以同时删除多个列或约束。

　　以下列不能被删除：

  - 用于索引的列。
  - 有 CHECK、FOREIGN KEY、UNIQUE 或 PRIMARY KEY 约束的列。
  - 与默认值（由 DEFAULT 关键字定义）相关联的列。

例 6　为 SC 表添加"修课类别"列，此列的定义为 Type NCHAR(1)，允许为空。

```
ALTER TABLE SC  ADD Type  NCHAR(1) NULL
```

例 7　将新添加的 Type 列的数据类型改为 NCHAR(2)。

```
ALTER TABLE SC  ALTER COLUMN Type NCHAR(2)
```

例 8　为 Type 列添加限定取值范围为 { 必修，重修，选修 } 的约束。

```
ALTER TABLE SC
  ADD CHECK (Type IN ('必修', '重修', '选修'))
```

例 9　删除 SC 表中的 Type 列。

```
ALTER TABLE SC DROP COLUMN Type
```

4. 删除表

当不再需要某个表时，可将其删除。删除表的语句为 DROP，其语法格式如下：

```
DROP TABLE < 表名 > { [, < 表名 > ] … }
```

例 10　删除 test 表。

```
DROP TABLE test
```

 注意　如果被删除的表中有其他表对它的外键引用约束，则必须先删除外键所在的表，然后再删除被引用的表。

5.2.2　用 SSMS 工具实现

　　本节以表 5-1 到表 5-3 所示的表结构为例，说明如何在 SSMS 中用图形化的方法创建及维护表。

1. 创建表

在 SSMS 中，用图形化的方法创建表的步骤如下：

1）展开要创建表的数据库，假设这里是在 Students 数据库中创建表，然后在"表"节点上右击鼠标，在弹出的快捷菜单中选择"新建表"命令，窗口右侧将出现表设计器窗格，如图 5-4 所示。

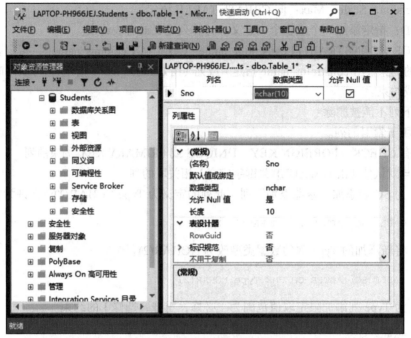

图 5-4 包含表设计器窗格的 SSMS

2）用户可在表设计器窗格中定义表的结构，针对每个字段进行如下设置：

①在"列名"框中输入字段的名称，图 5-4 中输入的是"Sno"。

②在"数据类型"框中选择字段的数据类型，图 5-4 中选择的是 char 类型并指定长度为 7。也可以在下方的"列属性"部分的"数据类型"框中指定列的数据类型、在"长度"框中输入字符类型的长度。

③在"允许 NULL 值"部分指定是否允许字段为空，如果不允许有空值，则不勾选"允许 NULL 值"列表中的复选框，相当于 NOT NULL 约束。

3）保存表的定义。单击工具栏上的🖫按钮，或者选择"文件"菜单下的"保存"命令，将弹出如图 5-5 所示的窗口，在"输入表名称"文本框中输入表的名称（这里我们输入的是"Student"），单击"确定"按钮保存表的定义。

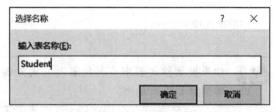

图 5-5 保存 Student 表结构

2. 实现完整性约束

（1）主键约束

我们以定义 Student 表的主键为例说明如何用图形化的方法定义主键。首先选中要定义主键的列（这里是 Sno），然后单击工具栏上的"设置主键"按钮 ⊶，或者在要定义主键的列上右击鼠标，在弹出的快捷菜单中选择"设置主键"命令。设置完成后，主键列名的左侧会出现钥匙标识，如图 5-6 所示。

列名	数据类型	允许 Null 值
Sno	char(7)	☐
Sname	nchar(5)	☐
SID	char(18)	☑
Ssex	nchar(1)	☑
Sage	tinyint	☑
Sdept	nvarchar(20)	☑
		☐

图 5-6 主键列的标记样式

说明　如果是定义由多列组成的主键，则必须先同时选中这些列（在选列的过程中按住 CTRL 键），然后再单击"设置主键"按钮。

（2）外键约束

按照上述步骤定义好 Course 表和 SC 表。在 SC 表中，除了要定义主键外，还需要定义外键。定义好的 SC 表的结构如图 5-7 所示。现在开始定义外键。

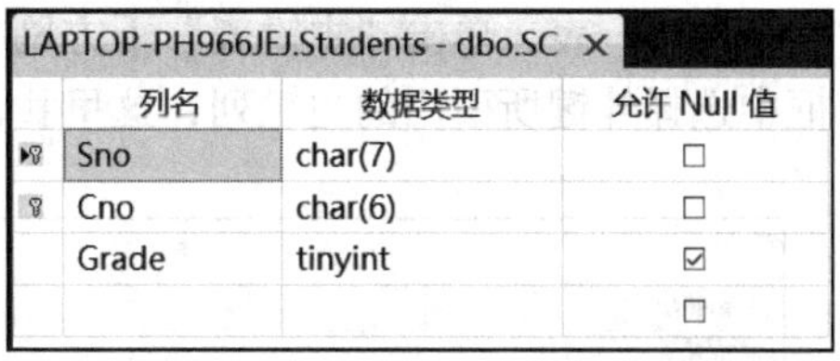

图 5-7　定义好的 SC 表的结构

1）在图 5-7 所示的窗口中，单击工具栏上的"关系"按钮 ，弹出如图 5-8 所示的"外键关系"窗口，在此窗口中单击"添加"按钮后的窗口形式如图 5-9 所示。

图 5-8　"外键关系"窗口

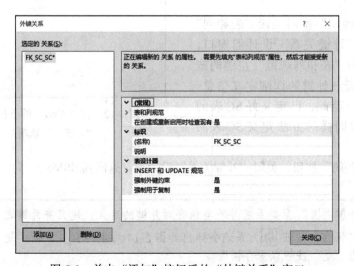

图 5-9　单击"添加"按钮后的"外键关系"窗口

2）在图 5-9 所示的窗口中，单击"表和列规范"行，然后单击右侧出现的 ▦ 按钮，进入图 5-10 所示的"表和列"窗口。

3）在图 5-10 所示的窗口中的"关系名"文本框中输入外键约束的名称，也可以采用系统提供的默认名。从"主键表"下拉列表中选择外键所引用的主键所在的表，这里我们选中"Student"表。单击"主键表"下方网格中的第一行，然后单击右侧出现的 ⌄ 按钮，从列表框中选择外键所引用的主键列，这里我们选择"Sno"列，如图 5-11 所示。

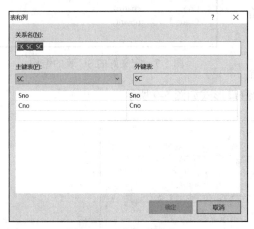

图 5-10　"表和列"窗口

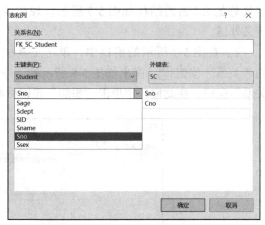

图 5-11　选择 Student 表和 Sno 列

4）在指定好外键之后，系统自动对"关系名"部分进行了更改，如这里是"FK_SC_Student"。用户也可以自定义关系名。这里我们不做修改。

5）在右侧的"外键表"下方的网格中单击"Cno"列，然后单击右侧出现的 ⌄ 按钮，从列表框中选择"<无>"，表示目前定义的外键不包含 Cno，如图 5-12 所示。

6）单击"确定"按钮关闭"表和列"窗口，返回到"外键关系"设计器窗口，在此窗口中单击"表和列规范"左侧的按钮 ▷ ，可以查看此外键的详细定义信息，如图 5-13 所示。至此，已定义好 SC 表的 Sno 外键。可按同样的方法定义 SC 表的 Cno 外键。

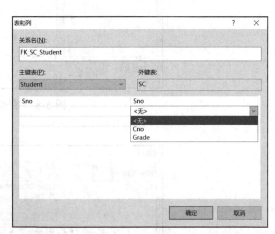

图 5-12　在"Cno"的下拉列表中选择
"<无>"选项

7）单击"关闭"按钮，关闭"外键关系"设计器，返回到 SSMS。

注意　关闭"外键关系"窗口系统并不会保存对外键的定义。定义完外键之后，应单击工具栏上的"保存"按钮 💾，系统会弹出如图 5-14 所示的窗口以提示是否保存所做的修改，单击"是"按钮以保存修改。

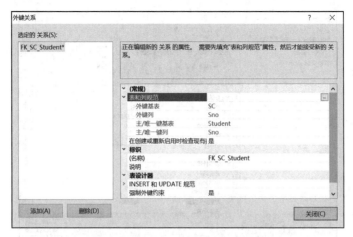

图 5-13　查看 Sno 外键的详细定义信息

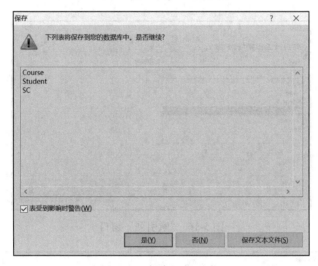

图 5-14　"保存"提示窗口

（3）UNIQUE 约束

我们以在 Student 表的 SID 列上定义 UNIQUE 约束为例，说明用 SSMS 工具图形化地定义 UNIQUE 约束的方法。具体操作步骤如下：

1）在 Student 表的设计器界面中（可在 Student 表上右击鼠标，在弹出的快捷菜单中选择"设计"命令以打开该界面），单击位于工具栏右侧的"管理索引和键"图标　，或者在 Student 表的设计器窗格上右击鼠标，在弹出的快捷菜单中单击"索引 / 键"命令，打开"索引 / 键"窗口，在该窗口中单击"添加"按钮，窗口形式如图 5-15 所示。

2）单击"索引 / 键"窗口中右侧的"常规"列表框中"类型"右侧的"索引"项，然后单击右侧出现的　按钮，在下拉列表中选择"唯一键"。单击"索引"下方的" Sno(ASC)"项，然后单击右侧出现的　按钮，弹出"索引列"窗口。

3）在"索引列"窗口上，从"列名"下拉列表中选择要建立唯一值约束的列，这里选择" SID"，如图 5-16 所示，然后单击"确定"按钮关闭"索引列"窗口，返回到"索引 / 键"窗口，此时该窗口的形式如图 5-17 所示。

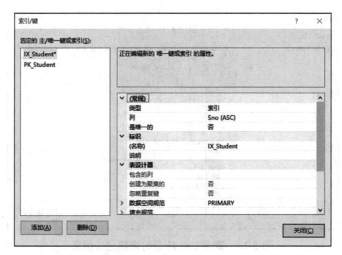

图 5-15 "索引 / 键"窗口

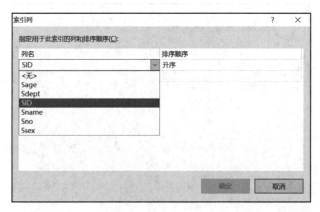

图 5-16 "索引列"窗口

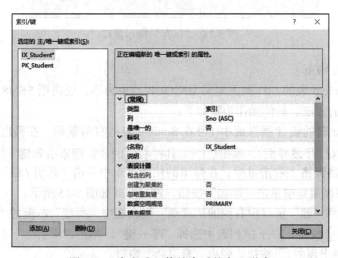

图 5-17 定义唯一值约束后的窗口形式

4）单击"关闭"按钮，关闭"索引 / 键"窗口，在表设计器界面上单击 按钮保存对表的修改。

（4）DEFAULT 约束

我们以在 Student 表的 Ssex 列上定义 DEFAULT 约束为例，说明用 SSMS 工具图形化地定义该约束的方法。

在 Student 表的设计器界面选中 Ssex 列，然后在下方的"列属性"窗格中的"常规"列表框中的"默认值或绑定"对应的文本框中输入"男"，如图 5-18 所示。单击 📄 按钮保存对表的修改。

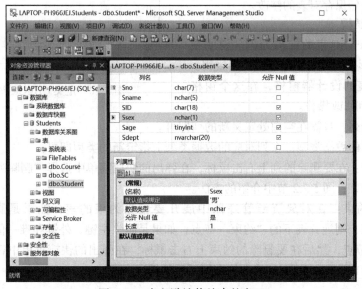

图 5-18　定义默认值约束的窗口

（5）定义 CHECK 约束

我们以在 Student 表的 Sage 列上定义取值范围为 15～45 的约束为例，说明在 SSMS 中如何用图形化的方法定义 CHECK 约束。具体操作步骤如下：

1）在 Student 表的设计器界面中单击工具栏上的"管理 Check 约束"图标 ▣，或者在 Student 表的设计器窗格上右击鼠标，在弹出的快捷菜单中选择"Check 约束"命令，打开"CHECK 约束"窗口，在此窗口中单击"添加"按钮，窗口形式如图 5-19 所示。

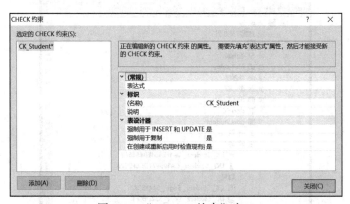

图 5-19　"CHECK 约束"窗口

2）在图 5-19 所示的窗口中的"表达式"右侧的空白框处单击鼠标，然后单击右侧出现的 □ 按钮，弹出"CHECK 约束表达式"窗口，在此窗口的"表达式"框中输入 Sage 列的取值范围约束,如图 5-20 所示。

3)单击"确定"按钮返回到"CHECK 约束"窗口,此时该窗口中"表达式"右侧的文本框中将列出我们所定义的表达式。单击"关闭"按钮关闭"CHECK 约束"窗口,然后单击 ■ 按钮保存对表的修改。

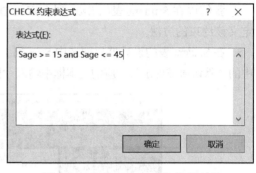

图 5-20　定义 CHECK 约束表达式

3. 修改表结构

我们以修改 SC 表的结构为例,说明在 SSMS 中用图形化的方法修改表结构的过程。

打开 SC 表的设计器窗格,在这个窗格中可以完成下列修改操作。

1)添加新列:只需在空白处定义新的列即可。

2)修改列的数据类型:在列对应的数据类型上指定新的类型即可。

3)删除列:在要删除的列上右击鼠标,在弹出的快捷菜单中选择"删除列"即可。

4)添加约束:同 5.2.2 节中介绍的方法。

5)删除约束:在对象资源管理器中展开要删除约束的表,如果是删除 CHECK 或 DEFAULT 约束,则展开表下的"约束"节点;如果是删除主键、外键和唯一值约束,则展开表下的"键"节点,然后在要删除的约束上右击鼠标,在弹出的快捷菜单中选择"删除"命令即可。图 5-21 所示为 Student 表的约束展开后的情况。

> 注意　如果被删除的主键约束有外键引用,则必须先删除相应的外键,然后再删除主键约束。

4. 删除表

在 SSMS 中用图形化的方法删除表的操作过程:展开要删除表所在的数据库,并展开其下的"表"节点,在要删除的表上右击鼠标,然后在弹出的快捷菜单中选择"删除"命令,即可删除表。

图 5-21　展开表的约束

5.3　分区表

5.3.1　基本概念

数据库结构及索引设计得是否合理在很大程度上会影响数据库的性能，而且这种影响会随着数据库信息负载的增大而逐渐加大。在刚开始投入使用时数据库的性能可能比较好，但随着数据存储量的快速增长，数据库的性能会受到很大的影响。较为明显的影响就是查询响应速度会变慢，这时除了优化索引及查询之外，我们还可以通过建立分区表（Table Partition）的方法在一定程度上提高数据库的性能。

分区表是指把数据按某种标准划分成不同区域存储在不同的文件组中，使用分区可以快速而有效地管理和访问数据子集，从而使大型表或索引更易于管理。合理地使用分区能在很大程度上提高数据库的性能。分区表将表中的数据按水平方式划分成不同的子集，并将这些数据子集存储在数据库的一个或多个文件组中。

是否创建分区表主要取决于表当前数据量的大小以及表将来数据量的大小，同时还取决于对表中数据进行操作的特点。通常情况下，如果某个大型表同时满足下列两个条件，则比较适于进行分区：

- 该表包含（或即将包含）以多种不同方式使用的大量数据。
- 数据是分段的，比如数据以年为分隔。

> **注意**　数据量大并不是创建分区表的唯一条件，如果这些大量的数据都是经常使用的数据，而且它们的操作方式基本上一致，则最好不使用分区表。

如果数据量大，而且数据是分段的，并且对不同段的数据使用的操作不同，则适于使用分区表。比如，对某表中当前年的数据经常进行添加、修改、删除和查询操作，而对于往年的数据则几乎不进行任何操作，或者操作仅限于查询，那么就可以按年份对表进行分区。也就是说，当对数据的操作只涉及一部分数据而不是所有数据时，就可以考虑建立分区表。

如果对表的常规维护操作只针对表的一个数据子集，则建立分区表的优势尤其明显。因为如果表没有进行分区，那么就需要对整个数据集执行这些操作，这样会消耗大量的资源。

简单来说，分区表就是将一个大表分成若干个小表。例如，假设有一个销售记录表，其中记录了商场的销售情况，那么就可以把这个销售记录表按年份分成几个小表。当要查询某年的销售记录时，只需到相应的小表中进行查询即可。由于每个小表中的记录数少了，因此自然可以提高查询效率。

分区表是从物理上将一个大表分成几个小表，但从逻辑上来看还是一个大表。对于用户而言，所面对的依然是一个大表，他们不需要考虑操作的年份对应的小表，用户只要将记录插入大表——逻辑表中就可以了，数据库管理系统会自动将数据放置到它所对应的物理小表中。同样，对于查询而言，用户也只需设置好查询条件，数据库管理系统会自动到相应的校表中进行查询，这些都不需要用户关心。

对大型表进行分区具有以下优势：

- 可以快速、高效地传输或访问数据的子集，同时又能维护数据集的完整性。例如，将数据从 OLTP 加载到 OLAP 系统等操作仅需几秒钟即可完成，而如果不对数据进行分区，执行此操作需要几分钟甚至几个小时。

- 可以更快地对一个或多个分区执行维护操作。因为它们仅针对这些数据子集，而非整个表进行操作，所以效率更高。例如，可以对一个分区中的数据进行压缩。
- 可以根据经常执行的查询类型和硬件配置分区，以提高查询性能。例如，当两个或更多的已分区表中的分区列相同时，查询优化器可以更快地处理这些表之间的等值连接查询，因为可以连接这些分区本身。

SQL Server 2017 默认情况下支持多达 15 000 个分区。

使用分区表的注意事项如下：

与具有大量分区的查询相比，使用分区排除的查询在性能上相当或更高。随着分区数目的增加，未使用分区排除的查询可能会需要更长的时间来执行。

例如，假定某表有 ColA、ColB、ColC 3 个列，并且有 1 亿行数据。设有如下两种分区方案。

分区方案 1：该表在列 ColA 上划分为 1000 个分区。

分区方案 2：该表在列 ColA 上划分为 10 000 个分区。

假设要进行如下形式的条件查询：

```
... WHERE ColA ...
```

对于这个查询，分区方案 2 的执行效率要高于分区方案 1，因为在分区中要扫描的数据行数更少。但如果要执行如下形式的条件查询：

```
... WHERE ColB ...
```

则该查询在分区方案 1 中的运行速度更快，因为要扫描的分区数更少。

因此在分区列之外的其他列上使用运算符（如 TOP、MAX/MIN 等）的查询可能会遇到分区性能下降的情况，因为这类查询将涉及所有分区。

如果经常执行的查询涉及两个或多个已分区表之间的等值连接，则这些查询的分区依据列应该与连接表操作所基于的列相同。

5.3.2 创建分区表

在 SQL Server 2017 中创建分区表的操作步骤如下：

1）创建分区函数。创建分区函数的目的是告诉 SQL Server 以什么方式对表进行分区。

2）创建分区方案。分区方案的作用是将分区函数生成的分区映射到文件组中。分区函数的作用是告诉 SQL Server 如何将数据进行分区，而分区方案的作用则是告诉 SQL Server 将已分区的数据放在哪个文件组中。

3）使用分区方案创建表。

说明 在创建分区表之前，最好先创建数据库文件组，虽然可以省略该步而直接使用 PRIMARY 文件组，但为了方便管理，最好还是先创建几个文件组，以便将不同的分区表放在不同的文件组中。这样做既便于理解，也可以提高运行速度。创建文件组的方法读者可参阅第 3 章中的相关内容。

除了需要创建文件组之外，在创建数据库时还需要为数据库定义多个文件，而且最好是将这些文件创建在不同的硬盘分区中，并分别放置于不同的文件组中，便于系统将分区后的小表分别保存在不同的文件中。

5.3.3　创建分区函数

在 SQL Server 2017 中创建分区函数的 SQL 语句如下：

```
CREATE PARTITION FUNCTION partition_function_name (input_parameter_type)
AS RANGE [ LEFT | RIGHT ]
FOR VALUES ( [ boundary_value [ , ... n ] ] )
[ ; ]
```

其参数说明如下：

- partition_function_name：分区函数名。分区函数名在数据库内必须唯一且符合标识符规则。
- input_parameter_type：用于进行分区的列的数据类型（对表进行分区时所使用的列称为分区列）。该数据类型不能是 text、ntext、image、xml、timestamp、varchar(max)、nvarchar(max)、varbinary(max) 或用户定义的数据类型。

实际的分区列是在 CREATE TABLE 或 CREATE INDEX 语句中指定的。

- boundary_value：为使用分区函数的已分区表或索引的每个分区指定一个边界值。如果 boundary_value 为空，则分区函数使用 partition_function_name 将整个表或索引映射到单个分区。只能使用 CREATE TABLE 或 CREATE INDEX 语句中指定的分区列。

boundary_value 是可以引用变量的常量表达式，包括用户定义类型的变量、函数以及用户定义的函数，但不能引用 T-SQL 表达式。boundary_value 必须与 input_parameter_type 中的数据类型相匹配，或者可以被隐式转换为该数据类型。

- ...n：指定边界值的数目，该值不能超过 14 999。所创建的分区数等于 n + 1。不要求必须按顺序列出各值。如果未按顺序列出各值，则数据库引擎将对它们进行排序、创建函数并返回一个警告，说明未按顺序提供值。如果 n 中含有重复值，则数据库引擎将返回错误。
- LEFT | RIGHT：指定当间隔值（或称边界值）由数据库引擎按升序从左到右排序时，边界值属于每个边界值间隔的哪一侧（左侧还是右侧）。如果未指定，则默认值为 LEFT。

> 说明
> 1）分区函数的作用域仅限于创建该分区函数的数据库。
> 2）分区列为空值的所有行都会被放在最左侧的分区中，除非将 NULL 指定为边界值并指定了 RIGHT。在这种情况下，最左侧分区为空分区，NULL 值被放置在后面的分区中。

例 1　在 int 列上创建一个左侧分区函数。下列分区函数将表划分为 4 个分区。

```
CREATE PARTITION FUNCTION myRangePF1(int)
AS RANGE LEFT FOR VALUES (1, 100, 1000);
```

表 5-4 所示为对分区依据列 col1 使用此分区函数的表进行分区的情况。

表 5-4　使用例 1 函数的分区情况

分区	1	2	3	4
值	col1 <= 1	col1 > 1 AND col1 <= 100	col1 > 100 AND col1 <= 1000	col1 > 1000

例 2　在 int 列上创建一个右侧分区函数。下列分区函数与例 1 使用相同的分区边界值，但指定的是右侧分区。

```
CREATE PARTITION FUNCTION myRangePF2(int)
  AS RANGE RIGHT FOR VALUES (1, 100, 1000);
```

表 5-5 所示为对分区依据列 col1 使用此分区函数的表进行分区的情况。

表 5-5　使用例 2 函数的分区情况

分区	1	2	3	4
值	col1 < 1	col1 >= 1 AND col1 < 100	col1 >= 100 AND col1 < 1000	col1 >= 1000

例 3　在 datetime 列上创建一个右侧分区函数。下列分区函数将表划分成 12 个分区，每个分区对应 2018 年中一个月的值。

```
CREATE PARTITION FUNCTION myDateRangePF1(datetime)
AS RANGE RIGHT FOR VALUES ('20180201', '20180301', '20180401',
        '20180501', '20180601', '20180701', '20180801',
        '20180901', '20181001', '20181101', '20181201');
```

表 5-6 所示为对分区依据列 datecol 使用此分区函数的表进行分区的情况。

表 5-6　使用例 3 函数的分区情况

分区	1	2	…	11	12
值	datecol <'2018-2-1'	datecol >='2018-2-1' And datecol < '2018-3-1'	…	datecol >='2018-11-1' And datecol < '2018-12-1'	datecol >='2018-12-1'

例 4　在字符列上创建一个右侧分区函数。下列分区函数将表划分为 4 个分区。

```
CREATE PARTITION FUNCTION myRangePF3(char(20))
  AS RANGE RIGHT FOR VALUES ('EX', 'RXE', 'XR');
```

表 5-7 所示为对分区依据列 col1 使用此分区函数的表进行分区的情况。

表 5-7　使用例 4 函数的分区情况

分区	1	2	3	4
值	col1 < 'EX'	col1 >= 'EX' And col1 < 'RXE'	col1 >= 'RXE' AND col1 < 'XR'	col1 >= 'XR'

例 5　该分区函数将 2007 年 1 月至 2011 年 1 月之间的每个月都创建一个分区，假设分区依据列的数据类型为 datetime2。

```
DECLARE @DatePartitionFunction nvarchar(max) =
  N'CREATE PARTITION FUNCTION DatePartitionFunction (datetime2)
  AS RANGE RIGHT FOR VALUES (';
DECLARE @i datetime2 = '20070101';
WHILE @i < '20110101'
BEGIN
SET @DatePartitionFunction += '''' + CAST(@i as nvarchar(10)) + '''' + N', ';
SET @i = DATEADD(MM, 1, @i);
END
SET @DatePartitionFunction += '''' + CAST(@i as nvarchar(10))+ '''' + N');';
EXEC sp_executesql @DatePartitionFunction;
GO
```

说明　sp_executesql 是系统提供的存储过程，存储过程的概念可参见第 10 章中的介绍。sp_executesql 存储过程可执行动态生成的 Transact-SQL 语句，该 Transact-SQL 语句可以包含嵌入参数。

5.3.4　创建分区方案

在 SQL Server 2017 中创建分区方案的 SQL 语句如下：

```
CREATE PARTITION SCHEME partition_scheme_name
AS PARTITION partition_function_name
[ ALL ] TO ( { file_group_name | [ PRIMARY ] } [ ,...n ] )
[ ; ]
```

各参数的说明分别如下。

- partition_scheme_name：分区方案名。分区方案名在数据库中必须是唯一的，且符合标识符规则。
- partition_function_name：分区方案使用的分区函数名。分区函数所创建的分区将映射到分区方案指定的文件组中。partition_function_name 必须已经存在于数据库中。
- ALL：指定将所有分区都映射到 file_group_name 指定的文件组中，或映射到主文件组（如果指定了 PRIMARY）中。如果指定了 ALL，则只能指定一个 file_group_name。
- file_group_name | [PRIMARY] [,...n]：指定持有由 partition_function_name 指定的分区的文件组名。file_group_name 必须已经存在于数据库中。

如果指定了 [PRIMARY]，则分区将存储在主文件组中。如果指定了 ALL，则只能指定一个 file_group_name。分区分配到文件组的顺序是从分区 1 开始，按文件组在 [,...n] 中列出的顺序进行分配。在 [,...n] 中可以多次指定同一个文件组。如果指定的文件组数比在 partition_function_name 中指定的分区数少，则 CREATE PARTITION SCHEME 语句将执行失败，并返回错误。

如果 partition_function_name 生成的分区数少于指定的文件组数，则第一个未分配的文件组将被标记为 NEXT USED。如果指定了 ALL，则单独的文件组将为该 partition_function_name 保持它的 NEXT USED 属性。

在 file_group_name[1,...n] 中指定主文件组时，必须像在 [PRIMARY] 中那样分隔 PRIMARY，因为它是关键字。

例 6　创建用于将每个分区映射到不同文件组的分区方案。下列代码首先创建一个分区函数，该函数将表划分为 4 个分区。然后创建一个分区方案，在其中分别指定拥有各个分区的文件组。这里假定数据库中已经存在所需文件组。

```
CREATE PARTITION FUNCTION myRangePF1(int)
  AS RANGE LEFT FOR VALUES (1, 100, 1000);
GO
CREATE PARTITION SCHEME myRangePS1
  AS PARTITION myRangePF1
  TO (test1fg, test2fg, test3fg, test4fg);
```

在某表上对分区依据列 col1 使用分区函数 myRangePF1 后，对该表的分区进行分配的情况如表 5-8 所示。

表 5-8　文件组与分区的对照关系

文件组	test1fg	test2fg	test3fg	test4fg
分区	1	2	3	4
值	col1 <= 1	col1 > 1 AND col1 <= 100	col1 > 100 AND col1 <= 1000	col1 > 1000

例 7　创建将多个分区映射到同一个文件组的分区方案。如果要将所有分区都映射到同一个文件组可使用 ALL 关键字。但如果是将多个（不是全部）分区映射到同一个文件组，则必须分别列出文件组名称（可以重复），代码如下。

```
CREATE PARTITION FUNCTION myRangePF2(int)
  AS RANGE LEFT FOR VALUES (1, 100, 1000);
GO
CREATE PARTITION SCHEME myRangePS2
  AS PARTITION myRangePF2
  TO ( test1fg, test1fg, test1fg, test2fg );
```

在某表上对分区依据列 col1 使用分区函数 myRangePF2 后，对该表的分区进行分配的情况如表 5-9 所示。

表 5-9　文件组与分区的对照关系

文件组	test1fg	test1fg	test1fg	test2fg
分区	1	2	3	4
值	col1 <= 1	col1 > 1 AND col1 <= 100	col1 > 100 AND col1 <= 1000	col1 > 1000

例 8　创建将所有分区映射到同一个文件组的分区方案。本示例创建的分区函数与例 7 中的示例相同，但是要创建一个将所有分区映射到同一个文件组的分区方案。

```
CREATE PARTITION FUNCTION myRangePF3(int)
  AS RANGE LEFT FOR VALUES (1, 100, 1000);
GO
CREATE PARTITION SCHEME myRangePS3
  AS PARTITION myRangePF3
  ALL TO ( test1fg );
```

例 9　创建指定 NEXT USED 文件组的分区方案。本示例创建的分区函数与例 8 中的示例相同，但所创建的分区方案列出的文件组数超过了关联的分区函数所创建的分区数。

```
CREATE PARTITION FUNCTION myRangePF4(int)
  AS RANGE LEFT FOR VALUES (1, 100, 1000);
GO
CREATE PARTITION SCHEME myRangePS4
  AS PARTITION myRangePF4
  TO (test1fg, test2fg, test3fg, test4fg, test5fg)
```

执行该语句时系统将返回以下消息：

分区方案 'myRangePS4' 已成功创建。'test5fg' 在分区方案 'myRangePS4' 中标记为下次使用的文件组。

如果将分区函数 myRangePF4 更改为添加一个分区，则文件组 test5fg 将接收新创建的分区。

例 10　本示例首先创建一个分区函数，将数据划分为 4 个分区。然后创建一个分区方案，最后创建使用该分区方案的表。本示例假定数据库中已经存在所需文件组。

```
CREATE PARTITION FUNCTION myRangePF1(int)
  AS RANGE LEFT FOR VALUES (1, 100, 1000);
GO
CREATE PARTITION SCHEME myRangePS1
  AS PARTITION myRangePF1
  TO (test1fg, test2fg, test3fg, test4fg);
GO
```

```
CREATE TABLE PartitionTable (
    col1 int,
    col2 char(10) )
ON myRangePS1 (col1);
```

小结

架构是数据库下的一个逻辑命名空间，架构中可以存放表、视图等数据库对象，可以将其看作数据库对象容器，用于对数据库对象进行分类。基本表是关系数据库中最主要的对象，其中包含全体用户的信息需求，用于存放全体用户所需的数据，基本表与数据库三级模式中的模式对应。本章详细介绍了用 T-SQL 语句及 SSMS 工具创建、修改和删除表的方法，同时介绍了如何实现数据完整性约束。分区表主要针对数据量比较大的表，对数据量大的表进行分区主要是为了加快数据的操作效率，分区表是将逻辑上的一张大表，在物理上分为几个小表，使得单次操作的数据集合比较小。

习题

1. 简述架构的作用。创建架构的用户需要什么权限？
2. 简述分区表的作用。什么情况下适于建立分区表？
3. 简述定义分区表的步骤。
4. 简述分区函数的作用以及左侧分区和右侧分区的区别。
5. 简述分区方案的作用以及它与分区函数的关系。
6. 分别说明下面两个创建分区方案语句的功能：

（1）

```
CREATE PARTITION SCHEME myRangePS1
AS PARTITION myRangePF1
TO (test1fg, test1fg, test2fg, test2fg)
```

（2）

```
CREATE PARTITION SCHEME myRangePS2
  AS PARTITION myRangePF2
  ALL TO ( testfg )
```

上机练习

1. 在第 3 章建立的 Students 数据库中创建满足如下要求的架构。

准备工作：首先在 SSMS 中以系统管理员身份执行下列脚本，创建登录账户 User1 和 User2，使这两个登录账户成为 Students 数据库中的合法用户。

```
CREATE LOGIN User1 WITH PASSWORD = '123456',
      DEFAULT_DATABASE = Students
go
CREATE LOGIN User2 WITH PASSWORD = '123456',
      DEFAULT_DATABASE = Students
go
USE Students
go
CREATE USER User1
go
CREATE USER User2
```

（1）为用户 User1 定义一个架构，架构名为"Base"。

（2）为用户 User2 定义一个架构，架构名为"Inform"，并在该架构中定义一个关系表 Teacher，表结构如下：

```
Tno char(8)        -- 教师号
Tname varchar(10)  -- 教师名
```

（3）将 Inform 架构中的 Teacher 表传输到 Base 架构中。

（4）删除 Inform 架构。

2. 在 Students 数据库中用图形化的方法创建满足下述要求的关系表（见表 5-10 ~ 表 5-12）。

表 5-10　Student 表

列名	说明	数据类型	约束
Sno	学号	普通编码定长字符串，长度为 7	主键
Sname	姓名	普通编码定长字符串，长度为 10	非空
Sex	性别	普通编码定长字符串，长度为 2	取值范围为 { 男，女 }
Birthdate	出生日期	日期类型	
Dept	所在系	普通编码不定长字符串，长度为 20	默认为"计算机系"

表 5-11　Course 表

列名	说明	数据类型	约束
Cno	课程号	普通编码定长字符串，长度为 10	主键
Cname	课程名	普通编码不定长字符串，长度为 20	非空
Credit	学分	微整型	大于 0
Semester	开课学期	微整型	

表 5-12　SC 表

列名	说明	数据类型	约束
Sno	学号	普通编码定长字符串，长度为 7	主键，引用 Student 的外键
Cno	课程号	普通编码定长字符串，长度为 10	主键，引用 Course 的外键
Grade	成绩	小整型	取值范围为 0 ~ 100

3. 在 Students 数据库中用 T-SQL 语句创建满足如下要求的表（见表 5-13 ~ 表 5-15）。

表 5-13　销售表

列名	数据类型	约束
商品号	普通编码定长字符型，长度为 10	非空
销售时间	小日期时间型	非空
销售价格	整型	非空
销售数量	小整型	非空
销售总价	整型	等于本次销售价格 × 销售数量

其中（商品号，销售时间）为主键。

表 5-14　订购表

列名	数据类型	约束
货单号	整型	标识列，初值为 1，自动增长，每次增加 1，主键
订购时间	小日期时间型	非空
顾客号	普通编码定长字符型，长度为 10	

表 5-15　订购明细表

列名	数据类型	约束
货单号	整型	外键，引用订购表的"货单号"
商品号	普通编码定长字符型，长度为10	非空
订购数量	整型	
订购价格	整型	

其中（货单号，商品号）为主键。

4. 创建满足如下要求的分区函数：

（1）在 int 列上创建右侧分区函数，该分区函数将数据划分为 3 个区：小于 1000、1000 ～ 3000 和大于 3000。

（2）在 smalldatetime 列上创建左侧分区函数，该分区函数将数据按月份进行分区，只针对 2018 年数据，每月划分为一个区。

5. 在 Students 数据库中增加两个新的文件组：MyGroup1 和 MyGroup2，然后利用第 4 题（1）中创建的分区函数建立分区方案，将每个分区分别存放在 PRIMARY、MyGroup1 和 MyGroup2 文件组中。

6. 创建使用第 4 题（2）中创建的分区方案的表 Sales_2011，表结构如下。

Sales_date：日期时间型，主键；
Sales_Total：整型。

对该表按 Sales_date 进行分区。

第6章 数据操作语言

如果只是将数据存储到数据库中，而不对其进行分析和利用，那么数据是没有价值的。最终用户对数据库中的数据进行的大多是查询和修改操作，修改操作包括插入、删除和更改数据。SQL 语言提供了强大的数据查询和修改功能。

本章将详细介绍实现查询、插入、删除和更新操作的 SQL 语句。

6.1 数据查询语句

查询功能是 SQL 的核心功能，也是数据库中使用最多的功能，查询语句也是 SQL 语言中较为复杂的一类语句。

本章的数据操作语句均针对第 5 章的上机练习中创建的 Student、Course 和 SC 表，假设这些表中已包含表 6-1 至表 6-3 所示的数据。

表 6-1　Student 表数据

Sno	Sname	Sex	Birthdate	Dept
0811101	李勇	男	2000/5/6	计算机系
0811102	刘晨	男	2001/8/8	计算机系
0811103	王敏	女	2000/3/18	计算机系
0811104	张小红	女	2002/1/10	计算机系
0821101	张立	男	2000/10/12	信息管理系
0821102	吴宾	女	2001/3/20	信息管理系
0821103	张海	男	2001/6/3	信息管理系
0831101	钱小平	女	2000/11/9	通信工程系
0831102	王大力	男	2000/5/6	通信工程系
0831103	张姗姗	女	2001/2/26	通信工程系

表 6-2　Course 表数据

Cno	Cname	Credit	Semester
C001	高等数学	4	1
C002	大学英语	3	1
C003	大学英语	3	2
C004	计算机文化学	2	2
C005	Java	2	3
C006	数据库基础	4	5
C007	数据结构	4	4
C008	计算机网络	4	4

表 6-3　SC 表数据

Sno	Cno	Grade
0811101	C001	96
0811101	C002	80

（续）

Sno	Cno	Grade
0811101	C003	84
0811101	C005	62
0811102	C001	92
0811102	C002	90
0811102	C004	84
0821102	C001	76
0821102	C004	85
0821102	C005	73
0821102	C007	NULL
0821103	C001	50
0821103	C004	80
0831101	C001	50
0831101	C004	80
0831102	C007	NULL
0831103	C004	78
0831103	C005	65
0831103	C007	NULL

6.1.1　查询语句的基本结构

　　查询（SELECT）语句是数据库操作中最基本也是最重要的语句之一，其功能是从数据库中检索满足条件的数据。查询的数据源可以来自一张表，也可以来自多张表甚至可以是来自视图，查询的结果是由 0 行（没有满足条件的数据）或多行记录组成的一个记录集合，且允许选择一个或多个字段作为输出字段。SELECT 语句还可以对查询结果进行排序、汇总等。

　　查询语句的基本结构可简单描述如下：

```
SELECT <目标列名序列>            -- 需要哪些列
  FROM <表名>                   -- 来自哪些表
[ WHERE <行选择条件> ]          -- 根据什么条件
[ GROUP BY <分组依据列> ]
[ HAVING <组选择条件> ]
[ ORDER BY <排序依据列> ]
```

　　在上述结构中，SELECT 子句用于指定输出的字段；FROM 子句用于指定数据的来源；WHERE 子句用于指定数据的选择条件；GROUP BY 子句用于对检索到的记录进行分组；HAVING 子句用于指定组的选择条件；ORDER BY 子句用于对查询结果进行排序。其中SELECT 子句和 FROM 子句是必需的，其他子句都是可选的。

　　<目标列名序列>部分可以包含如下内容：

```
SELECT [ ALL | DISTINCT ]
[ TOP expression [ PERCENT ] [ WITH TIES ] ]
<select_list>
<select_list> ::=
    {
          *
    | { table_name | view_name | table_alias }.*
    | {
        [ { table_name | view_name | table_alias }. ]
          { column_name | $IDENTITY } } ]
```

```
      | expression
      [ [ AS ] column_alias ]  }
   | column_alias = expression
} [ ,...n ]
```

各参数的含义分别如下。

- ALL：指定结果集中可以包含重复行。ALL 是默认值。
- DISTINCT：指定结果集中只能包含唯一行。对于 DISTINCT 关键字来说，Null 值是相等的。
- TOP expression [PERCENT][WITH TIES]：指定只能从查询结果集中返回指定的行数或指定百分比数目的行数。expression 可以是指定数目或百分比数目的行。
- <select_list>：指定结果集中包含的列。该列表是以逗号分隔的一系列表达式。可在选择列表中指定的表达式的最大数目是 4096。
- *：指定返回 FROM 子句中的所有表和视图中的所有列。这些表或列按 FROM 子句中指定的表或视图的顺序返回，并对应于它们在表或视图中的顺序。
- table_name | view_name | table_alias.*：将 * 的作用域限制为指定的表或视图。
- column_ name：要返回的列名。可通过在 column_name 前加表名或视图名来限制该列所在的表或视图，以避免引用不明确。例如，Student 表和 SC 表中均有名为" Sno"的列，如果在一个查询语句中用到 Sno 列，则可以在选择列表中通过指定表名来明确 Sno 列的来源，比如 SC.Sno。
- expression：常量、函数，以及由一个或多个运算符连接的列名、常量和函数的任意组合，或者是子查询。
- $IDENTITY：返回标识列。有关标识列的知识读者可参阅第 5 章中的相关内容。
  如果 FROM 子句中的多个表内都包含具有 IDENTITY 属性的列，则必须使用特定的表名来限定 $IDENTITY（如 T1.$IDENTITY）。
- column_ alias：在查询结果集中用于替换列名的列别名。column_alias 可以用在 ORDER BY 子句中，但不能用在 WHERE、GROUP BY 或 HAVING 子句中。

6.1.2 单表查询

本节介绍单表查询，即数据源只涉及一张表的查询。所有的查询结果按 SQL Server 2017 执行结果的形式显示。

1. 选择表中的若干列

（1）查询指定的列

多数情况下，用户可能只对表中的一部分属性列感兴趣，这时可通过在 SELECT 子句的 < 目标列名序列 > 中指定要查询的列名来实现。

例 1 查询全体学生的学号与姓名。

`SELECT Sno, Sname FROM Student`

执行结果如图 6-1 所示。

例 2 查询全体学生的姓名、学号和所在系。

`SELECT Sname, Sno, Dept FROM Student`

	Sno	Sname
1	0811101	李勇
2	0811102	刘晨
3	0831101	钱小平
4	0831102	王大力
5	0811103	王敏
6	0821102	吴宾
7	0821103	张海
8	0821101	张立
9	0831103	张姗姗
10	0811104	张小红

图 6-1　例 1 的查询结果

📟说明　查询列表中的列顺序可以和表中列定义的顺序不同。

（2）查询全部列

如果要查询表中的全部列，可以使用两种方法：第一，在＜目标列名序列＞中列出所有的列名；第二，如果列的显示顺序与其在表中定义的顺序相同，则可以简单地在＜目标列名序列＞中写星号"＊"来替代。

例3　查询全体学生的详细记录。

```
SELECT Sno, Sname, Sex, Birthdate, Dept FROM Student
```

等价于：

```
SELECT  *  FROM Student
```

📟说明　在查询全部列时写"＊"要比写出各个列名简便得多，但其执行效率会下降，因为SQL Server 必须查看"＊"中包含多少个列，以及每个列的定义是什么。因此，建议在实际应用时列出要查询的列以提高查询效率。

（3）查询经过计算的列

SELECT 子句中的＜目标列名序列＞可以是表中存在的属性列，也可以是表达式、常量或函数。

例4　查询含表达式的列：查询全体学生的姓名及年龄。

Student 表中只记录了学生的出生日期，而没有记录学生的年龄，我们可以根据出生日期算出学生的年龄，即用当前年减去出生年。实现此功能的查询语句如下：

```
SELECT Sname, year(getdate()) - year(Birthdate) FROM Student
```

其中，getdate() 和 year() 均是系统提供的函数，getdate() 的作用是得到系统的当前日期和时间，year() 的作用是得到日期数据中年的部分（有关系统函数的讲解可参见附录内容）。例4 中的查询语句的执行结果如图 6-2 所示（假设当前年为 2019 年）。

例5　查询含字符串常量的列：查询全体学生的姓名和出生年份，并在出生年份列前加入一个列，此列的每行数据均为"出生年份"常量值。

```
SELECT Sname, '出生年份', year(Birthdate) FROM Student
```

查询结果如图 6-3 所示。

	Sname	（无列名）
1	李勇	19
2	刘晨	18
3	王敏	19
4	张小红	17
5	张立	19
6	吴宾	18
7	张海	18
8	钱小平	19
9	王大力	19
10	张姗姗	18

图 6-2　例 4 的查询结果

	Sname	（无列名）	（无列名）
1	李勇	出生年份	2000
2	刘晨	出生年份	2001
3	王敏	出生年份	2000
4	张小红	出生年份	2002
5	张立	出生年份	2000
6	吴宾	出生年份	2001
7	张海	出生年份	2001
8	钱小平	出生年份	2000
9	王大力	出生年份	2000
10	张姗姗	出生年份	2001

图 6-3　例 5 的查询结果

注意 选择列表中的常量和计算是对表中的每行数据进行的。

从图 6-2 和图 6-3 所示的查询结果中可以看到，经过计算的列、常量列的显示结果都没有列名［图中显示为 "（无列名）"］。可以通过为列起别名的方法指定或改变查询结果集中显示的列名，这个列名就称为列别名。这对于含算术表达式、常量、函数运算等的列尤为有用。

指定列别名的语法格式如下：

```
{ 列名 | 表达式 } [ AS ] 列别名
```

或

```
列别名 = { 列名 | 表达式 }
```

例如，例 4 中的代码可写成：

```
SELECT Sname, year(getdate()) - year(Birthdate) AS 年龄
  FROM Student
```

查询结果如图 6-4 所示。

2. 选择表中的若干元组

前面介绍的例子都是选择表中的全部记录，而没有对表中的记录进行任何有条件的筛选。实际上，在查询过程中，除了可以对列进行选择之外，还可以对行进行选择，使查询结果更加符合用户的要求。

（1）删除取值相同的行

从理论上来说，关系数据库的表中不允许存在取值完全相同的元组，但在对列进行选择之后，查询结果中就有可能出现取值完全相同的行。取值相同的行在查询结果中是没有意义的，应将其删除。

例 6 查询选了课程的学生的学号。

```
SELECT Sno FROM SC
```

执行结果如图 6-5 所示。从图中我们可以看到，查询结果集中有许多数据相同的行，即一个学生选了多少门课程，其学号就会在结果集中重复多少次。SQL 语言中去掉结果集中重复行的语句是 DISTINCT。DISTINCT 关键字写在 SELECT 词的后面、目标列名序列的前面。将例 6 中的查询改为：

```
SELECT DISTINCT Sno FROM SC
```

执行结果如图 6-6 所示，从该图中我们可以看到，查询结果中已经删除了数据重复的行。

（2）查询满足条件的元组

查询满足条件的元组是通过 WHERE 子句实现的。WHERE 子句常用的查询条件如表 6-4 所示。

	Sname	年龄
1	李勇	19
2	刘晨	18
3	王敏	19
4	张小红	17
5	张立	19
6	吴宾	18
7	张海	18
8	钱小平	19
9	王大力	19
10	张姗姗	18

图 6-4 指定列别名后的查询结果

	Sno
1	0811101
2	0811101
3	0811101
4	0811101
5	0811102
6	0811102
7	0811102
8	0821102
9	0821102
10	0821102
11	0821102
12	0821103
13	0821103
14	0831101
15	0831101
16	0831102
17	0831103
18	0831103
19	0831103

图 6-5 有重复行的结果

	Sno
1	0811101
2	0811102
3	0821102
4	0821103
5	0831101
6	0831102
7	0831103

图 6-6 没有重复行的结果

表 6-4　WHERE 子句常用的查询条件

查询条件	谓词
比较（比较运算符）	=、>、>=、<=、<、<>、!=、!>、!< NOT + 上述比较运算符
确定范围	BETWEEN … AND、NOT BETWEEN … AND
确定集合	IN、NOT IN
字符匹配	LIKE、NOT LIKE
空值	IS NULL、IS NOT NULL
多重条件（逻辑谓词）	AND、OR

1）比较大小。比较大小的常用运算符有 =（等于）、>（大于）、>=（大于或等于）、<=（小于或等于）、<（小于）、<>（不等于）、!=（不等于）、!>（不大于）和 !<（不小于）。

例 7　查询计算机系全体学生的姓名。

```
SELECT Sname FROM Student  WHERE Dept = '计算机系'
```

例 8　查询所有年龄在 19 岁以下的学生的姓名及其年龄。

```
SELECT Sname, year(getdate()) - year(Birthdate) AS 年龄
  FROM Student
  WHERE year(getdate()) - year(Birthdate) < 19
```

查询结果如图 6-7 所示。

例 9　查询考试成绩有不及格的学生的学号。

```
SELECT DISTINCT Sno FROM SC WHERE Grade < 60
```

	Sname	年龄
1	刘晨	18
2	张小红	17
3	吴宾	18
4	张海	18
5	张姗姗	18

图 6-7　例 8 的查询结果

注意　①当一个学生有多门课程成绩不及格时，只需列出该学生一次，而不需要有几门成绩不及格的课程就列出几次，因此这里需要添加 DISTINCT 关键字去掉重复的学号。
②考试成绩为 NULL 的记录（还未考试的课程）并不满足条件 Grade < 60，因为 NULL 值不能与确定的值进行比较运算。在后面"涉及空值的查询"部分将详细介绍关于空值的判断。

2）确定范围。BETWEEN … AND 和 NOT BETWEEN … AND 运算符可用于查找属性值在（或不在）指定范围内的元组，其中 BETWEEN 后的内容指定范围的下限，AND 后的内容指定范围的上限。

BETWEEN … AND 的语法格式如下：

```
列名 | 表达式 [ NOT ] BETWEEN 下限值 AND 上限值
```

BETWEEN … AND 中列名或表达式的数据类型要与下限值、上限值的数据类型相同。

"BETWEEN 下限值 AND 上限值"的含义：如果列或表达式的值在下限值和上限值范围内（包括边界值），则结果为 True，表明此记录符合查询条件。

"NOT BETWEEN 下限值 AND 上限值"的含义正好相反：如果列或表达式的值不在下限值和上限值范围内（不包括边界值），则结果为 True，表明此记录符合查询条件。

例 10　查询考试成绩在 80 分到 90 分之间的学生的学号、课程号和成绩。

```
SELECT Sno, Cno, Grade FROM SC
  WHERE Grade BETWEEN 80 AND 90
```

此查询等价于：

```
SELECT Sno, Cno, Grade FROM SC
   WHERE Grade >= 80 AND Grade <= 90
```

例 11　查询考试成绩不在 80 ～ 90 分的学生的学号、课程号和成绩。

```
SELECT Sno, Cno, Grade FROM SC
   WHERE Grade NOT BETWEEN 80 AND 90
```

	Sno	Cno	Grade
1	0811101	C001	96
2	0811101	C005	62
3	0811102	C001	92
4	0821102	C001	76
5	0821102	C005	73
6	0821103	C001	50
7	0831101	C001	50
8	0831103	C004	78
9	0831103	C005	65

此查询等价于：

```
SELECT Sno, Cno, Grade FROM SC
   WHERE Grade < 80 OR Grade > 90
```

图 6-8　例 11 的查询结果

查询结果如图 6-8 所示。观察图中数据，可以看到这种比较是不包括空值（NULL）的。

例 12　对日期类型的数据也可以使用基于范围的查找。查询 2001 年 6 月至 8 月出生的学生的姓名和出生日期。

```
SELECT Sname,Birthdate FROM Student
   WHERE Birthdate BETWEEN '2001/6/1' AND '2001/8/31'
```

查询结果如图 6-9 所示。

3）确定集合。IN 运算符可用于查找属性值在指定集合范围内的元组。IN 的语法格式如下：

	Sname	Birthdate
1	刘晨	2001-08-08
2	张海	2001-06-03

图 6-9　例 12 的查询结果

```
列名 [ NOT ] IN ( 常量1, 常量2, …, 常量n )
```

IN 运算符的含义：当列中的值与集合中的某个常量值相等时，则结果为 True，表明此记录为符合查询条件的记录。

NOT IN 运算符的含义：当列中的值与集合中的全部常量值都不相等时，结果为 True，表明此记录为符合查询条件的记录。

例 13　查询信息管理系、通信工程系和计算机系学生的姓名和性别。

```
SELECT Sname, Sex FROM Student
   WHERE Dept IN ('信息管理系', '通信工程系', '计算机系')
```

此查询等价于：

```
SELECT Sname, Sex FROM Student
WHERE Dept = '信息管理系' OR Dept = '通信工程系' OR Dept = '计算机系'
```

例 14　查询除信息管理系、通信工程系和计算机系 3 个系之外的其他系学生的姓名和性别。

```
SELECT Sname, Sex FROM Student
   WHERE Dept NOT IN ('信息管理系', '通信工程系', '计算机系')
```

此查询等价于：

```
SELECT Sname, Sex FROM Student
   WHERE Dept!='信息管理系' AND Dept!= '通信工程系' AND Dept!= '计算机系'
```

4）字符串匹配。LIKE 运算符用于查找指定列中与匹配串匹配的元组。匹配串是一种特殊的字符串，匹配串中不仅可以包含普通字符，还可以包含通配符。通配符用于表示任意的字符或字符串。在实际应用中，如果需要从数据库中检索数据，但又不能给出准确的字符查询条件时，就可以使用 LIKE 运算符和通配符来实现模糊查询。也可以在 LIKE 运算符前面使用 NOT 运算符，表示对结果取反。

LIKE 运算符的一般语法格式如下：

```
列名  [NOT]  LIKE  <匹配串>
```

匹配串中可以包含如下 4 种通配符。

- _（下划线）：匹配任意一个字符。
- %（百分号）：匹配 0 个或多个字符。
- [ ]：匹配 [ ] 中的任意一个字符。例如，[acdg] 表示匹配 a、c、d 和 g 中的任意一个。若要比较的字符是连续的，则可以用连字符 "-" 来表示。例如，若要匹配 b、c、d、e 中的任意一个字符，则可以表示为 [b-e]。
- [^]：不匹配 [ ] 中的任意一个字符。例如，[^acdg] 表示不匹配 a、c、d 和 g 中的任意一个。同样，若要比较的字符是连续的，也可以用连字符 "-" 来表示。

例 15 查询姓 "张" 的学生的详细信息。

```
SELECT * FROM Student WHERE Sname LIKE '张%'
```

	Sno	Sname	Sex	Birthdate	Dept
1	0811104	张小红	女	2002-01-10	计算机系
2	0821101	张立	男	2000-10-12	信息管理系
3	0821103	张海	男	2001-06-03	信息管理系
4	0831103	张姗姗	女	2001-02-26	通信工程系

图 6-10 例 15 的查询结果

查询结果如图 6-10 所示。

例 16 查询姓 "张"、姓 "李" 和姓 "刘" 的学生的详细信息。

```
SELECT * FROM Student WHERE Sname LIKE '[张李刘]%'
```

	Sno	Sname	Sex	Birthdate	Dept
1	0811101	李勇	男	2000-05-06	计算机系
2	0811102	刘晨	男	2001-08-08	计算机系
3	0811104	张小红	女	2002-01-10	计算机系
4	0821101	张立	男	2000-10-12	信息管理系
5	0821103	张海	男	2001-06-03	信息管理系
6	0831103	张姗姗	女	2001-02-26	通信工程系

图 6-11 例 16 的查询结果

查询结果如图 6-11 所示。

例 17 查询名字的第 2 个字为 "小" 或 "大" 的学生的姓名和学号。

```
SELECT Sname, Sno FROM Student WHERE Sname LIKE '_[小大]%'
```

例 18 查询所有不姓 "刘" 的学生的姓名。

```
SELECT Sname FROM Student WHERE Sname NOT LIKE '刘%'
```

例 19 在 Student 表中查询学号的最后一位不是 "2、3、5" 的学生的详细信息。

```
SELECT * FROM Student WHERE Sno LIKE '%[^235]'
```

如果要查找的字符串中也含有通配符，比如下划线或百分号，就需要使用 ESCAPE 子句来标识。

ESCAPE 子句的语法格式如下：

```
ESCAPE 转义字符
```

其中 "转义字符" 可以是任何一个有效的字符，如果匹配串中也包含该字符，则表明位于该字符后的字符将被视为普通字符，而不是通配符。

例如，在 field1 字段中查找包含字符串 "30%" 的记录，可在 WHERE 子句中指定：

```
WHERE  field1 LIKE '%30!%%' ESCAPE '!'
```

又如，在 field1 字段中查找包含下划线（_）的记录，可在 WHERE 子句中指定：

```
WHERE  field1 LIKE '%!_%' ESCAPE '!'
```

5）涉及空值的查询。空值（NULL）在数据库中有特殊的含义，它表示当前不确定或未知的值。例如，学生修完课程之后，在考试之前这些学生只有选课记录，没有考试成绩，这时的考试成绩就为空值。

由于空值是不确定的，因此判断某个值是否为 NULL，不能使用普通的比较运算符，而只能使用专门的判断 NULL 值的子句。而且 NULL 不能与任何确定的值进行比较。

判断列取值为空的子句：列名 IS NULL

判断列取值不为空的子句：列名 IS NOT NULL

例 20   查询还没有考试的学生的学号和相应的课程号。

```
SELECT Sno, Cno FROM SC WHERE Grade IS NULL
```

6）多重条件查询。当需要多个查询条件时，可在 WHERE 子句中使用逻辑运算符 AND 和 OR 来组成多条件查询。

例 21   查询计算机系男生的姓名。

```
SELECT Sname FROM Student
  WHERE Dept = '计算机系' AND Sex = '男'
```

例 22   查询 C002 和 C003 课程考试成绩为 80 ～ 90 分的学生的学号、课程号和成绩。

```
SELECT Sno, Cno, Grade FROM SC
  WHERE Cno IN( 'C002', 'C003')
    AND Grade BETWEEN 80 AND 90
```

或者：

```
SELECT Sno, Cno, Grade FROM SC
  WHERE (Cno = 'C001' OR Cno = 'C002')
    AND Grade BETWEEN 80 AND 90
```

	Sno	Cno	Grade
1	0811101	C002	80
2	0811102	C002	90

查询结果如图 6-12 所示。

图 6-12   例 22 查询结果

说明   OR 运算符的优先级小于 AND，可以通过加括号来改变运算顺序。

3. 对查询结果进行排序

有时我们希望查询结果集能按指定的顺序显示，比如按考试成绩从高到低显示学生的考试情况。SQL 语言提供了按用户指定的列对查询结果集进行排序的功能，而且可以按多个列进行排序。排序可以是从小到大（升序），也可以是从大到小（降序）。排序子句的语法格式如下：

```
ORDER BY <列名> [ ASC | DESC ] [ , … n ]
```

其中 < 列名 > 为排序的依据列，可以是列名或列别名。ASC 表示按列值升序排序，DESC 表示按列值降序排序。如果未指定排序方式，则默认排序方式为 ASC。

如果在 ORDER BY 子句中使用多个列进行排序，则这些列在该子句中出现的顺序决定了对结果集进行排序的方式。当指定多个排序依据列时，首先依据排在最前面的列的值进行排序，如果排序后存在两个或两个以上列值相同的记录，则对列值相同的记录再依据排在第二位的列的值进行排序，以此类推。

例23 查询选修 C002 课程的学生的学号及成绩，查询结果按成绩降序排列。

```
SELECT Sno, Grade FROM SC WHERE Cno = 'C002'
ORDER BY Grade DESC
```

查询结果如图 6-13 所示。

例24 查询全体学生的详细信息，结果按系名升序排列，同一个系的学生按出生日期降序排列。

	Sno	Grade
1	0811102	90
2	0811101	80

图 6-13   例 23 查询结果

```
SELECT * FROM Student ORDER BY Dept ASC, Birthdate DESC
```

查询结果如图 6-14 所示。

> 📊 **说明** 如果在查询中未指定查询结果的排列顺序，则将由 SQL Server 决定数据的输出顺序。SQL Server 采用最低系统开销的方式输出数据，通常就是数据的物理排序顺序，或者是按照 SQL Server 查找数据的索引顺序。

4.使用聚合函数统计数据

聚合函数也称统计函数或集合函数，其作用是对一组值进行计算并返回一个统计结果。SQL 提供的聚合函数有以下几个。

- COUNT (*)：统计表中元组的个数。
- COUNT ([DISTINCT]< 列名 >)：统计本列的非空列值个数，DISTINCT 选项表示去掉列的重复值后再进行统计。
- SUM (< 列名 >)：计算列值的和值（必须是数值型列）。
- AVG (< 列名 >)：计算列值的平均值（必须是数值型列）。
- MAX (< 列名 >)：得到列值的最大值。
- MIN (< 列名 >)：得到列值的最小值。

	Sno	Sname	Sex	Birthdate	Dept
1	0811104	张小红	女	2002-01-10	计算机系
2	0811102	刘晨	男	2001-08-08	计算机系
3	0811101	李勇	男	2000-05-06	计算机系
4	0811103	王敏	女	2000-03-18	计算机系
5	0831103	张姗姗	女	2001-02-26	通信工程系
6	0831101	钱小平	女	2000-11-09	通信工程系
7	0831102	王大力	男	2000-05-06	通信工程系
8	0821103	张海	男	2001-06-03	信息管理系
9	0821102	吴宾	女	2001-03-20	信息管理系
10	0821101	张立	男	2000-10-12	信息管理系

图 6-14   例 24 的查询结果

上述函数中除 COUNT(*) 外，其他函数在计算过程中均忽略 NULL 值。

聚合函数的计算范围可以是满足 WHERE 子句条件的记录（如果是对整个表进行计算的话），也可以是满足条件的组（如果进行了分组的话，关于分组我们将在本章后面的部分介绍）。

例25 统计学生总人数。

```
SELECT COUNT(*) FROM Student
```

例26 统计选修了课程的学生人数。

```
SELECT COUNT(DISTINCT Sno) FROM SC
```

> 📊 **说明** 由于一个学生可选多门课程，为避免重复计算，须用 DISTINCT 去掉重复的学号。

例 27 统计学生 "0831103" 的平均考试成绩。

```
SELECT AVG(Grade) FROM SC WHERE Sno = '0831103'
```

例 28 查询 C001 号课程的考试成绩最高分和最低分。

```
SELECT MAX(Grade) 最高分, MIN(Grade) 最低分
  FROM SC WHERE Cno = 'C001'
```

注意 聚合函数不能出现在 WHERE 子句的条件表达式中。例如, 查询学分最高的课程名, 使用如下语句是错误的:

```
SELECT Cname FROM Course WHERE Credit = MAX(Credit)
```

---

5. 对数据进行分组统计

以上所举的聚合函数的例子均是针对表中满足 WHERE 条件的全体元组进行的。在实际应用中, 有时我们需要对数据进行分组, 然后再对各个组进行统计。比如, 统计每个学生的平均成绩、每个系的学生人数、每门课程的平均考试成绩等。这类统计就需要用到分组子句 GROUP BY, GROUP BY 子句可将计算控制在组这一级。分组的目的是细化聚合函数的作用对象。一个查询语句中可以用多个列进行分组。

分组子句跟在 WHERE 子句的后面, 一般形式如下:

```
GROUP BY <分组依据列> [ , … n ]
[ HAVING <组筛选条件> ]
```

(1) 使用 GROUP BY 子句

例 29 统计每门课程的选课人数, 并列出课程号和选课人数。

```
SELECT Cno as 课程号, COUNT(Sno) as 选课人数
FROM SC GROUP BY Cno
```

	课程号	选课人数
1	C001	5
2	C002	2
3	C003	1
4	C004	5
5	C005	3
6	C007	3

图 6-15　例 29 的查询结果

查询结果如图 6-15 所示。

该语句首先对 SC 表的数据按 Cno 的值进行分组, 将所有具有相同 Cno 值的元组归为一组, 然后再对每一组使用 COUNT 函数进行统计求出每组的学生人数, 其执行过程如图 6-16 所示。

例 30 统计每个学生的选课门数和平均成绩。

```
SELECT Sno 学号, COUNT(*) 选课门数, AVG(Grade) 平均成绩
  FROM SC GROUP BY Sno
```

注意 1) GROUP BY 子句中的分组依据列必须是表中存在的列名, 不能使用 AS 子句指派的列别名; 2) 带有 GROUP BY 子句的 SELECT 语句的查询列表中只能出现分组依据列和聚合函数。

例 31 带 WHERE 子句的分组。统计每个系的女生人数。

```
SELECT Dept, Count(*) 女生人数 FROM Student
  WHERE Sex = '女'
  GROUP BY Dept
```

Sno	Cno	Grade
0811101	C001	96
0811101	C002	80
0811101	C003	84
0811101	C005	62
0811102	C001	92
0811102	C002	90
0811102	C004	84
0821102	C001	76
0821102	C004	85
0821102	C005	73
0821102	C007	NULL
0821103	C001	50
0821103	C004	80
0831101	C001	50
0831101	C004	80
0831102	C007	NULL
0831103	C004	78
0831103	C005	65
0831103	C007	NULL

按Cno分组 →

Sno	Cno	Grade
0811101	C001	96
0811102	C001	92
0821102	C001	76
0821103	C001	50
0831101	C001	50
0811101	C002	80
0811102	C002	90
0811101	C003	84
0811102	C004	84
0821102	C004	85
0821103	C004	80
0831101	C004	80
0831103	C004	78
0811101	C005	62
0821102	C005	73
0831103	C005	65
0821102	C007	NULL
0831102	C007	NULL
0831103	C007	NULL

对每组人数进行统计 ←

课程号	人数
C001	5
C002	2
C003	1
C004	5
C005	3
C007	3

图 6-16　分组统计的执行过程

例 32　按多个列分组。统计每个系的男生人数和女生人数。结果按系名升序排列。

分析：这个查询首先应该按"所在系"进行分组，然后在每个系组中再按"性别"进行分组，从而将每个系中每个性别的学生聚集到一个组中，最后再对最终的分组结果进行统计。

实现该查询的语句如下：

```
SELECT Dept 系名 , Sex 性别 , Count(*) 人数
   FROM Student
 GROUP BY Dept, Sex
 ORDER BY Dept
```

查询结果如图 6-17 所示。

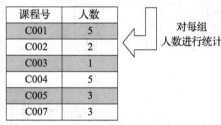

	系名	性别	人数
1	计算机系	男	2
2	计算机系	女	2
3	通信工程系	男	1
4	通信工程系	女	2
5	信息管理系	男	2
6	信息管理系	女	1

图 6-17　例 32 的查询结果

（2）使用 HAVING 子句

HAVING 子句用于对分组后的统计结果进行筛选，它的功能与 WHERE 子句类似，但它是用于组而不是单个记录。HAVING 子句中可以使用聚合函数，但 WHERE 子句中则不能。HAVING 通常与 GROUP BY 子句一起使用。

例 33　查询选课门数超过 3 门的学生的学号和选课门数。

分析：本查询首先需要统计出每个学生的选课门数（通过 GROUP BY 子句实现），然后再从统计结果中挑选出选课门数超过 3 门的学生数据（通过 HAVING 子句实现）。具体语句如下：

```
SELECT Sno, Count(*) 选课门数 FROM SC
```

```
GROUP BY Sno
HAVING COUNT(*)>3
```

此语句的处理过程如图 6-18 所示。

Sno	Cno	Grade
0811101	C001	96
0811101	C002	80
0811101	C003	84
0811101	C005	62
0811102	C001	92
0811102	C002	90
0811102	C004	84
0821102	C001	76
0821102	C004	85
0821102	C005	73
0821102	C007	NULL
0821103	C001	50
0821103	C004	80
0831101	C001	50
0831101	C004	80
0831102	C007	NULL
0831103	C004	78
0831103	C005	65
0831103	C007	NULL

按Sno分组 →

Sno	Cno	Grade
0811101	C001	96
0811101	C002	80
0811101	C003	84
0811101	C005	62
0811102	C001	92
0811102	C002	90
0811102	C004	84
0821102	C001	76
0821102	C004	85
0821102	C005	73
0821102	C007	NULL
0821103	C001	50
0821103	C004	80
0831101	C001	50
0831101	C004	80
0831102	C007	NULL
0831103	C004	78
0831103	C005	65
0831103	C007	NULL

对每组选课门数进行统计 ←

学号	门数
0811101	4
0811102	3
0821102	4
0821103	2
0831101	2
0831102	1
0831103	3

筛出门数大于3的组 ←

学号	门数
0811101	4
0821102	4

图 6-18 对统计结果进行筛选的执行过程

例 34 查询选课门数大于或等于 4 门的学生的平均成绩和选课门数。

```
SELECT Sno, AVG(Grade) 平均成绩 , COUNT(*) 选课门数
  FROM SC GROUP BY Sno
  HAVING COUNT(*) >= 4
```

查询结果如图 6-19 所示。

	Sno	平均成绩	选课门数
1	0811101	80	4
2	0821102	78	4

图 6-19 例 34 的查询结果

正确理解 WHERE、GROUP BY、HAVING 子句的作用及执行顺序，对编写正确、高效的查询语句很有帮助。

- WHERE 子句用于筛选 FROM 子句中指定的数据源所产生的行数据。
- GROUP BY 子句用于对经 WHERE 子句筛选得到的结果数据进行分组。
- HAVING 子句用于对分组后的统计结果再进行筛选。

对于可以在分组操作之前应用的筛选条件在 WHERE 子句中指定更加有效，这样可以减少参与分组的数据行。在 HAVING 子句中指定的筛选条件应该是那些必须在执行分组操作之

后应用的筛选条件。

例 35　查询计算机系和信息管理系的学生人数，可通过如下两种方法实现。

第一种：

```
SELECT Dept, COUNT(*)  FROM Student
  GROUP BY Dept
  HAVING Dept in ( '计算机系', '信息管理系')
```

第二种：

```
SELECT Dept, COUNT(*)  FROM Student
  WHERE Dept in ( '计算机系', '信息管理系')
  GROUP BY Dept
```

第二种实现方法比第一种实现方法的执行效率更高，因为第二种实现方法中参与分组的数据比较少。

例 36　查询每个系的男生人数。

```
SELECT Dept, COUNT(*) FROM Student
  WHERE Sex = '男' GROUP BY Dept
```

注意，该查询语句不能写成：

```
SELECT Dept, COUNT(*) FROM Student
  GROUP BY Dept HAVING Sex = '男'
```

因为 HAVING 子句的作用是在分组统计得出的结果集中再执行筛选操作，而在分组统计得出的结果中只包含分组依据列（这里是 Dept）以及聚合函数的数据（这里的聚合数据不局限于在 SELECT 语句中出现的聚合函数），因此当执行到 HAVING 子句时已经没有 Sex 列了。

6.1.3　多表连接查询

若一个查询同时涉及两个或两个以上的表，则称之为连接查询。连接查询是关系数据库中最主要的查询，主要包括内连接、左外连接、右外连接、全外连接和交叉连接等，本节介绍内连接、左外连接、右外连接和全外连接。

1. 内连接

内连接是最常用的一种连接类型。使用内连接时，如果两个表的相关字段满足连接条件，则从这两个表中提取数据并组合成新的记录。

在非 ANSI 标准的实现中，连接操作是在 WHERE 子句中执行的（即在 WHERE 子句中指定表连接条件），称为 theta 连接方式；在 ANSI SQL-92 中，连接是在 JOIN 子句中执行的，称为 ANSI 连接方式。本书中使用 ANSI 连接方式。

ANSI 连接方式的内连接语法格式如下：

```
FROM 表1 [ INNER ] JOIN 表2 ON <连接条件>
```

在<连接条件>中指明两个表按什么条件进行连接，连接条件中的比较运算符称为连接谓词。<连接条件>的一般格式如下：

```
[<表名1>.] <列名> <比较运算符> [<表名2>.] <列名>
```

 连接条件中的连接字段必须是可比的，即必须是语义相同的列。

当比较运算符为等号（=）时，称为等值连接，使用其他运算符的连接称为非等值连接。

从概念上讲，DBMS 执行连接操作的过程是：首先取表 1 中的第 1 个元组，然后从头开始扫描表 2，逐一查找满足连接条件的元组，找到后就将表 1 中的第 1 个元组与该元组拼接起来，形成结果集中的一个元组。待表 2 全部查找完之后，再取表 1 中的第 2 个元组，然后再从头开始扫描表 2，逐一查找满足连接条件的元组，找到后再将表 1 中的第 2 个元组与该元组拼接起来，形成结果集中的另一个元组。重复上述过程，直到表 1 中的全部元组被处理完毕。

例 37　查询学生及其选课的详细信息。

由于学生基本信息存放在 Student 表中，学生选课信息存放在 SC 表中，因此该查询涉及两个表，这两个表之间进行连接的条件是两个表中的 Sno 相等。

```
SELECT * FROM Student INNER JOIN  SC
   ON Student.Sno = SC.Sno            -- 将 Student 与 SC 连接起来
```

查询结果如图 6-20 所示。

从图 6-20 中可以看到，连接结果中包含了两个表的全部列。这里的 Sno 列有两个：一个来自 Student 表，另一个来自 SC 表，这两个列的值完全相同。因此，在写多表连接查询语句时有必要将这些重复的列去掉，方法是在 SELECT 子句中直接写所需要的列名，而不是写 "*"。另外，由于进行多表连接生成的表中可能存在列名相同的列，为了明确需要的是哪个列，可以在列名前添加表名前缀来进行限定，其格式为 "表名.列名"。

	Sno	Sname	Sex	Birthdate	Dept	Sno	Cno	Grade
1	0811101	李勇	男	2000-05-06	计算机系	0811101	C001	96
2	0811101	李勇	男	2000-05-06	计算机系	0811101	C002	80
3	0811101	李勇	男	2000-05-06	计算机系	0811101	C003	84
4	0811101	李勇	男	2000-05-06	计算机系	0811101	C005	62
5	0811102	刘晨	男	2001-08-08	计算机系	0811102	C001	92
6	0811102	刘晨	男	2001-08-08	计算机系	0811102	C002	90
7	0811102	刘晨	男	2001-08-08	计算机系	0811102	C004	84
8	0821102	吴宾	女	2001-03-20	信息管理系	0821102	C001	76
9	0821102	吴宾	女	2001-03-20	信息管理系	0821102	C004	85
10	0821102	吴宾	女	2001-03-20	信息管理系	0821102	C005	73
11	0821102	吴宾	女	2001-03-20	信息管理系	0821102	C007	NULL
12	0821103	张海	男	2001-06-03	信息管理系	0821103	C001	50
13	0821103	张海	男	2001-06-03	信息管理系	0821103	C004	80
14	0831101	钱小平	女	2000-11-09	通信工程系	0831101	C001	50
15	0831101	钱小平	女	2000-11-09	通信工程系	0831101	C004	80
16	0831102	王大力	男	2000-05-06	通信工程系	0831102	C007	NULL
17	0831103	张姗姗	女	2001-02-26	通信工程系	0831103	C004	78
18	0831103	张姗姗	女	2001-02-26	通信工程系	0831103	C005	65
19	0831103	张姗姗	女	2001-02-26	通信工程系	0831103	C007	NULL

图 6-20　例 37 的查询结果

比如例 37 中，在 ON 子句中就对 Sno 列加上了表名前缀限制。

在进行多表连接查询时，在 SELECT 子句中出现的查询列是来自被连接表的全部列，而 WHERE 子句能够涉及的列也是被连接表中的列。因此，根据要查询的列和数据的选择条件涉及的列可以确定这些列所在的表，从而也就确定了进行连接操作的表。

例 38　查询计算机系学生的修课情况，要求列出学生的名字、所修课的课程号和成绩。

```
SELECT Sname, Cno, Grade
   FROM Student JOIN SC ON Student.Sno = SC.Sno
   WHERE Dept = '计算机系'
```

可以为表指定别名，格式如下：

```
< 源表名 >  [ AS ]  < 表别名 >
```

为表指定别名可以简化表的书写，而且在有些连接查询（如后面介绍的自连接）中要求必须为表指定别名。需要注意的是，当为表指定别名之后，在查询语句中所有用到表名的地方都必须使用别名，而不能再使用原表名。

例 39　查询信息管理系的选修了 "计算机文化学" 课程的学生的信息，要求列出学生姓名和成绩。

此查询涉及 3 张表（"信息管理系"信息在 Student 表中，"计算机文化学"信息在 Course 表中，"成绩"信息在 SC 表中）。每连接一张表就需要添加一个 JOIN 子句。

```
SELECT Sname, Grade FROM Student s JOIN SC ON s.Sno = SC. Sno
  JOIN  Course c ON c.Cno = SC.Cno
  WHERE Dept = '信息管理系' AND Cname = '计算机文化学'
```

例 40　查询所有选修了 Java 课程的学生的信息，列出学生姓名和所在系。

```
SELECT Sname, Dept FROM Student S JOIN SC ON S.Sno = SC. Sno
  JOIN Course C ON C.Cno = SC.cno
  WHERE Cname = 'Java'
```

例 41　有分组的多表连接查询。统计每个系的平均考试成绩。

```
SELECT Dept, AVG(Grade) as AverageGrade
  FROM student S JOIN SC ON S.Sno = SC.Sno
  GROUP BY Dept
```

例 42　有分组和行选择条件的多表连接查询。统计计算机系每个学生的选课门数、平均成绩、最高成绩和最低成绩。

```
SELECT S.Sno, COUNT(*) AS Total, AVG(Grade) as AvgGrade,
  MAX(Grade) as MaxGrade, MIN(Grade) as MinGrade
  FROM Student S JOIN SC ON S.Sno = SC.Sno
  WHERE Dept = '计算机系'
  GROUP BY S.Sno
```

	Sno	Total	AvgGrade	MaxGrade	MinGrade
1	0811101	4	80	96	62
2	0811102	3	88	92	84

查询结果如图 6-21 所示。

图 6-21　例 42 的查询结果

2. 自连接

自连接是一种特殊的内连接，它是指相互连接的表在物理上是一张表，但在逻辑上将其看成两张表。

可以通过为表取别名的方法让物理上的一张表在逻辑上成为两张表。例如：

```
FROM 表1 AS T1    -- 在内存中生成表名为 "T1" 的表（逻辑上的表）
JOIN 表1 AS T2    -- 在内存中生成表名为 "T2" 的表（逻辑上的表）
```

因此，在使用自连接时一定要为表取别名。

例 43　查询与刘晨在同一个系学习的学生的姓名和所在系。

分析：首先应该找到刘晨在哪个系学习（在 Student 表中查找，不妨将这个表称为 S1 表），然后再找出此系的所有其他学生（也在 Student 表中查找，不妨将这个表称为 S2 表），S1 表和 S2 表的连接条件是两个表的系（Dept）相同（表明是同一个系的学生）。因此，实现此查询的 SQL 语句如下：

```
SELECT S2.Sname, S2.Dept FROM Student S1 JOIN Student S2
  ON S1.Dept = S2.Dept         -- 是同一个系的学生
  WHERE S1.Sname = '刘晨'       -- 将 S1 表作为查询条件表
    AND S2.Sname != '刘晨'      -- 将 S2 表作为结果表，并从中去掉"刘晨"本人
```

查询结果如图 6-22 所示。

例 44　查询与"数据结构"在同一个学期开设的课程的课程名和开课学期。

与例 43 类似，只要将 Course 表想象成两张表，将一张表作为查询条件表，在此表中找出"数据结构"所在的学期，然

	Sname	Dept
1	李勇	计算机系
2	王敏	计算机系
3	张小红	计算机系

图 6-22　例 43 的查询结果

后将另一张表作为结果表，在此表中找出此学期开设的课程。实现语句如下：

```
SELECT C1.Cname, C1.Semester FROM Course C1 JOIN Course C2
  ON C1.Semester = C2.Semester    -- 是同一个学期开设的课程
  WHERE C2.Cname = ' 数据结构 '    -- 将 C2 表作为查询条件表
```

查询结果如图 6-23 所示。

观察例 43 和例 44 可以看到，在自连接查询中，一定要注意区分查询条件表和查询结果表。在例 43 中，将 S1 表作为查询条件表（WHERE S1.Sname = ' 刘晨 '），用 S2 表作为查询结果表，因此在查询列表中写的是 SELECT S2.Sname, …。在例 44

	Cname	Semester
1	数据结构	4
2	计算机网络	4

图 6-23　例 44 的查询结果

中，将 C2 表作为查询条件表（C2.Cname = ' 数据结构 '），因此在查询列表中写的是 SELECT C1.Cname, …。

例 43 和例 44 的另一个区别是，例 43 在结果中去掉了与查询条件相同的数据（S2.Sname != ' 刘晨 '），而例 44 在结果中保留了这个数据。具体是否要保留，取决于用户的查询要求。

3. 外连接

在内连接操作中，只有满足连接条件的元组才能出现在查询结果集中，但有时我们也希望得到那些不满足连接条件的元组的信息，比如查看全部课程的被选修情况，包括有学生选修的课程和没有学生选修的课程。如果用内连接实现（通过 SC 表和 Course 表的内连接），则只能找到有学生选修的课程的信息，因为内连接的结果首先要满足连接条件 SC.Cno = Course. Cno。对于在 Course 表中有，但在 SC 表中没有的课程（没有人选修），由于不满足 SC.Cno = Course.Cno 的条件，因此是查询不到的。这种情况下就需要通过外连接来实现查询。

外连接是只限制一张表中的数据必须满足连接条件，而另一张表中的数据可以不满足连接条件。

外连接分为左外连接和右外连接两种。ANSI 方式的外连接的语法格式如下：

```
FROM 表 1 LEFT | RIGHT [OUTER] JOIN 表 2 ON <连接条件>
```

LEFT [OUTER] JOIN 称为左外连接，RIGHT [OUTER] JOIN 称为右外连接。左外连接的含义是限制表 2 中的数据必须满足连接条件，但不限制表 1 中的数据满足连接条件，表 1 中的数据均在连接得到的表中；右外连接的含义是限制表 1 中的数据必须满足连接条件，而不限制表 2 中的数据满足连接条件，表 2 中的数据均在连接得到的表中。

图 6-24 所示为内连接与外连接的主要区别。

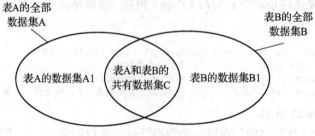

图 6-24　内连接与外连接示意图

如果对表 A 与表 B 进行内连接，则结果为两个表中满足连接条件的记录集，即图 6-24 中的记录集 C 部分。如果对表 A 与表 B 进行左外连接，则连接结果集为记录集 A1 + 记录集

C；如果对表 A 与表 B 进行右外连接，则连接结果集为记录集 B1 + 记录集 C。

例45 查询全体学生的选课情况，包括选修了课程的学生和没有选修课程的学生。列出学生的学号、姓名、课程号和成绩。

```
SELECT S.Sno, Sname, Cno, Grade
  FROM Student S LEFT OUTER JOIN SC
  ON S.Sno = SC.Sno
```

查询结果如图 6-25 所示。

注意结果集中学号为"0811103""0811104"和"0821101"的 3 行数据，它们的 Cno 和 Grade 列的值均为 NULL，表明这 3 个学生没有选课，即他们不满足表连接条件。在进行外连接时，在连接结果集中，在一个表中不满足连接条件的数据所构成的元组中会将来自其他表的列均置成 NULL。

此查询也可以用右外连接实现，查询语句如下。

```
SELECT S.Sno, Sname, Cno, Grade
  FROM SC RIGHT OUTER JOIN Student S
  ON S.Sno = SC.Sno
```

	Sno	Sname	Cno	Grade
1	0811101	李勇	C001	96
2	0811101	李勇	C002	80
3	0811101	李勇	C003	84
4	0811101	李勇	C005	62
5	0811102	刘晨	C001	92
6	0811102	刘晨	C002	90
7	0811102	刘晨	C005	82
8	0811103	王敏	NULL	NULL
9	0811104	张小红	NULL	NULL
10	0821101	张立	NULL	NULL
11	0821102	吴宾	C001	76
12	0821102	吴宾	C004	85
13	0821102	吴宾	C005	73
14	0821102	吴宾	C007	NULL
15	0821103	张海	C001	50
16	0821103	张海	C004	80
17	0831101	钱小平	C001	50
18	0831101	钱小平	C004	80
19	0831101	王大力	C007	NULL
20	0831103	张姗姗	C004	78
21	0831103	张姗姗	C005	65
22	0831103	张姗姗	C007	NULL

图 6-25 例 45 的查询结果

其查询结果同左外连接的查询结果一致。

例46 查询无人选修的课程的课程名。

分析：如果某门课程没有人选修，则必定是在 Course 表中有，但在 SC 表中未出现的课程，即在进行外连接时，没有人选修的课程在与 SC 表构成的连接结果集中，其相应的 Sno、Cno 和 Grade 列必定是空值，因此在查询时只需在连接结果集中选出 SC 表中的 Sno 为空或者 Cno 为空的元组即可。

完成此功能的查询语句如下：

```
SELECT Cname FROM Course C LEFT JOIN SC
  ON C.Cno = SC.Cno
  WHERE SC.Cno IS NULL
```

在外连接操作中同样可以使用 WHERE 子句、GROUP BY 子句等。

例47 查询计算机系未选课的学生，列出学生姓名和性别。

```
SELECT Sname, Sex
  FROM Student S LEFT JOIN SC
  ON S.Sno = SC.Sno
  WHERE Dept = '计算机系' AND SC.Sno IS NULL
```

例48 统计计算机系每个学生的选课门数，包括未选课的学生。

```
SELECT S.Sno AS 学号,COUNT(SC.Cno) AS 选课门数
  FROM Student S LEFT JOIN SC ON S.Sno = SC.Sno
  WHERE Dept = '计算机系'
  GROUP BY S.Sno
```

查询结果如图 6-26 所示，注意未选课学生的选课门数是 0。

在对外连接的结果进行分组、统计等操作时，一定要注意分组依据列和统计列的选择。例如，对例 48，如果按 SC 表的 Sno 进行分组，则对未选课的学生，在连接结果集中 SC 表对应

	学号	选课门数
1	0811101	4
2	0811102	3
3	0811103	0
4	0811104	0

图 6-26 例 48 的执行结果

的 Sno 是 NULL，因此，按 SC 表的 Sno 进行分组就会产生一个 NULL 组。

即如果该查询语句写成如下形式，则查询结果如图 6-27
所示。

```
SELECT SC.Sno AS 学号 ,COUNT(SC.Cno) AS 选课门数
  FROM Student S LEFT JOIN SC ON S.Sno = SC.Sno
  WHERE Dept = '计算机系'
  GROUP BY SC.Sno
```

	学号	选课门数
1	NULL	0
2	0811101	4
3	0811102	3

图 6-27　按 SC.Sno 分组的例 48 的执行结果

对于 COUNT 聚合函数也是一样，如果写成 COUNT（Student.Sno）或者是 COUNT(*)，则对未选课的学生都将返回 1，因为在外连接结果中，Student.Sno 不会是 NULL，而 COUNT(*) 函数本身也不考虑 NULL，而是直接对元组个数进行统计。

即如果例 48 的查询语句写成如下形式：

```
SELECT S.Sno AS 学号 ,COUNT(*) AS 选课门数
  FROM Student S LEFT JOIN SC ON S.Sno = SC.Sno
  WHERE Dept = '计算机系'
  GROUP BY S.Sno
```

	学号	选课门数
1	0811101	4
2	0811102	3
3	0811103	1
4	0811104	1

或者写为如下形式，则查询结果均为图 6-28 所示的数据。

```
SELECT S.Sno AS 学号 ,COUNT(S.Sno) AS 选课门数
  FROM Student S LEFT JOIN SC ON S.Sno = SC.Sno
  WHERE Dept = '计算机系'
  GROUP BY S.Sno
```

图 6-28　按 COUNT(*) 统计的例 48 的执行结果

例 49　查询信息管理系选课门数少于 3 门的学生的学号和选课门数，包括未选课的学生。查询结果按选课门数升序排列。

```
SELECT S.Sno AS 学号 ,COUNT(SC.Cno) AS 选课门数
  FROM Student S LEFT JOIN SC ON S.Sno = SC.Sno
  WHERE Dept = '信息管理系'
  GROUP BY S.Sno
  HAVING COUNT(SC.Cno) < 3
  ORDER BY COUNT(SC.Cno) ASC
```

	学号	选课门数
1	0821101	0
2	0821103	2

图 6-29　例 49 的查询结果

查询结果如图 6-29 所示。

当混合使用外连接与内连接时，表所在的位置（JOIN 操作的左侧还是右侧）是非常重要的。读者需要理解的是，在连接操作中，系统是按连接操作中表出现的前后顺序两两进行的。例如，如果有如下连接操作：

```
表 A JOIN 表 B ON ... JOIN 表 C
```

系统是先对表 A 和表 B 进行连接，然后再用连接得到的结果与表 C 进行连接。对内连接来说，表出现的前后顺序并不重要（只要两个表可以进行连接即可），但对外连接尤其是同时包含外连接和内连接的操作来说，表的前后顺序就非常重要了。例如：

```
表 A LEFT JOIN 表 B ON ... JOIN 表 C        ①
```

与

```
表 A JOIN 表 B ON ... LEFT JOIN 表 C        ②
```

对连接操作①，系统是先对表 A 和表 B 进行外连接，然后再用外连接结果集与表 C 进行内连接；对连接操作②，系统是先对表 A 和表 B 进行内连接，然后再用内连接结果集与表 C

进行外连接。

例 50 假设在 Students 数据库中有如下 3 张表：

```
CREATE TABLE Vendors (              -- 供应商
  VendorID tinyint PRIMARY KEY,     -- 供应商 ID
  VendorName char(30) NULL )        -- 供应商名
CREATE TABLE Address (             -- 地址
  AddressID tinyint PRIMARY KEY,    -- 地址 ID
  Address char(15) NULL )           -- 地址
CREATE TABLE VendorAddress (        -- 供应商地址
  VendorID tinyint PRIMARY KEY ,    -- 供应商 ID
  AddressID tinyint NULL ,          -- 地址 ID
  FOREIGN KEY(VendorID) REFERENCES Vendors(VendorID),
  FOREIGN KEY(AddressID) REFERENCES Address(AddressID) )
```

设这 3 张表中有如表 6-5 到表 6-7 所示的数据。

表 6-5　Vendors

VendorID	VendorName
1	Vendor1
2	Vendor2
3	Vendor3

表 6-6　Address

AddressID	Address
1	Address1
2	Address2
3	Address3
4	Address4

表 6-7　VendorAddress

VendorID	AddressID
1	1
2	3

查询 1：查询全部供应商的 VendorName 及其在 Vendors 和 VendorAddress 两个表中的 VendorID。

```
SELECT v.VendorID, v.VendorName, va.VendorID
  FROM Vendors v LEFT OUTER JOIN VendorAddress va
  ON v.VendorID = va.VendorID
```

	VendorID	VendorName	VendorID
1	1	Vendor1	1
2	2	Vendor2	2
3	3	Vendor3	NULL

图 6-30　查询 1 的执行结果

查询结果如图 6-30 所示。

从图 6-28 所示的结果中可以看到外连接的作用，它将 Vendors 表中的数据全部保留了下来。若使用内连接，则没有第 3 行数据。

查询 2：查询全部供应商的 VendorName 及其 Address。由于并不要求返回全部地址，因此可以对 Address 表采用内连接。

```
SELECT v.VendorName, a.Address
  FROM Vendors v
  LEFT OUTER JOIN VendorAddress va ON v.VendorID = va.VendorID
  JOIN Address a ON va.AddressID = a.AddressID
```

查询结果如图 6-31 所示。

图 6-29 所示的结果中只有两行数据，丢失了 Vendor3 供应商的数据。这是因为 SQL Server 在进行连接操作时是按表出现的先后顺序进行的，因此是先对 Vendor 和 VendorAddress 进行外连接操作：

```
SELECT * FROM Vendors v
LEFT OUTER JOIN VendorAddress va ON v.VendorID = va.VendorID
```

该外连接所得结果如图 6-32 所示。

	VendorName	Address
1	Vendor1	Address1
2	Vendor2	Address3

图 6-31　查询 2 的执行结果

	VendorID	VendorName	VendorID	AddressID
1	1	Vendor1	1	1
2	2	Vendor2	2	3
3	3	Vendor3	NULL	NULL

图 6-32　Vendor 和 VendorAddress 的外连接结果集

然后系统将所得外连接结果集与 Address 进行内连接，由于内连接要求进行连接操作的两个表必须同时满足连接条件，因此只能返回与 Address 表中匹配的记录。由于在 Vendors 与 VendorAddress 左外连接的结果集中，只有两个元组与 Address 表中的元组匹配（AddressID=1 和 AddressID=3），因此最终返回的结果集中只有两行数据。

可用如下两种方法来解决此类问题。

- 添加一个外连接操作。
- 改变连接操作的顺序。

1）添加一个外连接操作，将上述查询语句改写成：

```
SELECT v.VendorName, a.Address
  FROM Vendors v
  LEFT OUTER JOIN VendorAddress va ON v.VendorID = va.VendorID
  LEFT OUTER JOIN Address a ON va.AddressID = a.AddressID
```

查询结果如图 6-33 所示。

2）改变连接操作顺序，将上述查询语句改写成：

```
SELECT v.VendorName, a.Address
 FROM VendorAddress va
 JOIN Address a ON va.AddressID = a.AddressID
 RIGHT OUTER JOIN Vendors v ON v.VendorID = va.VendorID
```

	VendorName	Address
1	Vendor1	Address1
2	Vendor2	Address3
3	Vendor3	NULL

图 6-33　改进后的查询 2 的执行结果

查询结果与图 6-33 所示的结果一致。

> 说明　这两种查询方法之间没有明显的优劣。但通常情况下应首先使用内连接，然后尽可能少地使用外连接，这样可以尽可能地避免代码错误。

4. 全外连接

若要同时保留两个表中不满足连接条件的数据行，则可使用完全外部连接（简称全外连接）。SQL Server 提供的全外连接运算符为 FULL [OUTER] JOIN，该操作的结果集中将包含两个表中的所有行，不论另一个表中是否有匹配的值。

例如，假设有表 T1 和 T2，其结构和数据如表 6-8 和表 6-9 所示。

表 6-8　T1 表的结构和数据

T1_C11	T1_C12	T1_C13
a11	a12	a13
b11	b12	b13
c11	c12	c13

表 6-9　T2 表的结构和数据

T2_C11	T2_C22	T3_C23
a11	a22	a23
b11	b22	b23
c21	c22	c23

若执行全外连接，则结果如表 6-10 所示。

```
select * from T1 full join T2 on T1.T1_C11 = T2.T2_C11
```

表 6-10 T1 和 T2 表的全外连接结果集

T1_C11	T1_C12	T1_C13	T2_C11	T2_C22	T3_C23
a11	a12	a13	a11	a22	a23
b11	b12	b13	b11	b22	b23
c11	c12	c13	NULL	NULL	NULL
NULL	NULL	NULL	c21	c22	c23

6.1.4 使用 TOP 限制结果集的行数

在使用 SELECT 语句进行查询时，我们有时只希望列出结果集中的前几行数据，而不是全部数据。例如，我们可能希望只列出某门课程考试成绩最高的前 3 名学生的情况，或者是查看选课人数最多的前 3 门课程的情况。这种情况下可通过 TOP 谓词来限制输出的行数。

使用 TOP 谓词的格式如下：

```
TOP (expression) [ percent ] [WITH TIES ]
```

其中各参数的含义分别如下。

- expression：指定返回行数的数值表达式。如果指定了 PERCENT，则 expression 将隐式地转换为 float 值；否则将转换为 bigint。在 INSERT、UPDATE 和 DELETE 语句中，需要使用括号来分隔 TOP 中的 expression。为保证向后兼容性，支持使用不包含括号的 TOP expression，但不推荐这种用法。如果查询语句中包含 ORDER BY 子句，则将返回按 ORDER BY 子句排序的前 expression 行或 expression% 行数据。如果查询语句中没有 ORDER BY 子句，则返回的数据行的顺序是随机的。
- PERCENT：指定只返回结果集中前 expression% 行数据。
- WITH TIES：指定从基本结果集中返回额外的数据行，对于 ORDER BY 子句指定的排序依据列，所返回的额外行的排序依据列值与 TOP n（PERCENT）中最后一行的排序依据列值相同。只有在 SELECT 语句中包含了 ORDER BY 子句时，才能使用 WITH TIES。

TOP 谓词写在 SELECT 单词的后面（如果有 DISTINCT 的话，则写在 DISTINCT 单词之后）、查询列表的前面。

例 51 查询考试成绩最高的 3 个成绩，列出对应学生的学号、课程号和成绩。

```
SELECT TOP 3 Sno, Cno, Grade FROM SC
  ORDER BY Grade DESC
```

查询结果如图 6-34 所示。

若要包含并列第 3 名的成绩，则此句可写为如下形式：

```
SELECT TOP 3 WITH TIES Sno, Cno, Grade FROM SC
  ORDER BY Grade DESC
```

	Sno	Cno	Grade
1	0811101	C001	96
2	0811102	C001	92
3	0811102	C002	90

图 6-34 例 51 的查询结果

> **注意** 如果在 TOP 子句中使用了 WITH TIES 谓词，则必须使用 ORDER BY 子句对查询结果进行排序，否则会出现语法错误。

例 52 查询 Java 考试成绩最高的前三名的学生的姓名、所在系及其 Java 考试成绩。

```
SELECT TOP 3 WITH TIES Sname, Dept, Grade
  FROM Student S JOIN SC on S.Sno = SC.Sno
  JOIN Course C ON C.Cno = SC.Cno
  WHERE Cname = 'Java'
  ORDER BY Grade DESC
```

查询结果如图 6-35 所示。

例 53　查询选课人数最少的两门课程（不包括没有人选修的课程），列出课程号和选课人数。

	Sname	Dept	Grade
1	吴宾	信息管理系	73
2	张姗姗	通信工程系	65
3	李勇	计算机系	62

图 6-35　例 52 的查询结果

```
SELECT TOP 2 WITH TIES Cno, COUNT(*) 选课人数 FROM SC
  GROUP BY Cno
  ORDER BY COUNT(Cno) ASC
```

例 54　查询计算机系选课门数超过 2 门的学生中，平均考试成绩最高的前两名（包括并列的情况）学生的学号、选课门数和平均成绩。

```
SELECT TOP 2 WITH TIES S.Sno, COUNT(*) 选课门数 ,AVG(Grade) 平均成绩
  FROM Student S JOIN SC ON S.Sno = SC.Sno
  WHERE Dept = ' 计算机系 '
  GROUP BY S.sno
  HAVING COUNT(*) > 2
  ORDER BY AVG(Grade) DESC
```

	Sno	选课门数	平均成绩
1	0811102	3	88
2	0811101	4	80

图 6-36　例 54 的查询结果

查询结果如图 6-36 所示。

6.1.5　将查询结果保存到新表中

当使用 SELECT 语句查询数据时，查询结果被保存在内存中。如果希望将查询结果保存到一个表中，则可以通过在 SELECT 语句中使用 INTO 子句实现。

包含 INTO 子句的 SELECT 语句的简单语法格式如下：

```
SELECT 查询列表序列  INTO < 新表名 >
  FROM 数据源
  ...                   -- 其他行过滤、分组等语句
```

其中 < 新表名 > 是要存放查询结果的表的名称。该语句将查询结果保存在一个新表中。实际上这个语句包含以下两个功能：

- 第一是根据查询列表序列的内容创建一个新表，新表中各列的列名就是查询结果中显示的列标题，列的数据类型是这些查询列在原表中定义的数据类型，如果查询列是聚合函数或表达式等的计算结果，则新表中对应列的数据类型是这些函数或表达式等的返回值的数据类型。
- 第二是执行查询语句并将查询结果按列对应顺序保存到该新表中。用 INTO 子句创建的新表可以是永久表，也可以是临时表（存储在内存中的表）。

例 55　将计算机系的学生信息保存到 #ComputerStudent 本地临时表中。

```
SELECT Sno, Sname, Ssex, Sage
  INTO #ComputerStudent
  FROM Student WHERE Dept = ' 计算机系 '
```

例 56　将选了 Java 课程的学生的学号及成绩存入永久表 Java_Grade 中。

```
SELECT Sno, Grade INTO Java_Grade
  FROM SC JOIN Course C ON C.Cno = SC.Cno
  WHERE Cname = 'Java'
```

例 57　统计每个学期开设的课程的总门数，将结果保存到永久表 Cno_Count 表中。

```
SELECT Semester, COUNT(*) C_Count INTO Cno_Count
  FROM Course GROUP BY Semester
```

注意，上述查询必须为聚合函数起别名，新建表将使用列别名作为新表列名。

例 58　利用例 57 生成的新表，查询第 2 学期开设的课程的课程名、学分和总门数。

```
SELECT Cname, Credit, C_Count
  FROM Cno_Count JOIN Course
  ON Cno_Count.Semester= Course.Semester
  WHERE Course.Semester = 2
```

	Cname	Credit	C_Count
1	大学英语	3	2
2	计算机文化学	2	2

图 6-37　例 58 的查询结果

查询结果如图 6-37 所示。

6.1.6　CASE 表达式

CASE 表达式是一种多分支表达式，它可以根据条件列表的值返回多个可能的结果表达式中的一个。

CASE 表达式可用在任何允许使用表达式的地方，但它不是一个完整的 T-SQL 语句，因此不能单独执行，只能作为可以单独执行的语句的一部分来使用。

1. CASE 表达式介绍

CASE 表达式分为简单 CASE 表达式和搜索 CASE 表达式两种类型。

（1）简单 CASE 表达式

简单 CASE 表达式将一个测试表达式和一组简单表达式进行比较，如果某个简单表达式的值与测试表达式的值相等，则返回相应的结果表达式的值。

简单 CASE 表达式的语法格式如下：

```
CASE input_expression
    WHEN when_expression THEN result_expression
    [ ...n ]
    [ ELSE else_result_expression ]
END
```

其中各参数的含义如下：

- input_expression：使用简单 CASE 格式时所计算的表达式。该表达式可以是一个变量名、字段名、函数或子查询。
- WHEN when_expression：使用简单 CASE 格式时要与 input_expression 进行比较的简单表达式。简单表达式中不能包含比较运算符，它们给出被比较的表达式或值，其数据类型必须与 input_expression 的数据类型相同，或者可以隐式转换为 input_expression 的数据类型。
- N：占位符，表明可以使用多个 WHEN when_expression THEN result_expression 子句。
- THEN result_expression：当 input_expression = when_expression 计算结果为 TRUE 时返回的表达式。
- ELSE else_result_expression：比较运算计算结果均不为 TRUE 时返回的表达式。如果忽略此参数且所有的比较运算计算结果均不为 TRUE，则 CASE 表达式返回 NULL。else_result_expression 的数据类型必须与 result_expression 的数据类型相同，或者可以隐式地转换为 result_expression 的数据类型。

简单 CASE 表达式的执行过程如下：

- 计算 input_expression，然后按从上到下的书写顺序对每个 WHEN 子句的 input_expression = when_expression 进行计算。
- 返回 input_expression = when_expression 的第一个计算结果为 TRUE 的 result_expression。
- 如果 input_expression = when_expression 的计算结果均不为 TRUE，在指定了 ELSE 子句的情况下，SQL Server 会返回 else_result_expression；若未指定 ELSE 子句，则返回 NULL。

CASE 表达式经常被应用在 SELECT 语句中，作为不同数据的不同返回值。

例 59 查询选修 JAVA 课程的学生的学号、姓名、所在系和成绩，并对所在系进行如下处理：

当所在系为"计算机系"时，在查询结果中显示"CS"；

当所在系为"信息管理系"时，在查询结果中显示"IM"；

当所在系为"通信工程系"时，在查询结果中显示"COM"。

分析：上述查询需要对学生所在系分情况进行处理，并根据不同的系返回不同的值，因此需要用 CASE 表达式对"所在系"列进行测试。其语句如下：

```
SELECT s.Sno 学号 ,Sname 姓名 ,
  CASE Dept
    WHEN '计算机系' THEN 'CS'
    WHEN '信息管理系' THEN 'IM'
    WHEN '通信工程系' THEN 'COM'
  END AS 所在系 ,Grade 成绩
  FROM Student s join SC ON s.Sno = SC.Sno
  JOIN Course c ON c.Cno = SC.Cno
WHERE Cname = 'JAVA'
```

	学号	姓名	所在系	成绩
1	0811101	李勇	CS	62
2	0821102	吴宾	IM	73
3	0831103	张姗姗	COM	65

查询结果如图 6-38 所示。

图 6-38 例 59 的查询结果

（2）搜索 CASE 表达式

简单 CASE 表达式只能将 input_expression 与一个单值进行相等的比较，如果需要将 input_expression 与一个范围内的值进行多条件比较，比如，要比较成绩是否在 80 到 90 之间，简单 CASE 表达式就无法实现该功能，这时就需要使用搜索 CASE 表达式。

```
CASE
  WHEN Boolean_expression THEN result_expression
  [ ...n ]
  [ ELSE else_result_expression ]
END
```

其中：WHEN Boolean_expression 表示使用 CASE 搜索格式时所计算的布尔表达式。其他各参数的含义同简单 CASE 表达式。

搜索 CASE 表达式的执行过程如下：

- 按从上到下的书写顺序计算每个 WHEN 子句的 Boolean_expression。
- 返回第一个取值为 TRUE 的 Boolean_expression 所对应的 result_expression。
- 如果 Boolean_expression 的计算结果不为 TRUE，则在指定 ELSE 子句的情况下返回 else_result_expression；若未指定 ELSE 子句，则返回 NULL。

用搜索 CASE 表达式，例 59 的查询可改写成：

```
SELECT s.Sno 学号 ,Sname 姓名 ,
```

```
CASE
    WHEN Dept = '计算机系' THEN 'CS'
    WHEN Dept = '信息管理系' THEN 'IM'
    WHEN Dept = '通信工程系' THEN 'COM'
END AS 所在系, Grade 成绩
FROM Student s join SC ON s.Sno = SC.Sno
JOIN Course c ON c.Cno = SC.Cno
WHERE Cname = 'JAVA'
```

2. CASE 表达式应用示例

例 60 查询 C001 课程的考试情况，列出学号和成绩，同时对成绩进行如下处理：

如果成绩大于等于 90 分，则在查询结果中显示"优"；

如果成绩在 80 到 89 分之间，则在查询结果中显示"良"；

如果成绩在 70 到 79 分之间，则在查询结果中显示"中"；

如果成绩在 60 到 69 分之间，则在查询结果中显示"及格"；

如果成绩在 60 分以下，则在查询结果中显示"不及格"。

上述查询需要对成绩进行分情况判断，而且是将成绩与一个范围的数值进行比较，因此，需要通过搜索 CASE 表达式实现。具体查询语句如下：

```
SELECT Sno,
    CASE
        WHEN Grade >= 90 THEN '优'
        WHEN Grade between 80 and 89 THEN '良'
        WHEN Grade between 70 and 79 THEN '中'
        WHEN Grade between 60 and 69 THEN '及格'
        WHEN Grade < 60 THEN '不及格'
    END AS 成绩
FROM SC
WHERE Cno = 'C001'
```

例 61 统计每个学生的平均考试成绩，列出学号、平均成绩和考试情况，同时对考试情况进行如下处理：

如果平均成绩大于等于 90 分，则考试情况为"好"；

如果平均成绩为 80 ～ 89 分，则考试情况为"比较好"；

如果平均成绩为 70 ～ 79 分，则考试情况为"一般"；

如果平均成绩为 60 ～ 69 分，则考试情况为"不太好"；

如果平均成绩低于 60 分，则考试情况为"比较差"。

上述查询是对平均考试成绩进行分情况处理，需要使用搜索 CASE 表达式。

```
SELECT Sno 学号, AVG(Grade) 平均成绩,
    CASE
        WHEN AVG(Grade) >= 90 THEN '好'
        WHEN AVG(Grade) BETWEEN 80 AND 89 THEN '比较好'
        WHEN AVG(Grade) BETWEEN 70 AND 79 THEN '一般'
        WHEN AVG(Grade) BETWEEN 60 AND 69 THEN '不太好'
        WHEN AVG(Grade) < 60 THEN '比较差'
    END AS 考试情况
FROM SC
GROUP BY Sno
```

查询结果如图 6-39 所示。

	学号	平均成绩	考试情况
1	0811101	80	比较好
2	0811102	88	比较好
3	0821102	78	一般
4	0821103	65	不太好
5	0831101	65	不太好
6	0831102	NULL	NULL
7	0831103	71	一般

图 6-39 例 61 的查询结果

例 62 统计计算机系的每个学生的选课门数，包括未选课

的学生。列出学号、选课门数和选课情况,其中对选课情况做如下处理:

如果选课门数超过 4 门,则选课情况为"多";

如果选课门数为 2 ～ 4 门,则选课情况为"一般";

如果选课门数少于 2 门,则选课情况为"少";

如果学生未选课,则选课情况为"未选"。

并将查询结果按选课门数降序排列。

分析:1)由于上述查询需要考虑已选课的学生和未选课的学生,因此,应通过外连接实现。2)需要对选课门数进行分情况处理,因此需要使用 CASE 表达式。

具体代码如下:

```
SELECT S.Sno, COUNT(SC.Cno) 选课门数 ,CASE
    WHEN COUNT(SC.Cno) > 4 THEN '多'
    WHEN COUNT(SC.Cno) BETWEEN 2 AND 4 THEN '一般'
    WHEN COUNT(SC.Cno) BETWEEN 1 AND 2 THEN '少'
    WHEN COUNT(SC.Cno) = 0 THEN '未选'
END AS 选课情况
FROM Student S LEFT JOIN SC ON S.Sno = SC.Sno
WHERE Dept = '计算机系'
GROUP BY S.Sno
ORDER BY COUNT(SC.Cno) DESC
```

	Sno	选课门数	选课情况
1	0811101	4	一般
2	0811102	3	一般
3	0811103	0	未选
4	0811104	0	未选

查询结果如图 6-40 所示。

图 6-40 例 62 的查询结果

6.2 数据更改功能

6.1 节中我们讨论了如何检索数据库中的数据,通过 SELECT 语句可以返回由行和列组成的查询结果,但查询操作不会使数据库中的数据发生任何变化。如果要对数据进行各种更新操作,包括添加、修改和删除数据,则需要通过 INSERT、UPDATE 和 DELETE 语句来完成,使用这些语句可以修改数据库中的数据,但不返回结果集。

6.2.1 插入数据

插入数据使用 INSERT 语句,其简化的语法格式如下:

```
INSERT
    [ TOP ( expression ) [ PERCENT ] ]
    [ INTO ] table_or_view_name
{
    [ ( column_list ) ]
    { VALUES ( ( { DEFAULT | NULL | expression } [ ,...n ] ) [ ,...n ] )
    | SELECT statement
    }
}
[; ]
```

其中各参数的含义如下:

- TOP(expression)[PERCENT]:指定将插入的随机行的数目或百分比。expression 可以是行数或行的百分比。在和 INSERT 语句结合使用的 TOP 表达式中引用的行不按任何顺序排列,且需要用括号分隔 TOP 中的 expression。
- INTO:选的关键字,可以将它用在 INSERT 和目标表之间。
- table_or_view_name:要接收数据的表或视图的名称。

- （column_list）：要在其中插入数据的一列或多列的列表。必须用括号将 column_list 括起来，并且用逗号分隔各列。

如果被插入数据的表中的某列未出现在 column_list 中，则数据库引擎必须能够基于该列的定义提供一个值；否则将插入失败。如果列满足下列条件，则数据库引擎将自动为列提供值：

- 具有 IDENTITY 属性。使用下一个增量标识值。
  - 有默认值。使用列的默认值。
  - 可为 Null 值。使用 Null 值。
  - 是计算列。使用计算值。

当向标识列中显式地插入值时，必须使用 column_list 和 VALUES 列表，并且表的 SET IDENTITY_INSERT 选项必须为 ON。

- VALUES：引入要插入的数据值的列表。column_list（如果已指定）或表中的每个列都必须有一个数据值。必须用圆括号将值列表括起来。如果 VALUES 列表中的值与表中各列的顺序不同，或者未包含表中全部列的值，则必须使用 column_list 显式地指定存储每个传入值的列。若要插入多行值，VALUES 列表的顺序必须与表中各列的顺序相同，且此列表必须包含与表中各列或 column_list 对应的值以便显式指定存储每个传入值的列。可以在单个 INSERT 语句中插入的最大行数为 1000。若要插入超过 1000 行的数据，须创建多个 INSERT 语句。
- DEFAULT：为列插入默认值。如果某列没有默认值，但该列允许 Null 值，则插入 NULL。DEFAULT 对标识列无效。
- Expression：一个常量、变量或表达式。

使用单行插入语句时应注意以下几点：

- VALUES 列表中的值与 column_list 列表中的列按位置顺序对应，且数据类型必须兼容。
- 如果省略了 column_list，则值列表中值的顺序必须与表中列定义的顺序一致，且每个列均有值（可以为空）。
- 如果 VALUES 列表中提供的值的个数或顺序与表中列定义顺序不一致，则 column_list 部分不能省略。没有被提供值的列必须允许为 NULL 或者有默认值。

- SELECT statement：一条查询语句，表示将查询结果插入表中。查询语句中的列数必须与被插入表的列数一致，或者与 column_list 列出的列数一致，且类型要兼容。

例1 简单插入语句。将一条新学生信息插入 Student 表中，其学号为 0821105，姓名为"陈冬"，性别为"男"，1991 年 6 月 23 日出生，信息管理系学生。

```
INSERT INTO Student
  VALUES ('0821105', '陈冬', '男', '1991/6/23', '信息管理系')
```

例2 插入多行数据。在 SC 表中插入 3 条新记录，学号均为"0821105"，选修的课程号分别为"C001""C002"和"C004"，成绩分别为 90 分、88 分和 NULL。由于为 SC 表提供了所有列的值并已按表中各列的顺序列出这些值，因此不必在列表中指定列名。

```
INSERT INTO SC VALUES('0821105', 'C001', 90),
                      ('0821105', 'C002', 80),
                      ('0821105', 'C004', NULL)
```

例 3 按与表列顺序不同的顺序插入数据。将一条新学生信息插入 Student 表中，其学号为 0811105，姓名为"李丽"，性别为"女"，出生日期暂缺，计算机系学生。

```
INSERT INTO Student(Sno,Sname,Sex,Dept)
  VALUES ('0821105','陈冬','男','信息管理系')
```

例 4 将数据插入含标识列的表中。

1）创建含标识列的表。

```
CREATE TABLE T1 (column_1 int IDENTITY, column_2 VARCHAR(100));
GO
```

2）插入 2 行数据。

```
INSERT T1 VALUES ('Row #1');
INSERT T1 (column_2) VALUES ('Row #2');
GO
```

3）将 T1 表的 IDENTITY_INSERT 选项设置为 ON。

```
SET IDENTITY_INSERT T1 ON;
GO
```

4）显示为标识列插入值。

```
INSERT INTO T1 (column_1,column_2)
  VALUES (-99, 'Explicit identity value');
GO
```

5）验证插入的全部数据。

```
SELECT * FROM T1;
```

	column_1	column_2
1	1	Row #1
2	2	Row #2
3	-99	Explicit identity value

图 6-41   T1 表中的数据

查询结果如图 6-41 所示。

例 5 使用 SELECT 语句插入数据。统计每门课程的平均成绩，并把统计结果保存到一个新表中。

1）建新表。

```
CREATE TABLE AveGrade  (
  Cno CHAR(6),
  AvgGrade SMALLINT )
```

2）插入数据。

```
INSERT INTO Deptage
  SELECT Cno, AVG(Grade) FROM SC GROUP BY Cno
```

例 6 通过使用 TOP 子句插入数据。建立一个新表 Top_Grade，结构包括学生姓名、所在系、所选的课程名和考试成绩。

1）建新表。

```
CREATE TABLE Top_Grade(
  Sname    nchar(5),
  Dept     nvarchar(20),
  Cname    nvarchar(20),
  Grade    tinyint
)
```

2）插入数据，将查询结果的前 6 行数据插入 Top_Grade 表中。

```
INSERT TOP (6) INTO Top_Grade
   SELECT  Sname,Dept,Cname,Grade FROM Student S
   JOIN SC ON SC.Sno = S.Sno
   JOIN Course C ON C.Cno = SC.Cno
   ORDER BY Grade DESC
```

	Sname	Dept	Cname	Grade
1	李勇	计算机系	高等数学	96
2	刘晨	计算机系	高等数学	92
3	刘晨	计算机系	大学英语	90
4	陈冬	信息管理系	高等数学	90
5	陈冬	信息管理系	大学英语	90
6	陈冬	信息管理系	计算机文化学	90
7	吴宾	信息管理系	计算机文化学	85
8	刘晨	计算机系	计算机文化学	84
9	李勇	计算机系	大学英语	84
10	李勇	计算机系	大学英语	80

a）查询语句执行结果

3）查看 Top_Grade 表中的数据，并与查询结果进行比较。

```
SELECT  Sname,Dept,Cname,Grade FROM Student S
JOIN SC ON SC.Sno = S.Sno
JOIN Course C ON C.Cno = SC.Cno
ORDER BY Grade DESC
```

该查询语句的部分执行结果如图 6-42a 所示。

```
SELECT * FROM Top_Grade
```

该语句的执行结果如图 6-42b 所示。

	Sname	Dept	Cname	Grade
1	李勇	计算机系	高等数学	96
2	李勇	计算机系	大学英语	80
3	李勇	计算机系	大学英语	84
4	李勇	计算机系	Java	62
5	刘晨	计算机系	高等数学	92
6	刘晨	计算机系	大学英语	90

b）Top_Grade 表中的数据

图 6-42　例 6 的查询结果

从图 6-40 中可以看到，Top_Grade 表中的数据并不是查询结果的前 6 行，这是因为与 INSERT 语句结合使用的 TOP 表达式中引用的行并不按任何顺序排列，Top_Grade 表中的数据实际上是如下查询语句结果集中的前 6 行数据。

```
SELECT  Sname,Dept,Cname,Grade FROM Student S
JOIN SC ON SC.Sno = S.Sno
JOIN Course C ON C.Cno = SC.Cno
```

因此，在使用有 TOP 表达式的 INSERT 语句时，其所包含的 SELECT 语句中的 ORDER BY 子句是无效的。如果确实要在 Top_Grade 表中存放成绩最高的前 6 位学生的信息，则应将对前 6 行数据的提取过程放置在 SELECT 语句中，因此可将步骤 2 的查询语句改写成：

```
INSERT INTO Top_Grade
   SELECT TOP (6)  Sname,Dept,Cname,Grade FROM Student S
   JOIN SC ON SC.Sno = S.Sno
   JOIN Course C ON C.Cno = SC.Cno
   ORDER BY Grade DESC
```

这样，Top_Grade 表中保存的就是成绩最高的前 6 位学生的信息了。

6.2.2　更新数据

可以使用 UPDATE 语句对修改数据库中数据，其简化的语法格式如下：

```
UPDATE
   [ TOP ( expression ) [ PERCENT ] ] table_or_view_name
   SET
   { column_name = { expression | DEFAULT | NULL }
   } [ ,...n ]
   [ FROM{ <table_source> } [ ,...n ] ]
   [ WHERE <search_condition> ]
```

其中各参数的含义如下。

- TOP（expression）[PERCENT]：指定将要更新的行数或行百分比。与 UPDATE 一起使用的 TOP 表达式中引用的行不按任何顺序排列。需要用括号分隔 TOP 中的 expression。

- table_or_view_name：要更新数据的表或视图的名称。如果是更新视图数据，则引用的视图必须是可更新的，且该视图的 FROM 子句中只引用了一个基表（关于视图的概念详见第 9 章）。
- SET：指定要更新的列的列表。
- column_name：要更改的列。column_name 必须已存在于 table_or view_name 中。不能更改标识列的值。
- expression：返回单个值的变量、字符串、表达式或嵌套的 select 语句，该 select 语句必须用括号括起来。用 expression 返回的值替换 column_name 中的现有值。
- DEFAULT：指定用列的默认值替换列中的现有值。如果该列没有默认值且定义为允许为 NULL，则用 NULL 更改该列的值。
- FROM <table_source>：指定为更新操作提供条件的表或视图。
- WHERE <search_condition>：为要更新的行指定需满足的条件。该 WHERE 子句的含义及写法同 SELECT 语句中的 WHERE 子句。

1. 无条件更新

例 7　将所有学生的成绩加 10。

```
UPDATE SC SET Grade = Grade + 10
```

2. 有条件更新

当用 WHERE 子句指定更改数据的条件时，可以分两种情况。一种是基于本表条件的更新，即要更新的记录和更新记录的条件在同一张表中；另一种是基于其他表条件的更新，即要更新的记录在一张表中，而更新记录的条件来自另一张表，如将计算机系全体学生的成绩加 5 分，要更新的是 SC 表的 Grade 列，而更新条件——学生所在的系（计算机系）在 Student 表中。基于其他表条件的更新可以通过两种方法实现：一种是使用多表连接；另一种是使用子查询。关于子查询我们将在第 7 章中详细介绍，本章只介绍用多表连接实现的方法。

例 8　基于本表条件的更新。将 "C001" 号课程的学分改为 5。

```
UPDATE Course SET Credit = 5 WHERE Sno = 'C001'
```

例 9　基于其他表条件的更新。将计算机系全体学生的成绩加 5 分。

```
UPDATE SC SET Grade = Grade + 5
  FROM SC JOIN Student ON SC.Sno = Student.Sno
  WHERE Dept = '计算机系'
```

例 10　同时更改多个列的值。将 Java 课程改为第 2 学期开设，3 个学分。

```
UPDATE Course SET Semester = 2, Credit = 3
  WHERE Cname = 'Java'
```

例 11　使用包含 TOP 子句的 UPDATE。设有如下雇员表，从该表中随机选取 10 个雇员，将其假期小时数增加 20%。

```
CREATE TABLE Employee (              -- 雇员表
  EmployeeID int not null,           -- 雇员 ID
  EmployeeName varchar(20) not null, -- 雇员名
  VacationHours smallint             -- 假期小时数
)
UPDATE TOP (10) Employee
  SET VacationHours = VacationHours * 1.2
```

例 12 分情况更新。修改全体学生的 Java 考试成绩，修改规则如下：

- 对通信工程系学生，成绩加 10 分；
- 对信息管理系学生，成绩加 5 分；
- 对其他系学生，成绩不变。

分情况更新可以用 CASE 表达式实现。分情况更改数据在现实中也有比较广泛的应用。比如，一般情况下，国家发放的困难补助就是根据经济收入的不同，补助的资金也不同，再如，给职工涨工资时，经常会根据职工等级的不同，涨的金额也不同。

实现该数据更新的语句如下：

```
UPDATE SC SET Grade = Grade +
  CASE Dept
    WHEN '通信工程系' THEN 10
    WHEN '信息管理系' THEN 5
    ELSE 0
  END
  FROM Student S JOIN SC ON S.Sno = SC.Sno
  JOIN Course C ON C.Cno = SC.Cno
  WHERE Cname = 'JAVA'
```

6.2.3 删除数据

可以使用 DELETE 语句删除数据行。DELETE 语句的简化语法格式如下：

```
DELETE
    [ TOP ( expression ) [ PERCENT ] ]
    [ FROM ] table_or_view_name
    [ FROM <table_source> [ ,...n ] ]
    [ WHERE { <search_condition> ]
  [ ; ]
```

其中各参数选项的含义同 UPDATE 语句。

1. 无条件删除

例 13 删除 Employee 表中的全部数据。

```
DELETE FROM Employee                    -- Employee 成空表
```

2. 有条件删除

当用 WHERE 子句指定要删除记录的条件时，同 UPDATE 语句一样，也分为两种情况：一种是基于本表条件的删除。例如，删除所有不及格学生的选课记录，要删除的记录与删除的条件都在 SC 表中。另一种是基于其他表条件的删除，如删除计算机系不及格学生的选课记录，要删除的记录在 SC 表中，而删除的条件（计算机系）在 Student 表中。基于其他表条件的删除同样可以通过两种方法实现：一种是使用多表连接；另一种是使用子查询。同样，我们本章也只介绍用多表连接实现的方法。

例 14 基于本表条件的删除。删除所有不及格学生的选课记录。

```
DELETE FROM SC WHERE Grade < 60
```

例 15 基于其他表条件的删除。删除计算机系不及格学生的选课记录。

```
DELETE FROM SC
  FROM SC JOIN Student ON SC.Sno = Student.Sno
    WHERE Dept = '计算机系' AND Grade < 60
```

例 16 使用带有 TOP 子句的 DELETE。删除 Employee 表中 2.5% 的行数据。

```
DELETE TOP (2.5) PERCENT FROM Employee
```

注意 在删除数据时，如果表之间有外键引用约束，则在删除主键所在表中的数据时，系统会自动检查所删除的数据是否被外键表引用，如果有，则根据所定义的外键类别（级联或限制，参见 5.2.1 节中的相关内容）来决定是否能对主键表数据执行删除操作。

小结

本章主要介绍了 SQL 语言中的数据操作功能：查询、插入、更改和删除数据。数据的增、删、改、查，尤其是查询，是数据库中使用频率最高的操作。

本章首先介绍的是查询语句，介绍了单表查询和多表连接部分查询，包括无条件查询、有条件查询、分组、排序、选择结果集中的前若干行等功能。多表连接部分查询介绍了内连接、自连接、外连接和全外连接。

在综合运用这些方法实现数据查询时，需要注意以下事项：

- 当查询语句的目标列中包含聚合函数时，若没有分组子句，则目标列中只能写聚合函数，而不能再写其他列名。若包含分组子句，则查询语句的目标列中除了可以写聚合函数外，只能写分组依据列。
- 对行的过滤条件一般用 WHERE 子句实现，对组的过滤条件用 HAVING 子句实现。
- 不能将对统计结果进行筛选的条件写在 WHERE 子句中，应该写在 HAVING 子句中。
  例如：查询平均成绩大于 80 分的课程，若将条件写成：WHERE AVG(Grade) > 80。则是错误的，应该是 HAVING AVG(Grade) > 20。
- 不能将对列值与统计结果值进行比较的条件写在 WHERE 子句中。
  例如：查询成绩高于平均成绩的学生，若将条件写成 WHERE Grade > AVG(Grade) 则是错的。这种查询应该通过子查询实现，具体参见第 7 章中的相关内容。
- 使用自连接时，必须为表取别名，使其在逻辑上成为两张表。
- 当使用 TOP 子句限制选取结果集中的前若干行数据时，一般情况下都要使用 ORDER BY 子句对数据进行排序。

对数据的更改操作，介绍了数据的插入、更新和删除。对删除和更新操作，介绍了无条件的操作和有条件的操作，对有条件的删除和更新操作可以通过多表连接的形式实现复杂条件的删除和更新。

在进行数据的增、删、改时数据库管理系统会自动检查数据的完整性约束，而且这些检查是在对数据进行操作之前进行的，只有当数据完全满足完整性约束条件时才能进行数据更改操作。

习题

1. 写出查询语句的基本结构。
2. GROUP BY 子句的作用是什么？
3. WHERE 子句与 HANVING 子句的作用分别是什么？
4. COUNT(*) 和 COUNT（列名）的主要区别是什么？

5. AVG（列名）和 SUM（列名）函数对列的数据类型有哪些要求？

6. 简单说明什么是自连接。

7. 请说明 SELECT…INTO 表名 FROM…子句的作用。

8. 外连接与内连接的主要区别是什么？

9. TOP(n)WITH TIES 选项的作用是什么？它对查询语句有哪些要求？

10. 简述简单 CASE 表达式和搜索 CASE 表达式在功能上的区别。

上机练习

利用本章中表 6-1 到表 6-3 所给出的 Student、Course、SC 表和数据，编写实现如下操作的 SQL 语句。

1. 查询 SC 表中的全部数据。

2. 查询计算机系学生的姓名和性别。

3. 查询成绩在 70 ~ 80 分的学生的学号、课程号和成绩。

4. 查询第 2 学期开设的学分在 3 ~ 5 分的课程的课程名和学分。

5. 查询姓张和姓王的学生的详细信息。

6. 查询名字的第二个字是"勇"和"大"的学生姓名。

7. 查询还未考试的课程的课程号。

8. 查询 C001 课程考试成绩的最高分和最低分。

9. 统计每个系的学生人数。

10. 统计每门课程的选课人数和考试最高分。

11. 统计每个学生的选课门数和考试总成绩，并按选课门数升序显示结果。

12. 查询选修 C002 课程的学生的姓名和所在系。

13. 查询考试成绩在 80 分以上的学生的姓名、考试课程号和成绩，并按成绩降序排列查询结果。

14. 查询选课门数最多的前 2 位学生，列出学号和选课门数。

15. 查询 Java 考试成绩最高的学生的姓名和成绩。

16. 查询与 Java 在同一学期开设的课程的课程名和开课学期。

17. 查询与李勇在同一个系学习的学生的姓名和所在系。

18. 查询无人选修的课程的课程号和课程名。

19. 查询计算机系未选课的学生的姓名。

20. 查询有考试成绩的所有学生的姓名、所修课程名及考试成绩，要求将查询结果放在一张新的永久表（假设新表名为"new_sc"）中，新表的列名分别为 Student_Name、Course_Name、Grade。

21. 查询每个系年龄大于 20 岁的学生人数，并将结果保存到一个新永久表 Dept_Age 中。

22. 查询计算机系每个学生的 Java 考试情况，列出学号、姓名、成绩和成绩情况，其中成绩情况的显示规则如下：

    如果成绩大于等于 90 分，则成绩情况为"好"；

    如果成绩为 80 ~ 89 分，则成绩情况为"较好"；

    如果成绩为 70 ~ 79 分，则成绩情况为"一般"；

    如果成绩为 60 ~ 69 分，则成绩情况为"较差"；

    如果成绩在 60 分以下，则成绩情况为"差"。

23. 统计每个学生的选课门数（包括未选课的学生），列出学号、选课门数和选课情况，其中选课情况的显示规则如下：

    如果选课门数大于等于 6 门，则选课情况为"多"；

    如果选课门数为 3 ~ 5 门，则选课情况为"一般"；

如果选课门数为 1 ~ 2 门，则选课情况为"偏少"；

如果未选课，则选课情况为"未选课"。

24. 统计每个系 Java 课程的考试情况，列出系名和考试情况，其中考试情况为：

如果 Java 平均成绩大于等于 90 分，则考试情况为"好"；

如果 Java 平均成绩为 80 ~ 89 分，则考试情况为"良好"；

如果 Java 平均成绩为 70 ~ 79 分，则考试情况为"一般"；

如果 Java 平均成绩低于 70 分，则考试情况为"较差"。

25. 创建一个新表，表名为"test"，其中包含 3 个列：COL1、COL2 和 COL3，其中，

COL1：整型，允许为空值。

COL2：普通编码定长字符型，长度为 10，不允许为空值。

COL3：普通编码定长字符型，长度为 10，允许为空值。

试写出按行插入如下数据的语句。

COL1	COL2	COL3
NULL	B1	NULL
1	B2	C2
2	B3	NULL

26. 将所有选修 C001 课程的学生的成绩加 10 分。

27. 将计算机系所有修"计算机文化学"课程的学生的成绩加 10 分。

28. 删除成绩低于 50 分的学生的选课记录。

29. 删除计算机系 Java 考试成绩不及格的学生的 Java 选课记录。

30. 删除无人选修的课程的基本信息。

31. 修改全部课程的学分，修改规则如下：

如果是第 1 ~ 2 学期开设的课程，则学分增加 5 分；

如果是第 3 ~ 4 学期开设的课程，则学分增加 3 分；

如果是第 5 ~ 6 学期开设的课程，则学分增加 1 分；

对其他学期开设的课程，学分不变。

第7章 高级查询

我们在第 6 章中介绍了数据查询的一些基本功能，本章主要介绍一些扩展的和复杂的查询语句，包括查询结果的并、交、差运算等，同时介绍 SQL Server 新增的一些数据操作功能。

本章示例如无特别说明均在第 6 章表 6-1 ～表 6-3 所示的 3 张表上进行，且使用 Students 数据库。

7.1 子查询

在 SQL 语言中，一个 SELECT-FROM-WHERE 语句称为一个查询块。

如果一个 SELECT 语句嵌套在另一个 SELECT、INSERT、UPDATE 或 DELETE 语句中，则称之为子查询（subquery）或内层查询；包含子查询的语句则称为主查询、父查询或外层查询。一个子查询也可以嵌套在另一个子查询中。为了与外层查询有所区别，需要把子查询写在圆括号中。与外层查询类似，子查询语句中也必须至少包含 SELECT 子句和 FROM 子句，并根据需要选择使用 WHERE、GROUP BY 和 HAVING 子句。

子查询语句可以出现在任何能够使用表达式的地方，但通常情况下，子查询语句用在外层查询的 WHERE 子句或 HAVING 子句中（大多数情况下用在 WHERE 子句中），与比较运算符或逻辑运算符一起构成查询条件。

子查询通常用于满足下列查询需求：
- 把一个查询分解成一系列的逻辑步骤；
- 提供一个列表作为 WHERE 子句和 IN、EXISTS、ANY、ALL 的目标对象；
- 提供由外层查询中的每一条记录驱动的查询。

WHERE 子句中的子查询通常有如下几种形式：
- WHERE〈列名〉[NOT] IN（子查询）；
- WHERE〈列名〉比较运算符（子查询）；
- WHERE EXISTS（子查询）。

下面分别介绍上述几种形式的子查询。

7.1.1 嵌套子查询

嵌套子查询（nested subquery）是指在内层查询中不关联外层查询的子查询，这种子查询要么返回一个单值（外层查询利用该单值进行比较运算）；要么返回一个值的列表（外层查询利用该列表进行 IN 运算符的比较）。

1. 对基于集合的测试使用嵌套子查询

使用嵌套子查询进行基于集合的测试时，子查询返回的是一个值列表，外层查询通过运算符 IN 或 NOT IN 对子查询返回的结果集进行比较。其基本形式如下：

```
SELECT < 查询列表 > FROM …… …
```

```
WHERE <列名> [NOT] IN (
    SELECT <列名> FROM … … )
```

这里的 IN 与第 6 章介绍的 WHERE 子句中的 IN 运算符的作用完全相同。使用 IN 运算符时，如果表达式的值与集合中的某个值相等，则此测试结果为真；如果表达式的值与集合中的所有值均不相等，则测试结果为假。

包含上述形式子查询的查询语句是分步骤实现的，即先执行子查询，然后在执行结果的基础上再执行外层查询（先内后外）。子查询返回的结果是一个集合，外层查询就是使用 IN 运算符对这个集合进行比较。

注意 使用基于集合测试的嵌套子查询时，子查询返回的结果集中列的数据类型及语义必须与外层查询中用于比较的列的数据类型及语义相同。

Full SQL-92 和 SQL-99 允许对用逗号分隔的表达式序列进行针对子查询成员的测试。

```
WHERE (<列名 1> [,…]) IN (SELECT <列名 1> [,…] FROM … )
```

但并不是所有的数据库管理系统都支持这种形式的表达式，比如 SQL Server 就不支持这种形式的子查询，但 ORACLE 和 DB2 支持。这里所举的例子均为只针对一个列的情况。

例 1　查询与"刘晨"是同一个系的学生。

```
SELECT Sno, Sname, Dept FROM Student            -- 外层查询
  WHERE Dept IN (
    SELECT Dept FROM Student WHERE Sname = '刘晨')   -- 子查询
```

该查询语句的实际执行过程如下。

1）执行子查询，确定"刘晨"所在的系。

```
SELECT Dept FROM Student WHERE Sname = '刘晨'
```

查询结果为"计算机系"。

2）以子查询的执行结果为条件再执行外层查询，查找计算机系的所有学生。

```
SELECT Sno, Sname, Dept FROM Student
  WHERE Dept IN(' 计算机系 ')
```

查询结果如图 7-1 所示。

查询结果中也包含"刘晨"，如果不希望"刘晨"出现在查询结果中，可对上述查询语句添加如下条件：

	Sno	Sname	Dept
1	0811101	李勇	计算机系
2	0811102	刘晨	计算机系
3	0811103	王敏	计算机系
4	0811104	张小红	计算机系

```
SELECT Sno, Sname, Dept FROM Student
  WHERE Dept IN (
    SELECT Dept FROM Student WHERE Sname = '刘晨')
  AND Sname != '刘晨'
```

图 7-1　例 1 的查询结果

我们在第 6 章中曾用自连接实现过此查询，从这个例子可以看出，SQL 语言是很灵活的，同样的查询可以用多种形式实现。随着学习的不断深入，我们会对这一点有更深刻的体会。

例 2　查询考试成绩大于等于 90 分的学生的学号和姓名。

分析：首先应从 SC 表中查询出成绩大于等于 90 分的学生的学号，然后再根据这些学号

在 Student 表中查出对应的姓名。具体如下：

```
SELECT Sno, Sname FROM Student
  WHERE Sno IN (
    SELECT Sno FROM SC
      WHERE Grade >= 90 )
```

此查询也可以通过连接查询实现：

```
SELECT SC.Sno, Sname
  FROM Student JOIN SC ON Student.Sno = SC.Sno
  WHERE Grade >= 90
```

当某个查询既可以用嵌套子查询形式实现也可以用连接查询形式实现时，通常更好的选择是使用连接查询实现，因为一般情况下连接查询的实现性能会更好。

例 3　查询计算机系选了 C002 课程的学生，列出他们的姓名和性别。

分析：首先应在 SC 表中查询出选了 C002 课程的学生的学号，然后再根据得到的学号在 Student 表中查出对应的计算机系的学生的姓名和性别。

```
SELECT Sname, Sex FROM Student
  WHERE Sno IN (
    SELECT Sno FROM SC WHERE Cno = 'C002')
    AND Dept = '计算机系'
```

此查询也可以通过连接查询实现：

```
SELECT Sname, Sex
  FROM Student S JOIN SC ON S.Sno = SC.Sno
  WHERE Dept = '计算机系' AND Cno = 'C002'
```

例 4　查询选修 Java 课程的学生的姓名和所在系。

分析：上述查询可以通过以下 3 个步骤实现：

1）在 Course 表中，找出"Java"对应的课程号；

2）根据找到的"Java"课程号，在 SC 表中找出选修该课程的学生学号；

3）根据得到的学号在 Student 表中找出对应的学生姓名和所在系。

因此，该查询语句需要嵌套两个子查询语句，具体如下：

```
SELECT Sname, Dept FROM Student
  WHERE Sno IN (
    SELECT Sno FROM SC
      WHERE Cno IN (
        SELECT Cno FROM Course
          WHERE Cname = 'JAVA'))
```

此查询也可以通过连接查询实现：

```
SELECT Sname, Dept FROM Student
  JOIN SC ON Student.Sno = SC.Sno
  JOIN Course ON Course.Cno = SC.Cno
  WHERE Cname = 'JAVA'
```

连接查询与子查询可以混合使用。

例 5　混合使用连接查询和子查询。统计选修 Java 课程的学生的选课门数和平均成绩，列出他们的学号、选课门数和平均成绩。

分析：上述查询可通过如下两个步骤实现。

1）找出选修 Java 课程的学生学号，可通过如下两种方式实现：
①用连接查询。

```
SELECT Sno FROM SC JOIN Course C
  ON C.Cno = SC.Cno
  WHERE Cname = 'JAVA'
```

②用子查询。

```
SELECT Sno FROM SC
  WHERE Cno IN (
    SELECT Cno FROM Course WHERE Cname = 'JAVA')
```

2）统计由上一步骤得到的学生的选课门数和平均成绩，此查询与步骤 1 之间只能通过子查询进行关联。

具体代码如下：

```
SELECT Sno 学号, COUNT(*) 选课门数, AVG(Grade) 平均成绩
  FROM SC WHERE Sno IN (
    SELECT Sno FROM SC JOIN Course C ON C.Cno = SC.Cno
      WHERE Cname = 'JAVA')
  GROUP BY Sno
```

	学号	选课门数	平均成绩
1	0811101	4	80
2	0821102	4	78
3	0831103	3	71

图 7-2　例 5 的查询结果

查询结果如图 7-2 所示。

注意：上述查询不能完全用连接查询实现，因为此查询的语义是先找出选修 Java 课程的学生，然后再计算这些学生的选课门数和平均成绩。如果完全用下面的连接查询实现：

```
SELECT Sno 学号, COUNT(*) 选课门数, AVG(Grade) 平均成绩
  FROM SC JOIN Course C ON C.Cno = SC.Cno
  WHERE Cname = 'JAVA'
  GROUP BY Sno
```

	学号	选课门数	平均成绩
1	0811101	1	62
2	0821102	1	73
3	0831103	1	65

则执行结果如图 7-3 所示。

图 7-3　完全用连接查询实现
例 5 中的查询的结果

从图 7-3 所示的结果可以看出，每个学生的选课门数均为 "1"，实际上这个 "1" 指的是 Java 这一门课程，其平均成绩也是 Java 课程的考试成绩。之所以产生上述结果，是因为在执行有连接操作的查询时，系统首先将所有被连接的表连接成一张大表，这张大表中的数据为全部满足连接条件的数据。之后再在这张由连接得到的大表上执行 WHERE 子句，然后执行 GROUP BY 子句。显然，执行 "WHERE Cname = 'JAVA'" 子句后，连接得到的大表中的数据就只剩下 Java 这一门课程的选课情况了。这种处理模式显然不符合该查询要求。

从上述例子中可以看出，子查询和连接查询并不是总能相互替换的。下面再来看一个例子，其中将例 5 中的查询改为例 6 中的形式。

例 6　只能用连接查询实现。查询选修 Java 课程的学生的学号、姓名和 Java 成绩。

上述查询必须用连接查询实现，因为该查询的查询列表中的列来自多张表，这种形式的查询必须将多张表连接成一张表（逻辑上的），然后再从这些表中选取需要的列。实现代码如下：

```
SELECT Student.Sno, Sname,Grade FROM Student
  JOIN SC ON Student.Sno = SC.Sno
  JOIN Course ON Course.Cno = SC.Cno
  WHERE Cname = 'JAVA'
```

从例 5 和例 6 中可以看出，子查询和连接查询并不总是等价的，返回值列表的嵌套子查

询的特点是分步骤实现，先内（子查询）后外（外层查询），而多表连接查询是先执行连接操作，然后再在连接得到的结果上执行其他的子句。

子查询也可以用在 INSERT、UPDATE 和 DELETE 语句中。

例 7　将计算机系全体学生的成绩加 5 分。

```
UPDATE SC SET Grade = Grade + 5
  WHERE Sno IN
    ( SELECT Sno FROM Student
      WHERE Dept = '计算机系' )
```

例 8　删除 Java 考试成绩最差的学生的 Java 选修课记录。

```
DELETE FROM SC WHERE Sno IN
  -- 查询 Java 成绩最差学生
  ( SELECT TOP 1 WITH TIES Sno FROM SC JOIN Course C
    ON C.Cno = SC.Cno
    WHERE Cname = 'JAVA'
    ORDER BY Grade ASC )
  AND Cno IN ( SELECT Cno FROM Course WHERE Cname = 'JAVA' )
```

2. 对比较测试使用嵌套子查询

使用嵌套子查询进行比较测试时，要求子查询只能返回单个值。外层查询一般通过比较运算符 [=、<>（或 !=）、<、>、<=、<=]，对外层查询中某个列的值与子查询返回的值进行比较，如果比较运算的结果为真，则比较测试返回 True。

使用嵌套子查询进行比较测试的一般格式如下：

```
SELECT <查询列表> FROM … …
  WHERE <列名> 比较运算符 (
    SELECT <列名> FROM … … )
```

之前我们曾经提到，统计函数不能出现在 WHERE 子句中，因而要与统计函数进行比较的查询，需要通过进行比较测试的子查询实现。

同基于集合的嵌套子查询一样，用嵌套子查询进行比较测试时也是先执行子查询，然后再根据子查询的结果执行外层查询。

例 9　查询选修 C004 课程且成绩高于此课程的平均成绩的学生的学号和成绩。

分析：上述查询可通过如下两个步骤实现。

1）计算 C004 课程的平均成绩。

```
SELECT AVG(Grade) from SC WHERE Cno = 'C004'
```

设执行结果为 81 分。

2）查找 C004 课程考试中成绩高于 81 分的所有学生的学号和成绩。

```
SELECT Sno, Grade  FROM SC
  WHERE Cno = 'C004' AND Grade > 81
```

将上面两个语句合起来即可得到满足要求的查询语句：

```
SELECT Sno, Grade FROM SC
  WHERE Cno = 'C004' AND Grade > (
    SELECT AVG(Grade) FROM SC
      WHERE Cno = 'C004' )
```

例 10　查询第 2 学期开设的课程中学分最高的课程的课程名和学分。

方法一：首先在 Course 表中找出第 2 学期开设的课程的最高学分（在子查询中实现），然后再在 Course 表中找出第 2 学期开设的学分等于该最高学分的课程（在外层查询中实现）。具体查询语句如下：

```
SELECT Cname, Credit FROM Course
  WHERE Semester = 2
    AND Credit = (
      SELECT MAX(Credit) FROM Course
        WHERE Semester = 2 )
```

方法二：首先在 Course 表中找出第 2 学期开设的课程中学分最高的课程号（在子查询中实现），然后再在 Course 表中找出该课程号对应的课程名和学分（在外层查询中实现）。具体查询语句如下：

```
SELECT Cname, Credit FROM Course
  WHERE Cno = (
    SELECT TOP 1 Cno FROM Course
      WHERE Semester = 2
      ORDER BY Credit DESC )
```

嵌套子查询也可以用在 HAVING 子句中。

例 11　查询平均考试成绩高于全体学生的总平均成绩的学生的学号和平均成绩。

```
SELECT Sno, AVG(Grade) 平均成绩 FROM SC
  GROUP BY Sno
  HAVING AVG(Grade) > (
    SELECT AVG(Grade) FROM SC )
```

例 12　查询未选修 C001 课程的学生的姓名和所在系。

这是一个带否定条件的查询，如果分别利用多表连接和子查询实现上述查询，则一般可有如下几种形式。

1）用多表连接实现。

```
SELECT DISTINCT Sname, Dept
  FROM Student S JOIN SC ON  S.Sno = SC.Sno
  WHERE Cno != 'C001'
```

执行结果如图 7-4a 所示。

2）用嵌套子查询实现。

①在子查询中否定。

```
SELECT Sname, Dept FROM Student
  WHERE Sno IN (
    SELECT Sno FROM SC WHERE Cno != 'C001' )
```

执行结果如图 7-4a 所示。

②在外层查询中否定。

```
SELECT Sname, Dept FROM Student
  WHERE Sno NOT IN (
    SELECT Sno FROM SC WHERE Cno = 'C001' )
```

执行结果如图 7-4b 所示。

观察由上述几种实现方式得出的结果可以看到，多表连接查询与在子查询中否定的嵌套子查询所产生的结果一

	Sname	Dept
1	李勇	计算机系
2	刘晨	计算机系
3	钱小平	通信工程系
4	王大力	通信工程系
5	吴宾	信息管理系
6	张海	信息管理系
7	张姗姗	通信工程系

a)

	Sname	Dept
1	王敏	计算机系
2	张小红	计算机系
3	张立	信息管理系
4	王大力	通信工程系
5	张姗姗	通信工程系

b)

图 7-4　例 12 中的两种查询结果

致，但与在外层查询中否定的子查询产生的结果不一致。通过对数据库中的数据进行分析，我们发现 1）和 2）中的①的结果均是错误的。2）中的②的结果是正确的，即将否定放置在外层查询时结果是正确的。原因就在于不同的查询执行的机制是不同的。

- 对于连接查询，所有的条件判断都是在连接结果集上进行的，而且是逐行进行判断的，一旦发现满足要求的数据（Cno != 'C001'），则此行即作为满足要求的结果。因此，由多表连接产生的结果包含未选修 C001 课程的学生，也包含选修了 C001 课程又选了其他课程的学生。
- 而含有嵌套子查询的查询是先执行子查询，然后在由子查询得到的结果的基础之上再执行外层查询，而在子查询中也是逐行进行判断，当发现有满足条件的数据时，即将此行数据作为外层查询的一个比较条件。本示例中要查询的数据是所选的全部课程中不包含 C001 课程的学生，如果将否定放在子查询中，则查出的结果是既包含未选修 C001 课程的学生，也包含选修了 C001 课程又选了其他课程的学生。显然，这个否定的范围无法满足我们的要求。

通常情况下，对于这种形式的带有部分否定条件的查询都应该通过子查询来实现，而且应该将否定放在外层。

例 13　查询计算机系未选修 Java 课程的学生的姓名和性别。

分析：对于这个示例，首先应该在子查询中查询出选修 Java 课程的全部学生，然后在外层查询中去掉这些学生（即可得到未选修 Java 课程的学生），最后再从得到的结果中筛选出计算机系的学生。查询语句如下：

```
SELECT Sname, Sex FROM Student
    WHERE Sno NOT IN (          -- 子查询：查询选修 Java 课程的学生
        SELECT Sno FROM SC JOIN Course
          ON SC.Cno = Course.Cno
            WHERE Cname = 'JAVA')
    AND Dept = '计算机系'
```

查询结果如图 7-5 所示。

也可将子查询应用在数据更改语句中。

例 14　对将学分最低的课程的学分加 2 分。

```
UPDATE Course SET Credit = Credit + 2
    WHERE Credit = (
        SELECT MIN(Credit) FROM Course )
```

	Sname	Sex
1	刘晨	男
2	王敏	女
3	张小红	女

图 7-5　例 13 的查询结果

3. 使用 SOME 和 ALL 的嵌套子查询

当用标量值与子查询返回的结果进行比较时，如果子查询返回的是单列单值，则可使用比较运算符进行比较，但如果子查询返回的是单列多值（单列集），就需要使用 SOME（或 ANY。ANY 是与 SOME 等效的 ISO 标准，但现在一般都使用 SOME 而不使用 ANY，因为 SOME 是 ANSI 兼容的谓词。因此本书中只使用 SOME）和 ALL，在使用 SOME 和 ALL 时，必须同时使用比较运算符。

SOME 和 ALL 的一般使用形式如下：

```
WHERE <列名> 比较运算符 [ SOME | ALL ] (子查询)
```

其中各参数的含义如下。

- SOME：在进行比较运算时，只要子查询中有一行能使结果为真，则结果为真。

● ALL：在进行比较运算时，如果子查询中的所有行都使结果为真，则结果为真。

例 15 查询其他学期开设的比第 1 学期开设的学分最高的课程的学分少的课程的课程名、开课学期和学分。

```
SELECT  Cname, Semester, Credit FROM Course
  WHERE Credit < SOME (
    SELECT Credit FROM Course
      WHERE Semester = 1 )
  AND Semester != 1
```

该语句实际上等价于：查询比第 1 学期开设的学分最高的课程的学分少的其他学期的课程的课程名、开课学期和学分。因此可通过如下子查询语句实现：

```
SELECT Cname, Semester, Credit FROM Course
  WHERE Credit < (
    SELECT MAX(Credit) FROM Course
      WHERE Semester = 1 )
  AND Semester != 1
```

例 16 查询至少有一次成绩大于或等于 90 分的学生的姓名、所修课程的课程号和考试成绩。

```
SELECT Sname, Cno, Grade FROM Student S
  JOIN SC ON S.Sno = SC.Sno
  WHERE S.Sno = SOME (
    SELECT Sno FROM SC
      WHERE Grade >= 90 )
```

该语句实际上是查询成绩大于或等于 90 分的学生的学号、他们所修的全部课程的课程号和考试成绩，因此可通过如下子查询实现：

```
SELECT Sname,Cno,Grade FROM Student S
  JOIN SC ON S.Sno = SC.Sno
  WHERE S.Sno IN (
    SELECT Sno FROM SC
      WHERE Grade >= 90 )
```

例 17 查询其他学期中比第 1 学期开设的所有课程的学分都少的课程的课程名、开课学期和学分。

```
SELECT  Cname, Semester, Credit FROM Course
  WHERE Credit < ALL (
    SELECT Credit FROM Course
      WHERE Semester = 1 )
  AND Semester != 1
```

该语句实际上是查询其他学期开设的学分少于第 1 学期课程的最少学分的课程的课程名、开课学期和学分。因此可通过如下子查询实现：

```
SELECT Cname, Semester, Credit FROM Course
  WHERE Credit < (
    SELECT MIN(Credit) FROM Course
      WHERE Semester = 1 )
  AND Semester != 1
```

从上述例子我们可以看到，带 SOME 和 ALL 谓词的查询一般都可以用基于比较运算符和基于 IN 形式的普通子查询实现。

以"＞"为例，"＞SOME"意味着大于值中的任何一个，也就是大于最小的一个值，因此，"＞SOME(1，2，3)"就意味着大于1。如果与"＝"一起使用，则"＝SOME"与"IN"运算符的功能相同。

而"＞ALL"则意味着大于所有的值，即大于最大值，因此，"＞ALL(1，2，3)"意味着大于3。

一般的等价运算有以下几种。
- ＝SOME（子查询）等价于：IN（子查询）；
- ＞＝SOME（子查询）等价于：＞＝（SELECT MIN（列名）FROM… ）；
- ＜＝SOME（子查询）等价于：＜＝（SELECT MAX（列名）FROM… ）；
- ＜＝ALL（子查询）等价于：＜＝（SELECT MIN（列名）FROM… ）；
- ＜＞ALL（子查询）等价于：NOT IN（子查询）；
- ＞＝ALL（子查询）等价于：＞＝（SELECT MAX（列名）FROM… ）。

在实际应用中，一般很少使用SOME和ANY谓词，因为它们一般都能通过其他子查询实现，而且使用其他形式的子查询往往比用SOME和ALL谓词更易于理解且性能更好。

7.1.2 相关子查询

相关子查询与嵌套子查询的主要区别在于信息传递，嵌套子查询的信息传递是单向的——子查询（内层查询）向外层查询传递信息，而相关子查询的信息传递是双向的，子查询给外层查询传递信息，外层查询也向子查询传递信息。在嵌套子查询中，内层查询只执行一次，并将查询结果传递给外层查询；外层查询也只执行一次，而且是在内层查询结果的基础之上执行的。在相关子查询中，首先是外层查询将信息传递给内层查询，内层查询利用外层查询提供的信息执行查询操作，然后再将内层查询得到的结果返回给外层查询，外层查询再利用返回的结果判断当前数据是否是满足要求的数据。

因此，包含相关子查询的查询语句的执行过程一般可分为3个步骤：
- 从外层查询获得一条记录，并将该记录信息传递给内层查询；
- 内层查询根据外层查询传递的值执行查询操作；
- 内层查询将执行结果传回给外层查询，外层查询利用返回值完成对当前记录的处理。

1. 条件子句中的相关子查询

相关子查询可以写在WHERE子句或者是HAVING子句中。它可以通过IN、比较运算符和EXISTS关键词与外层查询关联。

（1）使用IN运算符的相关子查询

前文介绍了使用IN运算符的嵌套子查询，这里介绍使用IN运算符的相关子查询。

例18 查询每个学期学分最低的课程的课程名、开课学期和学分。

在实现该查询时，首先需要知道每个学期的课程的最低学分，然后再查找该学期中学分等于此最低学分的课程的信息。如果将上述查询语句写为

```
SELECT Cname, Semester, MIN(Credit)
  FROM Course
  GROUP BY Semester
```

显然该查询语句无法执行，因为查询列表中有非分组依据列"Cname"。

根据所学知识可知，可以通过两个单独的查询来实现上述要求。首先查询每个学期的课

程的最低学分，并将结果保存到一个临时表中；然后再用 Course 表与临时表进行连接。具体查询语句如下：

1）统计每个学期的课程的最低学分，并保存到临时表中。

```
SELECT Semester, MIN(Credit) AS MinCredit
  INTO #MinCredit
  FROM Course
  GROUP BY Semester
```

2）连接 Course 和临时表，完成查询。

```
SELECT Cname,c.Semester,MinCredit FROM #MinCredit m
  JOIN Course c ON m.Semester = c.Semester
  AND Credit = MinCredit
  ORDER BY c.Semester
```

	Cname	Semester	MinCredit
1	大学英语	1	3
2	计算机文化学	2	2
3	Java	3	2
4	数据结构	4	4
5	计算机网络	4	4
6	数据库基础	5	4

图 7-6　例 18 的查询结果

查询结果如图 7-6 所示。

如果希望通过一条查询语句来完成上述查询，则需要找到查询每个学期的课程的最低学分的方法。对此，可让内层查询基于外层查询中当前行的 Semester 值来执行，然后内层查询将查询结果传递给外层查询，外层查询再基于最低学分查询对应的课程名。具体代码如下：

```
SELECT Cname,Semester,Credit
  FROM Course c1
  WHERE Credit IN (
    SELECT MIN(Credit) FROM Course c2
      WHERE c1.Semester = c2.Semester )
  ORDER BY Semester
```

注意　由于内层查询和外层查询使用的是同一张表，而且内、外层查询都需要从对方处获取信息，因此需要为表取别名以区分是外层查询的表还是内层查询的表。

例 19　查询每门课程考试成绩最高的两个学生的学号以及相应的课程号和成绩。不包括未考试的课程。

```
SELECT Sno,Cno,Grade FROM SC SC1
  WHERE Sno IN (
    SELECT TOP 2 WITH TIES Sno FROM SC SC2
      WHERE SC1.Cno = SC2.Cno
      ORDER BY Grade desc )
    AND Grade IS NOT NULL
  ORDER BY Cno ASC, Grade DESC
```

	Sno	Cno	Grade
1	0811101	C001	96
2	0811102	C001	92
3	0811102	C002	90
4	0811101	C002	80
5	0811101	C003	84
6	0821102	C004	85
7	0811102	C004	84
8	0821102	C005	73
9	0831103	C005	65

图 7-7　例 19 的查询结果

查询结果如图 7-7 所示。

（2）使用比较运算符的相关子查询

例 20　查询每门课程中考试成绩低于该门课程的平均成绩的学生的学号和成绩。

```
SELECT Cno, Sno, Grade FROM SC SC1
  WHERE Grade < (
    SELECT AVG(Grade) FROM SC SC2
      WHERE SC1.Cno = SC2.Cno )
```

该查询的执行逻辑：外层查询逐个选择 SC（即 SC1）中的数据行，然后将各行 Cno 的值逐一传递给子查询，子查询根据外层查询传递的 Cno 值计算该门课程的平均成绩，计算完成后再将结果返回给外层查询，外层查询根据该平均成绩判断 SC1 表中当前正在处理的数据行的 Grade 是否小于该平均成绩，如果是，则 SC1 表中正在处理的数据行为满足条件的数据，将该行数据放置到结果集中。

图 7-8 所示为每门课程的平均成绩，图 7-9 所示为例 20 的查询结果。

	Cno	AvgGrade
1	C001	72
2	C002	85
3	C003	84
4	C004	81
5	C005	66

图 7-8 每门课程的平均成绩

	Cno	Sno	Grade
1	C001	0821103	50
2	C001	0831101	50
3	C002	0811101	80
4	C004	0821103	80
5	C004	0831101	80
6	C004	0831103	78
7	C005	0831103	65
8	C005	0811101	62

图 7-9 例 20 的查询结果

（3）HAVING 子句中的相关子查询

例 21 查询每个学期中有课程的最高学分超过本学期课程的平均学分的 1.5 倍的学期。

```
SELECT Semester FROM Course c1
  GROUP BY Semester
  HAVING MAX(Credit) >= ALL (
  SELECT 1.5 * AVG(Credit) FROM Course c2
    WHERE c1.Semester = c2.Semester )
```

2. SELECT 列表中的相关子查询

子查询也可以用在 SELECT 语句的查询列表中。当所要查询的信息与查询中的其他信息完全不同时，经常使用这种形式的子查询。比如，在需要一个字段的聚合结果但又不希望这个结果影响其他字段的情况下。

例 22 查询学生姓名、所在系，以及该学生选修的课程门数。

```
SELECT Sname,Dept,
  (SELECT COUNT(*) FROM SC
    WHERE Sno = Student.Sno ) AS CountCno
  FROM Student
```

查询结果如图 7-10 所示。

	Sname	Dept	CountCno
1	李勇	计算机系	4
2	刘晨	计算机系	3
3	王敏	计算机系	0
4	张小红	计算机系	0
5	张立	信息管理系	0
6	吴宾	信息管理系	4
7	张海	信息管理系	2
8	钱小平	通信工程系	2
9	王大力	通信工程系	1
10	张姗姗	通信工程系	3

图 7-10 例 22 的查询结果

例 23 查询课程名、开课学期及选修该门课程的学生的人数、平均成绩，不包括无人选修的课程。

```
SELECT Cname AS 课程名 , Semester AS 开课学期 ,
    ( SELECT COUNT(*) FROM SC
      WHERE Cno = Course.Cno ) AS 选课人数 ,
    ( SELECT AVG(Grade) FROM SC
      WHERE Cno = Course.Cno ) AS 平均成绩
  FROM Course
  WHERE Cno IN ( SELECT Cno FROM SC )
```

查询结果如图 7-11 所示。

	课程名	开课学期	选课人数	平均成绩
1	高等数学	1	5	72
2	大学英语	1	2	85
3	大学英语	2	1	84
4	计算机文化学	2	5	81
5	Java	3	3	66
6	数据结构	4	3	NULL

图 7-11 例 23 的查询结果

3. EXISTS 形式的子查询

EXISTS 代表存在量词∃，带 EXISTS 谓词的子查询不返回查询的数据，只产生逻辑真值（TRUE）和假值（FALSE）。

可以将 EXISTS 看成一种运算符。使用带 EXISTS 运算符的子查询的基本形式如下：

```
WHERE [NOT] EXISTS ( 子查询 )
```

其中各参数的含义如下。

- EXISTS：当子查询中有满足条件的数据时，返回 TRUE；否则返回 FALSE。
- NOT EXISTS：当子查询中有满足条件的数据时，返回 FALSE；否则返回 TRUE。

例 24　查询选修 C002 课程的学生的姓名。

该查询可以用多表连接的形式实现，也可以用 IN 形式的嵌套子查询实现，这里用 EXISTS 子查询的形式实现。

```
SELECT Sname FROM Student
  WHERE EXISTS (
    SELECT * FROM SC
      WHERE Sno = Student.Sno AND Cno = 'C002' )
```

上述查询语句的处理过程如下：

1）无条件执行外层查询语句，在外层查询结果集中取第一行结果，得到 Sno 的一个当前值（比如 "0811101"），然后将此 Sno 值传递给内层查询。

2）内层查询根据得到的 Sno 值（比如 "0811101"）执行如下子查询：

```
SELECT * FROM SC
  WHERE Sno = '0811101' AND Cno = 'C002'
```

如果有满足条件的记录，则 EXISTS 返回一个真值（True），表明外层查询结果集中当前处理的数据行满足要求（Sname = ' 李勇 '）。如果内层查询未找到满足条件的记录，则 EXISTS 返回一个假值（False），表明外层查询结果集中正在处理的当前行数据不是满足要求的结果。

3）重复步骤 1，继续顺序处理外层查询结果中的第 2、3……行数据，直到处理完所有行。

需要特别说明的是，由于 EXISTS 的子查询只返回真值或假值，所以在子查询中指定列名是没有意义的。因此在有 EXISTS 的子查询中，目标列名通常都用 "*" 代替。

例 25　查询选修 Java 课程的学生的姓名和所在系。

```
SELECT Sname, Dept FROM Student
  WHERE EXISTS (
    SELECT * FROM SC
      WHERE EXISTS (
        SELECT * FROM Course
          WHERE Cno = SC.Cno AND Cname = 'JAVA')
        AND Sno = Student.Sno)
```

例 26　查询未选修 C001 课程的学生的姓名和所在系。

我们在 7.1.1 节中已经用 NOT IN 形式的子查询实现过上述查询，下面用 EXISTS 形式的子查询来实现。这种否定形式的查询应该使用 NOT EXISTS 实现，具体查询语句如下：

```
SELECT Sname, Dept FROM Student
  WHERE NOT EXISTS (
    SELECT * FROM SC
      WHERE Sno = Student.Sno
        AND Cno = 'C001' )
```

执行结果同图 7-4b 所示结果。

例 27 查询计算机系未选修 Java 课程的学生的姓名和性别。

这个例子也在 7.1.1 节中用 NOT IN 形式的子查询实现过，下面用 EXISTS 形式的子查询实现，具体查询语句如下：

```
SELECT Sname, Sex FROM Student
  WHERE Dept = '计算机系'
    AND NOT EXISTS(
      SELECT * FROM SC JOIN Course C
        ON C.Cno = SC.Cno
        WHERE Sno = Student.Sno
          AND Cname = 'JAVA')
```

查询结果同图 7-5 所示结果。

例 28 查询至少选修了第 1 学期开设的全部课程的学生的学号、姓名和所在系。

方法 1：SQL 中没有全称量词（∀），但我们可以把全称量词的谓词转换为等价的带有存在量词的谓词。

(∀x)P 等价于 ¬(∃x(¬P))

查询至少选修了第 1 学期开设的全部课程的学生，这句话可以转换为"第 1 学期开设的课程没有一门是该学生没选的"。因此，实现该功能的查询语句如下：

```
SELECT s.Sno, Sname, Dept FROM Student s
  WHERE NOT EXISTS(
    SELECT * FROM Course c
      WHERE c.Semester = 1
        and NOT EXISTS(
          SELECT * FROM SC x
            WHERE x. Cno = c.Cno
AND x.Sno = s.Sno))
```

	Sno	Sname	Dept
1	0811101	李勇	计算机系
2	0811102	刘晨	计算机系

图 7-12　例 28 的查询结果

该语句的执行结果如图 7-12 所示。

方法 2：首先，如何证明或反驳所有在第 1 学期开设的课程全部被某个范围变量 s 所指定行上的特定学生 s.Sno 选修了？显然，可通过找出反例来反驳，即第 1 学期开设的课程有一门是 s.Sno 没有选的，如果把该课程命名为" c.Cno"，则可以将反例表示成 SQL 的搜索条件（为便于引用，我们将该搜索条件标注为"Cond1"）。

```
Cond1: c.Semester = 1 AND
  NOT EXISTS (SELECT * FROM SC x
              WEHRE x.Cno = c.Cno
              AND x.Sno = s.Sno)
```

该条件说明，c.Cno 所代表的课程是第 1 学期开设的，但 SC 表中却没有连接 s.Sno 和 c.Cno 的行，也就是说，c.Cno 未被 s.Sno 选修。

现在来证明所有第 1 学期开设的课程确实全部被 s.Sno 代表的特定学生选了，因此，需要构造保证刚才所举的反例不存在的条件。也就是说，要确保没有课程 c.Cno 能使 Cond1 为真。该条件也可以被表示成搜索条件，这里称为 Cond2。

```
Cond2: NOT EXISTS (ELECT * FROM Course c
                   WHERE c.Semester = 1
                   AND NOT EXISTS (
                     SELECT * FROM SC x
                       WHERE x.Cno = c.Cno
                       AND x.Sno = s.Sno))
```

上述逻辑理解起来比较复杂，我们再分析一下 Cond2。其内在逻辑是：不存在没有被 s.Sno 选修的一门第 1 学期开设的课程 c.Cno（s.Sno 中的范围变量 s 在这里还未被定义），这也就意味着第 1 学期开设的所有课程都被 s.Sno 选了。接下来要做的就是检索满足 Cond2 条件的 Sno。

```
SELECT s.Sno FROM Student s WHERE Cond2
```

实现此查询的完整语句如下：

```
SELECT s.Sno, Sname, Dept FROM Student s
  WHERE NOT EXISTS(
    SELECT * FROM Course c
      WHERE c.Semester = 1
        and NOT EXISTS(
          SELECT * FROM SC x
            WHERE x. Cno = c.Cno
          AND x.Sno = s.Sno))
```

该语句与用存在量词替换的全称量词的查询语句完全一样。

类似查询的逻辑比较难以理解，掌握并熟练运用这种方法是一个循序渐进的过程，读者需要掌握每一步的原理直到完全理解其中每个步骤所包含的概念。

如果查询要求所检索的对象集合必须符合某个带有"所有"这类关键词的条件，则可按如下步骤执行：

1）为要检索的对象命名并考虑如何用文字来表述要检索的候选对象的反例。在反例中，在前面提到的"所有"对象中至少有一个对象不符合规定的条件。

2）建立 SELECT 语句的搜索条件以表达步骤 1 所创建的反例（步骤 1 和步骤 2 必定会引用来自外部 SELECT 语句的对象，所以要灵活把握如何用这些外部对象所在的表来引用它们这一问题）。

3）建立包含步骤 2 所创建语句的搜索条件，说明不存在上面定义的那种反例，这里将涉及 NOT EXISTS 谓词。

4）用步骤 3 的搜索条件来建立最终的 SELECT 语句，检索满足条件的数据。

例 29 查询至少选修了学号为"0811102"的学生所选的学分高于 2 分的全部课程的学生的学号和所选课程的课程号。

1）构造一个反例：有一个学号为"0811102"的学生选的学分高于 2 分的课程是某个 ?.Sno 没有选的。

我们把该学生命名为"?.Sno"（这里的"?"表示并不固定是 Student 表或 SC 表，以保持范围变量的灵活性）。

2）将在步骤 1 中构建的反例表达为搜索条件。

```
Cond1:  c.Credit > 2 AND s.Sno = '0811102'
        AND NOT EXISTS(
            SELECT * FROM SC x
              WHERE x.Cno = c.Cno
              AND x.Sno = ?.Sno)
```

3）建立表示这类反例不存在的搜索条件。

```
Cond2: NOT EXISTS (
        SELECT * FROM Course c JOIN SC s ON c.Cno = SC.Cno
```

```
      WHERE c.Credit > 2 AND s.Sno = '0811102'
      AND NOT EXISTS (
          SELECT * FROM SC x
              WHERE x.Cno = c.Cno AND x.Sno = ?.Sno)
```

4）建立完整的 SELECT 语句。

```
SELECT Sno, Cno FROM SC s1
  WHERE NOT EXISTS(
     SELECT * FROM Course c JOIN SC ON c.Cno = SC.Cno
        WHERE c.Credit > 2 and Sno = '0811102'
          and NOT EXISTS(
            select * from SC x
                where x.Cno = c.Cno and x.Sno = s1.Sno))
  AND Sno != '0811102'      -- 从查询结果中去掉"0811102"学生本人
```

查询结果如图 7-13 所示。

	Sno	Cno
1	0811101	C001
2	0811101	C002
3	0811101	C003
4	0811101	C005

图 7-13 例 29 的查询结果

7.1.3 其他形式的子查询

1. 替代表达式的子查询

替代表达式的子查询是指在 SELECT 语句的选择列表中嵌入一个只返回一个标量值的 SELECT 语句，这类子查询语句通常是通过一个聚合函数来返回一个单值。

例 30 查询选修 C001 课程的学生的学号、该门课程的考试成绩以及该门课程的总平均成绩。

```
SELECT Sno AS 学号,Grade AS C001 课成绩,
    (SELECT AVG(Grade) FROM SC
       WHERE Cno = 'C001') AS 课程平均成绩
  FROM SC
  WHERE Cno = 'C001'
```

	学号	C001课成绩	课程平均成绩
1	0811101	96	72
2	0811102	92	72
3	0821102	76	72
4	0821103	50	72
5	0831101	50	72

图 7-14 例 30 的查询结果

查询结果如图 7-14 所示。

例 31 改进例 30 中的查询。查询选修 C001 课程的学生的学号、该门课程的考试成绩、该门课程的平均成绩以及每个学生的成绩与平均成绩的差值。

```
SELECT Sno AS 学号,Grade AS 成绩,
    (SELECT AVG(Grade) FROM SC
       WHERE Cno = 'C001') AS 课程平均成绩,
    Grade - (SELECT AVG(Grade) FROM SC
       WHERE Cno = 'C001') AS 与平均成绩的差值
  FROM SC
  WHERE Cno = 'C001'
```

	学号	成绩	课程平均成绩	与平均成绩的差值
1	0811101	96	72	24
2	0811102	92	72	20
3	0821102	76	72	4
4	0821103	50	72	-22
5	0831101	50	72	-22

图 7-15 例 31 的查询结果

查询结果如图 7-15 所示。

2. 派生表

派生表（有时也称为内联视图）是将子查询作为一个表来处理，这个由子查询产生的新表就称为"派生表"，它很类似于临时表。在查询语句中可以用派生表来建立与其他表的连接关系，在查询语句中对派生表的操作与普通表一样。

使用派生表可以简化查询，从而避免使用临时表。而且相比手动生成临时表的方法，其性能更优越。

派生表与其他表一样出现在查询语句的 FROM 子句中。例如：

```
SELECT * FROM ( SELECT * FROM T1) AS temp
```

这里的 temp 就是派生表。

例 32   查询至少选修了 C001 和 C002 两门课程的学生的学号。

分析：可以将选修了 C001 课程的学生信息保存在一个派生表中，将选修了 C002 课程的学生信息保存在另一个派生表中，然后在这两个表中找出学号相同的学生，即同时在两个表中出现的学生就是至少选修了 C001 和 C002 两门课程的学生。具体代码如下：

```sql
SELECT T1.Sno
  FROM (SELECT * FROM SC WHERE Cno = 'C001') AS T1
  JOIN (SELECT * FROM SC WHERE Cno = 'c002') AS T2
  ON T1.Sno = T2.Sno
```

图 7-16   例 32 的查询结果

查询结果如图 7-16 所示。

例 33   扩展例 32 中的查询功能。查询至少选修了 C001 和 C002 两门课程的学生的姓名、所在系、所选的课程号以及课程名。

```sql
SELECT Sname,Dept,C.Cno,Cname FROM Student S
  JOIN SC ON S.Sno = SC.Sno
  JOIN Course C ON C.Cno = SC.Cno
  WHERE S.Sno IN (
    SELECT T1.Sno FROM (
        SELECT * FROM SC WHERE Cno = 'C001') AS T1
      JOIN (SELECT * FROM SC WHERE Cno = 'c002') AS T2
      ON T1.Sno=T2.Sno)
```

	Sname	Dept	Cno	Cname
1	李勇	计算机系	C001	高等数学
2	李勇	计算机系	C002	大学英语
3	李勇	计算机系	C003	大学英语
4	李勇	计算机系	C005	Java
5	刘晨	计算机系	C001	高等数学
6	刘晨	计算机系	C002	大学英语
7	刘晨	计算机系	C004	计算机文化学

图 7-17   例 33 的查询结果

查询结果如图 7-17 所示。

7.2   查询结果的并、交和差运算

查询语句的执行结果是一个集合，SQL 支持对查询结果再进行并、交、差运算。本节所介绍的操作并不一定在所有的数据库产品中都得到了实现，但已经在大多数产品中实现。

7.2.1   并运算

并运算可将两个或多个查询语句的结果集合并为一个结果集，具体可以通过 UNION 运算符实现。UNION 操作可以让两个或更多的查询产生单一的结果集。

UNION 操作与 JOIN 连接操作不同，UNION 更像是将一个查询结果追加到另一个查询结果中（虽然各数据库管理系统中的 UNION 操作略有不同，但基本思想是一样的）。JOIN 操作是水平地合并数据（添加更多的列），而 UNION 操作是垂直地合并数据（添加更多的行），其操作示意图如图 7-18 所示。

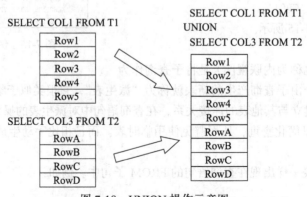

图 7-18   UNION 操作示意图

UNION 运算的语法格式如下：

```
SELECT 语句 1
UNION [ ALL ]
SELECT 语句 2
UNION [ ALL ]
...
SELECT 语句 n
```

其中：ALL 表示在结果集中包含所有查询语句产生的全部记录，包括重复的记录。如果未指定 ALL，则系统默认删除合并结果集中的重复记录。

使用 UNION 运算时，需要注意以下几点：

- 各 SELECT 语句中查询列的列数必须相同，而且对应列的语义应该相同。
- 各 SELECT 语句中每个列的数据类型必须与其他查询语句中对应列的数据类型是隐式兼容的，即只要能进行隐式转换即可。例如，如果第一个查询语句中第二列的数据类型是 char(20)，那么第二个查询语句中第二列的数据类型是 varchar(40) 是可以的。
- 合并结果集将采用第一个 SELECT 语句的列标题。
- 如果要对查询结果进行排序，则 ORDER BY 子句应该写在最后一个查询语句之后，且排序的依据列应该是第一个查询语句中出现的列名。

例 1　首先生成存储"信息管理系"学生的表" Student_IS"。然后利用该表及 Student 表查询"计算机系"和"信息管理系"的学生的姓名、出生日期和所在系。

1）生成 Student_IS 表，代码如下：

```
SELECT Sname, Dept, BirthDate
INTO Student_IS
FROM Student
WHERE Dept = '信息管理系'
```

2）查询"计算机系"和"信息管理系"的学生的姓名、出生日期和所在系。

```
SELECT Sname, Dept, BirthDate FROM Student
  WHERE Dept = '计算机系'
UNION
SELECT Sname, Dept, BirthDate FROM Student_IS
```

	Sname	Dept	BirthDate
1	李勇	计算机系	1990-05-06
2	刘晨	计算机系	1991-08-08
3	王敏	计算机系	1990-03-18
4	吴宾	信息管理系	1991-03-20
5	张海	信息管理系	1991-06-03
6	张立	信息管理系	1990-10-12
7	张小红	计算机系	1992-01-10

查询结果如图 7-19 所示。

图 7-19　例 1 的查询结果

例 2　将 SELECT INTO 与 UNION 一起使用。将例 1 中用 UNION 查询得到的结果保存到 Student_Result 表中。

```
SELECT Sname, Dept, BirthDate
INTO Student_Result
FROM Student WHERE Dept = '计算机系'
UNION
SELECT Sname, Dept, BirthDate FROM Student_IS
```

注意，Student_Result 表中保存的是两个查询语句进行 UNION 操作后得到的结果。查看 Student_Result 表中的数据：

```
SELECT * FROM Student_Result
```

	Sname	Dept	BirthDate
1	李勇	计算机系	2000-05-06
2	刘晨	计算机系	2001-08-08
3	王敏	计算机系	2000-03-18
4	吴宾	信息管理系	2001-03-20
5	张海	信息管理系	2001-06-03
6	张立	信息管理系	2000-10-12
7	张小红	计算机系	2002-01-10

执行结果如图 7-20 所示。

在 UNION 操作中使用到某些子句时，子句的位置非常重

图 7-20　例 2 的查询结果

要。比如例 2 中，INTO 子句必须放在第一个 SELECT 语句中。

例 3　有 ORDER BY 子句的 UNION 操作。查询要求同例 1，但将最终查询结果集按出生日期升序排列，并将查询结果列名按中文显示。

如下写法是错误的：

```
SELECT Sname 姓名 , Dept 所在系 , Birthdate 出生日期 FROM Student
   WHERE Dept = '计算机系'
ORDER BY Birthdate ASC
UNION
SELECT Sname,Dept, Birthdate FROM Student
   WHERE Dept = '信息管理系'
ORDER BY Birthdate ASC
```

正确的写法如下：

```
SELECT Sname 姓名 , Dept 所在系 , Birthdate 出生日期 FROM Student
   WHERE Dept = '计算机系'
UNION
SELECT Sname, Dept, Birthdate FROM Student
   WHERE Dept = '信息管理系'
ORDER BY Birthdate ASC
```

执行结果如图 7-21 所示。

例 4　使用 UNION ALL 的示例。首先创建存储计算机系学生的学号、姓名和出生日期的两个表。然后分别对这两个表进行 UNION 和 UNION ALL 运算。

1）创建表。

	姓名	所在系	出生日期
1	王敏	计算机系	2000-03-18
2	李勇	计算机系	2000-05-06
3	张立	信息管理系	2000-10-12
4	吴宾	信息管理系	2001-03-20
5	张海	信息管理系	2001-06-03
6	刘晨	计算机系	2001-08-08
7	张小红	计算机系	2002-01-10

图 7-21　例 3 的执行结果

```
SELECT Sno, Sname, Birthdate
   INTO StudentOne
   FROM Student
   WHERE Dept = '计算机系'
SELECT Sno, Sname, Birthdate
   INTO StudentTwo
   FROM Student
   WHERE Dept = '计算机系'
```

2）使用 UNION ALL 运算符。

```
SELECT Sno, Sname, Birthdate FROM StudentOne
UNION ALL
SELECT Sno, Sname, Birthdate FROM StudentTwo
```

查询结果如图 7-22 所示，从图中可以看出，使用 UNION ALL 运算是将查询结果合并在一起，保留重复的数据行。

	Sno	Sname	Birthdate
1	0811101	李勇	2000-05-06
2	0811102	刘晨	2001-08-08
3	0811103	王敏	2000-03-18
4	0811104	张小红	2002-01-10
5	0811101	李勇	2000-05-06
6	0811102	刘晨	2001-08-08
7	0811103	王敏	2000-03-18
8	0811104	张小红	2002-01-10

图 7-22　例 4 中使用 UNION ALL 运算的执行结果

3）使用 UNION 运算符。

```
SELECT Sno, Sname, Birthdate FROM StudentOne
UNION
SELECT Sno, Sname, Birthdate FROM StudentTwo
```

查询结果如图 7-23 所示，从图中可以看出，使用 UNION 运算会自动去掉合并结果中重复的数据行。

	Sno	Sname	Birthdate
1	0811101	李勇	2000-05-06
2	0811102	刘晨	2001-08-08
3	0811103	王敏	2000-03-18
4	0811104	张小红	2002-01-10

图 7-23　例 3 中使用 UNION 运算的执行结果

7.2.2　交运算

交运算是返回同时在两个集合中出现的记录，即返回两个查询结果集中各个列的值均相同的记录，并用这些记录构成交运算的结果。

实现交运算的 SQL 运算符为 INTERSECT，其语法格式如下：

```
SELECT 语句 1
INTERSECT
SELECT 语句 2
INTERSECT
...
SELECT 语句 n
```

INTERSECT 运算的注意事项同 UNION 运算。

设有如表 7-1 ～表 7-3 所示的 3 个表。

表 7-1　t1 表数据	
C1	C2
1	a
2	b
3	c
4	d
5	e

表 7-2　t2 表数据	
C1	C2
1	a
2	b
3	c
4	d

表 7-3　t3 表数据	
C1	C2
1	a
2	x
3	Y
4	d

例 5　查询同时出现在 t1 表和 t2 表中的记录。

```
SELECT * FROM t1
INTERSECT
SELECT * FROM t2
```

查询结果如图 7-24 所示。

可以对多个集合进行交运算。

例 6　查询同时出现在 t1 表、t2 表和 t3 表中的记录。

	c1	c2
1	1	a
2	2	b
3	4	d

图 7-24　例 5 的查询结果

```
SELECT * FROM t1
INTERSECT
SELECT * FROM t2
INTERSECT
SELECT * FROM t3
```

查询结果如图 7-25 所示。

	c1	c2
1	1	a
2	4	d

图 7-25　例 6 的查询结果

例 7　查询李勇和刘晨选修的相同课程（即查询同时被李勇和刘晨选修的课），列出课程名和学分。

分析：该查询是对李勇所选的课程和刘晨所选的课程进行交运算，代码如下：

```
SELECT Cname,Credit
  FROM Student S JOIN SC ON S.Sno = SC.Sno
  JOIN Course C ON C.Cno = SC.Cno
  WHERE Sname = '李勇'
INTERSECT
SELECT Cname,Credit
  FROM Student S JOIN SC ON S.Sno = SC.Sno
  JOIN Course C ON C.Cno = SC.Cno
    WHERE Sname = '刘晨'
```

	Cname	Credit
1	大学英语	3
2	高等数学	4

查询结果如图 7-26 所示。

图 7-26　例 7 的查询结果

例 7 中的查询也可以通过 IN 形式的嵌套子查询实现，代码如下：

```
SELECT Cname,Credit FROM Course
 WHERE Cno IN ( -- 李勇选的课程
    SELECT Cno FROM SC JOIN Student S
       ON S.Sno = SC.Sno
       WHERE Sname = '李勇' )
  AND Cno IN (    -- 刘晨选的课程
    SELECT Cno FROM SC JOIN Student S
       ON S.Sno = SC.Sno
       WHERE Sname = '刘晨' )
```

例 7 中的查询也可以用派生表形式的子查询实现，代码如下：

```
SELECT Cname,Credit
  FROM ( SELECT Cno FROM SC JOIN Student S1
           ON SC.Sno = S1.Sno
            WHERE Sname = '李勇') AS T1
  JOIN ( SELECT Cno FROM SC JOIN Student S1
           ON SC.Sno = S1.Sno
            WHERE Sname = '刘晨') AS T2
  ON T1.Cno = T2.Cno
  JOIN Course C ON C.Cno = T1.Cno
```

并不是所有的交运算查询都能用 IN 形式或派生表形式的子查询实现，比如例 5 和例 6 这样的查询就不能用 IN 形式或派生表形式的子查询实现。

7.2.3 差运算

差运算是返回一个集合中有但另一个集合中没有的记录。实现差运算的 SQL 运算符为 EXCEPT，其语法格式如下：

```
SELECT 语句 1
EXCEPT
SELECT 语句 2
EXCEPT
...
SELECT 语句 n
```

使用 EXCEPT 的注意事项同 UNION 运算。

例 8   利用表 7-1 ～表 7-3 所示的 3 张表，查询在 t1 表中有但在 t2 表中没有的记录。

```
SELECT * FROM t1
EXCEPT
SELECT * FROM t2
```

查询结果如图 7-27 所示。

图 7-27   例 8 的查询结果

例 9   查询李勇选了但刘晨没有选的课程的课程名和开课学期。

分析：该查询是从李勇所选的课程中去掉刘晨所选的课程，即做差运算。

```
SELECT C.Cno, Cname, Semester FROM Course C
  JOIN SC ON C.Cno = SC.Cno
  JOIN Student S ON S.Sno = SC.Sno
  WHERE Sname = '李勇'
EXCEPT
SELECT C.Cno, Cname, Semester FROM Course C
  JOIN SC ON C.Cno = SC.Cno
  JOIN Student S ON S.Sno = SC.Sno
  WHERE Sname = '刘晨'
```

查询结果如图 7-28 所示。

例 9 中的查询也可以用 NOT IN 子查询的形式实现，代码如下：

图 7-28   例 9 的查询结果

```
SELECT C.Cno, Cname, Semester FROM Course C
  JOIN SC ON C.Cno = SC.Cno
  JOIN Student S ON S.Sno = SC.Sno
  WHERE Sname = '李勇'
  AND C.Cno NOT IN (
    SELECT C.Cno FROM Course C
      JOIN SC ON C.Cno = SC.Cno
      JOIN Student S ON S.Sno = SC.Sno
        WHERE Sname = '刘晨')
```

同交运算一样，并不是所有的差运算查询都能用等价的 NOT IN 子查询实现，比如例 8 这样的查询就无法用等价的 NOT IN 子查询实现。

7.3   其他查询功能

除了前面介绍的查询语句外，SQL Server 还提供一些实现其他功能的查询语句。本节介绍其中的开窗函数、公用表表达式和 MERGE 语句。

7.3.1   开窗函数

在 SQL Server 中，一组行被称为一个窗口，开窗函数是指可以用于"分区"或"分组"计算的函数。这些函数结合 OVER 子句对组内的数据进行编号，并进行求和、计算平均值等统计。因此，从这个角度来说，SUM、AVG、ROW_NUMBER（对数据进行编号的函数）等函数都可以称为开窗函数。

开窗函数可以分别应用于每个分区，把每个分区看成一个窗口，并对每个分区进行计算。开窗函数必须放在 OVER 子句前。

1. 将 OVER 子句与聚合函数一起使用

OVER 子句用于在应用关联的开窗函数之前，确定对行集的分区和排序。

将 OVER 子句与聚合函数结合使用的语法格式如下：

```
OVER ( [ <PARTITION BY clause> ]  [ <ORDER BY clause> ] )
<PARTITION BY clause> ::=
  PARTITION BY value_expression , ... [ n ]
<ORDER BY clause> ::=
  ORDER BY order_by_expression [ ASC | DESC ] [ ,...n ]
```

其中各参数的说明如下。

- PARTITION BY：将结果集划分为多个分区。开窗函数分别应用于每个分区，并为每个分区计算函数值。
- value_expression：指定对行集进行分区所依据的列，其必须是在 FROM 子句中生成的列，而且不能引用选择列表中的表达式或别名。value_expression 可以是列表达式、替代表达式的子查询、标量函数或用户定义的变量。
- <ORDER BY clause >：定义结果集的每个分区中行的逻辑顺序，即指定按其执行开窗函数计算的逻辑顺序。
- order_by_expression：指定进行排序所依据的列或表达式，该表达式只能引用可供 FROM 子句使用的列。

可以在单个查询中使用多个开窗函数，每个函数的 OVER 子句在分区和排序上可以不同。

例 1 查询课程号、课程名、开课学期、学分以及该学期开设课程的总学分、每门课的平均学分及最低学分和最高学分。

分析：该查询中，除了需要查询课程的基本信息外，还需要根据学期统计所开设课程的学分情况，因此可对学期进行分区，然后再在各个分区对学分进行统计。

```
SELECT Cno AS 课程号 , Cname AS 课程名 ,
    Semester AS 开课学期 ,Credit AS 学分 ,
  SUM(Credit) OVER(PARTITION BY Semester) AS 总学分 ,
  AVG(Credit) OVER(PARTITION BY Semester) AS 课程平均学分 ,
  MIN(Credit) OVER(PARTITION BY Semester) AS 最低学分 ,
  MAX(Credit) OVER(PARTITION BY Semester) AS 最高学分
  FROM Course
```

查询结果如图 7-29 所示。

例 2 查询每个系选修 Java 课程的学生的人数，列出系名、选修该课程的人数及选课学生姓名。

分析：该查询需要按 Dept 进行分区统计。

```
SELECT Dept AS 系名 ,
    COUNT(S.Sno) OVER(PARTITION BY Dept) AS 选课人数 ,
    Sname AS 选课学生
  FROM Student S JOIN SC ON S.Sno = SC.Sno
  JOIN Course C ON C.Cno = SC.Cno
  WHERE Cname = '高等数学'
```

查询结果如图 7-30 所示。

	课程号	课程名	开课学期	学分	总学分	最低学分	最高学分
1	C001	高等数学	1	4	7	3	4
2	C002	大学英语	1	3	7	3	4
3	C003	大学英语	2	3	5	2	3
4	C004	计算机文化学	2	2	5	2	3
5	C005	Java	3	2	2	2	2
6	C007	数据结构	4	4	8	4	4
7	C008	计算机网络	4	4	8	4	4
8	C006	数据库基础	5	4	4	4	4

图 7-29　例 1 的查询结果

	系名	选课人数	选课学生
1	计算机系	2	李勇
2	计算机系	2	刘晨
3	通信工程系	1	钱小平
4	信息管理系	2	吴宾
5	信息管理系	2	张海

图 7-30　例 2 的查询结果

例 3 本示例使用 MySimpleDB 数据库，该数据库中含有订单明细表，结构如下：

```
CREATE TABLE MyOrderDetail(
  OrderID int NOT NULL,        -- 订单号
  ProductID int NOT NULL,      -- 产品号
  OrderQty smallint NOT NULL)  -- 订购数量
```

设该表中有如表 7-4 所示的数据。

表 7-4　MyOrderDetail 表的数据

OrderID	ProductID	OrderQty
43659	776	1
43659	778	1
43659	773	3
43659	774	2
43659	716	1
43659	709	5
43664	772	3
43664	775	1
43664	716	3
43664	773	1

现要查询订单号、产品号、订购数量、每个订单的总订购数量，以及每个产品的订购数量占该订单总订购数量的百分比，百分比保留到小数点后两位。

分析：第一个查询要求是查询每个订单的总订购数量，可先对订单号进行分区，然后再对各个分区中的订购数量进行求和。实现代码如下：

```
SUM(OrderQty) OVER(PARTITION BY OrderID)
```

第二个查询要求是统计每个产品的订购数量占该订单总订购数量的百分比，可在得到每个订单的总订购数量之后，用每个订单的订购数量除以每个订单的总订购数量得到。由于百分比需要保留到小数点后两位，所以需要首先将数量转换为小数，然后再进行除法运算，最后再将所得结果转换为定点小数。实现代码如下：

```
CAST(1.0*OrderQty/SUM(OrderQty) OVER(PARTITION BY OrderID)
    *100 AS DECIMAL(5,2))
```

其中 CAST 为强制类型转换函数，关于此函数的说明和用法可参见本书附录。

实现该查询的完整代码如下：

```
USE MySimpleDB
GO
SELECT OrderID 订单号, ProductID 产品号, OrderQty 订购数量,
  SUM(OrderQty) OVER(PARTITION BY OrderID) AS 总计,
  CAST(1.0*OrderQty/SUM(OrderQty) OVER(PARTITION BY OrderID)
    *100 AS DECIMAL(5,2))AS 所占百分比
FROM MyOrderDetail
```

查询结果如图 7-31 所示。

2. 将 OVER 子句与排名函数一起使用

排名函数为分区中的每一行返回一个排名值。根据所用函数的不同，某些行可能与其他行具有相同的排名值。排名函数具有不确定性。

SQL Server 提供了 4 个排名函数：RANK()、NTILE()、DENSE_RANK() 和 ROW_NUMBER()。下面分别对其进行介绍。

	订单号	产品号	订购数量	总计	所占百分比
1	43659	776	1	14	7.14
2	43659	778	1	14	7.14
3	43659	773	3	14	21.43
4	43659	774	2	14	14.29
5	43659	716	2	14	14.29
6	43659	709	5	14	35.71
7	43664	772	3	8	37.50
8	43664	775	1	8	12.50
9	43664	716	3	8	37.50
10	43664	773	1	8	12.50

图 7-31   例 3 的查询结果

（1）RANK() 函数

RANK() 函数的语法格式如下：

```
RANK() OVER([ <partition_by_clause>, ... [ n ] ]
              <order_by_clause> )
```

其中各参数的含义如下。

- <partition_by_clause>：将 FROM 子句生成的结果集划分成排名函数适用的分区。
- <order_by_clause>：指定应用于分区中的行时所基于的排序依据列。

RANK() 函数返回结果集中每行数据在每个分区内的排名。各个分区内行的排名从 1 开始。

如果排序时有值相同的行，则这些值相同的行具有相同的排名。例如，如果两位顶尖销售人员有相同的年销售量，则他们将并列第一，并且下一个销售人员的排名是第三。因此，RANK() 函数并不一定返回连续整数。

例 4　本示例使用 MySimpleDB 数据库，利用其中的 MyOrderDetail 表，查询订单号、产品号、订购数量，以及每个产品在各个订单中的订购数量排名。

分析：该查询需要按订单号进行分区，并将订购数量作为排名依据列。

```
USE MySimpleDB
GO
SELECT OrderID, ProductID, OrderQty,
  RANK() OVER
  (PARTITION BY OrderID ORDER BY OrderQty DESC) AS RANK
FROM MyOrderDetail
ORDER BY OrderID
```

查询结果如图 7-32 所示。

例 5 查询学生学号、姓名、所在系、选修的课程号、考试成绩及该学生在该门课程考试中的成绩排名，不包括未考试的记录。

分析：该查询需要按课程号进行分区，并将成绩作为排名依据列。

	OrderID	ProductID	OrderQty	RANK
1	43659	709	5	1
2	43659	773	3	2
3	43659	774	2	3
4	43659	716	2	3
5	43659	776	1	5
6	43659	778	1	5
7	43664	772	3	1
8	43664	716	3	1
9	43664	773	1	3
10	43664	775	1	3

图 7-32 例 4 的查询结果

```
SELECT S.Sno,Sname,Dept,Cno,Grade,
  RANK() OVER(PARTITION BY Cno ORDER BY Grade DESC ) Rank
  FROM Student S JOIN SC ON S.Sno = SC.Sno
  WHERE Grade IS NOT NULL
```

查询结果如图 7-33 所示。

（2）DENSE_RANK() 函数

DENSE_RANK() 函数与 RANK() 函数的作用基本相同，使用方法也一样，唯一的区别是 DENSE_RANK() 函数返回的排名没有任何间断，即该函数返回的是一组连续的整数值。

例 6 将例 4 中的查询改为用 DENSE_RANK() 函数实现。

```
USE MySimpleDB
GO
SELECT OrderID, ProductID, OrderQty,
  DENSE_RANK() OVER
  (PARTITION BY OrderID ORDER BY OrderQty DESC) AS DENSE_RANK
FROM MyOrderDetail
ORDER BY OrderID
```

则查询结果如图 7-34 所示。

	Sno	Sname	Dept	Cno	Grade	Rank
1	0811101	李勇	计算机系	C001	96	1
2	0811102	刘晨	计算机系	C001	92	2
3	0821102	吴宾	信息管理系	C001	76	3
4	0831101	钱小平	通信工程系	C001	50	4
5	0821103	张海	信息管理系	C001	50	4
6	0811102	刘晨	计算机系	C002	90	1
7	0811101	李勇	计算机系	C002	80	2
8	0811101	李勇	计算机系	C003	84	1
9	0821102	吴宾	信息管理系	C004	85	1
10	0811102	刘晨	计算机系	C004	84	2
11	0821103	张海	信息管理系	C004	80	3
12	0831101	钱小平	通信工程系	C004	80	3
13	0831103	张姗姗	通信工程系	C004	78	5
14	0821102	吴宾	信息管理系	C005	73	1
15	0831103	张姗姗	通信工程系	C005	65	2
16	0811101	李勇	计算机系	C005	62	3

图 7-33 例 5 的查询结果

（3）NTILE()

NTILE() 函数的作用是将有序分区中的行划分到指定数目的组中，每组有一个编号，编号从 1 开始。NTILE() 函数将返回每行所属的组的编号。

NTILE() 函数的语法格式如下：

```
NTILE (integer_expression)
  OVER ( [ <partition_by_clause> ] < order_by_clause > )
```

	OrderID	ProductID	OrderQty	DENSE_RANK
1	43659	709	5	1
2	43659	773	3	2
3	43659	774	2	3
4	43659	716	2	3
5	43659	776	1	4
6	43659	778	1	4
7	43664	772	3	1
8	43664	716	3	1
9	43664	773	1	2
10	43664	775	1	2

图 7-34 例 6 的查询结果

各参数含义同 RANK() 函数。

例 7 本示例使用 MySimpleDB 数据库，利用其中的 MyOrderDetail 表。将该表数据按订购数量降序排列，并将该表数据划分到 4 个组中。

分析：该查询只需将全部数据划分为 4 组，因此不需要进行分区，在 OVER 子句中只需对订购数量进行降序排列即可。

```
USE MySimpleDB
GO
SELECT OrderID, ProductID, OrderQty,
    NTILE(4) OVER (ORDER BY OrderQty DESC) AS FourGroups
  FROM MyOrderDetail
```

由于 MyOrderDetail 表中有 10 行数据，现要分为 4 组，总行数不能被组数整除，因此第一、二组每组将包含 3 行数据，第三、四组每组将包含两行数据。

查询结果如图 7-35 所示。

例 8 修改例 7 中的查询要求。将每个订单中的数据按订购数量降序排列，并将每个订单的数据划分到 3 个组中。

分析：该查询与例 7 中的查询的主要区别是，对每个订单的数据分别进行处理，而不是将全体数据作为一个整体来处理。因此在 OVER 子句中需要按订单号进行分区，并按订购数量降序排列。

	OrderID	ProductID	OrderQty	FourGroups
1	43659	709	5	1
2	43664	772	3	1
3	43664	716	3	1
4	43659	773	3	2
5	43659	774	2	2
6	43659	716	2	2
7	43659	776	1	3
8	43659	778	1	3
9	43664	773	1	4
10	43664	775	1	4

图 7-35　例 7 的查询结果

```
USE MySimpleDB
GO
SELECT OrderID, ProductID, OrderQty,
    NTILE(3) OVER
        (PARTITION BY OrderID ORDER BY OrderQty DESC) AS ThreeGroups
FROM MyOrderDetail
```

查询结果如图 7-36 所示。

（4）ROW_NUMBER() 函数

ROW_NUMBER() 函数用于返回结果集中每个分区内行的序列号，各个分区的序列号均从第一行开始，第一行的序列号为 1。

ROW_NUMBER() 函数的语法格式如下：

	OrderID	ProductID	OrderQty	ThreeGroups
1	43659	709	5	1
2	43659	773	3	1
3	43659	774	2	2
4	43659	716	2	2
5	43659	776	1	3
6	43659	778	1	3
7	43664	772	3	1
8	43664	716	3	1
9	43664	773	1	2
10	43664	775	1	3

图 7-36　例 8 的查询结果

```
ROW_NUMBER ( )
OVER ( [<partition_by_clause>] <order_by_clause> )
```

各参数的含义同 RANK() 函数。

例 9 查询"计算机文化学"课程的考试情况，列出学生的学号、姓名、所在系、考试成绩及成绩排名。

分析：该示例是查询"计算机文化学"课程的考试排名情况，因此不需要进行分区，只需按成绩降序排序即可。

```
SELECT S.Sno, Sname, Dept, Grade,
    ROW_NUMBER() OVER(ORDER BY Grade DESC) AS 'Number'
  FROM Student S JOIN SC ON S.Sno = SC.Sno
  JOIN Course C ON C.Cno = SC.Cno
  WHERE C.Cname = '计算机文化学'
```

查询结果如图 7-37 所示。

例 10 修改例 9 中的查询。查询"计算机文化学"课程的考试情况，列出学生的学号、姓名、所在系、考试成绩及每个学生在所在系中的成绩排名。

	Sno	Sname	Dept	Grade	Number
1	0821102	吴宾	信息管理系	85	1
2	0811102	刘晨	计算机系	84	2
3	0821103	张海	信息管理系	80	3
4	0831101	钱小平	通信工程系	80	4
5	0831103	张姗姗	通信工程系	78	5

图 7-37　例 9 的查询结果

分析：由于该查询需要显示每个学生的成绩在所在系的排名情况，因此需要按系进行分区，并按成绩降序排列。

```
SELECT S.Sno, Sname, Dept, Grade, ROW_NUMBER()
   OVER(PARTITION BY Dept ORDER BY Grade DESC) AS 'Dept_Number'
   FROM Student S JOIN SC ON S.Sno = SC.Sno
   JOIN Course C ON C.Cno = SC.Cno
   WHERE C.Cname = ' 计算机文化学 '
```

查询结果如图 7-38 所示。

	Sno	Sname	Dept	Grade	Dept_Number
1	0811102	刘晨	计算机系	84	1
2	0831101	钱小平	通信工程系	80	1
3	0831103	张姗姗	通信工程系	78	2
4	0821102	吴宾	信息管理系	85	1
5	0821103	张海	信息管理系	80	2

图 7-38 例 10 的查询结果

例 11 查询每门课程的课程号、课程名、选修该课程的学生的姓名、考试成绩及该学生在该门课程的成绩排名（不包括未参加考试的学生），列出课程号、课程名、姓名、考试成绩及每个学生在每门课程中的成绩排名。

分析：由于该查询需要显示各门课程的成绩排名情况，因此需要按课程号进行分区，并按成绩进行降序排列。

```
SELECT C.Cno AS 课程号 , Cname AS 课程名 , Sname AS 姓名 , Grade 成绩 ,
   ROW_NUMBER() OVER(PARTITION BY C.Cno ORDER BY Grade DESC) AS 排名
   FROM Student S JOIN SC ON S.Sno = SC.Sno
   JOIN Course C ON C.Cno = SC.Cno
   WHERE Grade IS NOT NULL
   ORDER BY C.Cno
```

查询结果如图 7-39 所示。

3. 将 OVER 子句与分析函数一起使用

SQL Server 从 2012 版本开始提供分析函数，分析函数可基于一组行计算聚合值。但与聚合函数不同的是，分析函数可针对各个组返回多行数据。可以使用分析函数来计算总计、百分比或一个组内的前 N 个结果。

SQL Server 提供了多个分析函数，这里我们只介绍比较常用的几个分析函数。

	课程号	课程名	姓名	成绩	排名
1	C001	高等数学	李勇	96	1
2	C001	高等数学	刘晨	92	2
3	C001	高等数学	吴宾	76	3
4	C001	高等数学	钱小平	50	4
5	C001	高等数学	张海	50	5
6	C002	大学英语	刘晨	90	1
7	C002	大学英语	李勇	80	2
8	C003	大学英语	李勇	84	1
9	C004	计算机文化学	吴宾	85	1
10	C004	计算机文化学	刘晨	84	2
11	C004	计算机文化学	张海	80	3
12	C004	计算机文化学	钱小平	80	4
13	C004	计算机文化学	张姗姗	80	5
14	C005	Java	吴宾	73	1
15	C005	Java	张姗姗	65	2
16	C005	Java	李勇	62	3

图 7-39 例 11 的查询结果

（1）FIRST_VALUE()

FIRST_VALUE() 函数用于返回结果集中每个分区内行的序列号，各个分区的行序列号从 1 开始。

FIRST_VALUE() 函数的语法格式如下：

```
FIRST_VALUE ( [scalar_expression ] )
   OVER ( [ partition_by_clause ]
      order_by_clause [ <ROW or RANGE clause> ] )
<ROW or RANGE clause> ::=
{ ROWS | RANGE } <window frame extent>
<window frame extent> ::=
{  <window frame preceding>
  | <window frame between>
}
<window frame between> ::=
  BETWEEN <window frame bound> AND <window frame bound>
<window frame bound> ::=
{  <window frame preceding>
  | <window frame following>
}
 <window frame preceding> ::=
```

```
{    UNBOUNDED PRECEDING
  |  <unsigned integer> PRECEDING
  | CURRENT ROW
}
<window frame following> ::=
{   UNBOUNDED FOLLOWING
  |  <unsigned integer> FOLLOWING
  | CURRENT ROW
}
```

其中各参数的含义如下。

- scalar_expression：要返回的值。scalar_expression 可以是产生单个值的列、子查询或其他任意表达式，但不允许使用其他分析函数。
- partition_by_clause 和 order_by_clause 的含义同 RANK() 函数。
- <Row or RANGE clause>：通过指定起点和终点，限制分区中的行数。
- ROWS|RANGE：通过指定分区中的起点和终点进一步限制分区中的行数，是通过按照逻辑关联或物理关联对相对当前行指定的某一范围的行实现的。物理关联通过 ROWS 子句实现。使用 ROWS 选项在物理级别定义窗口里有多少行。使用 RANGE 选项取决于窗口里包含多少个 ORDER BY 的值。ROWS 子句通过指定当前行之前或之后的固定数目的行数来限定分区中的行数；RANGE 子句通过指定相对当前行值的某一范围的值，从逻辑上限制分区中的行数，基于 ORDER BY 子句中的顺序对之前和之后的行进行定义。例如：ROWS BETWEEN 2 PRECEDING AND CURRENT ROW 表示该函数操作的行数是 3 行，包括当前行之前的两行和当前行。
- UNBOUNDED PRECEDING：指定窗口从分区中的第 1 行开始。
- <unsigned integer> PRECEDING：使用正整数指定要置于当前行之前的行的数目。该选项不能用于 RANGE。
- CURRENT ROW：在与 ROWS 一起使用时指定窗口从当前行开始或结束，在与 RANGE 一起使用时指定当前值。CURRENT ROW 可指定为既是起点又是终点。
- BETWEEN <window frame bound> AND <window frame bound>：指定窗口的边界起点和边界终点。边界终点不能小于边界起点。
- UNBOUNDED FOLLOWING：指定窗口在分区的最后一行结束。例如：RANGE BETWEEN CURRENT ROW AND UNBOUNDED FOLLOWING 定义以当前行开始、以分区的最后一行结束的窗口。
- <unsigned integer> FOLLOWING：用正整数指定要置于当前行之后的行的数目。当 <unsigned integer> FOLLOWING 指定为窗口起点时，终点也必须是 <unsigned integer> FOLLOWING。例如：ROWS BETWEEN 2 FOLLOWING AND 10 FOLLOWING 定义一个从当前行之后的第 2 行开始到当前行之后第 10 行结束的窗口。对于 RANGE 不允许这样指定。
- <unsigned integer>：一个大于等于 0 的正整数，指定要置于当前行之前或之后的行数。该项仅对 ROWS 有效。

 说明　1）"ROWS 5 PRECEDING" 等同于 "ROWS BETWEEN 5 PRECEDING AND CURRENT ROW"。
　　2）RANGE 不能用于 <unsigned integer> PRECEDING 或 <unsigned integer> FOLLOWING。

例 12　对每个分区使用 FIRST_VALUE()。查询每门课程成绩最差的学生的姓名，列出姓名、所在系、课程号、成绩及该门课程的最低成绩，不考虑成绩为空的记录。

分析：该查询需要按课程号进行分区，对每个分区按成绩进行升序排列，用 FIRST_VALUE() 函数对每个分区取第 1 行数据（成绩最差），用 ROWS UNBOUNDED PRECEDING 子句将窗口的起点指定为每个分区的第一行。

```
SELECT Sname,Dept,Cno,Grade,
  FIRST_VALUE(Grade)
    OVER(PARTITION BY Cno ORDER BY Grade ASC
      ROWS UNBOUNDED PRECEDING) AS minGrade
  FROM Student s JOIN SC ON s.Sno = SC.Sno
WHERE Grade IS NOT NULL
ORDER BY Cno
```

查询结果如图 7-40 所示。

（2）LAST_VALUE()

LAST_VALUE() 函数用于返回有序值集中的最后一个值。

LAST_VALUE() 函数的语法格式如下：

```
LAST_VALUE ( [scalar_expression ] )
  OVER ( [ partition_by_clause ]
          order_by_clause [ rows_range_clause ] )
```

	Sname	Dept	Cno	Grade	minGrade
1	张海	信息管理系	C001	50	50
2	钱小平	通信工程系	C001	50	50
3	吴宾	信息管理系	C001	76	50
4	刘晨	计算机系	C001	92	50
5	李勇	计算机系	C001	96	50
6	李勇	计算机系	C002	80	80
7	刘晨	计算机系	C002	90	80
8	李勇	计算机系	C003	84	84
9	张姗姗	通信工程系	C004	78	78
10	钱小平	通信工程系	C004	80	78
11	张海	信息管理系	C004	80	78
12	刘晨	计算机系	C004	84	78
13	吴宾	信息管理系	C004	85	78
14	李勇	计算机系	C005	62	62
15	张姗姗	通信工程系	C005	65	62
16	吴宾	信息管理系	C005	73	62

图 7-40　例 12 的查询结果

其中各参数的含义同 FIRST_VALUE() 函数。

例 13　对每个分区使用 LAST_VALUE()。查询每门课程成绩最好的学生的姓名，列出姓名、所在系、课程号、成绩及该门课程的最高成绩。

分析：同例 12。实现代码如下：

```
SELECT Sname,Dept,Cno,Grade,
  LAST_VALUE(Grade) OVER(PARTITION BY Cno ORDER BY grade ASC
    RANGE BETWEEN  UNBOUNDED PRECEDING AND UNBOUNDED FOLLOWING)
    AS minGrade
FROM Student s JOIN SC ON s.Sno = SC.Sno
WHERE Grade IS NOT NULL
ORDER BY Cno
```

查询结果如图 7-41 所示。

例 14　查询每个系年龄最大的学生的信息，列出系名、学生姓名、出生日期以及年龄最大的学生的姓名和出生日期。

分析：该查询需要按系进行分区，如果按年龄升序排序，则需要使用 LAST_VALUE() 函数取每个分区中的最后一行数据。

	Sname	Dept	Cno	Grade	minGrade
1	张海	信息管理系	C001	50	96
2	钱小平	通信工程系	C001	50	96
3	吴宾	信息管理系	C001	76	96
4	刘晨	计算机系	C001	92	96
5	李勇	计算机系	C001	96	96
6	李勇	计算机系	C002	80	90
7	刘晨	计算机系	C002	90	90
8	李勇	计算机系	C003	84	84
9	张姗姗	通信工程系	C004	78	85
10	钱小平	通信工程系	C004	80	85
11	张海	信息管理系	C004	80	85
12	刘晨	计算机系	C004	84	85
13	吴宾	信息管理系	C004	85	85
14	李勇	计算机系	C005	62	73
15	张姗姗	通信工程系	C005	65	73
16	吴宾	信息管理系	C005	73	73

图 7-41　例 13 的查询结果

```
SELECT Dept, Sname, Birthdate, LAST_VALUE(Sname)
  OVER( PARTITION BY Dept ORDER BY Birthdate ASC
  RANGE BETWEEN UNBOUNDED PRECEDING AND UNBOUNDED FOLLOWING)
    AS max_Birthdate_sname,
  LAST_VALUE(Birthdate) OVER( PARTITION BY Dept
  ORDER BY Birthdate ASC
  RANGE BETWEEN UNBOUNDED PRECEDING AND UNBOUNDED FOLLOWING)
    AS max_Birthdate
  FROM Student
```

查询结果如图 7-42 所示。

（3）LEAD()

LEAD() 函数访问相同结果集的后续行中的数据，它以当前行之后的给定物理偏移量来提供对行的访问。在 SELECT 语句中使用此分析函数可将当前行中的值与后续行中的值进行比较。

	Dept	Sname	Birthdate	max_Birthdate_sname	max_Birthdate
1	计算机系	王敏	2000-03-18	张小红	2002-01-10
2	计算机系	李勇	2000-05-06	张小红	2002-01-10
3	计算机系	刘晨	2001-08-08	张小红	2002-01-10
4	计算机系	张小红	2002-01-10	张小红	2002-01-10
5	通信工程系	王大力	2000-05-06	张姗姗	2001-02-26
6	通信工程系	钱小平	2000-11-09	张姗姗	2001-02-26
7	通信工程系	张姗姗	2001-02-26	张姗姗	2001-02-26
8	信息管理系	张立	2000-10-12	张海	2001-06-03
9	信息管理系	吴宾	2001-03-20	张海	2001-06-03
10	信息管理系	张海	2001-06-03	张海	2001-06-03

图 7-42　例 14 的查询结果

LEAD() 函数的语法格式如下：

```
LEAD( scalar_expression [ ,offset ] , [ default ] )
OVER ( [ partition_by_clause ] order_by_clause )
```

其中各参数的含义如下。

- scalar_expression：要根据指定偏移量返回的值。可以是返回单个（标量）值的任何类型的表达式。scalar_expression 不能是分析函数。
- offset：从在其中获取值的当前行前移的行数。如果未指定，则默认值为 1。offset 可以是列、子查询或其他表达式，它们的计算值为正整数或可隐式转换为 bigint 的数据。offset 不能是负数或分析函数。
- default：偏移量超出分区范围时返回的值。如果未指定，则返回 NULL。default 可以是列、子查询或其他表达式，但不能是分析函数。default 的类型与 scalar_expression 的类型必须兼容。
- OVER（[partition_by_clause]order_by_clause）：partition_by_clause 将 FROM 子句生成的结果集划分为要应用函数的分区。如果未指定，则此函数将查询结果集的所有行均视为单个组。order_by_clause 用于在应用函数之前确定数据的排列顺序。

例 15　不使用分区的 LEAD() 函数。查询 C001 课程的考试情况，列出课程号、考试成绩及当前成绩的下一个成绩。

```
SELECT Cno,Grade,LEAD(Grade1,0)
    OVER (ORDER BY grade ASC) AS NextGrade
  FROM SC
  WHERE Cno = 'C001'
```

查询结果如图 7-43 所示。注意，因为最后一行没有后续值，LEAD() 函数将返回默认值 0。

	Cno	Grade	NextGrade
1	C001	50	50
2	C001	50	76
3	C001	76	92
4	C001	92	96
5	C001	96	0

图 7-43　例 15 的查询

例 16　有分区的 LEAD() 函数。查看每个学生前后两个学期的平均考试成绩的对比，列出学生姓名、学期、本学期平均成绩、下学期平均成绩以及两个学期的平均成绩的差值。

1）首先建立统计每个学生各学期平均成绩的视图。代码如下：

```
CREATE VIEW v_avgGrade AS
  SELECT s.Sno, Semester,AVG(Grade) AS avg_grade
    FROM Student s join SC on s.Sno = SC.Sno
    JOIN Course c on c.Cno = SC.Cno
    GROUP BY s.Sno,Semester
    HAVING AVG(Grade) IS NOT NULL
```

2) 使用 LEAD() 函数完成查询。

```
SELECT Sname 姓名,Semester 学期,avg_grade 本学期平均成绩,
  LEAD(avg_grade,1,0)
  OVER(PARTITION BY Sname ORDER BY Semester) AS 下一学期平均成绩,
  CASE
    WHEN LEAD(avg_grade,1,0)
      OVER(PARTITION BY Sname ORDER BY Semester) = 0 THEN 0
    ELSE LEAD(avg_grade,1,0)
        OVER(PARTITION BY Sname ORDER BY Semester) - avg_grade
  END as 平均成绩变化
FROM Student s JOIN v_avgGrade v ON v.Sno = s.Sno
  ORDER BY Sname,Semester
```

查询结果如图 7-44 所示。注意，由于各个分区的最后一行没有后续值，LEAD() 函数将返回默认值 0。

（4）LAG()

LAG() 函数的作用与 LEAD() 函数类似，只是该函数访问相同结果集中先前行的数据，它以当前行之前的给定物理偏移量来提供对行的访问。在 SELECT 语句中使用此分析函数可将当前行中的值与先前行中的值进行比较。

LAG() 函数的语法格式如下：

	姓名	学期	本学期平均成绩	下一学期平均成绩	平均成绩变化
1	李勇	1	88	84	-4
2	李勇	2	84	62	-22
3	李勇	3	62	0	0
4	刘晨	1	91	84	-7
5	刘晨	2	84	0	0
6	钱小平	1	50	80	30
7	钱小平	2	80	0	0
8	吴宾	1	76	85	9
9	吴宾	2	85	73	-12
10	吴宾	3	73	0	0
11	张海	1	50	80	30
12	张海	2	80	0	0
13	张珊珊	2	78	65	-13
14	张珊珊	3	65	0	0

图 7-44　例 16 的查询结果

```
LAG( scalar_expression [ ,offset ] , [ default ] )
  OVER ( [ partition_by_clause ] order_by_clause )
```

参数说明同 LEAD() 函数。

例 17　使用 LAG() 函数。查询 C001 课程的考试情况，列出课程号、考试成绩及当前成绩的前一个成绩。

```
SELECT Cno,Grade,LAG(Grade1,0)
    OVER (ORDER BY grade ASC) AS NextGrade
  FROM SC
  WHERE Cno = 'C001'
```

查询结果如图 7-45 所示。注意，因为第一行没有前序值，因此 LAG() 函数将返回默认值 0。

	Cno	Grade	PreviousGrade
1	C001	50	0
2	C001	50	50
3	C001	76	50
4	C001	92	76
5	C001	96	92

图 7-45　例 17 的查询结果

7.3.2　公用表表达式

对于 SELECT 语句来说，为了使代码更加简洁易读，当在一个查询中引用另外的查询结果集时，一般都是通过视图来对查询进行分解。视图是作为数据库对象存在于数据库中的，但如果这个结果集仅需使用一次时，使用视图就显得有些奢侈了。

公用表表达式（Common Table Expression，CTE）是 SQL Server 2005 版本之后引入的一个特性。即为查询语句产生的结果集指定一个临时命名，这些命名的结果集就称为公用表表达式。命名的公用表表达式可以在 SELECT、INSERT、UPDATE、DELETE 等语句中多次引用。公用表表达式还可以包含对自身的引用，这种表达式称为递归公用表表达式。

使用公用表表达式有如下优惠：
- 可以定义递归公用表表达式；

- 使数据操作代码更加清晰简洁；
- GROUP BY 子句可以直接作用在子查询得到的标量列上；
- 可以在一个语句中多次引用公用表表达式。

公用表表达式的语法格式如下：

```
WITH <common_table_expression> [ ,...n ]
<common_table_expression>::=
    expression_name [ ( column_name [ ,...n ] ) ]
  AS
    ( SELECT 语句 )
```

各参数的说明如下。

- expression_name：公用表表达式的标识符。expression_name 必须与在同一 WITH <common_table_expression> 子句中定义的所有其他公用表表达式的名称均不同，但可以与基本表名或视图名相同。在查询中对 expression_name 的所有引用都会使用公用表表达式。
- column_name：在公用表表达式中指定列名。在一个 CTE 定义中不允许出现相同的列名。
- SELECT 语句：指定一个用其结果集填充到公用表表达式的 SELECT 语句。

例 18　定义一个统计每门课程的选课人数的简单 CTE，并利用该 CTE 查询课程号和选课人数。

```
WITH CnoCount(Cno, Counts) AS (
    SELECT Cno, COUNT(*) FROM SC
      GROUP BY Cno )
SELECT Cno, Counts FROM CnoCount
  ORDER BY Counts
```

	Cno	Counts
1	C003	1
2	C002	2
3	C005	3
4	C007	3
5	C001	5
6	C004	5

图 7-46　例 18 的查询结果

执行结果如图 7-46 所示。

例 19　使用公用表表达式来限制返回结果。修改例 18 中的查询，定义一个统计每门课程选课人数的 CTE，并利用该 CTE 查询选课人数超过 2 人的课程。

```
WITH CnoCount(Cno, Counts) AS (
    SELECT Cno, COUNT(*) FROM SC
      GROUP BY Cno )
SELECT Cno, Counts FROM CnoCount
    WHERE Counts > 2
    ORDER BY Counts
```

	Cno	Counts
1	C005	3
2	C007	3
3	C001	5
4	C004	5

图 7-47　例 19 的查询结果

执行结果如图 7-47 所示。

可以在一个 WITH 子句中定义多个 CTE，也可以在一个查询中多次引用同一个 CTE。

例 20　本示例使用 MySimpleDB 数据库，该数据库中有 MyEmployees 表，表结构如下：

```
CREATE TABLE MyEmployees(
  EmployeeID int PRIMARY KEY,      -- 职工号
  Title nvarchar(40),              -- 职务
  ManagerID int                    -- 上级领导职工号
)
```

设该表中已有如表 7-5 所示的数据。

表 7-5　MyEmployees 表中的数据

EmployeeID	Title	ManagerID
1	Chief Executive Officer	NULL
2	Marketing Manager	4
3	Marketing Specialist	2
4	Vice President of Sales	1
5	North American Sales Manager	4
6	Sales Representative	5
7	Sales Representative	5
8	Pacific Sales Manager	4
9	Sales Representative	8

下述代码首先建立两个包含职工全部信息的 CTE，然后利用这两个 CTE 查询每个职工的信息及其上级领导的信息。

```
USE MySimpleDB
GO
WITH Emp1 AS  ( SELECT * FROM MyEmployees ),
    Emp2 AS  ( SELECT * FROM MyEmployees )
SELECT * FROM Emp1 JOIN Emp2
  ON Emp1.ManagerID = Emp2.EmployeeID
```

查询结果如图 7-48 所示。

	EmployeeID	Title	ManagerID	EmployeeID	Title	ManagerID
1	2	Marketing Manager	4	4	Vice President of Sales	1
2	3	Marketing Specialist	2	2	Marketing Manager	4
3	4	Vice President of Sales	1	1	Chief Executive Officer	NULL
4	5	North American Sales Manager	4	4	Vice President of Sales	1
5	6	Sales Representative	5	5	North American Sales Manager	4
6	7	Sales Representative	5	5	North American Sales Manager	4
7	8	Pacific Sales Manager	4	4	Vice President of Sales	1
8	9	Sales Representative	8	8	Pacific Sales Manager	4

图 7-48　例 20 的查询结果

也可以在一个查询中多次引用同一个 CTE。例如，将例 20 中的查询改为如下形式，也能达到同样的效果。

```
WITH Emp1 AS
    ( SELECT * FROM MyEmployees )
SELECT * FROM Emp1 e1 JOIN Emp1 e2
  ON e1.ManagerID = e2.EmployeeID
```

CTE 的一个较大优势，就是能够引用其自身，从而创建递归 CTE。递归 CTE 是一个重复执行初始 CTE 以返回数据子集直到获取完整结果集的公用表表达式。

引用递归 CTE 的查询即被称为递归查询。递归查询通常用于返回分层数据，例如：显示某个组织图中的雇员与管理者（其中一个领导可以管理一个或多个雇员，而一个领导的上层可能还有其他的领导）的数据。

递归 CTE 可以极大地简化在 SELECT、INSERT、UPDATE、DELETE 或 CREATE VIEW 语句中运行递归查询所需的代码。在 SQL Server 的早期版本中，递归查询通常需要使用临时表、游标和逻辑来控制递归步骤流。

递归 CTE 由以下 3 个元素组成：

- 例程的调用。递归 CTE 的第一个调用包括一个或多个由 UNION ALL、UNION、EXCEPT 或 INTERSECT 运算符连接的 CTE 查询定义,这些查询定义形成了 CTE 结构的基准结果集,因此被称为"定位点成员"。以须将所有定位点成员查询定义放置在第一个递归成员定义之前,而且必须使用 UNION ALL 运算符连接最后一个定位点成员和第一个递归成员。
- 例程的递归调用。递归调用包括一个或多个由引用 CTE 本身的 UNION ALL 运算符连接的 CTE 查询定义。这些查询定义被称为"递归成员"。
- 终止检查。终止检查是隐式的。当上一个调用中没有数据返回时,递归就会停止。

递归 CTE 结构必须至少包含一个定位点成员和一个递归成员。以下伪代码说明了包含一个定位点成员和一个递归成员的简单递归 CTE 的组件。

```
WITH cte_name ( column_name [,...n] )
AS
(
  CTE_query_definition    -- 定义定位点成员
  UNION ALL
  CTE_query_definition    -- 定义引用 cte_name 的递归成员
)
SELECT * FROM cte_name    -- 使用 CTE 的语句
```

递归执行的过程如下:

1)将 CTE 表达式拆分为定位点成员和递归成员。

2)运行定位点成员,创建第一个调用或基准结果集(T_0)。

3)运行递归成员,将 T_i 作为输入,将 T_{i+1} 作为输出。

4)重复步骤 3,直到返回空集。

5)返回结果集。这是对 T_0 到 T_n 执行 UNION ALL 的结果。

例 21　递归公用表表达式。本示例使用例 20 给出的表。查询上级领导职工号、领导职务、领导管辖的职工以及领导所在的层次(设最高层领导的层次为 0)。

```
USE MySimpleDB
GO
WITH DirectReports(ManagerID, EmployeeID, Title, Level)
AS (
  SELECT ManagerID, EmployeeID, Title, 0 AS Level
    FROM MyEmployees
    WHERE ManagerID IS NULL
  UNION ALL
  SELECT e.ManagerID, e.EmployeeID, e.Title,d.Level+1
    FROM MyEmployees e INNER JOIN DirectReports d
    ON e.ManagerID = d.EmployeeID )
SELECT ManagerID, Title, EmployeeID, Level
  FROM DirectReports
```

该语句的执行过程如下:

1)递归 CTE DirectReports 定义了一个定位点成员和一个递归成员。

2)定位点成员返回基准结果集 T_0,也是公司中最高级别的领导。

以下是定位点成员返回的结果集:

```
ManagerID    Title                                             EmployeeID  Level
-----------------------------------------------------------------------------
NULL         Chief Executive Officer                           1           0
```

3）递归成员返回定位点成员结果集中的职工的直接下属，通过在 MyEmployees 表和 DirectReports CTE 之间执行连接操作获得。对 CTE 自身的引用建立了递归调用关系。利用 CTE DirectReports 中的职工作为输入（T_i），连接（MyEmployees.ManagerID = DirectReports.EmployeeID）返回经理为 T_i 的职工作为输出（T_{i+1}）。这样，递归成员的第一次迭代返回了以下结果集：

```
ManagerID    Title                                          EmployeeID  Level
--------------------------------------------------------------------
1            Vice President of Sales                         4           1
```

4）重复执行递归成员。递归成员的第二次迭代使用步骤 3 中的单行结果集（EmployeeID=4）作为输入值，并返回以下结果集：

```
ManagerID    Title                                          EmployeeID  Level
--------------------------------------------------------------------
4            Marketing Manager                              2           2
4            North American Sales Manager                   5           2
4            Pacific Sales Manager                          8           2
```

递归成员的第三次迭代使用步骤 4 的结果集作为输入值，并返回以下结果集：

```
ManagerID    Title                                          EmployeeID  Level
-----------  ------------------------------                 ----------  -----
8            Sales Representative                           9           3
5            Sales Representative                           6           3
5            Sales Representative                           7           3
2            Marketing Specialist                           3           3
```

5）查询返回的最终结果集是定位点成员和递归成员生成的所有结果集的并集。

最终的查询结果如图 7-49 所示。

例 22　使用递归公用表表达式限制递归的级别。以下示例显示领导及归该领导管理的职工，并将返回的级别限制为两级。

	ManagerID	Title	EmployeeID	Level
1	NULL	Chief Executive Officer	1	0
2	1	Vice President of Sales	4	1
3	4	Marketing Manager	2	2
4	4	North American Sales Manager	5	2
5	4	Pacific Sales Manager	8	2
6	8	Sales Representative	9	3
7	5	Sales Representative	6	3
8	5	Sales Representative	7	3
9	2	Marketing Specialist	3	3

图 7-49　例 21 的查询结果

```
USE MySimpleDB
GO
WITH DirectReports(ManagerID, EmployeeID, Title, Level)
AS (
    SELECT ManagerID, EmployeeID, Title, 0 AS Level
      FROM MyEmployees
      WHERE ManagerID IS NULL
    UNION ALL
    SELECT e.ManagerID, e.EmployeeID, e.Title,d. Level+1
      FROM MyEmployees e INNER JOIN DirectReports d
      ON e.ManagerID = d.EmployeeID )
SELECT ManagerID, Title, EmployeeID, Level
  FROM DirectReports
  WHERE Level <= 2
```

查询结果如图 7-50 所示。

递归公用表表达式与派生表很类似，在 CTE 内的语句中可以调用其自身的 CTE。与派生表不同的是，CTE 可以一次定义多次进行派生递归。递归是指一个

	ManagerID	Title	EmployeeID	Level
1	NULL	Chief Executive Officer	1	0
2	1	Vice President of Sales	4	1
3	4	Marketing Manager	2	2
4	4	North American Sales Manager	5	2
5	4	Pacific Sales Manager	8	2

图 7-50　例 22 的查询结果

函数或过程直接或者间接的调用其自身。

7.3.3 MERGE 语句

MERGE 语句是 SQL Server 2008 版本新增加的数据操作语句。微软在 SQL Server 2008 中实现了 ISO SQL 2003 和 2007 中标准的 MERGE 语句的功能，并对该语句的功能进行了扩充。

该语句的功能是根据与源表连接的结果对目标表执行插入、更新或删除操作。例如，根据与另一个表的区别，在一个表中插入不存在的行或只更新匹配的行，从而同步两个表。

1. 基本语法结构

MERGE 语句的基本语法结构如下：

```
MERGE [ TOP ( expression ) [ PERCENT ] ]
    [ INTO ] target_table [ [ AS ] alias ]
    USING <table_source>
      ON < condition for join with target >
    [ WHEN MATCHED [ AND < search condition> ]
        THEN < merge_matched > ]
    [ WHEN NOT MATCHED [ BY TARGET ] [ AND < search condition > ]
        THEN <merge_not_matched> ]
    [ WHEN NOT MATCHED BY SOURCE [ AND < search condition > ]
        THEN < merge_matched > ]
    [ <output_clause> ]
;
<merge_matched> ::= { UPDATE SET <set_clause> | DELETE }
<set_clause>::=
SET
    { column_name = { expression | DEFAULT | NULL }
 [ ,...n ] ) }
<merge_not_matched> ::=
{
    INSERT [ ( column_list ) ]
        { VALUES ( values_list )
        | DEFAULT VALUES }
}
<output_clause> ::=
{
    [ OUTPUT <column_name>   [ ,...n ]
}
<column_name> ::=
{ DELETED | INSERTED | from_table_name } . { * | column_name }
| $action
```

其参数说明如下。

- TOP（expression）[PERCENT]：指定在连接源表和目标表之后，以及在删除了不符合 INSERT、UPDATE 或 DELETE 操作条件的行之后，受到影响的行的数目或百分比。系统会针对每个 WHEN 子句连接完整的源表和完整的目标表，并且每次都会单独应用 TOP。expression 可以是行的数目或百分比。
- target_table：表或视图，<search_condition> 中的数据行将根据 <table_source> 与该表或视图进行匹配。target_table 是由 MERGE 语句的 WHEN 子句指定的插入、更新或删除操作的目标。
- [AS]table_alias：用于引用表的替代名称。
- USING<table_source>：指定基于 <merge_search_condition> 与 target_table 中的数据行进行匹配的数据源。匹配结果中指出了要由 MERGE 语句的 WHEN 子句采取的操作。

- ON < condition for join with target > ：指定对 <table_source> 与 target_table 进行连接的条件。注意，应该仅指定目标表中用于匹配目的的列。
- WHEN MATCHED THEN <merge_matched>： 指 定 target_table 中 与 <table_source> ON < merge_search_condition> 返回的行匹配并满足所有其他搜索条件的所有行均应根据 <merge_matched> 子句进行更新或删除。MERGE 语句最多可以有两个 WHEN MATCHED 子句。如果需要指定两个子句，则第一个子句必须同时带有一个 AND <search condition> 子句。对于给定的行，只有在未应用第一个 WHEN MATCHED 子句的情况下才会应用第二个 WHEN MATCHED 子句。且两个 WHEN MATCHED 子句中必须有一个指定 UPDATE 操作，而另一个指定 DELETE 操作。如果在 <merge_matched> 子句中指定了 UPDATE， 并且 <table_source> 中的多个行根据 <merge_search_condition> 与 target_table 中的某一行匹配，SQL Server 将返回错误。MERGE 语句无法多次更新同一行，也无法更新和删除同一行。
- WHEN NOT MATCHED[BY TARGET] THEN <merge_not_matched>：指定对于 <table_source> ON <merge_search_condition> 返回的每一行，如果该行与 target_table 中的行不匹配，但满足其他搜索条件（如果存在），则在 target_table 中插入一行。要插入的值由 <merge_not_matched> 子句指定。MERGE 语句只能有一个 WHEN NOT MATCHED 子句。
- WHEN NOT MATCHED BY SOURCE THEN <merge_matched>：指定 target_table 中与 <table_source> ON <merge_search_condition> 返回的行不匹配但满足所有其他搜索条件的所有行均应根据 <merge_matched> 子句进行更新或删除。

一个 MERGE 语句最多可以有两个 WHEN NOT MATCHED BY SOURCE 子句。如果指定了两个子句，第一个子句必须同时带有一个 AND <search condition> 子句。对于任何给定的行，只有当未应用第一个 WHEN NOT MATCHED BY SOURCE 子句时才会应用第二个子句。如果有两个 WHEN NOT MATCHED BY SOURCE 子句，则其中的一个必须指定 UPDATE 操作，另一个必须指定 DELETE 操作。

- AND <search condition>：指定任何有效的搜索条件。
- <output_clause>：不按照任何特定顺序为 target_table 中更新、插入或删除的每一行返回一行。
- <merge_matched>： 指定更新或删除操作，这些操作应用于 target_table 中与 <table_source> ON <merge_search_condition> 返回的行不匹配但满足所有其他搜索条件的数据行。
  - UPDATE SET <set_clause>：指定目标表中要更新的列或变量名的列表，以及用于更新它们的值。
  - DELETE：指定删除与 target_table 中的行匹配的行。
- <merge_not_matched>：指定要插入目标表中的值。
- $action：在 OUTPUT 子句中指定一个 nvarchar(10) 类型的列，该子句为每一行返回以下 3 个值之一：'INSERT'、'UPDATE' 或 'DELETE'，具体返回其中哪个值取决于对该行执行的操作。

综上所述，MERGE 语句的功能比较复杂，可简单描述如下：

MERGE 目标表

```
  USING 源表
  ON 匹配条件
  WHEN MATCHED THEN
      语句
WHEN NOT MATCHED THEN
    语句;
```

该语句执行时根据匹配条件的结果分情况执行,如果在目标表中找到匹配记录则执行 WHEN MATCHED THEN 后面的语句,如果没有找到匹配记录则执行 WHEN NOT MATCHED THEN 后面的语句。源表可以是表,也可以是一个子查询语句。

现对 MERGE 语句作如下特别说明:

1)必须至少指定 3 个 MATCHED 子句中的一个,但可以按任何顺序指定。不能在同一个 MATCHED 子句中多次更新一个变量。

2)MERGE 语句需要以一个分号(;)作为语句结束符。

2. 示例

下面我们通过两个例子来说明 MERGE 语句的使用方法。

首先通过一个简单示例演示 MERGE 语句的使用方法。假设要在 MySimpleDB 数据库中创建 Product 及 ProductNew 两个表,且希望将 Product 表中的数据同步到 ProductNew 表中。

```
USE MySimpleDB
GO
-- 创建 Product 表
CREATE TABLE Product (
  ProductID    varchar(7) PRIMARY KEY,
  ProductName varchar(50) NOT NULL,
  Price        decimal(6,1) DEFAULT 0
)
-- 创建 ProductNew 表
CREATE TABLE ProductNew (
  ProductID    varchar(7) PRIMARY KEY,
  ProductName varchar(50) NOT NULL,
  Price        decimal(6,1) DEFAULT 0
)
在 Product 表中插入如下数据:
INSERT INTO Product Values
  ('4100037','优盘',50),
  ('4100038','鼠标',30),
  ('4100039','键盘',100)
```

显然 Product 表与 ProductNew 表的 MERGE 匹配条件为主键 ProductID。初始情况下,ProductNew 表中没有数据,此时执行 MERGE 语句,肯定执行的是 WHEN NOT MATCHED THEN 后面的语句。我们先只考虑在源表中插入目标表数据的情况,MERGE 语句如下:

```
MERGE ProductNew AS d
USING Product AS s ON s.ProductID = d.ProductID
WHEN NOT MATCHED THEN
     INSERT(ProductID,ProductName,Price)
       VALUES(s.ProductID,s.ProductName,s.Price);
```

运行该语句将 Product 表中的数据被同步到 ProductNew 表中,现在 ProductNew 中已有如图 7-51 所示的数据。

现在,更改 Product 表中 4100037 号产品的价格为 55:

	ProductID	ProductName	Price
1	4100037	优盘	50.0
2	4100038	鼠标	30.0
3	4100039	键盘	100.0

图 7-51 ProductNew 表中的数据

```
UPDATE Product SET Price = 55
  WHERE ProductID = '4100037'
```

我们希望将 Product 表中更改后的数据同步到 ProductNew 表中，就需要通过 MERGE 语句的 WHEN MATCHED THEN 子句实现，具体代码如下：

```
MERGE ProductNew AS d
USING Product AS s ON s.ProductID = d.ProductID
WHEN NOT MATCHED THEN
    INSERT( ProductID,ProductName,Price)
        VALUES(s.ProductID,s.ProductName,s.Price)
WHEN MATCHED THEN
    UPDATE SET d.ProductName = s.ProductName,
                d.Price = s.Price;
```

	ProductID	ProductName	Price
1	4100037	优盘	55.0
2	4100038	鼠标	30.0
3	4100039	键盘	100.0

图 7-52　同步后 ProductNew
表中的数据

执行完该语句后，ProductNew 表中的数据如图 7-52 所示。

接下来我们看删除数据的同步。假设从 Product 表中删除 4100037 号产品：

```
DELETE FROM Product WHERE ProductID = '4100037';
```

实际上 MERGE 语句的 WHEN NOT MATCHED THEN 子句还有另一层功能，具体如下：

- **WHEN NOT MATCHED [BY TARGET]**：表示目标表不匹配，应将源表中的数据插入到目标表中。BY TARGET 选项是默认选项，所以上面我们是直接使用 WHEN NOT MATCHED THEN。
- **WHEN NOT MATCHED BY SOURCE**：表示源表不匹配，即在目标表中存在，但在源表中不存在。这时应删除目标表中不匹配的数据。

在源表中删除数据后再对目标表进行同步操作的 MERGE 语句如下：

```
MERGE ProductNew AS d
USING Product AS s ON s.ProductID = d.ProductID
WHEN NOT MATCHED BY TARGET THEN
    INSERT( ProductID,ProductName,Price)
        VALUES(s.ProductID,s.ProductName,s.Price)
WHEN NOT MATCHED BY SOURCE THEN DELETE
WHEN MATCHED THEN
    UPDATE SET d.ProductName = s.ProductName,
                d.Price = s.Price;
```

上述即为使用 MERGE 语句中的 INSERT、UPDATE、DELETE 语句实现数据同步的方法。

下面再用一个示例说明用 MERGE 语句实现汇总数据同步的方法。假设出于做月报表的需要创建了一个月销售汇总表。我们希望每日将新的销售记录添加到每月汇总表中。在每个月的第 1 天晚上，只需将销售记录插入销售汇总表中即可。但从第 2 天晚上开始情况就不一样了，对于之前没有销售记录的数据，只需将该数据插入销售汇总表中；对于之前有销售记录的数据，则需要更新该商品的汇总数据。

下面演示如何用一个 MERGE 语句在一个步骤中同时管理两个动作。本示例利用 MySimpleDB 示例数据库，并利用该数据库中的 Sales.SalesOrderHeader 和 Sales.SalesOrderDetail 表中的数据来演示如何同步销售汇总数据。我们首先在 MySimpleDB 数据库中创建销售汇总表：

```
USE MySimpleDB
GO
CREATE TABLE Sales.MonthlyRollup(
    Year smallint NOT NULL,
    Month tinyint NOT NULL,
```

```
ProductID int NOT NULL
    REFERENCES Production.Product (ProductID),
QtySold int NOT NULL,
PRIMARY KEY(Year,Month,ProductID)
)
```

假设我们只对 2003 年 8 月的数据进行汇总，且从该月的第 1 天开始。构建 MERGE 语句，产生 2003 年 8 月 1 日的销售汇总数据。

```
MERGE Sales.MonthlyRollup AS smr
USING
(
  SELECT soh.OrderDate, sod.ProductID,
      SUM(sod.OrderQty) AS QtySold
    FROM Sales.SalesOrderHeader soh
    JOIN Sales.SalesOrderDetail sod
    ON soh.SalesOrderID = sod.SalesOrderID
WHERE soh.OrderDate = '2003-08-01'
  GROUP BY soh.OrderDate, sod.ProductID
) AS s
ON (s.ProductID = smr.ProductID)
WHEN MATCHED THEN
  UPDATE SET smr.QtySold = smr.QtySold + s.QtySold
WHEN NOT MATCHED THEN
  INSERT (Year, Month, ProductID, QtySold)
  VALUES (DATEPART(yy, s.OrderDate), DATEPART(m, s.OrderDate),
      s.ProductID, s.QtySold);
```

执行上述代码，结果是 192 行数据受影响（假设未对 MySimpleDB 数据库中的数据进行任何修改）。现在，由于 Sales.MonthlyRollup 表是空的，没有任何匹配数据，因此插入所有行。

查询 Sales.MonthlyRollup 表中的数据进行验证。

```
SELECT * FROM Sales.MonthlyRollup
```

执行结果共有 192 行数据，其部分数据如图 7-53 所示。

继续查看该月第 2 天的汇总结果。更新日期，继续运行如下代码（仿真在该月第 2 天运行）：

	Year	Month	ProductID	QtySold
1	2003	8	707	242
2	2003	8	708	281
3	2003	8	711	302
4	2003	8	712	415
5	2003	8	713	1
6	2003	8	714	239
7	2003	8	715	406
8	2003	8	716	149
9	2003	8	717	54
10	2003	8	718	46
11	2003	8	719	18
12	2003	8	722	51

图 7-53　第 1 次 MERGE 后 Sales.MonthlyRollup 表中的部分数据

```
MERGE Sales.MonthlyRollup AS smr
USING
(
    SELECT soh.OrderDate, sod.ProductID,
SUM(sod.OrderQty) AS QtySold
  FROM Sales.SalesOrderHeader soh
  JOIN Sales.SalesOrderDetail sod
  ON soh.SalesOrderID = sod.SalesOrderID
  WHERE soh.OrderDate = '2003-08-02'
  GROUP BY soh.OrderDate, sod.ProductID
) AS s
ON (s.ProductID = smr.ProductID)
WHEN MATCHED THEN
  UPDATE SET smr.QtySold = smr.QtySold + s.QtySold
WHEN NOT MATCHED THEN
  INSERT (Year, Month, ProductID, QtySold)
```

```
    VALUES (DATEPART(yy, s.OrderDate), DATEPART(m, s.OrderDate),
        s.ProductID, s.QtySold);
```

运行上述语句，结果是 38 行数据受影响。这是因为 Sales.MonthlyRollup 表中已有一些数据与新的销售记录匹配。现在查看对数据的影响情况。再次执行如下查询语句：

```
SELECT * FROM Sales.MonthlyRollup
```

执行结果共有 194 行数据，其部分数据如图 7-54 所示。

结果是 194 行，而不是 192+38=230 行。实际上，38 行数据中有 36 行是重复的销售记录，因此执行的是更新操作，而不是插入操作。还有另外两行（ProductID 为 882 和 928）是该日期之前还未销售过的产品，因此对这两行数据执行的是插入操作。

比较两次的执行结果也可以看到，对于 ProductID 相同的商品，其销售总量确实是增加了。

	Year	Month	ProductID	QtySold
1	2003	8	707	249
2	2003	8	708	286
3	2003	8	711	305
4	2003	8	712	419
5	2003	8	713	1
6	2003	8	714	239
7	2003	8	715	406
8	2003	8	716	149
9	2003	8	717	54
10	2003	8	718	46
11	2003	8	719	18
12	2003	8	722	51

图 7-54 第 2 次 MERGE 后 Sales.MonthlyRollup 表中的部分数据

3. 使用 OUTPUT 子句

OUTPUT 子句用于将 MERGE 语句实际执行的动作细节数据输出到 SELECT 语句中。OUTPUT 关键字实际上可替代 SELECT 语句，但同时它还有如下特殊运算符来匹配合并的数据。

- $action：返回 INSERT、UPDATE 和 DELETE，表明对特定行执行的动作。
- Inserted：系统内部工作表。该表包含了新插入的数据，如果是 UPDATE 操作，则该表中包含的是数据更新后的值。
- Deleted：系统内部工作表。该表包含了删除的数据，如果是 UPDATE 操作，则该表中包含的是数据更新前的值。

为了测试 OUTPUT 子句的功效，我们重新设置 MonthlyRollup 表。首先删除 MonthlyRollup 表中的数据：

```
USE MySimpleDB
GO
DELETE FROM Sales.MonthlyRollup
```

然后执行下述包含 OUTPUT 子句的 MERGE 语句：

```
MERGE Sales.MonthlyRollup AS smr
USING
(
  SELECT soh.OrderDate, sod.ProductID,
      SUM(sod.OrderQty) AS QtySold
    FROM Sales.SalesOrderHeader soh
    JOIN Sales.SalesOrderDetail sod
    ON soh.SalesOrderID = sod.SalesOrderID
    WHERE soh.OrderDate >= '2003-08-01'
      AND soh.OrderDate < '2003-08-02'
  GROUP BY soh.OrderDate, sod.ProductID
) AS s
```

```
ON (s.ProductID = smr.ProductID)
WHEN MATCHED THEN
  UPDATE SET smr.QtySold = smr.QtySold + s.QtySold
WHEN NOT MATCHED THEN
  INSERT (Year, Month, ProductID, QtySold)
  VALUES (DATEPART(yy, s.OrderDate),
          DATEPART(m, s.OrderDate),
          s.ProductID,
          s.QtySold)
OUTPUT $action,
       inserted.Year,       inserted.Month,
       inserted.ProductID, inserted.QtySold,
       deleted.Year,        deleted.Month,
       deleted.ProductID,  deleted.QtySold
;
```

执行上述语句后同样是有 192 行数据插入，但本次执行得到的部分结果如图 7-55 所示。

由于该操作只有插入，因此 Deleted 表中的数据全部为 NULL。现在运行如下 MERGE 语句：

```
MERGE Sales.MonthlyRollup AS smr
USING
(
  SELECT soh.OrderDate, sod.ProductID,
         SUM(sod.OrderQty) AS QtySold
    FROM Sales.SalesOrderHeader soh
    JOIN Sales.SalesOrderDetail sod
    ON soh.SalesOrderID = sod.SalesOrderID
WHERE soh.OrderDate >= '2003-08-02'
    AND soh.OrderDate < '2003-08-03'
    GROUP BY soh.OrderDate, sod.ProductID
) AS s
ON (s.ProductID = smr.ProductID)
WHEN MATCHED THEN
  UPDATE SET smr.QtySold = smr.QtySold + s.QtySold
WHEN NOT MATCHED THEN
  INSERT (Year, Month, ProductID, QtySold)
  VALUES (DATEPART(yy, s.OrderDate),
          DATEPART(m, s.OrderDate),
          s.ProductID,
          s.QtySold)
OUTPUT $action,
       inserted.Year,       inserted.Month,
       inserted.ProductID, inserted.QtySold,
       deleted.Year,        deleted.Month,
       deleted.ProductID,  deleted.QtySold
;
```

图 7-55　有 OUTPUT 选项的 MERGE 语句执行得到的 Sales.MonthlyRollup 表中的部分数据

	$action	Year	Month	ProductID	QtySold	Year	Month	ProductID	QtySold
1	INSERT	2003	8	707	242	NULL	NULL	NULL	NULL
2	INSERT	2003	8	708	281	NULL	NULL	NULL	NULL
3	INSERT	2003	8	711	302	NULL	NULL	NULL	NULL
4	INSERT	2003	8	712	415	NULL	NULL	NULL	NULL
5	INSERT	2003	8	713	1	NULL	NULL	NULL	NULL
6	INSERT	2003	8	714	239	NULL	NULL	NULL	NULL
7	INSERT	2003	8	715	406	NULL	NULL	NULL	NULL
8	INSERT	2003	8	716	149	NULL	NULL	NULL	NULL
9	INSERT	2003	8	717	54	NULL	NULL	NULL	NULL
10	INSERT	2003	8	718	46	NULL	NULL	NULL	NULL
11	INSERT	2003	8	719	18	NULL	NULL	NULL	NULL
12	INSERT	2003	8	722	51	NULL	NULL	NULL	NULL

该语句同样是影响了 38 行数据，但本次执行得到的结果将只有受影响的 38 行数据，部分结果如图 7-56 所示。

从上述结果中可以看到多个操作的信息。在 UPDATE 操作中，包含了数据更新后的值（在 Inserted 表中）和更新前的值（在 Deleted 表中）。

图 7-56　再次执行有 OUTPUT 选项的 MERGE 语句得到的 Sales.MonthlyRollup 表中的部分数据

	$action	Year	Month	ProductID	QtySold	Year	Month	ProductID	QtySold
1	INSERT	2003	8	928	2	NULL	NULL	NULL	NULL
2	INSERT	2003	8	882	1	NULL	NULL	NULL	NULL
3	UPDATE	2003	8	707	249	2003	8	707	242
4	UPDATE	2003	8	708	286	2003	8	708	281
5	UPDATE	2003	8	711	305	2003	8	711	302
6	UPDATE	2003	8	712	419	2003	8	712	415
7	UPDATE	2003	8	780	97	2003	8	780	96
8	UPDATE	2003	8	782	154	2003	8	782	153
9	UPDATE	2003	8	793	76	2003	8	793	74
10	UPDATE	2003	8	797	68	2003	8	797	67
11	UPDATE	2003	8	858	193	2003	8	858	190
12	UPDATE	2003	8	859	282	2003	8	859	280

小结

本章介绍了 SQL 语言中的一些高级查询功能，这些高级查询语句在不同的数据库产品中可能语法不完全一致，而且有些数据库产品也不一定都支持这些操作。这里介绍的语句在 SQL Server 2017 平台上都支持，因此读者可在此平台上测试这些语句。

本章介绍了三类查询功能：子查询，对查询结果进行并、交、差运算以及其他的一些查询功能。

子查询部分介绍了嵌套子查询、相关子查询、替代表达式的子查询和派生表形式的子查询。嵌套子查询的特点是先执行内层查询，然后再执行外层查询，内层查询只需执行一次，内外层查询之间通过内层查询的结果进行关联；相关子查询的特点是先执行外层查询，然后再执行内层查询，内层查询是根据外层查询结果中的一行数据进行的；相关子查询在内层查询中必须关联外层查询；替代表达式的子查询是指可以将子查询写在查询列表中，但这个子查询必须是返回单个标量值的查询；派生表子查询是将子查询写在 FROM 子句中，这种形式的子查询对外层查询来说就像一个表，可以在外层查询中使用派生表子查询的结果。

查询结果的并、交、差运算是对多个查询语句形成的结果集进行操作，在多数情况下，集合的交运算和差运算可以用 IN 和 NOT IN 形式的子查询实现。在实现查询结果的并、交、差运算时要求各查询语句的查询列个数必须相同，对应列的语义一致、数据类型兼容。这些操作的最终结果都是采用第一个查询语句的列标题作为整个操作结果的列标题，因此要改变操作结果的列标题，只需对第一个查询语句指定列别名即可。

在其他查询功能中，我们介绍了开窗函数、公用表表达式和 MERGE 语句，其中开窗函数、MERGE 语句是 ISO 标准支持的。开窗函数结合 OVER 子句对数据进行分区，再用排名函数对组内的数据进行编号，或用聚合函数对组内数据进行求和、计算平均值等统计，或用分析函数返回分区中的某行值或进行某些计算。公用表表达式类似于一个临时表，它是为查询语句产生的结果集指定一个临时名字，之后即可在 SELECT、INSERT、UPDATE、DELETE 等语句中使用命名好的公用表表达式。MERGE 语句的作用是同步两个表中的数据，该语句中涉及两个表：目标表和源表，该语句的执行结果是将目标表的数据与源表数据同步。

习题

1. 说明嵌套子查询与相关子查询在执行机制上的区别。
2. 简述进行查询结果的并、交、差运算时对各查询语句的要求。
3. 说明什么是派生表。
4. 说明什么是替代表达式的子查询。
5. 简述开窗函数的含义及作用。
6. 说明公用表表达式的含义。

上机练习

根据第 6 章给出的 Student、Course 和 SC 表，编写实现如下操作的 SQL 语句。

1. 统计第 2 学期开设的课程的总学分，列出该学期开设的课程的课程名、学分和总学分。
2. 统计平均考试成绩大于等于 80 分的学生的姓名、考试的课程号、考试成绩和平均成绩，并将结果按平均成绩降序排列。

3. 查询计算机系年龄小于信息管理系全体学生年龄的学生的姓名和年龄。
4. 查询计算机系年龄大于信息管理系某个学生年龄的学生的姓名和年龄。
5. 查询哪些课程没有学生选修，列出课程号和课程名（用 EXISTS 子查询实现）。
6. 查询计算机系哪些学生未选课，列出学生姓名（用 EXISTS 子查询实现）。
7. 查询未选修第 2 学期开设的全部课程的学生的学号、所选的课程号和该课程的开课学期。
8. 查询至少选了第 4 学期开设的全部课程的学生的学号和所在系。
9. 查询至少选了 0831102 号学生所选的全部课程的学生的学号。
10. 查询至少选了张海所选的全部课程的学生的学号、所在系和所选的课程号。
11. 查询在第 4 学期开设的课程中与第 1 学期开设的课程学分相同的课程，列出课程名和学分。
12. 查询李勇和王大力所选的相同课程，列出课程名、开课学期和学分。
13. 查询李勇选了但王大力未选的课程，列出课程名、开课学期和学分。
14. 查询至少同时选了 C001 和 C002 两门课程的学生的学号和所选的课程号。
15. 查询学生学号、姓名、所在系及该系的学生人数。
16. 查询学生姓名、年龄、所在系及该系的平均年龄、最大年龄和最小年龄。
17. 查询学号、姓名、性别、所在系，以及该系的学生总人数、男女生人数及男女生百分比。查询结果样式如图 7-57 所示。
18. 查询计算机系学生的考试情况，列出学号、姓名、考试课程名、考试成绩及成绩排名。查询结果样式如图 7-58 所示。

	sno	sname	sex	dept	系总人数	男女生人数	男女生百分比
1	0811101	李勇	男	计算机系	4	2	0.50
2	0811102	刘晨	男	计算机系	4	2	0.50
3	0811103	王敏	女	计算机系	4	2	0.50
4	0811104	张小红	女	计算机系	4	2	0.50
5	0831102	王大力	男	通信工程系	3	1	0.33
6	0831103	张姗姗	女	通信工程系	3	2	0.67
7	0831101	钱小平	女	通信工程系	3	2	0.67
8	0821101	张立	男	信息管理系	3	2	0.67
9	0821103	张海	男	信息管理系	3	2	0.67
10	0821102	吴宾	女	信息管理系	3	1	0.33

图 7-57　17 题的查询结果样式

	Sno	Sname	Cname	Grade	Number
1	0811101	李勇	高等数学	96	1
2	0811102	刘晨	高等数学	92	2
3	0811102	刘晨	大学英语	90	3
4	0811102	刘晨	计算机文化学	84	4
5	0811101	李勇	大学英语	84	5
6	0811101	李勇	大学英语	80	6
7	0811101	李勇	VB	62	7

图 7-58　18 题的查询结果样式

19. 查询学生学号、选的课程号、考试成绩及考试成绩在该门课程中的排名。查询结果样式如图 7-59 所示。
20. 查询学生姓名、所在系、出生日期及该学生在该系中的年龄排名（降序）。查询结果样式如图 7-60 所示。

	Sno	Cno	Grade	RANK
1	0811101	C001	96	1
2	0811102	C001	92	2
3	0821102	C001	76	3
4	0821103	C001	50	4
5	0831101	C001	50	4
6	0811102	C002	90	1
7	0811101	C002	80	2

图 7-59　19 题的查询结果样式

	Sname	Dept	BirthDay	RANK
1	王敏	计算机系	1990-03-18	1
2	李勇	计算机系	1990-05-06	2
3	刘晨	计算机系	1991-08-08	3
4	张小红	计算机系	1992-01-10	4
5	王大力	通信工程系	1990-05-06	1
6	钱小平	通信工程系	1990-11-09	2
7	张姗姗	通信工程系	1991-02-26	3
8	张立	信息管理系	1990-10-12	1
9	吴宾	信息管理系	1991-03-20	2
10	张海	信息管理系	1991-06-03	3

图 7-60　20 题的查询结果样式

21. 查询每个学生成绩最低和最高的考试情况，列出学号、姓名、课程号、课程名、该门课程考试成绩及该学生全部考试成绩中的最高成绩和最低成绩，不考虑未参加考试的记录。查询结果样式如图 7-61 所示。
22. 查询每个系年龄最小的学生，列出系名、学生姓名、出生日期、年龄以及该系学生的最小年龄。查询结果样式如图 7-62 所示。

	Sno	Sname	Cno	Cname	Grade	minGrade	maxGrade
1	0811101	李勇	C005	Java	62	62	96
2	0811101	李勇	C002	大学英语	80	62	96
3	0811101	李勇	C003	大学英语	84	62	96
4	0811101	李勇	C001	高等数学	96	62	96
5	0811102	刘晨	C004	计算机文化学	84	84	92
6	0811102	刘晨	C002	大学英语	90	84	92
7	0811102	刘晨	C001	高等数学	92	84	92
8	0821102	吴宾	C005	Java	73	73	85
9	0821102	吴宾	C001	高等数学	76	73	85
10	0821102	吴宾	C004	计算机文化学	85	73	85
11	0821103	张海	C001	高等数学	50	50	80
12	0821103	张海	C004	计算机文化学	80	50	80
13	0831101	钱小平	C001	高等数学	50	50	80
14	0831101	钱小平	C004	计算机文化学	80	50	80
15	0831103	张姗姗	C005	Java	65	65	78
16	0831103	张姗姗	C004	计算机文化学	78	65	78

图 7-61　21 题的查询结果样式

	Dept	Sname	Birthdate	Age	minAge
1	计算机系	张小红	2002-01-10	17	17
2	计算机系	刘晨	2001-08-08	18	17
3	计算机系	李勇	2000-05-06	19	17
4	计算机系	王敏	2000-03-18	19	17
5	通信工程系	张姗姗	2001-02-26	18	18
6	通信工程系	钱小平	2000-11-09	19	18
7	通信工程系	王大力	2000-05-06	19	18
8	信息管理系	张海	2001-06-03	18	18
9	信息管理系	吴宾	2001-03-20	18	18
10	信息管理系	张立	2000-10-12	19	18

图 7-62　22 题的查询结果样式

23. 定义一个统计每门课程的平均考试成绩和选课人数的 CTE，并利用该 CTE 查询选课人数超过 2 人的课程。

24. 查询 Course 表中的全部数据并将其保存到新表 NewCourse 中，然后为 NewCourse 表增加一个先修课程列 PriorCno，该列表明当前课程的先修课程编号，NULL 表示该门课程没有先修课程。NewCourse 表的结构和数据如表 7-6 所示。

表 7-6　NewCourse 表数据

Cno	Cname	Credit	Semester	PriorCno
C001	高等数学	4	1	NULL
C002	大学英语	3	1	NULL
C003	大学英语	3	2	C002
C004	计算机文化学	2	2	NULL
C005	Java	2	3	C004
C006	数据库基础	4	5	C007
C007	数据结构	4	4	C009
C008	计算机网络	4	4	C004
C009	Python 语言	4	3	C004

用 NewCourse 表查询每门课程的信息及其先修课程信息，查询结果样式如图 7-63 所示。

25. 利用 NewCourse 表查询课程号、课程名、先修课程号及课程所在的层次。如果该课程没有先修课，则层次为 1，如果有 1 层先修课，则层次为 2，以此类推。查询结果样式如图 7-64 所示。

26. 创建一个新的学生表 NewStudent，该表结构同 Student 表。利用 MERGE 语句完成下列操作。

（1）将 Student 表中的数据同步到 NewStudent 表中。

（2）在 Student 表中插入一行数据：（0811105，周萍，女，1992-4-10，计算机系），再将 Student 表的数据同步到 NewStudent 表中。

（3）将新插入学生的出生日期改为“1992 年 4 月 20 日”，并再次将 Student 表的数据同步到 NewStudent 表中。

（4）删除 Student 表中新插入的学生记录，再将 Student 表中的数据同步到 NewStudent 表中。

（5）用一个 MERGE 语句表达步骤 1 ～ 4 的全部同步数据操作。

	课程号	课程名	开课学期	先修课程号	先修课程名	先修课开课学期
1	C003	大学英语	2	C002	大学英语	1
2	C005	Java	3	C004	计算机文化学	2
3	C006	数据库基础	5	C007	数据结构	4
4	C007	数据结构	4	C009	Python语言	3
5	C008	计算机网络	4	C004	计算机文化学	2
6	C009	Python语言	3	C004	计算机文化学	2

图 7-63　24 题的查询结果样式

	Cno	Cname	PriorCno	Level
1	C001	高等数学	NULL	1
2	C002	大学英语	NULL	1
3	C004	计算机文化学	NULL	1
4	C003	大学英语	C002	2
5	C005	VB	C004	2
6	C008	计算机网络	C004	2
7	C009	Java语言	C004	2
8	C007	数据结构	C009	3
9	C006	数据库基础	C007	4

图 7-64　25 题的查询结果样式

第8章 索 引

索引是加快数据查询效率的一种有效方法，因为建立索引可以改变数据的搜索结构。多数情况下索引是建立在基本表上的，但也可以建立在视图上。本章只介绍在基本表上建立索引的方法和索引的类型，在视图上建立索引的方法将在第9章介绍。

8.1 基本概念

在数据库中建立索引是为了提高数据的查询速度。数据库中的索引与书籍中的目录或书后的术语表类似。在书中可以利用目录或术语表快速查找所需信息，而无须翻阅整本书。在数据库中，使用索引无须对整个表进行扫描，就可以在其中找到所需数据。书籍的索引表是一个词语列表，其中注明了各个词对应的页码。而数据库中的索引是一个表中某个（或某些）列的列值列表，其中注明了列值所对应的行数据所在的存储位置。可以为表中的单个列建立索引，也可以为一组列建立索引。SQL Server 中的索引采用 B 树结构。索引由索引项组成，索引项由来自表中每一行的一个或多个列（称为索引关键字）组成。B 树按索引关键字排序，可以对组成索引关键字的任何子词条集合进行高效搜索。例如，对于一个由 A、B、C 3 个列组成的索引，可以在 A 以及 A、B 和 A、B、C 上对其进行高效搜索。

例如，假设在 Student 表的 Sno 列上建立了一个索引（索引项为 Sno），则在索引部分就有指向每个学号所对应的学生信息的存储位置的信息，如图 8-1 所示。

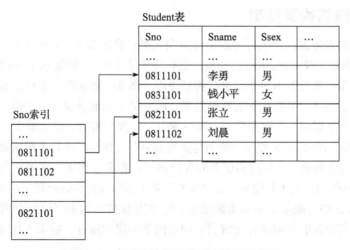

图 8-1 索引及数据间的对应关系示意图

当数据库管理系统执行在 Student 表上根据指定的 Sno 查找该学生信息的语句时，它能够识别 Sno 列为索引列，并首先在索引部分（按学号有序存储）查找该学号，然后再根据找到的学号指向的数据存储位置直接检索出需要的信息。如果没有索引，数据库管理系统需要从 Student 表的第一行开始，逐行比较指定的 Sno 值。根据数据结构的算法知识我们知道有序数据的查找比无序数据的查找效率要高得多。

但索引为查找所带来的高性能也是有代价的，首先索引在数据库中会占用一定的存储空间。其次，在对数据进行插入、更改和删除操作时，为了使索引与数据保持一致，还需要对索引进行相应的维护。对索引的维护是需要时间成本的。

因此，利用索引提高查询效率是以空间和时间成本为代价的。在设计和创建索引时，应确保对性能的提高程度大于在存储空间和处理资源方面的代价。

在大型数据库管理系统中，数据是按数据页存储的，数据页是一块固定大小的连续存储空间。不同厂商的数据库管理系统制定的数据页大小不完全相同，有的数据库管理系统数据页的大小是固定的，比如 SQL Server 的数据页就固定为 8KB；有些数据库管理系统的数据页大小可由用户设定，比如 DB2、Oracle。在 SQL Server 中，索引项也按数据页进行存储，而且其数据页的大小与存放数据的数据页的大小相同。

同存放数据的数据页一样，同一个表中存放索引项的数据页也以链表的方式链接在一起，而且在页头包含指向下一页及前一页的指针，这样就可以将一个表中全部的数据或者索引链在一起。图 8-2 所示为包含多个数据页的表的数据页组织方式。

图 8-2　数据页的组织方式示意图

8.2　索引存储结构及类型

根据索引对物理数据的影响可将索引分为两大类：聚集索引（Clustered Index，也称聚簇索引）和非聚集索引（Non-clustered Index，也称非聚簇索引）。聚集索引对数据按索引关键字进行物理排序，非聚集索引不对数据进行物理排序，图 8-1 所示即为非聚集索引。

为了更好地利用索引提高数据的查询效率，同时尽可能地减少索引开销，SQL Server 进一步将索引细分为聚集索引、非聚集索引、唯一索引、包含列索引、筛选索引、列存储索引、全文索引、空间索引、XML 索引和在视图上建立的索引等。在本章我们介绍聚集索引、非聚集索引、唯一索引、包含列索引、筛选索引和列存储索引的含义和作用，在第 9 章介绍在视图上建立的索引的含义和作用，关于其他索引有兴趣的读者可参阅 SQL Server 联机丛书。

在 SQL Server 中，聚集索引和非聚集索引都采用 B 树结构来存储索引项，而且都包含数据页和索引页，其中索引页用来存放索引项和指向下一层的指针，数据页用来存放数据。

8.2.1　B 树结构

SQL Server 中的很多索引均采用 B 树结构来存储。B 树（Balanced Tree，平衡树）的最上层节点称为根节点（Root Node），最下层节点称为叶节点（Leaf Node）。在根节点所在层和叶节点所在层之间的层上的节点称为中间节点（Intermediate Node）。B 树结构从根节点开始，以左右平衡的方式存放数据，中间可根据需要分成许多层，如图 8-3 所示。

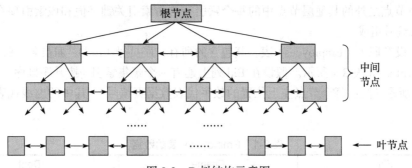

图 8-3　B 树结构示意图

8.2.2　索引类型

常规索引包括聚集索引、非聚集索引，SQL Server 为实现更高的时空性价比，又提供了包含列索引、唯一索引、筛选索引、列存储索引等。

1. 聚集索引

聚集索引的 B 树是自下而上建立的，最下层的叶级节点存放的是数据，因此它既是索引页，同时也是数据页。多个数据页生成一个中间层节点的索引页，然后再由数个中间层节点的索引页合成更上层的索引页，如此上推，直到生成顶层根节点的索引页。生成高一层节点的方法：从下一层节点开始，高一层节点中的每个索引项的索引关键字值是其下层节点中索引关键字的最大或最小值。图 8-4 为单个分区中的聚集索引结构的示意图。

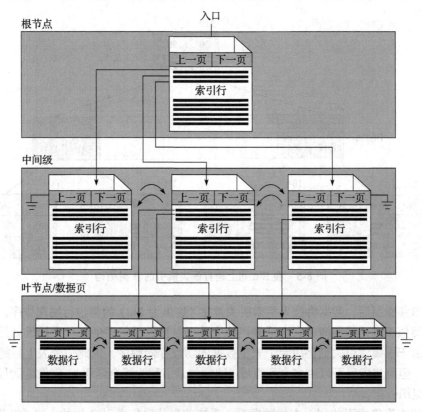

图 8-4　建有聚集索引的表的存储结构示意图

除叶级节点之外的其他层节点中的每个索引行均由索引关键字值和该索引项在下层节点的数据页的编号组成。

例如，设有职工（Employees）表，其包含的列有：雇员号（Eid）、雇员名（Ename）和所在单位（Dept），如表 8-1 所示。假设在 Eid 列上建有一个聚集索引（按升序排序），其 B 树结构如图 8-5 所示（注：每个节点左上位置的数字代表数据页编号），其中的虚线代表数据页间的链接。

表 8-1   Employees 表的数据

Eid	Ename	Dept
E01	AB	CS
E02	AA	CS
E03	BB	IS
E04	BC	CS
E05	CB	IS
E06	AS	IS
E07	BB	IS
E08	AD	CS
E09	BD	IS
E10	BA	IS
E11	CC	CS
E12	CA	CS

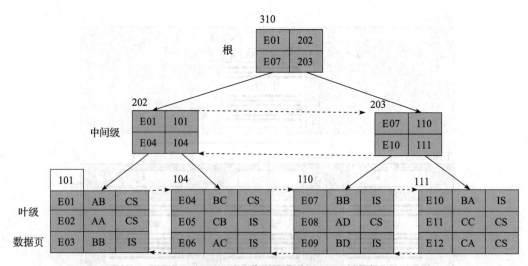

图 8-5   在 Eid 列上建有聚集索引的 B 树结构

建立聚集索引后，数据将按聚集索引关键字（这里为 Eid）的值进行物理排序。因此，聚集索引很类似于电话号码簿，在电话号码簿中数据是按姓氏排序的，其中姓氏就是聚集索引关键字。由于聚集索引关键字决定了表中数据的物理存储顺序，因此一个表上只能建立一个聚集索引。但聚集索引可以由多个列组成（这样的索引称为组合索引），就像电话号码簿按姓氏和名字组织一样。

当在建有聚集索引的列上查找数据时，系统首先从聚集索引 B 树的入口（根节点）开始逐层向下查找，直到到达 B 树索引的叶级，也就是要找的数据所在的数据页，然后再在这个数据页中查找所需数据。

例如，若执行如下语句：

```
SELECT * FROM Employees WHERE Eid = 'E08'
```

当数据库管理系统判断出在 Eid 列上建有聚集索引时，系统首先从该聚集索引的 B 树根节点（310 页，见图 8-5）开始查找，用"E08"逐项与 310 页上的每个索引关键字进行比较。"E08"大于此页的最后一个索引项的值"E07"，因此，选择"E07"所在的索引页 203，再进入 203 索引页中继续比较。"E08"大于 203 索引页上的"E07"而小于"E10"，因此，选择"E07"所在的数据页 110，再进入 110 数据页继续逐项比较。110 页存放的已是数据，因此在 110 数据页上可逐项进行比较，找到职工号等于"E08"的记录，该记录中包含了职工的全部数据信息。至此上述查询已完毕。

插入或删除数据会引起索引页中索引项的增加或减少，可能会由此造成索引页的分裂或合并。当由索引页分裂或合并而造成整个索引 B 树不平衡时，数据库管理系统会自动对索引 B 树进行调整，以保持其平衡性。因此，在对建有索引的表进行插入和删除数据的操作时会影响这些操作的执行性能。当进行更改索引关键字值的操作时，数据库管理系统会自动对更改后的索引关键字值进行排序，以保持整个索引关键字的有序性。对数据重新排序后，还需要相应地调整存储索引的 B 树。因此，更改索引列的值会降低数据更改效率。

聚集索引对于那些经常要搜索列在连续范围内的值的查询特别有效。使用聚集索引找到包含第一个列值的数据行后，由于后续要查找的数据值在物理上相邻而且有序，因此只要将数据值直接与查找的终止值进行比较即可。

虽然创建聚集索引可以提高数据的查询效率，但也并不是说随便建立的聚集索引都能够达到这个目的。如果索引建立得不合适，则非但不能达到提高数据查询效率的目的，而且还会影响数据的插入、删除和更改操作的效率。因此，索引并不是越多越好（建立索引需要占用空间，维护索引需要耗费时间），而是要综合考虑一些因素。

考虑对具有下列特点的查询使用聚集索引：
- 使用运算符 BETWEEN AND、>、>=、< 和 <= 返回的一个范围值。
- 返回大型结果集的查询。
- 经常使用 JOIN 子句进行连接操作。
- 经常使用 ORDER BY 或 GROUP BY 子句。

考虑对具有下列特点的列建立聚集索引：
- 唯一或包含许多不重复值的列。例如，雇员号（Eid）唯一地标识了一个雇员，则在 Eid 上建立聚集索引或 PRIMARY KEY 约束可以改善基于 Eid 搜索雇员信息的查询的性能。
- 被顺序访问的列。例如，假设 Product 表中产品号（ProductID）唯一地标识一个产品。如果经常进行顺序搜索的查询，如 WHERE ProductID BETWEEN 980 and 999，在 ProductID 上建立聚集索引可提高该类查询的性能，因为数据已按 ProductID 列有序存储。
- ORDER BY 或 GROUP BY 子句中经常指定的列。由于这些列已经是有序的，因此在进行此类操作时数据库引擎不必对数据进行排序，从而提高了查询性能。
- 经常被用于进行连接操作的列。

一般情况下，定义聚集索引键时使用的列越少越好。

具有下列特点的列不适合建立聚集索引：

- 频繁更改的列。因为更改列将导致索引关键字的整行移动。
- 宽键。宽键是指若干列或若干大型列的组合。因为所有非聚集索引都会将聚集索引中的键值用作查找键，并存储在每个非聚集索引 B 树的叶级索引项中，因此宽键会使同一个表定义的所有非聚集索引都增大许多。

2. 非聚集索引

非聚集索引与图书后面的术语表类似。数据存储在一个位置，术语表存储在另一个位置。术语表是有序的，但数据并不按术语表的顺序存放。术语表中的每个词在书中都有确切的位置。非聚集索引就类似于术语表，而数据就类似于一本书的内容。

非聚集索引与聚集索引一样采用 B 树结构存储。图 8-6 为单个分区中的非聚集索引结构示意图。

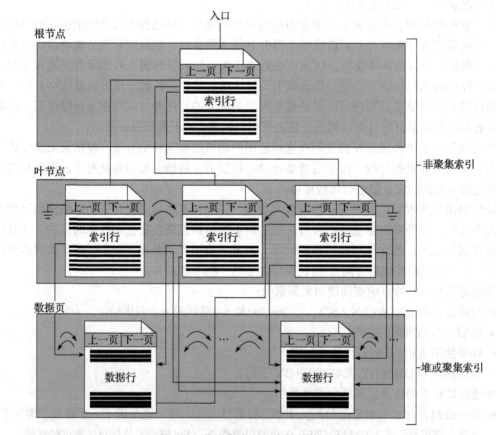

图 8-6　非聚集索引的存储结构示意图

非聚集索引与聚集索引有以下两个重要差别：

- 建有非聚集索引的表的数据并不按非聚集索引关键字值的顺序进行物理排序。
- 非聚集索引 B 树的叶级节点不是存放数据的数据页。

非聚集索引 B 树的叶级节点由索引行组成，索引行按索引关键字值有序排列。每个索引行由非聚集索引关键字值和一个或多个行定位器组成，行定位器指向该关键字值对应的数据行（如果索引不唯一，则可能是多行）。

非聚集索引可以建立在有聚集索引的表上，也可以建立在无任何索引的表上。在 SQL Server 中，非聚集索引中的行定位器有以下两种形式：

1）如果该表未定义聚集索引，则行定位器就是指向行的指针。该指针由文件标识符（ID）、页码和页上的行序号生成。整个指针称为行 ID。对于表 8-1 所示的 Employees 表，如果只在 Eid 列上建立了非聚集索引，则数据及索引的存储形式如图 8-7 所示。

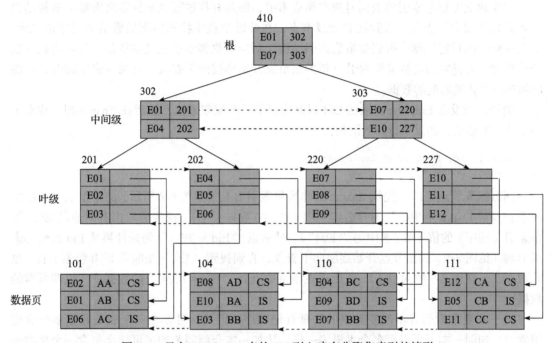

图 8-7　只在 Employees 表的 Eid 列上建有非聚集索引的情形

2）如果该表已建有聚集索引，则行定位器就是该行的聚集索引关键字的值。数据库管理系统通过使用聚集索引关键字搜索聚集索引的 B 树来检索数据行，而聚集索引关键字存储在非聚集索引的叶级节点中。对于表 8-1 所示的 Employees 表，如果已经在 Employees 表的 Eid 列上建立了聚集索引，而后又在 Ename 列上建立了非聚集索引，则该非聚集索引 B 树的存储形式如图 8-8 所示。

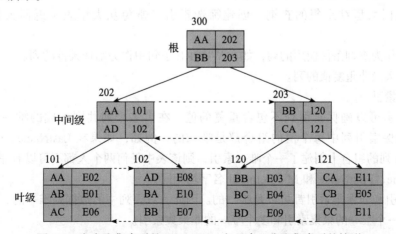

图 8-8　在有聚集索引的 Employees 表上建立非聚集索引的情形

不管行定位器是哪种形式，非聚集索引的索引项均按索引关键字值有序存储，但与表中数据的存储顺序无关。

如果建立非聚集索引的表未建立聚集索引，则其查找过程是从非聚集索引 B 树的根节点开始逐层向下查找，直到找到叶级节点，在叶级节点中找到匹配的索引关键字值之后，其所对应的行定位器所指位置即是查找数据的存储位置。

如果建立非聚集索引的表同时建有聚集索引，则其查找过程也是从非聚集索引 B 树的根节点开始逐层向下查找，直到找到叶级节点，在叶级节点中找到匹配的索引关键字值之后，从其所对应的行定位器中得到非聚集索引关键字对应的聚集索引关键字的值，然后再根据这个聚集索引关键字的值从聚集索引 B 树的根节点开始逐层向下查找，直到在聚集索引 B 树的叶级节点中找到匹配的数据。

例如，假设在 Employees 表的 Eid 列上建立了一个聚集索引，然后在 Ename 列上建立了一个非聚集索引，如果执行如下语句：

```
SELECT Eid, Dept FROM Employees
   WHERE Ename = 'BC'
```

则数据库管理系统首先从 Ename 的非聚集索引 B 树（如图 8-8 所示）的根节点开始逐层向下查找 "Ename = 'BC'" 的叶级索引项（在 120 数据页上），找到后取出其对应的 Eid（聚集索引关键字）的值（图 8-8 中为 "E04"）。然后以 "Eid = 'E04'" 为条件再从 Eid 的聚集索引 B 树（见图 8-5）的根节点开始逐层向下查找，直到找到 "Eid = 'E04'" 的叶级索引页（也是数据页，在图 8-5 中为 104），然后再在该页中查找 "Eid = 'E04'" 的数据项，也即所需的数据。

由于非聚集索引并不改变数据的物理存储顺序，因此，可以在一个表上建立多个非聚集索引。如同一本书可以有多个术语表一样，比如一本介绍园艺的书可能会包含一个植物通俗名称的术语表和一个植物学名称的术语表，因为这是读者查找信息的两种最常用的方法。SQL Server 2017 最多允许在一个表上建立 999 个非聚集索引。

同聚集索引一样，在创建非聚集索引之前，应先了解访问数据的方式。考虑对具有以下特点的查询使用非聚集索引：

- 使用 JOIN 或 GROUP BY 子句的查询。应为连接和分组操作涉及的列创建多个非聚集索引，为外键列创建一个聚集索引。
- 不返回大型结果集的查询。创建筛选索引以避免从大型表中返回大量结果集的查询。
- 经常作为查询条件使用的列，如在 WHERE 子句中作为筛选条件的列。
- 包含大量非重复值的列。

3. 唯一索引

唯一索引可以确保索引列不包含重复的值。在由多个列共同构成的唯一索引中，该索引可以确保索引列中每个值的组合都是唯一的。例如，如果在 LastName、FirstName 和 MiddleInitial 列的组合上创建了一个唯一索引，则该表中任何两个人都不可以有完全相同的名字（LastName、FirstName 和 MiddleInitial 名字均相同）。

聚集索引和非聚集索引都可以是唯一的。因此，只要列中的数据是唯一的，就可以在一个表上创建一个唯一的聚集索引和多个唯一的非聚集索引。

> **说明**　只有当数据本身具有唯一性时，指定唯一索引才有意义。如果必须要实施唯一性来确保数据的完整性，则应在列上创建 UNIQUE 约束或 PRIMARY KEY 约束（关于约束请参见本书第 5 章中的相关内容），而不要创建唯一索引。例如，如果想限制学生表（主键为 Sno）中身份证号码（sid）列（假设学生表中有此列）的取值不能重复，则可在 sid 列上创建 UNIQUE 约束。实际上，当在表上创建 PRIMARY KEY 约束或 UNIQUE 约束时，数据库管理系统会自动在涉及的列上创建唯一索引。

4. 包含列索引

假设针对表 8-1 所示的 Employees 表有如下查询：

```
SELECT Dept FROM Employees WHERE Eid = 'E02'
```

如果 Employees 表只在 Eid 列上建有一个非聚集索引，而未建立聚集索引。按照图 8-7 所示的索引结构从根到叶进行查找。当查找到叶级索引 201 页时匹配"Eid = 'E02'"的匹配数据，下一步要做的事情就是取出 E02 索引关键字对应的行定位器值，根据该行定位器值到数据页中查找该职工所在的部门。如果能扩展叶级索引项的内容，将要查找的 Dept 列也放到叶级索引中（这里的 Dept 列不作为索引关键字，只是作为查询涉及的一个列），使叶级索引的行数据结构如下：

Eid	Dept	行定位器

则上述查询语句的查找过程可以省略最后一步从叶级索引到数据页的查找，从而提高该查询的执行效率。

又如，假设已在 Employees 表的 Eid 列上建立了一个聚集索引，并在 Ename 列上建立了一个非聚集索引。如果执行如下查询语句：

```
SELECT Dept FROM Employees WHERE Ename =  'BC'
```

则根据图 8-5 和图 8-8 所示的索引结构，数据库管理系统首先根据"Ename = 'BC'"条件，在非聚集索引 B 树中从根到叶进行查找。当在叶级索引 120 页找到"Ename = 'BC'"的数据时，取出该项对应的聚集索引关键字值"E04"，然后再以"Eid = 'E04'"为条件，在聚集索引 B 树中从根到叶进行查找，直到在叶级找到"Eid = 'E04'"的数据，才能得到要查找的 Dept 值。

同理，如果能扩展非聚集索引叶级节点所包含的信息，使其包含 Dept 列，则该查询可省略对聚集索引 B 树的查找，从而提高查询效率。这就是引出包含列索引的原因。

从上述示例中可以看到，如果查询涉及的所有列都包含在索引行中，则可以显著地提高查询性能。因为数据库管理系统可以直接在索引 B 树中找到所有的列值，而无须再访问表或聚集索引数据，从而减少了磁盘 I/O 操作。因此可以考虑对非聚集索引的叶级节点进行扩展，使其除了包含索引关键字外，还包含查询涉及的列。这种将非索引关键字也放置到非聚集索引叶级节点的索引就称为包含列索引。因此，包含列索引本质上是一种非聚集索引，它只是扩展了非聚集索引的叶级节点，将查询经常涉及的列也放置到叶级索引中。

如果查询涉及的所有列均包含在非聚集索引的叶级索引中，则称这样的查询为覆盖查询，称这种情况为索引覆盖。

在非聚集索引的叶级节点增加非索引关键字列的好处如下：

- 被包含的列（非索引键列）可以是不允许作为索引键列的数据类型（有些数据类型是不允许建立索引的，我们将在 8.3.1 节中介绍）。
- 在计算索引键列的个数和索引键大小时，数据库管理系统不考虑这些非索引键列（关于索引键列的个数及索引键大小的限制，可参看 8.3.1 节中的 CREATE INDEX 语句）。

5. 筛选索引

筛选索引是一种经过优化的非聚集索引，适用于选择表中部分数据的查询。筛选索引使用筛选谓词对表中的部分数据行进行索引。与对全表建立索引相比，设计良好的筛选索引可以提高查询性能、减少索引维护开销并可降低索引存储开销。

筛选索引与全表索引相比具有以下优点。

（1）提高了查询性能和执行计划质量

设计良好的筛选索引可以提高查询性能和执行计划质量，因为它比全表非聚集索引小并且具有经过筛选的统计信息。与全表统计信息相比，经过筛选的统计信息更加准确，因为它们只涵盖筛选索引中的行。

（2）减少了索引维护开销

与全表非聚集索引相比，筛选索引减少了索引维护开销，因为它更小并且仅在数据操作语言对索引中的数据产生影响时才进行维护。可以根据需要建立多个筛选索引，特别是可以在其中包含很少受影响的数据。同样，如果筛选索引只包含频繁受影响的数据，则索引大小较小时可以减少更新统计信息的开销。

（3）减少了索引存储开销

在没必要创建全表索引时，创建筛选索引可以减少非聚集索引的磁盘存储开销。可以使用多个筛选索引来替换一个全表非聚集索引，而且不会明显增加存储开销。

为了设计有效的筛选索引，必须了解应用程序使用了哪些查询及这些查询与数据子集之间的关联。例如，大部分值为 NULL 的列、含异类类别值的列和含不同范围值的列都属于适于定义数据子集的数据。

适合建立筛选索引的情形如下：

- 只需要查询列中少量的相关值时，可以针对值的子集创建筛选索引。例如，当某列大部分的值为 NULL，并且查询是针对非 NULL 值进行选择时，可以为非 NULL 数据行创建筛选索引。
- 异类数据的筛选索引。当表中含有属于不同类别的数据行时可以为一种或多种类别的数据创建筛选索引。例如，假设 Product 表中有产品类别列 ProductSubcategoryID（int 型），该列与另一张描述产品类别的表 ProductCategory 相关，ProductCategory 表中将产品分为 Bikes、Components、Clothing、Accessories 等类别，则这些类别即为异类类别。如果经常查询子类别 ProductSubcategoryID 在 27 ～ 36 范围内的 Accessories，则可以通过对 Accessories 子类别创建筛选索引提高对 Accessories 的查询性能。

以下是适宜构建筛选索引的部分情形：

- 仅包含少量非 NULL 值的稀疏列。
- 包含多种异类数据的列。
- 包含多个范围值（如金额、时间和日期）的列。
- 由列值的简单比较逻辑定义的表分区。

当筛选索引中的行数与全表索引相比较少时，筛选索引减少的维护开销最为明显。如果筛选索引包含表中的大部分行，则与全表索引相比，其维护开销可能会更高。在这种情况下，应使用全表索引而不是筛选索引。

筛选索引是针对一个表定义的，它仅支持简单比较运算符。如果需要引用多个表或具有复杂逻辑的筛选表达式，则应创建视图。关于视图的概念以及如何在视图上创建索引将在第 9 章中介绍。

创建筛选索引时须注意以下事项：

- 如果不论是否使用筛选索引，查询结果均相同，则查询优化器会使用筛选索引。
- 如果查询结果包含不在筛选索引中的行，则查询优化器将不会使用筛选索引。

例如，假设有如下索引筛选条件：

```
WHERE EndDate IS NOT NULL
```

则当执行如下条件的查询时将不使用筛选索引。

```
SELECT …
  WHERE EndDate IS NOT NULL OR ModifiedDate IS NOT NULL;
```

6. 列存储索引

在 SQL Server 里，数据页是数据存储的基本单位，而数据行是实际数据的存储单位，数据从页头之后开始依次存储在数据页上。这种按行在数据页上存储记录的方式就是行存储。当数据是按列存储而不是按行存储时，就是所谓的列存储。SQL Server 从 2012 版开始提供一种不同于传统 B 树结构的索引类型——列存储索引。这种索引应用一种基于列的存储模式，列存储模式可以极大地提高数据查询性能。它不同于聚集索引、非聚集索引及堆表等以行为单位的存储方式，列存储索引将数据按列存储。由于列存储方式并不要求存储的列必须唯一，所以可以通过压缩将重复的列合并，从而减少查询时的磁盘 IO 进而提高效率。

列存储索引是用来与大数据表一起使用的。虽然没有明确的最小要求，但建议一个表至少有一千万行数据时使用列存储索引的意义才更明显。

（1）为何要使用列存储索引？

列存储索引可实现极高的数据压缩级别（通常是传统方法的 10 倍），从而明显降低数据仓库的存储成本。对于数据分析，列存储索引实现的性能比 B 树索引要高出一个量级。列存储索引是数据仓库和数据分析工作负载的首选数据存储格式。

（2）列存储索引速度较快的原因

列存储来自同一个域且通常相似的值，从而提高了压缩率，最大限度地减少或消除了系统中的 I/O 瓶颈，并显著降低了内存占用量。

较高的压缩率通过使用更小的内存空间提高查询性能。反过来，由于 SQL Server 可以在内存中执行更多查询和数据操作，因此可以提升查询性能。

批处理执行可同时处理多个行，通常可将查询性能提高两倍到 4 倍。

查询通常仅从表中选择几列，这减少了从物理介质的总 I/O。

（3）如何在行存储索引与列存储索引之间做出选择？

行存储索引最适合用于查找数据、搜索特定值的查询，或者针对较小范围的值执行的查询。对 OLTP 系统适合使用行存储索引，因为它们往往大多需要进行表查找，而不是表扫描。

对于 OLAP 系统需要扫描大量数据（尤其是大型表中）的分析查询，列存储索引可提高性能。对数据仓库和数据分析（尤其是数据量大的事实数据表）适合使用列存储索引，因为它们往往需要进行全表扫描，而不是表查找。

有两种类型的列存储索引：聚集索引和非聚集索引。在 SQL Server 2012 版本中只支持非聚集列存储索引，2014 版本中才加入了对聚集列索引的支持。

8.3 创建索引

了解索引概念并确定了索引依据列之后就可以在表上创建索引了。在 SQL Server 中，可以使用 T-SQL 语句创建索引，也可以通过 SSMS 工具用图形化的方法创建索引。

8.3.1 用 SQL 实现

1. 创建索引

创建索引使用的是 CREATE INDEX 语句，其一般语法格式如下：

```
CREATE [ UNIQUE ] [ CLUSTERED | NONCLUSTERED ] INDEX index_name
    ON table_or_view_name
    ( column [ ASC | DESC ] [ ,...n ] )
    [ INCLUDE ( column_name [ ,...n ] ) ]
    [ WHERE <filter_predicate> ]
    [ WITH ( <relational_index_option> [ ,...n ] ) ]
    [ ON { partition_scheme_name ( column_name )
        | filegroup_name
        | default
        }
    ]
[ ; ]

<relational_index_option> ::=
{
    PAD_INDEX = { ON | OFF }
  | FILLFACTOR = fillfactor
  | IGNORE_DUP_KEY = { ON | OFF }
  | DROP_EXISTING = { ON | OFF }
  | ONLINE = { ON | OFF }
}
<filter_predicate> ::= <conjunct> [ AND <conjunct> ]
<conjunct> ::= <disjunct> | <comparison>
<disjunct> ::= column_name IN (constant ,… )
<comparison> ::= column_name <comparison_op> constant
<comparison_op> ::= {IS | IS NOT | = | <> | != | > | >= | !> | < | <= | !< }
<range>::=<partition_number_expression>TO <partition_number_expression>
```

其中各参数的含义如下。

- UNIQUE：创建唯一索引。唯一索引不允许两行具有相同的索引键值。

不管 IGNORE_DUP_KEY 是否设置为 ON，数据库管理系统都不允许为已包含重复值的列创建唯一索引。否则，系统会显示错误消息。另外，唯一索引使用的列应有 NOT NULL 约束，因为在创建唯一索引时，会将多个 NULL 值视为重复值。

  - CLUSTERED：创建聚集索引。一个表或视图只允许创建一个聚集索引。应在创建非聚集索引之前创建聚集索引，因为创建聚集索引时会重新生成表中现有的非聚集索引。
  - NONCLUSTERED：创建非聚集索引。SQL Server 2017 支持在一个表上最多可创建 999 个非聚集索引。如果未指定索引类型，则默认是 NONCLUSTERED。

- index_name：索引名。索引名在表或视图中必须唯一，但在数据库中不必唯一。
- table_or_view_name：要为其建立索引的表或视图的名称。
- column：索引所基于的一列或多列。如果指定了两个或多个列名，则是为指定列的组合值创建一个组合索引。在 table_or_view_name 后的括号中按排序优先级列出组合索引中要包括的列。

  一个组合索引最多可包含 16 个列，这些列必须在同一个表或视图中，而且各列所占空间之和不能超过 900 字节。

  不能将大对象（LOB）数据类型 ntext、text、varchar(max)、nvarchar(max)、varbinary(max)、xml 或 image 的列指定为索引键列。
- [ASC|DESC]：确定索引列值的排序方式，ASC 为升序，DESC 为降序。默认值为 ASC。
- INCLUDE(column[,...n])：指定要添加到非聚集索引叶级节点的非键（包含）列。非聚集索引可以唯一，也可以不唯一。在 INCLUDE 列表中列名不能重复，而且不能同时是索引键列。

  非键列允许除 text、ntext 和 image 之外的所有数据类型。如果指定的非键列属于 varchar(max)、nvarchar(max) 或 varbinary(max) 数据类型，则必须脱机（ONLINE = OFF）创建或重新生成该索引。
- WHERE <filter_predicate>：通过指定索引中要包含哪些行来创建筛选索引。筛选索引必须是非聚集索引。例如，假设有销售表 Sales，其中有销售日期列 SaleDate，现要对 2012 年 1 月 1 日至 2012 年 6 月 30 日期间的销售数据建立索引，则可以写筛选条件 "WHERE SaleDate >= '2012/01/01' AND SaleDate <= '2012/06/30'"。
- ON partition_scheme_name(column_name)：指定分区方案，该方案定义要将分区索引的分区映射到的文件组。分区方案必须是数据库中存在的。column_name 指定将作为分区索引的分区依据的列。该列必须与 partition_scheme_name 使用的分区函数参数的数据类型、长度和精度相匹配。column_name 不限于索引定义中的列。除了在对 UNIQUE 索引分区时，必须从用作唯一键的列中选择 column_name 外，其他类型的索引可以指定表中的任意其他列。通过此限制，数据库引擎可验证单个分区中的键值唯一性。

  如果未指定 partition_scheme_name 或 filegroup 且该表已分区，则索引会与基本表使用相同分区依据列并被放入同一个分区方案中。

 对非唯一的聚集索引进行分区时，如果未指定分区依据列，则默认情况下数据库引擎将在聚集索引键列表中添加分区依据列。在对非唯一的非聚集索引进行分区时，如果未指定分区依据列，则数据库引擎会添加分区依据列作为索引的非键（包含）列。

- ON filegroup_name：在指定文件组上创建索引。如果未指定文件组且表或视图未分区，则索引将与基础表或视图使用相同的文件组。该文件组必须已存在。
- ON "default"：在默认文件组上创建索引。注意这里的 "default" 不是关键字，而是默认文件组的标识符。

- PAD_INDEX = {ON|OFF}：指定索引的填充情况。默认值为 OFF。
  - ON：将 fillfactor 指定的叶级索引页的可用空间百分比应用于索引的中间级页。
  - OFF 或不指定 fillfactor：将中间级页填充到接近其容量的程度，但至少留出能够容纳一行索引的空间。

只有在指定了 FILLFACTOR 时 PAD_INDEX 选项才有用，因为 PAD_INDEX 使用由 FILLFACTOR 指定的百分比。如果为 FILLFACTOR 指定的百分比不够大，无法容纳一行索引项，则数据库管理系统将在内部覆盖该百分比并采用最小值。无论 fillfactor 的值有多小，中间级索引页上的索引永远都不会少于两行。

- FILLFACTOR = fillfactor：指定一个百分比，表示在创建或重新生成索引的过程中，叶级索引页的填充程度。fillfactor 是介于 1 至 100 之间的整数值，默认值为 0。fillfactor 为 100 或 0，表示叶级索引页将被 100% 填充。

📊 **说明** FILLFACTOR 的设置仅在创建或重新生成索引时有效，数据库管理系统并不会在维护索引的过程中动态地保持指定的可用空间百分比。

- IGNORE_DUP_KEY = {ON | OFF}：指定对唯一聚集索引或唯一非聚集索引执行多行插入操作时出现重复键值的错误响应情况。默认值为 OFF。
  - ON：发出一条警告信息，但只有违反了唯一索引的行才会失败。
  - OFF：发出错误消息，并回滚整个 INSERT 事务。

IGNORE_DUP_KEY 设置仅适用于创建或重新生成索引后发生的插入操作，对索引创建期间的插入操作无效。

如果是对视图创建索引，则 IGNORE_DUP_KEY 不能设置为 ON。

- DROP_EXISTING = {ON | OFF}：指定是否删除并重新生成之前已存在的索引。默认值为 OFF。
  - ON：删除并重新生成现有索引。指定的索引名必须与当前的现有索引相同，但可以修改索引的定义。例如，可以指定不同的列、排序顺序、分区方案或索引选项。
  - OFF：如果指定的索引名已存在，则显示一条错误。

📊 **说明** 不能使用 DROP_EXISTING 更改索引类型。

- ONLINE = {ON | OFF}：指定在索引操作期间基础表和关联的索引是否可用于查询和数据修改操作。默认值为 OFF。
  - ON：在索引操作期间不持有长期表锁。
  - OFF：在索引操作期间应用表锁。

2. 显示执行计划

在给出建立索引的例子之前，我们先介绍如何在 SSMS 中查看语句的执行计划（即查询语句的执行步骤），以便更好地了解索引在提高查询效率方面的作用。

打开或输入要在 SSMS 查询编辑器中进行分析的 T-SQL 脚本，单击查询编辑器工具栏上的"显示估计的执行计划" 📇 或"包括实际的执行计划" 📇 按钮，或者选择"查询"菜单下的"显示估计的执行计划"或"包括实际的执行计划"命令，可以指定是显示估计的执行计划还是显示实际的执行计划。如果单击"显示估计的执行计划"，则将分析该脚本并生成估计的执行计划；如果单击"包括实际的执行计划"，则必须在生成执行计划之前执行该脚本。分析或执行脚本之后，可以单击"执行计划"选项卡查看执行计划输出的图形表示形式。图 8-9 所示为在 Students 数据库中执行如下查询语句时的实际执行计划。

```
SELECT Sname FROM Student WHERE Sname LIKE '王%'
```

图 8-9　查看查询计划示例

阅读图形执行计划的方法：按照从右到左、从上到下的顺序阅读。执行计划显示了所分析的批处理中的每个查询，包括每个查询的开销占批处理总开销的百分比。

3. 建立索引示例

例 1　创建简单的非聚集索引并查看索引利用情况。本示例在之前建立的 Student 表上进行，该表已在 Sno 列上建立了 PRIMARY KEY 约束，即已经建立了一个聚集索引。

1）首先执行如下查询：

```
SELECT Sname FROM Student WHERE Sname LIKE '王%'
```

在 SSMS 中，选择"查询"菜单下的"包括实际的执行计划"命令查看该查询语句的执行计划，如图 8-9 所示。从图中可以看到，此查询用到了表上建立的聚集索引，即由主键约束生成的索引。

2）在 Student 表的 Sname 列上创建一个非聚集索引。

```
CREATE INDEX Idx_Sname ON Student(Sname)
```

再次执行上述查询语句，其执行计划如图 8-10 所示。从图中可看到该查询使用了新建的非聚集索引。

3）执行如下查询语句，其查询计划如图 8-11 所示。

```
SELECT Sname FROM Student WHERE Sex = '男'
```

图 8-10　建立非聚集索引后的查询执行计划

图 8-11　建立非聚集索引后按性别查询的执行计划

从图 8-11 中可以看到，该查询语句并未使用新建立的非聚集索引。当执行查询语句时，数据库管理系统会选择一个最适合的执行方法。如果所建立的索引对查询无效，则系统不会使用。但由主键建立的聚集索引使表的数据按主键列值进行了物理排序，因此，如果没有其他合适的索引可用，则系统一般都会选用由主键建立的聚集索引。

例 2　创建简单非聚集组合索引。本示例使用 MySimpleDB 数据库。为 Sales.SalesPerson 表的 SalesQuota 和 SalesYTD 列创建一个非聚集组合索引。

```
USE MySimpleDB
GO
```

```
IF EXISTS (SELECT name FROM sys.indexes    -- 如果索引已存在，则先删除之
            WHERE name = N'IX_SalesPerson_SalesQuota_SalesYTD')
  DROP INDEX IX_SalesPerson_SalesQuota_SalesYTD ON Sales.SalesPerson ;
GO
CREATE NONCLUSTERED INDEX IX_SalesPerson_SalesQuota_SalesYTD
  ON Sales.SalesPerson (SalesQuota, SalesYTD);
GO
```

例 3　创建唯一非聚集索引。本示例使用 MySimpleDB 数据库。在 Production.UnitMeasure 表的 Name 列上创建一个唯一非聚集索引。该索引将强制 Name 列的数据不能有重复值。

```
USE MySimpleDB;
GO
IF EXISTS (SELECT name from sys.indexes
            WHERE name = N'AK_UnitMeasure_Name')
  DROP INDEX AK_UnitMeasure_Name ON Production.UnitMeasure;
GO
  CREATE UNIQUE INDEX AK_UnitMeasure_Name
  ON Production.UnitMeasure(Name);
```

执行如下数据插入语句（该表中已有 name='Ounces' 的数据），测试建立唯一索引的作用。

```
INSERT INTO Production.UnitMeasure
  ( UnitMeasureCode, Name, ModifiedDate )
  VALUES ('OC', 'Ounces', GetDate());
```

系统将返回如下错误消息：

消息 2601，级别 14，状态 1，第 1 行

不能在具有唯一索引"AK_UnitMeasure_Name"的对象"Production.UnitMeasure"中插入重复键的行。重复键值为（Ounces）。

语句已终止。

例 4　使用 IGNORE_DUP_KEY 选项创建索引。本示例演示将 IGNORE_DUP_KEY 选项分别设置为 ON 和 OFF 时对插入数据的影响。为方便说明问题，我们建立一个临时表 #Student，该表的结构同 Student 表。

1）创建临时表 #Student。

```
CREATE TABLE #Student (
  Sno       CHAR(7)    PRIMARY KEY,
  Sname     NCHAR(5)   NOT NULL   ,
  Sex       NCHAR(1)              ,
  Birthday  DATE                  ,
  Dept      NVARCHAR(20) )
```

2）在 #Student 表的 Sname 列上建立一个唯一非聚集索引，同时将 IGNORE_DUP_KEY 选项设置为 ON。

```
CREATE UNIQUE INDEX UK_Index ON #Student (Sname)
  WITH ( IGNORE_DUP_KEY = ON )
```

3）在 #Student 表中执行如下数据插入语句：

```
INSERT INTO #Student
  VALUES('0811105','李勇','男','1991/7/9','计算机系')
INSERT INTO #Student SELECT * FROM Student
```

执行完第二个插入语句后，系统返回如下信息：

已忽略重复的键。

（9 行受影响）

Student 表中的数据如图 8-12 所示，执行完上述两条插入语句后，#Student 表中的数据如图 8-13 所示。

	Sno	Sname	Sex	Birthday	Dept
1	0811101	李勇	男	1990-05-06	计算机系
2	0811102	刘晨	男	1991-08-08	计算机系
3	0811103	王敏	女	1990-03-18	计算机系
4	0811104	张小红	女	1992-01-10	计算机系
5	0821101	张立	男	1990-10-12	信息管理系
6	0821102	吴宾	女	1991-03-20	信息管理系
7	0821103	张海	男	1991-06-03	信息管理系
8	0831101	钱小平	女	1990-11-09	通信工程系
9	0831102	王大力	男	1990-05-06	通信工程系
10	0831103	张姗姗	女	1991-02-26	通信工程系

图 8-12　Student 表中的数据

	Sno	Sname	Sex	Birthday	Dept
1	0811102	刘晨	男	1991-00-00	计算机系
2	0811103	王敏	女	1990-03-18	计算机系
3	0811104	张小红	女	1992-01-10	计算机系
4	0811105	李勇	男	1991-07-09	计算机系
5	0821101	张立	男	1990-10-12	信息管理系
6	0821102	吴宾	女	1991-03-20	信息管理系
7	0821103	张海	男	1991-06-03	信息管理系
8	0831101	钱小平	女	1990-11-09	通信工程系
9	0831102	王大力	男	1990-05-06	通信工程系
10	0831103	张姗姗	女	1991-02-26	通信工程系

图 8-13　#Student 表中的数据

从图 8-13 中可看到，名为"李勇"的数据只有一行，而且是先插入的数据。在将 Student 表中的数据插入 #Student 表时，该重复数据未被插入，但其他不重复的数据均被插入表中了。

4）测试 IGNORE_DUP_KEY 为 OFF 的情况。执行如下语句，删除 #Student 表中的全部数据：

```
DELETE FROM #Student
```

5）删除之前建立的 UK_Index 索引，并重新在 #Student 表的 Sname 列上建立一个唯一非聚集索引，同时将 IGNORE_DUP_KEY 选项设置为 OFF。

```
DROP INDEX #Student.UK_Index
GO
CREATE UNIQUE INDEX UK_Index ON #Student (Sname)
  WITH (IGNORE_DUP_KEY = OFF)
```

6）在 #Student 表中再次执行如下插入语句：

```
INSERT INTO #Student
  VALUES('0811105','李勇','男','1991/7/9','计算机系')
INSERT INTO #Student SELECT * FROM Student
```

执行完第二个插入语句后，系统返回如下信息：

不能在具有唯一索引 'UK_Index' 的对象 'dbo.#Student' 中插入重复键的行。

7）查看 #Student 表中的数据，结果如图 8-14 所示。从图中可以看到，当只有一行数据违反 UNIQUE 索引约束时，整个数据都会插入失败。

	Sno	Sname	Sex	Birthday	Dept
1	0811105	李勇	男	1991-07-09	计算机系

图 8-14　#Student 表中的数据

例 5　使用 DROP_EXISTING 删除和重新创建索引。

本示例使用 DROP_EXISTING 选项删除 Student 表中 Sname 列上原有的索引并重新创建现有索引，同时将叶级索引页和中间级索引页的充满度设置为 80%。

```
CREATE NONCLUSTERED INDEX Idx_Sname
  ON Student(Sname)
  WITH (FILLFACTOR = 80,
        PAD_INDEX = ON,
        DROP_EXISTING = ON)
```

例 6 创建包含列索引，并比较索引建立后查询性能是否提高。本示例使用 MySimpleDB 数据库。

1）准备工作。如果 Person.Address 表上已存在 IX_Address_PostalCode 索引，则执行如下语句删除之。

```
USE MySimpleDB;
GO
IF EXISTS (SELECT name FROM sys.indexes    -- 如果索引已存在，先删除之。
            WHERE name = N'IX_Address_PostalCode')
  DROP INDEX IX_Address_PostalCode ON Person.Address;
```

2）执行如下查询语句，并选择"查询"菜单下的"包括实际的执行计划"命令。

```
SELECT AddressLine1, AddressLine2, City, StateProvinceID, PostalCode
  FROM Person.Address
  WHERE PostalCode BETWEEN N'98000' and N'99999'
```

该语句的执行计划如图 8-15 所示。

图 8-15　建立包含列索引之前的执行计划

将鼠标放置并停留在图 8-15 中右侧的"Clustered Index Scan"图标上，将出现如图 8-16a 所示的执行细节信息。

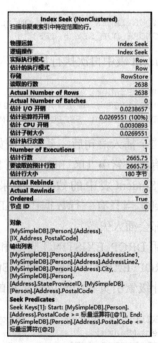

a）建立包含列索引之前的执行情况　　b）建立包含列索引之后的执行情况

图 8-16　建立包含索引前后的执行情况对比

3）在 Person.Address 表上创建具有一个键列（PostalCode）和 4 个非键列（AddressLine1、AddressLine2、City、StateProvinceID）的非聚集索引。

```
CREATE NONCLUSTERED INDEX IX_Address_PostalCode
  ON Person.Address (PostalCode)
  INCLUDE (AddressLine1, AddressLine2, City, StateProvinceID);
```

4）测试索引利用情况。再次执行步骤 2 中的查询语句，其查询计划如图 8-17 所示。

同样将鼠标停留在图 8-17 所示窗口中的"索引查找"图标上，系统显示的执行细节信息如图 8-16b 所示。

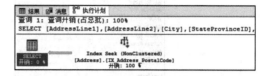

从图 8-16 所示的两个图中可以看到，在建立包含列索引后，该查询的 I/O 开销、CPU 开销、估计的运算符开销等几项性能有显著

图 8-17　建立包含列索引之后的执行计划

提高。因此，建立包含列索引可极大地提高覆盖查询的执行效率。

例 7　创建筛选索引，并比较建立索引后查询性能是否提高。本示例使用 MySimpleDB 数据库。

本示例将对 Production.BillOfMaterials 表创建筛选索引。筛选条件中可包含不是索引键列的其他列。本示例中的筛选条件是仅选择 EndDate 为非 NULL 的数据。

1）准备工作。如果 Production.BillOfMaterials 表上已存在 FIBillOfMaterialsWithEndDate 索引，则执行如下语句删除之。

```
USE MySimpleDB;
GO
IF EXISTS (SELECT name FROM sys.indexes
  WHERE name = N'FIBillOfMaterialsWithEndDate'
  AND object_id = OBJECT_ID(N'Production.BillOfMaterials'))
DROP INDEX FIBillOfMaterialsWithEndDate
  ON Production.BillOfMaterials;
```

2）执行如下查询语句，并选择"查询"菜单下的"包括实际的执行计划"命令。

```
SELECT ProductAssemblyID, ComponentID, StartDate
  FROM Production.BillOfMaterials
  WHERE EndDate IS NOT NULL;
```

该查询语句的执行计划如图 8-18 所示。将鼠标放置并停留在图 8-18 右侧的"Clustered Index Scan"图标上，将出现如图 8-19a 所示的执行细节信息。

图 8-18　建立筛选索引之前的执行计划

3）在 Production.BillOfMaterials 表上创建筛选索引，筛选条件是 EndDate 值非 NULL 的数据。

```
CREATE NONCLUSTERED INDEX FIBillOfMaterialsWithEndDate
  ON Production.BillOfMaterials (
    ProductAssemblyID, ComponentID, StartDate)
  WHERE EndDate IS NOT NULL;
```

4）再次执行步骤 2 中的查询语句，并选择"查询"菜单下的"包括实际的执行计划"命令。该查询语句的执行计划如图 8-20 所示。

Clustered Index Scan (Clustered)	
整体扫描聚集索引或只扫描一定范围。	
物理运算	Clustered Index Scan
逻辑操作	Clustered Index Scan
实际执行模式	Row
估计的执行模式	Row
存储	RowStore
读取的行数	2679
Actual Number of Rows	**199**
Actual Number of Batches	**0**
估计 I/O 开销	0.0171991
估计运算符开销 (100%)	0.020303 (100%)
估计 CPU 开销	0.0031039
估计子树大小	0.020303
Number of Executions	**1**
估计执行次数	1
估计行数	199
要读取的预计行数	2679
估计行大小	31 字节
Actual Rebinds	**0**
Actual Rewinds	**0**
Ordered	False
节点 ID	0
Predicate	
[MySimpleDB].[Production].[BillOfMaterials].	
[EndDate] IS NOT NULL	
对象	
[MySimpleDB].[Production].[BillOfMaterials].	
[PK_BillOfMaterials]	
输出列表	
[MySimpleDB].[Production].	
[BillOfMaterials].ProductAssemblyID, [MySimpleDB].	
[Production].[BillOfMaterials].ComponentID,	
[MySimpleDB].[Production].	
[BillOfMaterials].StartDate	

Index Scan (NonClustered)	
整体扫描非聚集索引或只扫描一定范围。	
物理运算	Index Scan
逻辑操作	Index Scan
实际执行模式	Row
估计的执行模式	Row
存储	RowStore
读取的行数	199
Actual Number of Rows	**199**
Actual Number of Batches	**0**
估计 I/O 开销	0.003125
估计运算符开销 (100%)	0.0035009 (100%)
估计 CPU 开销	0.0003759
估计子树大小	0.0035009
Number of Executions	**1**
估计执行次数	1
估计行数	199
要读取的预计行数	199
估计行大小	23 字节
Actual Rebinds	**0**
Actual Rewinds	**0**
Ordered	False
节点 ID	0
对象	
[MySimpleDB].[Production].[BillOfMaterials].	
[FIBillOfMaterialsWithEndDate]	
输出列表	
[MySimpleDB].[Production].	
[BillOfMaterials].ProductAssemblyID,	
[MySimpleDB].[Production].	
[BillOfMaterials].ComponentID, [MySimpleDB].	
[Production].[BillOfMaterials].StartDate	

a) 建立筛选索引之前的执行情况　　b) 建立筛选索引之后的执行情况

图 8-19　建立筛选索引前后的执行情况对比

将鼠标放置并停留在图 8-20 右侧的"Index Scan"图标上，将出现如图 8-19b 所示的执行细节信息。

图 8-20　建立筛选索引之后的执行计划

从图 8-19 的两个图中可以看到，在建立筛选索引后，该查询的 I/O 开销、CPU 开销、估计的运算符开销等若干项的性能有显著提高。因此，建立筛选索引可显著提高条件查询的执行效率。

例 8　创建带筛选条件的非聚集组合索引。该示例使用 MySimpleDB 数据库。在 Production.Product 表的 Name 列和 ListPrice 列上建立一个非聚集组合索引，其索引筛选范围为 ProductSubcategoryID 在 27 到 36 范围内的数据。

```
USE MySimpleDB;
GO
IF EXISTS (SELECT name FROM sys.indexes
   WHERE name = N'FIProductAccessories'
   AND object_id = OBJECT_ID ('Production.Product'))
DROP INDEX FIProductAccessories ON Production.Product;
GO
CREATE NONCLUSTERED INDEX FIProductAccessories
   ON Production.Product (Name, ListPrice)
   WHERE ProductSubcategoryID BETWEEN 27 AND 36;
```

例 9　使用包含列索引以免超过索引大小限制。在非聚集索引中包含非索引键列以免超过索引大小限制（最大键列数为 16，最大索引键大小为 900 字节）。本示例使用 MySimpleDB 数据库。

假设要为 Production.Document 表中的下面 3 个列建立非聚集索引：

```
Title nvarchar(50)
Revision nchar(5)
FileName nvarchar(400)
```

由于 nchar 和 nvarchar 数据类型的每个字符需要占用 2 字节，因此包含这 3 个列的索引将超出 900 字节的大小限制。这时可通过在 CREATE INDEX 语句中使用 INCLUDE 子句将索引键定义为（Title, Revision），将 FileName 定义为非索引键列。这样一来，索引键大小将为110 字节，并且索引仍将包含所需的所有列，达到了提高查询效率的目的。创建该索引的语句如下：

```
USE MySimpleDB;
GO
IF EXISTS (SELECT name FROM sys.indexes
   WHERE name = N'IX_Document_Title'
   AND object_id = OBJECT_ID ('Production.Document'))
DROP INDEX IX_Document_Title ON Production.Document;
GO
CREATE INDEX IX_Document_Title
   ON Production.Document (Title, Revision)
   INCLUDE (FileName);
```

例 10　索引设计建议。重新设计索引键较大的非聚集索引，以使只有用于搜索和查找的列为键列，将覆盖查询的所有其他列均设置为索引包含列。这样，既可以包含覆盖查询所需的所有列，又可以使索引键本身较小，而且具有较高的查询效率。本示例使用 MySimpleDB数据库。

假设要设计覆盖下列查询的索引。

```
SELECT AddressLine1, AddressLine2, City, StateProvinceID, PostalCode
   FROM Person.Address
   WHERE PostalCode BETWEEN N'98000' and N'99999';
```

若要覆盖查询，必须在索引中包含上述各列。虽然可以将所有列定义为索引键列，而且该示例索引键的总大小为 334 字节，未超过 900 字节的限制。但由于实际上用作搜索条件的列只有 PostalCode（长度为 30 字节），所以更好的索引设计思路是只将 PostalCode 定义为索引键列，而其他列均作为索引的包含列。

创建该覆盖查询的带有包含列索引的语句如下：

```
USE MySimpleDB;
GO
IF EXISTS (SELECT name FROM sys.indexes
    WHERE name = N'IX_Address_PostalCode'
    AND object_id = OBJECT_ID (N'Person.Address'))
DROP INDEX IX_Address_PostalCode ON Person.Address
GO
CREATE INDEX IX_Address_PostalCode
  ON Person.Address (PostalCode)
  INCLUDE (AddressLine1, AddressLine2, City, StateProvinceID);
```

如果要进一步提高该查询的执行效率，可以定义一个具有包含列的筛选索引，让索引只包含 PostalCode 在 98000 到 99999 范围内的数据（2638 行，而 Person.Address 表共包含19614 行数据）。读者可自行测试对该查询建立不同的索引对其效率的提升情况。

例 11　列存储索引。本示例使用微软提供的 ContosoRetailDW 作为演示数据库，该数据库下载地址为 http://www.microsoft.com/en-us/download/details.aspx?id= 18279，下载的文件是ContosoRetailDW 数据库的备份文件，文件大小为 626MB，该数据库大小约为 1.2GB。这对列存储索引而言有点小，但是对于演示功能来说足够大了。该数据库本身不包含任何列存储索引。

1）准备工作。如果 dbo.FactOnlineSales 已有要建立的索引 NCI_FactOnlineSales，则执行下列语句删除之。

```
USE ContosoRetailDW;
GO
IF EXISTS (SELECT name FROM sys.indexes
  WHERE name = N'NCI_FactOnlineSales'
  AND object_id = OBJECT_ID(N'dbo.FactOnlineSales'))
DROP INDEX NCI_FactOnlineSales
ON FactOnlineSales.NCI_FactOnlineSales;
```

2）选择"查询"菜单下的"包括实际的执行计划"命令，并执行如下查询语句。

```
WITH ContosoProducts
AS (SELECT *
    FROM    dbo.DimProduct
    WHERE   BrandName = 'Contoso')
SELECT cp.ProductName, dd.CalendarQuarter,
    COUNT(fos.SalesOrderNumber) AS NumOrders,
    SUM(fos.SalesQuantity) AS QuantitySold
  FROM  dbo.FactOnlineSales AS fos
  INNER JOIN dbo.DimDate AS dd ON dd.Datekey = fos.DateKey
  INNER JOIN ContosoProducts AS cp ON cp.ProductKey = fos.ProductKey
  GROUP BY cp.ProductName,dd.CalendarQuarter
  ORDER BY   cp.ProductName,dd.CalendarQuarter;
```

该查询语句的执行计划的右侧部分如图 8-21 所示。将鼠标停留在图 8-21 中右下"开销为 42%"的图标上，将出现如图 8-22a 所示的执行细节信息。

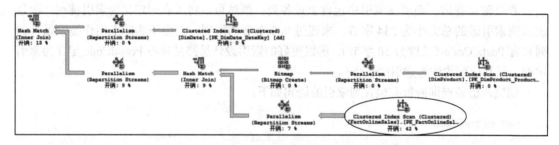

图 8-21　建立列存储索引前数据查询的部分执行计划

在 Windows 10 的 64 位操作系统中，硬件配置为 Intel I5 8250U、8GB 内存、CUP 1.60GHz 的笔记本上完成上述查询大概用了 6 秒时间。由于 FactOnlineSales 表中有超过 12500000 行的数据，上述查询必须扫描整个聚集索引，其实效率还可以。但如果经常执行这类查询，时间成本就很高了。

3）在 dbo.FactOnlineSales 表上创建一个非聚集的列存储索引，代码如下：

```
CREATE NONCLUSTERED COLUMNSTORE INDEX NCI_FactOnlineSales
ON dbo.FactOnlineSales(
OnlineSalesKey,
DateKey,
StoreKey,
ProductKey,
PromotionKey,
CurrencyKey,
```

```
CustomerKey,
SalesOrderNumber,
SalesOrderLineNumber,
SalesQuantity,
SalesAmount,
ReturnQuantity,
ReturnAmount,
DiscountQuantity,
DiscountAmount,
TotalCost,
UnitCost,
UnitPrice,
ETLLoadID,
LoadDate,
UpdateDate);
```

在上述配置的笔记本上，创建上述索引大概需要 40 秒的时间。但一旦索引被创建，会提高多数查询的执行效率。

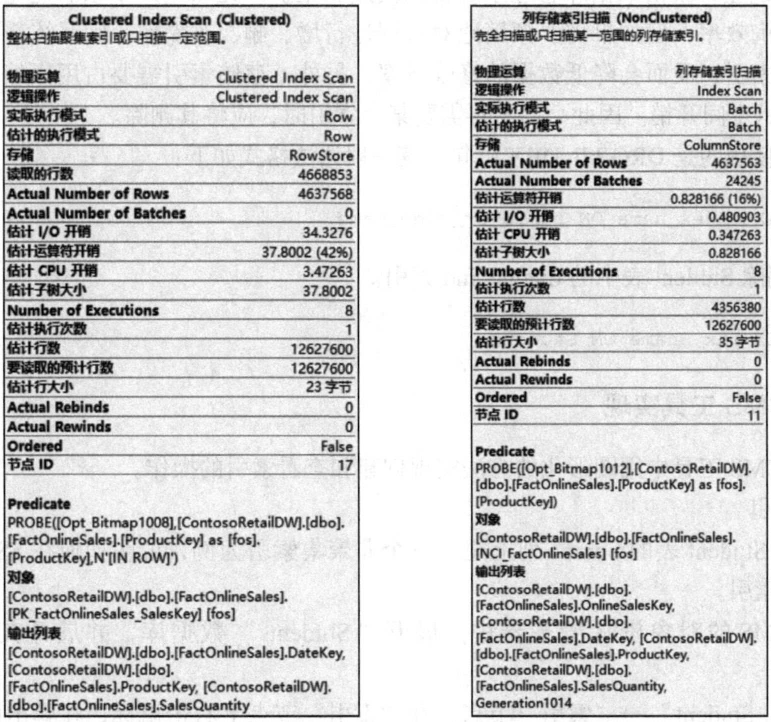

Clustered Index Scan (Clustered)	
整体扫描聚集索引或只扫描一定范围。	
物理运算	Clustered Index Scan
逻辑操作	Clustered Index Scan
实际执行模式	Row
估计的执行模式	Row
存储	RowStore
读取的行数	4668853
Actual Number of Rows	4637568
Actual Number of Batches	0
估计 I/O 开销	34.3276
估计运算符开销	37.8002 (42%)
估计 CPU 开销	3.47263
估计子树大小	37.8002
Number of Executions	8
估计执行次数	1
估计行数	12627600
要读取的预计行数	12627600
估计行大小	23 字节
Actual Rebinds	0
Actual Rewinds	0
Ordered	False
节点 ID	17
Predicate	
PROBE([Opt_Bitmap1008],[ContosoRetailDW].[dbo].[FactOnlineSales].[ProductKey] as [fos].[ProductKey],N'[IN ROW]')	
对象	
[ContosoRetailDW].[dbo].[FactOnlineSales].[PK_FactOnlineSales_SalesKey] [fos]	
输出列表	
[ContosoRetailDW].[dbo].[FactOnlineSales].DateKey, [ContosoRetailDW].[dbo].[FactOnlineSales].ProductKey, [ContosoRetailDW].[dbo].[FactOnlineSales].SalesQuantity	

a）建立列存储索引之前的执行情况

列存储索引扫描 (NonClustered)	
完全扫描或只扫描某一范围的列存储索引。	
物理运算	列存储索引扫描
逻辑操作	Index Scan
实际执行模式	Batch
估计的执行模式	Batch
存储	ColumnStore
Actual Number of Rows	4637563
Actual Number of Batches	24245
估计运算符开销	0.828166 (16%)
估计 I/O 开销	0.480903
估计 CPU 开销	0.347263
估计子树大小	0.828166
Number of Executions	8
估计执行次数	1
估计行数	4356380
要读取的预计行数	12627600
估计行大小	35 字节
Actual Rebinds	0
Actual Rewinds	0
Ordered	False
节点 ID	11
Predicate	
PROBE([Opt_Bitmap1012],[ContosoRetailDW].[dbo].[FactOnlineSales].[ProductKey] as [fos].[ProductKey])	
对象	
[ContosoRetailDW].[dbo].[FactOnlineSales].[NCI_FactOnlineSales] [fos]	
输出列表	
[ContosoRetailDW].[dbo].[FactOnlineSales].OnlineSalesKey, [ContosoRetailDW].[dbo].[FactOnlineSales].DateKey, [ContosoRetailDW].[dbo].[FactOnlineSales].ProductKey, [ContosoRetailDW].[dbo].[FactOnlineSales].SalesQuantity, Generation1014	

b）建立列存储索引之后的执行情况

图 8-22　建立列存储索引前后的执行情况对比

4）再次执行步骤 2 中的数据查询语句，这次在相同配置的笔记本上完成此查询大概用时 0.4 秒，显然，速度比建立列存储索引之前提高了十几倍。

建立列存储索引后该语句的执行计划如图 8-23 所示，从该图中可以看到该查询用到了列存储索引扫描。

将鼠标放置并停留在图 8-23 中右下的"列存储索引扫描"图标上，将出现如图 8-22b 所示的执行细节信息。通过对比发现，建立列存储索引后很多项的性能都显著提高了。

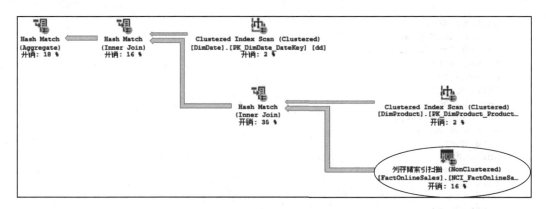

图 8-23　建立列存储索引后数据查询的部分执行计划

4. 删除索引

索引一经建立，就由数据库管理系统自动使用和维护，无须用户干预。建立索引是为了提高数据的查询效率，但如果需要频繁地对数据进行增、删、改操作，则系统需要花费很多的时间来维护索引，反而会降低数据的修改效率；另外，存储索引需要占用额外的空间，这增加了数据库的空间开销。因此，当不再需要某个索引时，应将其删除。

删除索引使用的是 DROP INDEX 语句。其一般语法格式如下：

```
DROP INDEX index_name ON table_or_view_name
```

例 12　删除 Student 表中的 Sname_ind 索引。

```
DROP INDEX Idx_Sname ON Student
```

8.3.2　用 SSMS 工具实现

可以在 SSMS 工具中用图形化的方法实现创建和查看索引的操作。

1. 创建索引

我们以在 Student 表的 Sname 列上建立一个非聚集索引为例，说明如何在 SSMS 中用图形化方法创建索引。

1）在 SSMS 的对象资源管理器中，展开 "Students" 数据库，并展开其中的 "表" 节点。

2）展开 "Student" → "索引" 节点，在 "索引" 节点上右击鼠标，在弹出的快捷菜单中选择 "新建索引" → "非聚集索引" 命令，打开 "新建索引" 窗口，如图 8-24 所示。

3）在 "新建索引" 窗口中的 "索引名称" 文本框中输入新建索引的名称（这里输入 "Idx_Sname"）。如果勾选了 "唯一" 复选框，则表示新建立一个唯一索引（这里不勾选）。单击 "添加" 按钮，进入如图 8-25 所示的指定索引键列的窗口。

4）我们在图 8-25 所示的窗口中勾选 "Sname" 前的复选框，表示将此列作为索引键。单击 "确定" 按钮返回到 "新建索引" 窗口。此时此窗口的 "索引键列" 列表框中已列出指定的索引键列，如图 8-26 所示。

5）在图 8-24 所示的窗口中单击 "包含性列" 选项卡，可以添加索引的包含列。这里不做任何选择。

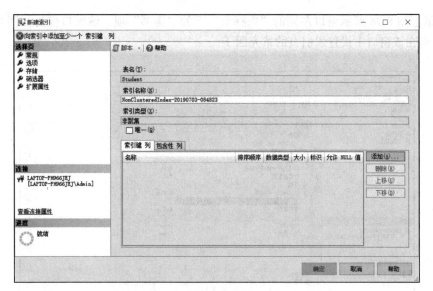

图 8-24　"新建索引"窗口

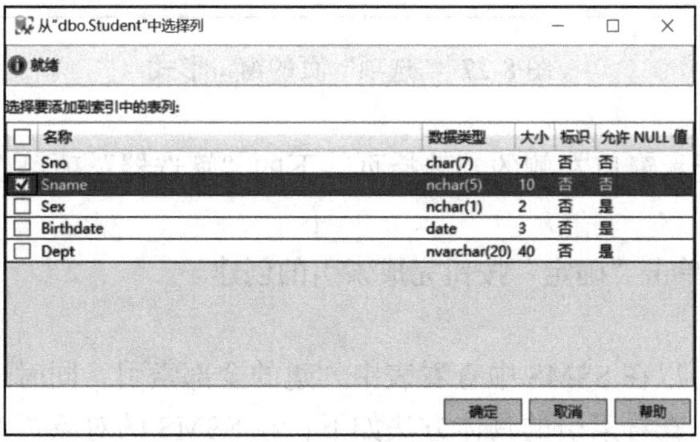

图 8-25　选择索引键列的窗口

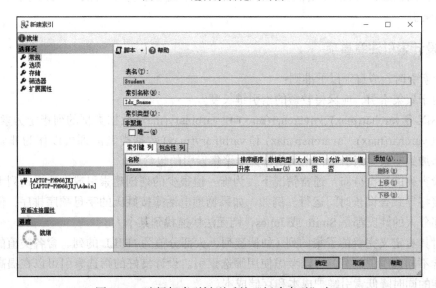

图 8-26　选择好索引键列后的"新建索引"窗口

6）单击图 8-26 所示窗口左侧的"选择页"下的"选项"项，该窗口变为如图 8-27 所示的形式。可在该窗口中设置索引页的填充因子。

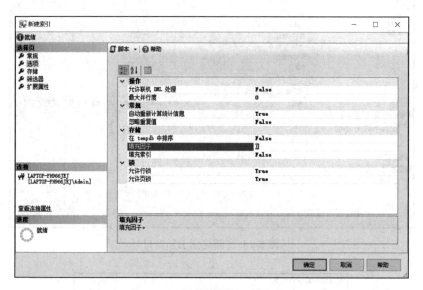

图 8-27   "选项"页的窗口形式

7）单击图 8-26 所示窗口左侧的"选择页"下的"筛选器"项可以设置筛选索引的数据筛选条件。

8）设置完成后，单击"确定"按钮完成索引的创建。

2. 查看索引

创建好索引后，可以在 SSMS 中查看表中创建的全部索引，同时还可以对已创建的索引进行修改和删除操作。查看索引的具体方法如下：在 SSMS 的对象资源管理器中展开要查看索引的表，比如展开 Student 表，并展开 Student 表下的"索引"节点，可以看到在该表上建立的全部索引。

8.3.3   设计索引注意事项

设计索引时，应遵守以下准则：

- 对于聚集索引，应保持较短的索引键长度。
- 不能将 varchar(max)、nvarchar(max) 和 varbinary(max) 数据类型的列指定为索引键列。但 varchar(max)、nvarchar(max) 和 varbinary(max) 数据类型的列可以作为非索引键列添加到非聚集索引中，也就是作为非聚集索引的包含列。
- 检查列的数据分布。通常情况下，为唯一值很少的列创建索引或在这样的列上执行连接将导致查询长时间运行。例如，如果物理电话簿按姓氏的字母顺序排序，但如果大部分人的姓氏都是 Smith 或 Jones，则无法快速找到某个人。
- 对具有定义完善的子集的列（如稀疏列、大部分值为 NULL 的列、含各类值的列及包含不同范围值的列）可以考虑使用筛选索引。设计良好的筛选索引可以在提高查询性能的同时降低索引维护成本和存储成本。
- 如果索引中包含多个列，则需要考虑列的顺序。对用于等于（=）、大于（>）、小于（<）

或 BETWEEN 搜索条件的 WHERE 子句或者参与连接的列应该放在最前面，而其他列则应该基于其非重复级别进行排序，也就是说，从最不重复的列到最重复的列进行排列。

例如，如果为 LastName 和 FirstName 定义了一个非聚集组合索引，则该索引对搜索条件为 WHERE LastName = 'Smith' 或 WHERE LastName = Smith AND FirstName LIKE 'J%' 的查询很有效。但查询优化器不会将此索引用于条件为 WHERE FirstName = 'Jane' 的查询。

- 可通过设置 FILLFACTOR 等选项定义索引的初始存储特征以优化维护索引的性能。

小结

建立索引的目的是提高数据的查询效率，但存储索引会增加空间开销，维护索引会增加时间开销。因此，当对数据库的应用主要是查询操作时，可以适当多建立索引。如果对数据库的操作主要是增、删、改数据，则应尽量少建索引，以免影响数据的更改效率。

索引分为聚集索引和非聚集索引两大类，SQL Server 通常对索引采用 B 树存储结构。建立聚集索引时，数据库管理系统首先按聚集索引键的值对数据进行物理排序，然后再在此基础之上建立索引的 B 树。如果建立的是非聚集索引，则系统是在现有数据存储顺序的基础之上直接建立索引 B 树。不管数据是否是有序的，索引 B 树中的索引键一定是有序的。因此建立索引需要耗费一定的时间，特别是当数据量很大时，建立索引需要花费相当长的时间。

一个表上只能建立一个聚集索引，但可以建立多个非聚集索引。聚集索引和非聚集索引都可以是唯一索引。唯一索引的作用是保证索引键所包含的列的取值不能重复。

在构建索引时，为了在空间和时间上尽可能达到平衡，SQL Server 在支持一般类型索引的基础上，增加了包含列索引、筛选索引、列存储索引等。包含列索引是通过在索引结构中包含非索引键来达到覆盖查询的目的，同时也能避免超过索引键个数和空间的限制；筛选索引是对表中的部分数据构建索引，从而达到既提高数据查询效率又不占用过多索引空间的目的；列存储索引通过将数据按列存储来提升海量数据的查询效率，这种索引适合 OLAP 系统的数据分析使用。

构建索引时还可以指定叶级索引和非叶级索引页的充满度，这个充满度只在构建索引时有效。在构建索引时为索引页留下一些空间，可以避免因频繁插入数据而造成索引页的分裂，从而提高数据插入效率。这也是一种以空间换取时间的方法。

习题

1. 索引的作用是什么？
2. 索引分为哪几种类型？它们的主要区别是什么？
3. 聚集索引一定是唯一索引，这种说法对吗？反之呢？
4. 在建立聚集索引时，数据库管理系统首先要将数据按聚集索引列值进行物理排序，这种说法对吗？
5. 在建立非聚集索引时，数据库管理系统并不对数据进行物理排序，这种说法对吗？
6. 不管对表进行哪种类型的操作，都是在表上建立的索引越多越能提高操作效率，这种说法对吗？
7. 适合建立聚集索引的列有哪些特征？
8. 请为 Purchasing.ProductVendor 表的 VendorID 列创建非聚集索引。
9. 请为 Sales.SalesPerson 表的 SalesQuota 和 SalesYTD 列创建非聚集组合索引。
10. 请为 Production.UnitMeasure 表的 Name 列创建唯一的非聚集索引，并将索引页的充满度设置为 80%。

11. 请为 Production.BillOfMaterials 表创建筛选索引，筛选条件是 EndDate 不为空的数据。

上机练习

本章的上机练习均利用 MySimpleDB 数据库实现。写出实现创建满足如下要求的索引的 SQL 语句，并执行这些语句。

1. 请为下列查询设计一个合适的索引，并查看建立索引前后该语句的执行计划，比较执行效率。

```
SELECT FirstName,LastName, EmailAddress,Phone
  FROM Person.Contact
  WHERE Phone BETWEEN '300' AND '350'
```

2. Production.ProductReview 表 中 包 含 的 列 有：ProductID（int）、ReviewerName（nvarchar(50)）和 Comments（nvarchar (3850)）。假设经常执行下列形式的查询，请为该类查询创建合适的索引，以最大程度地提高查询效率。

```
SELECT Comments,ReviewerName
  FROM Production.ProductReview
  WHERE ProductID >= 937 and ReviewerName like '[a-d]%';
```

3. 在 Person.Address 表上创建具有一个键列（PostalCode）和 4 个非键列（AddressLine1、AddressLine2、City、StateProvinceID）的包含列索引。查看索引建立前后下列查询语句的执行计划，观察对比索引对效率的提高情况。

```
SELECT AddressLine1, AddressLine2, City, StateProvinceID, PostalCode
  FROM Person.Address
  WHERE PostalCode BETWEEN N'94000' and N'95999';
```

4. 设经常需要执行下列类型的查询，以统计 2003 年某段时间内各产品的销售总量。

```
SELECT ProductID, SUM(sod.OrderQty) AS QtySold
  FROM Sales.SalesOrderHeader soh
  JOIN Sales.SalesOrderDetail sod
  ON soh.SalesOrderID = sod.SalesOrderID
  WHERE soh.OrderDate >= '2003-08-02' AND soh.OrderDate < '2003-08-31'
  GROUP BY sod.ProductID
```

为尽可能提高该类查询的执行效率，请分别为 Sales.SalesOrderHeader 和 Sales.SalesOrderDetail 表建立合适的索引，并简单说明理由。查看索引建立前后上述查询语句的执行计划，观察对比索引对该查询的效率提高情况。

第9章 视 图

本章主要介绍数据库中的另一个重要对象——视图。视图可以满足不同用户对数据的需求，它对应到数据库三级模式中的外模式。视图的数据全部来自基本表，是从基本表中抽取出来的部分数据，这些数据可以只来自一张表，也可以来自多张表。

9.1 标准视图

通过第1章中对数据库的三级模式的介绍我们可以知道，模式（对应到基本表）是数据库中全体数据的逻辑结构，这些数据也是物理存储的，当不同的用户需要基本表中不同的数据时，可以为不同类型的用户建立外模式。外模式中的内容来自模式，这些内容可以是某个模式的部分数据或多个模式组合的数据。外模式对应到关系数据库中的概念就是视图。

视图（view）是数据库中的一个对象，它是数据库管理系统提供给用户的以多种角度观察数据库中的数据的一种重要机制。本节介绍视图的概念和作用。

9.1.1 基本概念

通常我们将模式所对应的表称为基本表。基本表中的数据是物理存储在磁盘上的。关系模型有一个重要的特点，那就是由 SELECT 语句得到的结果仍然是二维表，由此引出了视图的概念。视图是查询语句产生的结果，但它有自己的视图名，视图中的每个列也有自己的列名。视图在很多方面都与基本表类似。

视图是由从数据库的基本表中选取出来的数据组成的逻辑窗口，是基本表部分行、列数据的组合。与基本表不同的是，视图是一个虚表，数据库中只存储视图的定义，而不存储视图所包含的数据，这些数据仍存放在原来的基本表中。这种模式有如下两个好处：

第一，视图数据始终与基本表数据保持一致。当基本表中的数据发生变化时，从视图中查询到的数据也随之变化。因为每次从视图查询数据时都是执行定义视图的查询语句，即最终都是落实到对基本表数据的查询。从这个意义上讲，视图就像一个窗口，用户可以透过它看到数据库中自己感兴趣的数据。

第二，节省存储空间。当数据量非常大时，重复存储数据是非常耗费空间的。

视图可以从一个基本表中提取数据，也可以从多个基本表中提取数据，甚至还可以从其他视图中提取数据，构成新的视图。但不管怎样，对视图数据的操作最终都会转换为对基本表的操作。图 9-1 所示为视图与基本表之间的关系。

9.1.2 定义视图

可以通过 SQL 语句定义视图，也可以用 SSMS 工具图形化地定义视图。本节我们分别介绍这两种定义视图的方法。

1. 用 SQL 语句实现

在 SQL Server 中定义视图的 SQL 语句为 CREATE VIEW，其语法格式如下：

```
CREATE VIEW [ schema_name. ] view_name [ (column [ ,...n ] ) ]
[ WITH <view_attribute> [ ,...n ] ]
AS select_statement
[ WITH CHECK OPTION ] [ ; ]
view_attribute> ::=
{   [ ENCRYPTION ]
    [ SCHEMABINDING ]       }
```

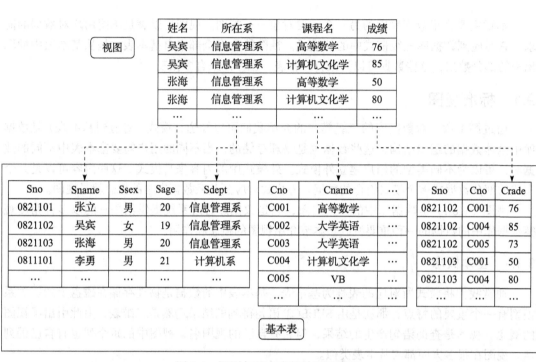

图 9-1　视图与基本表的关系示意图

各参数的说明如下。

- schema_name：视图所属架构的名称。
- view_name：视图名称。视图名称必须符合有关标识符的规则。
- Column：视图中的列使用的名称。仅在下列情况下需要列名。
    - 列是由算术表达式、函数或常量派生的；
    - 可能有两个或更多的列具有相同的名称（通常是由连接操作造成的）；
    - 视图中的某个列的指定名称不同于其派生来源列的名称。
    还可以通过在 SELECT 语句中为列指定列别名的方法来指定视图的列名。
    如果未指定 column，则视图的列名将与 SELECT 语句中的列名相同。
- WITH CHECK OPTION：强制针对视图执行的所有数据修改都必须符合在 select_statement 中设置的条件。通过视图修改数据时，WITH CHECK OPTION 可确保提交修改后仍可通过视图看到数据。
- select_statement：定义视图的 SELECT 语句。该语句可以使用多个表和其他视图。
    视图不必是具体某个表的行和列的简单子集，可以使用多个表或其他视图来创建视图，创建视图的 SELECT 语句可以是很复杂的语句。
    定义视图的 SELECT 语句不能包括以下内容：

- ORDER BY 子句，除非在 SELECT 语句的选择列表中有 TOP 子句。
- INTO 关键字。

- ENCRYPTION：对 CREATE VIEW 语句中的文本进行加密。
- SCHEMABINDING：将视图绑定到基础表的架构。如果指定了 SCHEMABINDING，则不能修改会影响视图定义方式的基表结构。必须首先修改或删除视图定义本身，然后再删除将要修改的表的依赖关系。使用 SCHEMABINDING 时，select_statement 必须包含所引用的表、视图或用户定义函数的两部分名称（schema.object），所有被引用对象都必须在同一个数据库内。

不能删除参与了使用 SCHEMABINDING 子句创建视图的视图或表，否则，数据库引擎将引发错误。另外，如果修改参与架构绑定的视图的表结构，而这些语句又会影响到视图定义，则这些修改也将执行失败。

说明：只能在当前数据库中创建视图。CREATE VIEW 必须是查询批处理中的第一条语句。视图最多可以包含 1,024 列。

视图通常用于查询数据，也可以通过视图修改基本表中的数据，但并不是所有的视图都可用于修改数据，比如经过统计或表达式计算得到的视图就不能用于修改数据的操作。

如无特别声明，本节示例均在第 6 章示例的 Student、Course 和 SC 表及数据上实现。

（1）定义单源表视图

单源表的行列子集视图是指视图的数据取自一个基本表的部分行和列，这类视图的行列与基本表的行列对应。用这种方法定义的视图一般可以通过视图对数据进行查询和修改操作。

例 1　建立查询信息管理系学生的学号、姓名、性别和出生日期的视图。

```
CREATE VIEW IS_Student
AS
  SELECT Sno, Sname, Sex, Birthdate
    FROM Student WHERE Dept = '信息管理系'
```

数据库管理系统执行 CREATE VIEW 语句的结果只是在数据库中保存视图的定义，并不执行其中的 SELECT 语句。只有在对视图执行查询操作时才按视图的定义从相应基本表中检索数据。

（2）定义多源表视图

多源表视图是指定义视图的查询语句涉及多张表，这类视图一般只用于查询，不用于修改数据。

例 2　建立查询信息管理系选修 C001 课程的学生的学号、姓名和成绩的视图。

```
CREATE VIEW V_IS_S1(Sno, Sname, Grade)
AS
  SELECT Student.Sno, Sname, Grade
    FROM Student JOIN  SC ON Student.Sno = SC.Sno
    WHERE Dept = '信息管理系'  AND  SC.Cno = 'C001'
```

（3）在已有视图上定义新视图

还可以在已有视图上再建立新的视图。

例 3　利用例 1 中建立的视图，建立查询信息管理系 1991 年 4 月 1 日之后出生的学生的学号、姓名和出生日期的视图。

```
CREATE VIEW IS_Student_Birth
AS
  SELECT Sno, Sname, Birthdate
    FROM IS_Student WHERE Birthdate >= '1991/4/1'
```

视图的来源可以是单个的视图和基本表，也可以是视图和基本表的组合。

例 4　利用例 1 中所建的视图，例 2 中的视图可重新定义如下：

```
CREATE VIEW V_IS_S2(Sno, Sname, Grade)
AS
  SELECT SC.Sno, Sname, Grade
    FROM IS_Student JOIN SC ON IS_Student.Sno = SC.Sno
    WHERE Cno = 'C001'
```

这里的视图 V_IS_S2 就是建立在 IS_Student 视图和 SC 表之上的。

（4）定义带表达式的视图

在定义基本表时，为减少数据库中的冗余数据，表中只存放基本数据，而基本数据经过各种计算派生出的数据一般是不存储的。由于视图中的数据并不实际存储，因此在定义视图时可以根据需要设置一些派生属性列，并在派生属性列中保存经过计算的值。由于这些派生属性在基本表中并不实际存在，因此也称为虚拟列。包含虚拟列的视图称为带表达式的视图。

例 5　定义一个查询学生出生年份的视图，内容包括学号、姓名和出生年份。

```
CREATE VIEW BT_S(Sno, Sname, BirthYear)
AS
  SELECT Sno, Sname, year(Birthdate)
    FROM Student
```

> **注意**　定义上述视图的查询列表中有一个函数［ year(Birthdate) ］，但并没有为函数列指定列别名，因此，在定义视图时必须指定视图的全部列名。

（5）含分组统计信息的视图

含分组统计信息的视图是指定义视图的查询语句中含有 GROUP BY 子句，这类视图只能用于查询，不能用于修改数据。

例 6　定义一个查询每个学生的学号及平均成绩的视图。

```
CREATE VIEW S_G AS
  SELECT Sno, AVG(Grade) AverageGrade FROM SC
    GROUP BY Sno
```

> **注意**　上述查询语句为统计函数指定了列别名，因此在定义视图的语句中可以省略视图的列名。当然，也可以指定视图的列名。如果指定了视图中各列的列名，则视图用自己指定的列名作为视图各列的列名。

2. 用 SSMS 实现

利用 SSMS 工具，可以用图形化的方法定义视图。下面以创建例 1 所示的视图为例，说明如何在 SSMS 工具中用图形化的方法定义视图。

1）在 SSMS 的对象资源管理器中展开"Students"数据库，并展开其中的"视图"节点。在"视图"节点上右击鼠标，在弹出的快捷菜单中选择"新建视图"命令，弹出如图 9-2 所示的"添加表"窗口。

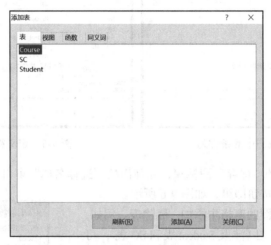

图 9-2　创建视图的"添加表"窗口

2）由于例 1 中的视图只涉及 Student 表，因此在图 9-2 所示的"添加表"窗口中选中 Student 表，单击"添加"按钮，然后单击"关闭"按钮关闭"添加表"窗口，进入如图 9-3 所示的视图定义界面。

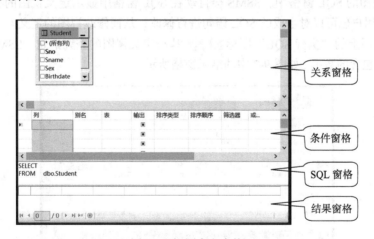

图 9-3　视图定义窗格

3）在图 9-3 所示窗口的"关系"窗格中勾选"Sno""Sname""Sex""Birthdate"列前的复选框，表示视图中将包含这些列。在选择这些列的过程中，中间条件窗格中会相应地出现所选的列。

4）在条件窗格中，在最后一列（Birthdate）下面的空行上单击鼠标，单击出现的 ⌄ 按钮，在打开的下拉列表框中选中"Dept"列（如图 9-4 所示），然后在该行对应的"筛选器"下输入筛选条件"信息管理系"（如图 9-5 所示）。

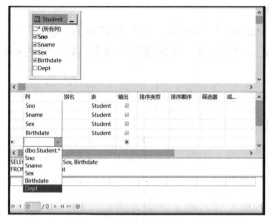

图 9-4　选择视图中的条件列

图 9-5　定义视图后的情形

5）单击工具栏上的"保存"图标 ⬛，在弹出的"选择名称"窗口中指定新定义视图的名字。然后单击"确定"按钮即可，如图 9-6 所示。

可以随时在定义视图的窗格中添加、删除表。例如，如果要定义例 2 所示视图（涉及 Student 表和 SC 表），可单击工具栏上的"添加表"图标 🔳，然后在弹出的"添加表"窗口中选择要添加的表，这里选择 SC 表，如图 9-2 所示。这时关系窗格显示的表的形式如图 9-7 中的关系窗格所示。其他部分的定义方法与前述类似。定义好例 2 所示视图后的情形如图 9-7 所示。

图 9-6　指定视图的名字

在定义视图的 SQL 窗格中，SSMS 会自动在 SQL 窗格中显示定义视图的 SQL 语句，如图 9-7 所示。用户也可以对生成的 SQL 语句进行修改，从而修改视图的定义。

单击工具栏上的"执行 SQL"图标 ▶ 执行(X) 执行定义视图的查询语句，SSMS 会在结果窗格中显示视图包含的数据，如图 9-7 中的结果窗格所示。

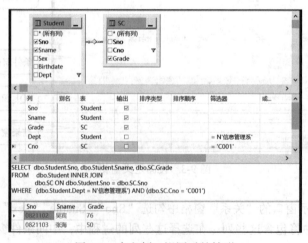

图 9-7　定义例 2 视图后的情形

9.1.3　通过视图查询数据

视图定义完成后就可以对其进行查询了，通过视图查询数据的方法同通过基本表查询数据一样。

例 7　利用例 1 中建立的视图，查询信息管理系男生的信息。

```
SELECT * FROM IS_Student WHERE Sex = '男'
```

数据库管理系统在对视图进行查询时，首先检查要查询的视图是否存在。如果存在，则从数据字典中提取视图的定义，根据定义视图的查询语句转换成等价的对基本表的查询，然后再执行转换后的查询操作。

因此，例 7 中的查询最终转换成如下实际查询语句：

```
SELECT Sno, Sname, Sex, Birthdate
  FROM Student
  WHERE Dept = '信息管理系'  AND  Sex = '男'
```

例 8　查询信息管理系选了 C001 课程且成绩大于等于 60 分的学生的学号、姓名和成绩。此查询可以利用例 2 中的视图实现。

```
SELECT * FROM V_IS_S1 WHERE Grade >= 60
```

此查询转换成的对最终基本表的查询语句如下：

```
SELECT S.Sno, Sname, Grade FROM SC
  JOIN Student S ON S.Sno = SC.Sno
  WHERE Dept = '信息管理系'  AND  SC.Cno = 'C001'
    AND Grade >= 60
```

例 9　查询信息管理系学生的学号、姓名以及所选的课程名。

```
SELECT v.Sno, Sname, Cname
  FROM IS_Student v JOIN SC ON v.Sno = SC.Sno
  JOIN Course C ON C.Cno = SC.Cno
```

此查询转换成的对最终基本表的查询如下：

```
SELECT S.Sno, Sname, Cname
  FROM Student S JOIN SC ON S.Sno = SC.Sno
  JOIN Course C ON C.Cno = SC.Cno
  WHERE Dept = '信息管理系'
```

将通过视图查询数据的语句转换为对基本表的查询是很直接的，但有些情况下，这种转换不能直接进行。

例 10　利用例 6 中建立的视图查询平均成绩大于或等于 80 分的学生的学号和平均成绩。

```
SELECT * FROM S_G
  WHERE  AverageGrade >= 80
```

该示例的查询语句不能直接转换为基本表的查询语句，因为若直接转换会产生如下语句：

```
SELECT Sno, AVG(Grade) FROM SC
  WHERE  AVG(Grade) >= 80
  GROUP BY Sno
```

这个转换显然是错误的，因为聚合函数不能出现在 WHERE 子句中。正确的转换语句如下：

```
SELECT Sno, AVG(Grade) FROM SC
  GROUP BY Sno
  HAVING AVG(Grade) >= 80
```

目前大多数关系数据库管理系统对这种含有聚合函数的视图的查询均能进行正确的转换。

视图不仅可用于查询数据，而且还可以通过视图修改基本表中的数据，但并不是所有的视图都可以用于修改数据。比如，经过统计或表达式计算得到的视图就不能用于修改数据的操作。判断能否通过视图修改数据的基本原则是，如果此操作能够最终落实到基本表上，并成为对基本表的正确操作，即可通过视图修改数据，否则就不可以。

9.1.4　修改和删除视图

可以对定义好的视图进行修改，也可以删除不需要的视图。修改和删除视图可以通过SQL 语句实现，也可以通过 SSMS 工具图形化地实现。

1. 用 SQL 语句实现

（1）修改视图

修改视图定义的 SQL 语句为 ALTER VIEW，其语法格式同 CREATE VIEW，只是将CREATE VIEW 改为 ALTER VIEW。

例 11　修改 9.1.2 节例 6 中定义的视图，并用其统计每个学生的考试平均成绩和修课总门数。

```
ALTER VIEW S_G(Sno, AverageGrade, Count_Cno)
AS
  SELECT Sno, AVG(Grade), Count(*) FROM SC
    GROUP BY Sno
```

（2）删除视图

删除视图的 SQL 语句格式如下：

```
DROP VIEW [ schema_name. ] view_name [ ..., n ] [ ; ]
```

其中，schema_name 为视图所属架构的名称；view_name 为要删除的视图名。

例 12　删除例 1 中定义的 IS_Student 视图。

```
DROP VIEW IS_Student
```

删除视图时需要注意，如果被删除的视图是其他视图的数据源，如前面的 IS_Student_Birth 视图就是定义在 IS_Student 视图之上的，那么删除该视图（如删除 IS_Student）将会导致其导出视图（如 IS_Student_Birth）不可用。同样，如果视图中引用的基本表被删除了，视图也将无法使用。因此，在删除基本表和视图时一定要注意是否存在引用被删除对象的视图，如果有应同时将其删除。

2. 用 SSMS 实现

（1）修改视图

展开某数据库下的"视图"节点，在要修改的视图上右击鼠标（如果未出现要修改的视图，可在"视图"上右击鼠标，然后单击"刷新"按钮），在弹出的快捷菜单中选择"设计"命令，在弹出的界面上直接修改视图定义即可。

（2）删除视图

如果要删除视图，可在要删除的视图上右击鼠标，然后在弹出的快捷菜单中选择"删除"命令，在弹出的"删除对象"窗口中，单击"删除"按钮即可删除视图。

说明 如果删除了某个视图所依赖的表（或视图），则当再使用该视图时，数据库引擎将产生错误消息。 如果又重新创建了新表或视图（该表的结构与以前删除的基本表没有不同之处）以替换被删除的表或视图，则该视图将再次可用。 如果新表或视图的结构发生了变化，则必须删除并重新创建该视图。

9.1.5 视图的作用

如前所述，使用视图可以简化和定制用户对数据的需求。虽然对视图的操作最终都将转换为对基本表的操作，视图看起来似乎没什么用处，但实际上，合理地使用视图有以下几个优势。

1. 简化数据查询语句

采用视图机制可以使用户将注意力集中在所关心的数据上。如果这些数据来自多个基本表，或者数据一部分来自基本表，另一部分来自视图，并且所用的搜索条件又比较复杂时，需要编写的 SELECT 语句就会很长，这时定义视图就可以简化数据的查询语句。定义视图可以将表与表之间复杂的连接操作和搜索条件隐藏起来，用户只需简单地查询一个视图即可。这在多次执行相同的数据查询操作时尤为有用。

2. 使用户能从多个角度看待同一数据

采用视图机制能使不同的用户以不同的方式看待同一数据，当许多不同类型的用户共享同一个数据库时，这种灵活性是非常重要的。

3. 提高了数据的安全性

使用视图可以定制用户可以查看哪些数据并屏蔽敏感数据。比如，不希望员工看到别人的工资，就可以建立一个不包含工资项的职工视图，然后让用户通过视图来访问表中的数据，而不授予他们直接访问基本表的权限，这样就在一定程度上提高了数据的安全性。

4. 在一定程度上提供了逻辑独立性

视图在一定程度上提供了第 1 章所介绍的逻辑数据独立性，因为视图对应的是数据库的外模式。

在关系数据库中，数据库的重构是不可避免的。重构数据库的最常见方法是将一个表分解成多个表。例如，可将学生表 Student（Sno, Sname, Sex, Birthdate, Dept）分解为 SX（Sno, Sname, Birthdate,）和 SY（Sno, Sex, Dept）两个表，这时对 Student 表的操作就变成了对 SX 表和 SY 表的操作，则可定义如下视图：

```
CREATE VIEW Student (Sno, Sname, Sex, Birthdate, Dept)
AS
  SELECT SX.Sno, SX.Sname, SY.Sex, SX.Birthdate, SY.Dept
    FROM SX JOIN SY ON SX.Sno = SY.Sno
```

这样，尽管数据库中的表结构变了，但应用程序可以不必修改，新建的视图保证了用户原来的关系，使用户的外模式未发生改变。

需要说明的是，视图只能在一定程度上提供数据的逻辑独立性，由于视图对数据的更新是有条件的，因此，应用程序在修改数据时可能会因基本表结构的改变而受一些影响。

9.2 分区视图

分区视图可以在一台或多台服务器间水平连接一组成员表中的分区数据，使数据看起来就像来自一张表。SQL Server 可以区分本地分区视图和分布式分区视图。在本地分区视图中，所有参与的表和视图都位于同一个 SQL Server 实例上。在分布式分区视图中,至少有一个参与表位于不同的(远程)服务器上。这里我们只介绍本地分区视图。

分区视图是使用 UNION ALL 对成员表进行定义的视图,而且这些成员表具有相同的结构。

一般情况下,如果定义视图的语句为如下格式,就将所定义的视图称为分区视图。

```
SELECT <select_list1>
FROM T1
UNION ALL
SELECT <select_list2>
FROM T2
UNION ALL
...
SELECT <select_listn>
FROM Tn
```

分区视图能够将被划分到多个表中的数据联合起来,使用户感觉是在一个表上进行操作,通过视图在逻辑上把各个表联合起来,使表的设计和结构尽可能对用户和开发人员透明。

根据数据库的实际使用情况,为了提高数据操作效率,人们可能会将数据量大的表分成几个小的物理表来存储,比如将 1 年的销售数据按月份划分为若干个小表。当数据被分配到不同的物理表之后,如果用户需要查询涉及多个表的数据就比较麻烦,因为用户需要知道数据的物理划分情况,而且还需要知道其要查询的数据都分布在哪些表中。这无疑会增加用户使用复杂度。

使用分区视图可以有效地解决上述问题。在定义分区视图前,首先将大型表中的数据拆分成较小的成员表。可根据表中某列的数据值范围,在各个成员表之间对数据进行分区。在每个成员表中通过为分区依据列定义 CHECK 约束来划分数据范围。然后再定义一个视图,该视图使用 UNION ALL 将所有成员表中的数据组合成单个结果集。当通过该类视图查询数据时,为分区依据列指定搜索条件后,查询优化器将通过已定义的 CHECK 约束来确定哪个成员表包含相应的数据。

📊 **说明** 使用分区表是对服务器上的数据进行分区的首选方法,而不是分区视图。

在定义分区视图时,应注意以下事项:

1)应在 <select_list> 列表中选择成员表中的全部列。即对成员表的查询均为如下形式:

```
SELECT * FROM <member table>
```

2)每个 <select_list> 中同一序号位置上的列必须属于同一类型,包括数据类型、精度、小数位数和排序规则。

3)至少有一列(如 <col>)必须按照相同的序号位置显示在所有选择列表中。此 <col> 应按照以下方式定义:成员表 T1, …, Tn 分别在 <col> 列上定义了 CHECK 约束 C1, …, Cn。
在表 Ti 上定义的约束 Ci 必须是如下格式的:

```
Ci ::= < simple_interval > [ OR < simple_interval > OR ...]
< simple_interval > :: =
  < col > { < | > | <= | >= | = < value >}
  | < col > BETWEEN < value1 > AND < value2 >
```

```
| < col > IN ( value_list )
| < col > { > | >= } < value1 > AND
  < col > { < | <= } < value2 >
```

约束应按照以下方式定义：<col> 的任何指定值最多只能满足 C1，…，Cn 中的一个约束，从而使约束形成一组不连接或不重叠的间隔。定义不连接的约束的列 <col> 被称为分区列。

以下为有效的约束集合示例：

```
{ [col < 10], [col between 11 and 20] , [col > 20] }
{ [col between 11 and 20],
  [col between 21 and 30],
  [col between 31 and 100] }
```

4）不能多次在选择列表中使用同一列。

例 1　假设已将记录 2019 年销售情况的销售表划分为 12 个成员表，每个月一张表。每个成员表都在 OrderMonth 列上定义了约束。例如，2019 年 5 月的成员表定义如下：

```
CREATE TABLE May2019Sales (
    OrderID       INT,
    CustomerID    INT       NOT NULL,
    OrderDate     DATETIME  NULL CHECK (DATEPART(year, OrderDate) = 2019),
    OrderMonth    INT       CHECK (OrderMonth = 5),
    DeliveryDate DATETIME NULL CHECK(DATEPART(month, DeliveryDate) = 5)
    PRIMARY KEY(OrderID, OrderMonth)
)
```

然后定义一个视图，该视图通过 UNION ALL 将 12 个成员表中的所有数据合并为一个结果集。

```
CREATE VIEW Year2019Sales
AS
    SELECT * FROM Jan2019Sales
    UNION ALL
    SELECT * FROM Feb2019Sales
    UNION ALL
    SELECT * FROM Mar2019Sales
    UNION ALL
    SELECT * FROM Apr2019Sales
    UNION ALL
    SELECT * FROM May2019Sales
    UNION ALL
    SELECT * FROM Jun2019Sales
    UNION ALL
    SELECT * FROM Jul2019Sales
    UNION ALL
    SELECT * FROM Aug2019Sales
    UNION ALL
    SELECT * FROM Sep2019Sales
    UNION ALL
    SELECT * FROM Oct2019Sales
    UNION ALL
    SELECT * FROM Nov2019Sales
    UNION ALL
    SELECT * FROM Dec2019Sales
```

通过该视图，用户可以很方便地查询 2019 年中任意指定月份的销售信息，而不用再考虑使用哪些基本表。

例如：利用已定义的视图查询 2019 年 5 月和 6 月期间 CustomerID 等于"64892"的销售

情况。

```
SELECT * FROM Year2019Sales
  WHERE OrderMonth IN (5,6) AND CustomerID = 64892
```

SQL Server 查询优化器可以识别 SELECT 语句中的搜索条件，即仅引用 May2019Sales 和 Jun2019Sales 表中的数据，并将其搜索范围限制在指定表中。

要在分区视图上执行更新数据的操作，分区依据列必须是基本表主键的一部分。

分区视图返回正确的结果并不一定需要 CHECK 约束。但是，如果未定义 CHECK 约束，则查询优化器必须搜索所有表，而不是只搜索符合分区依据列上的搜索条件的表。如果不使用 CHECK 约束，则视图的操作方式与使用 UNION ALL 的其他视图相同。查询优化器不能对存储在不同表中的值做出任何假设，也不能跳过对参与视图定义的表的搜索。

如果分区视图引用的所有成员表都在同一台服务器上，则该视图是本地分区视图。如果成员表在多台服务器上，则该视图是分布式分区视图。分布式分区视图可用于在一组服务器间分布系统的数据库处理负荷。

9.3 索引视图

9.3.1 基本概念

前面介绍的视图称为标准视图，标准视图也称虚拟表，因为这类视图所返回的结果集的一般格式与表相同，都是由列和行组成，而且在 SQL 语句中引用视图的方式也与引用表的方式相同。标准视图的结果集并不会永久地存储在数据库中，每次通过标准视图查询数据时，数据库管理系统都会在内部将视图的定义替换为查询，直到替换后的查询仅引用基本表。然后，再对基本表执行查询。

对于标准视图而言，为每个引用视图的查询动态地生成结果集的开销是很大的，特别是那些涉及对大量数据行进行复杂处理（如聚合大量数据或连接许多行）的视图。如果在查询中频繁地引用这类视图，可通过对视图创建唯一聚集索引来提高查询性能。对视图创建唯一聚集索引后，视图返回的结果集将被存储在数据库中，就像带有聚集索引的表一样。建有唯一聚集索引的视图就称为索引视图，也称物化视图。

在视图上建立的聚集索引必须唯一，这一要求提高了 SQL Server 在索引中查找容易受数据更改影响的数据行的效率。在视图上建立唯一聚集索引后，对基表中的数据进行更改时，所做更改将反映到索引视图存储的数据中。

1. 建立索引视图的指导原则

建立索引视图需要遵守以下原则：

- 如果很少更新基础数据，则索引视图的效果最佳。
- 如果经常更新基础数据，则维护索引视图数据的成本可能超过使用索引视图所带来的性能收益。
- 如果基础数据以批处理的形式定期更新，但在更新之间主要作为只读数据进行处理，则可以考虑在更新前删除所有索引视图，然后再进行重建，这样做可以提高数据更新的性能。

2. 索引视图对查询性能的影响

索引视图可以提高下列查询的性能：

- 处理大量行的连接和聚合的查询。
- 经常执行连接和聚合操作的查询。

例如，在记录库存的联机事务处理数据库中，假设许多查询都需要连接 ProductMaster、ProductVendor 和 VendorMaster 表。虽然执行此连接的各个查询需要处理的行数可能并不多，但若有成百上千个这样的查询，则总的数据处理量将非常大。由于这些关系不太可能经常更新，因此可以通过定义一个索引视图来存储连接结果以提高整个系统的总体性能。

索引视图通常无法提高下列查询的性能：

- 具有大量写操作的 OLTP 系统。
- 具有大量更新操作的数据库。
- 不涉及聚合或连接的查询。
- GROUP BY 键具有高基数度的数据聚合。高基数度表示键包含许多不同的值。唯一键具有最高的基数度，因为每个键均有不同的值。索引视图通过减少查询必须访问的行数来提高性能。如果视图结果集中的行数像基表中的行数那么多，那么使用视图获得的性能收益微乎其微。

例如，考虑对一个包含 1000 行数据的表的如下查询：

```
SELECT PriKey, SUM(SalesCol) FROM ExampleTable
  GROUP BY PriKey
```

如果 PriKey 列的基数是 100，那么使用此查询结果生成的索引视图将只有 100 行。因此使用该视图的查询所需的平均读取量将是需要对基表进行的读取量的十分之一。如果 PriKey 列是表中有唯一约束的键，则 PriKey 列的基数是 1000，视图结果集也将返回 1000 行数据。如果视图和基表的行数相等，那么使用索引视图进行查询并不会比直接读取基表的性能好。

9.3.2　定义索引视图

在对视图创建聚集索引之前，该视图必须符合下列要求：

1）定义索引视图时，视图不能引用任何其他视图，只能引用基表。

2）视图中引用的所有基表必须与视图位于同一个数据库中，并且所有者也与视图相同。

3）必须使用 SCHEMABINDING 选项创建视图。架构绑定将视图绑定到基表的架构。

4）视图中的表达式引用的所有函数都必须是确定的。

5）表和用户定义函数在定义视图语句中必须由两部分名称组成（架构名 . 表名）。

6）对视图创建的第一个索引必须是唯一聚集索引，创建好唯一聚集索引后即可创建其他的非聚集索引。

定义索引视图除了要满足上述基本限制外，SQL Server 还要求满足如下条件：

1）当执行 CREATE VIEW 语句时，ANSI_NULLS 和 QUOTED_IDENTIFIER 选项必须设置为 ON［可通过 OBJECTPROPERTY（objectid,property）函数的 ExecIsAnsiNullsOn 或 ExecIsQuotedIdentOn 属性得到这两个选项的值］。例如：查看 IS_Student 视图的 ANSI_NULLS 值，可执行下列语句：

```
SELECT OBJECTPROPERTY(OBJECT_ID('IS_Student'),'ExecIsAnsiNullsOn')
```

2）在执行 CREATE TABLE 语句创建视图引用的表时，ANSI_NULLS 选项必须设置为 ON。

> 🖳 **说明** 当 ANSI_NULLS 为 ON 时，表明在与 NULL 值一起使用等于 (=) 和不等于 (<>) 比较运算符时采用符合 ISO 标准的行为。即当 ANSI_NULLS 为 ON 时，即使 column_name 中包含空值，使用 WHERE column_name = NULL 的 SELECT 语句仍返回零行。

即使 column_name 中包含非空值，使用 WHERE column_name <> NULL 的 SELECT 语句仍会返回零行。

当 ANSI_NULLS 为 OFF 时，对于 NULL 值使用等于（=）和不等于（<>）比较运算符将不遵守 ISO 标准。即使用 WHERE column_name = NULL 的 SELECT 语句返回 column_name 中包含空值的行。使用 WHERE column_name <> NULL 的 SELECT 语句返回列中包含非空值的行。此外，使用 WHERE column_name <> Some_value 的 SELECT 语句返回所有不为 Some_value 也不为 NULL 的行。

> 🔍 **注意** 在 SQL Server 的未来版本中，ANSI_NULLS 将始终为 ON，将该选项显式设置为 OFF 的所有应用程序都将产生错误。

设置 ANSI_NULLS 值的 SQL 语句如下：

```
SET ANSI_NULLS { ON | OFF }
```

3）视图中的 SELECT 语句不能包含下列 Transact-SQL 语法元素：

- 指定列的 * 或 table_name.* 语法。必须明确给出列名。
- 不能在视图列中多次指定相同的列名，但如果对列的所有（或除了一个引用之外的所有）引用是复杂表达式的一部分或是函数的一个参数，则可以多次引用该列。例如，下面的 SELECT 列表无效：

```
SELECT ColumnA, ColumnB, ColumnA
```

下面的 SELECT 列表有效：

```
SELECT SUM(ColumnA) AS SumColA, ColumnA % ColumnB AS ModuloColAColB, COUNT_
BIG(*) AS cBig FROM dbo.T1 GROUP BY ModuloColAColB
```

- 在 GROUP BY 子句中使用的列的表达式或基于聚合结果的表达式。
- UNION、EXCEPT 或 INTERSECT 运算符。
- 子查询。
- 外连接或自连接。
- TOP 子句。
- ORDER BY 子句。
- DISTINCT 关键字。
- COUNT(*)［允许 COUNT_BIG(*)］。
- AVG、MAX、MIN、STDEV、STDEVP、VAR 或 VARP 聚合函数。
- 引用可为空表达式的 SUM 函数。
- 包括排名或聚合开窗函数的 OVER 子句。

4）如果指定了 GROUP BY，则视图选择列表必须包含 COUNT_BIG(*) 表达式，且视图定义不能指定 HAVING、ROLLUP、CUBE 或 GROUPING SETS。

CREATE INDEX 除了符合 CREATE INDEX 的常规要求之外，还必须符合下列要求：

- 执行 CREATE INDEX 语句的用户必须是视图所有者。
- 执行 CREATE INDEX 语句时，下列选项必须设置为 ON：
  - ANSI_NULLS；
  - ANSI_PADDING；
  - ANSI_WARNINGS；
  - CONCAT_NULL_YIELDS_NULL；
  - QUOTED_IDENTIFIER。
- NUMERIC_ROUNDABORT 选项必须设置为 OFF。这也是默认设置。
- 创建聚集索引或非聚集索引时，IGNORE_DUP_KEY 选项必须设置为 OFF（默认设置）。
- 视图中不能包含 text、ntext 或 image 类型的列。
- 如果定义视图的 SELECT 语句中包含 GROUP BY 子句，则唯一聚集索引的键只能引用 GROUP BY 子句中指定的列。

例 1　创建一个视图并为该视图创建索引。本示例使用 MySimpleDB 数据库。

```
USE MySimpleDB;
GO
```

1）设置支持索引视图的选项。

```
SET NUMERIC_ROUNDABORT OFF;
SET ANSI_PADDING, ANSI_WARNINGS, CONCAT_NULL_YIELDS_NULL, ARITHABORT, QUOTED_
IDENTIFIER, ANSI_NULLS ON;
GO
```

2）定义视图。

```
CREATE VIEW Sales.vOrders
WITH SCHEMABINDING
AS
SELECT SUM(UnitPrice*OrderQty*(1.00-UnitPriceDiscount)) AS Revenue,
    OrderDate, ProductID, COUNT_BIG(*) AS COUNT
  FROM Sales.SalesOrderDetail AS od
JOIN  Sales.SalesOrderHeader AS o
  ON od.SalesOrderID = o.SalesOrderID
  GROUP BY OrderDate, ProductID;
GO
```

3）在视图上定义一个唯一的聚集索引。

```
CREATE UNIQUE CLUSTERED INDEX IDX_V1
  ON Sales.vOrders (OrderDate, ProductID);
GO
```

下面是两个使用上述索引视图查询数据的例子。

例 2　下列查询虽然未在 FROM 子句中指定索引视图，但数据库管理系统会自动选用索引视图提高查询效率：

```
SELECT SUM(UnitPrice*OrderQty*(1.00-UnitPriceDiscount)) AS Rev,
       OrderDate, ProductID
  FROM Sales.SalesOrderDetail AS od
  JOIN Sales.SalesOrderHeader AS o
```

```
    ON od.SalesOrderID=o.SalesOrderID
      AND ProductID BETWEEN 700 and 800
      AND OrderDate >= '2002/05/01'
  GROUP BY OrderDate, ProductID
  ORDER BY Rev DESC;
GO
```

该语句的执行计划如图 9-8 所示。

图 9-8　例 2 中的查询的索引视图使用情况

从图 9-8 中可以看到此查询确实使用的是索引视图。

例 3　下列查询尽管未在 FROM 子句中显式地用到所定义的索引视图，但系统在执行该查询时同样可以使用上述索引视图。

```
SELECT OrderDate, SUM(UnitPrice*OrderQty*(1.00-UnitPriceDiscount)) AS Rev
  FROM Sales.SalesOrderDetail AS od
  JOIN Sales.SalesOrderHeader AS o
    ON od.SalesOrderID=o.SalesOrderID
    AND DATEPART(mm,OrderDate)= 3
    AND DATEPART(yy,OrderDate) = 2002
  GROUP BY OrderDate
  ORDER BY OrderDate ASC;
GO
```

该语句的执行计划如图 9-9 所示。

图 9-9　例 3 中的查询的索引视图使用情况

小结

本章介绍了视图的概念和作用。一般概念上的视图是标准视图，该类视图主要是为了满足用户对数据的查询需求，它将用户所需要的数据以视图的形式展示给用户，使用户不必关心他所需要的数据来自哪些表，从而简化用户读数据的操作。

视图的另一个作用是将分布在不同数据库或服务器上的数据在逻辑上组合在一起，这类视图称为分区视图，它的功能类似于分区表。只是视图是将物理上分布在不同表中的数据组织在一起，使用户感觉是在一张表上进行操作，从而不必关心哪些数据存放在哪个表中。分区视图所涉及的表必须有相同的结构且存放相同含义的数据。

标准视图中的数据并不物理地存储在数据库中，当视图涉及多个表的连接查询，或者进行大量数据的聚合查询时，查询效率就会降低很多。可以通过在视图上建立唯一聚集索引来提高这类查询的执行效率。在视图上建立唯一聚集索引后，数据库管理系统会将视图数据物理地保存到数据库中，从而提高涉及多个表的连接查询或进行大量数据的聚合运算的视图的查询效率，建有唯一聚集索引的视图称为索引视图，也叫物化视图，这也是一种以空间换取时间的方法。

习题

1. 试说明标准视图的作用。
2. 简述通过标准视图查询数据的过程。
3. 简述分区视图的概念和作用。
4. 简述索引视图的概念和作用。
5. 简述适合建立索引视图的情况有哪些。
6. 简单说明不适合建立索引视图的情况有哪些。

上机练习

1. 使用第 6 章中建立的 Student、Course 和 SC 表，写出创建满足下列要求的视图的 SQL 语句。
   （1）查询学生的学号、姓名、所在系、课程号、课程名、课程学分。
   （2）查询学生的学号、姓名、选修的课程名和考试成绩。
   （3）统计每个学生的选课门数，列出学生的学号和选课门数。
   （4）统计每个学生的修课总学分，列出学生的学号和选课门数。
2. 利用第 1 题中建立的视图完成如下查询：
   （1）查询考试成绩大于等于 90 分的学生的姓名、课程名和成绩。
   （2）查询选课门数超过 3 门的学生的学号和选课门数。
   （3）查询计算机系选课门数超过 3 门的学生的姓名和选课门数。
   （4）查询修课总学分超过 10 分的学生的学号、姓名、所在系和修课总学分。
   （5）查询年龄大于等于 20 岁的学生中修课总学分超过 10 分的学生的姓名、年龄、所在系和修课总学分。
3. 修改第 1 题（4）中定义的视图，用其查询每个学生的学号、选课门数和考试平均成绩。
4. 为提高对学生表的操作效率，假设将学生表数据根据系名分布在 3 个不同的表中，每个表中只存放一个系的学生的信息。3 个表的定义如下：

```
CREATE TABLE Student_CS (
  Sno     CHAR(7)      PRIMARY KEY,
  Sname   NCHAR(5)  NOT NULL    ,
  Ssex    NCHAR(1)             ,
  Sage    TINYINT   ,
  Sdept   NVARCHAR(20) CHECK (Sdept = '计算机系')
)
CREATE TABLE Student_IS (
  Sno     CHAR(7)      PRIMARY KEY,
  Sname   NCHAR(5)  NOT NULL,
  Ssex    NCHAR(1)     ,
  Sage    TINYINT   ,
  Sdept   NVARCHAR(20) CHECK (Sdept = '信息管理系')
)
CREATE TABLE Student_COM (
  Sno     CHAR(7)      PRIMARY KEY,
  Sname   NCHAR(5)  NOT NULL,
  Ssex    NCHAR(1)     ,
  Sage    TINYINT          ,
  Sdept   NVARCHAR(20) CHECK (Sdept = '通信工程系')
)
```

   请在这 3 张表的基础上定义一个分区视图，并用该视图将 3 张成员表中的数据合并为一个结果集。
5. 假设经常需要统计每个学生每个学期的选课门数。为提高该类查询的查询效率：
   （1）请为该查询创建一个视图。
   （2）请为所建视图创建一个唯一聚集索引。

第 10 章　存储过程和触发器

存储过程是存储在数据库中的一个代码段，其中可以包含数据操作语句、数据定义语句等。应用程序可以通过调用存储过程来执行代码段中的语句。存储过程功能使得用户对数据库的管理和操作更加灵活和便捷。

数据完整性约束可以保证数据库中的数据符合现实世界的实际情况，或者说，保证数据库中存储的数据都有实际意义。我们在第 5 章中介绍了在定义表时实现数据完整性约束的方法，包括 PRIMARY KEY、FOREIGN KEY、UNIQUE、DEFAULT 和 CHECK 约束，本章介绍另一种功能更强大的实现数据完整性约束的机制——触发器。

10.1　存储过程

10.1.1　存储过程的概念

在编写数据库应用程序时，SQL 语言是应用程序和数据库之间的主要编程接口。使用 SQL 语言编写访问数据库的代码时，可用两种方法存储和执行这些代码。一种是在客户端存储代码，并创建向数据库服务器发送的 SQL 命令（或 SQL 语句），比如在 C#、Java 等客户端编程语言中嵌入访问数据库的 SQL 语句；另一种是将 SQL 语句存储在数据库服务器端（实际是存储在具体的数据库中，作为数据库中的一个对象），然后由应用程序调用并执行这些 SQL 语句。这些存储在数据库服务器端供客户端调用执行的 SQL 语句就是存储过程，客户端应用程序可以直接调用并执行存储过程，存储过程的执行结果可返回给客户端。

数据库中的存储过程与一般程序设计语言中的过程或函数类似，存储过程也可以：

- 接收输入参数并以输出参数的形式将多个值返回给调用者。
- 包含执行数据库操作的语句。
- 将查询语句的执行结果返回到客户端内存中。

使用存储过程而不使用存储在客户端计算机本地的 SQL 程序有以下好处。

（1）允许模块化程序设计

只需创建一次存储过程并将其存储在数据库中，就可以在应用程序中方便地调用该存储过程。存储过程可由擅长数据库编程的人员创建，并可独立于程序源代码单独修改。

（2）改善性能

如果某操作需要大量的 SQL 语句或需要重复执行，则用存储过程的速度要比每次都直接执行 SQL 语句的速度更快。因为数据库管理系统会在创建存储过程时对 SQL 代码进行分析和优化，并在第一次执行时进行语法检查和编译，将编译好的可执行代码存储在内存中的一个专门的缓冲区中，当再次执行此存储过程时，只需直接执行内存中的可执行代码即可。

（3）减少网络流量

一个需要数百行 SQL 代码来完成的操作现在只需一条执行存储过程的代码即可实现，因此，不再需要在网络中传送大量的代码。

（4）存储过程可作为安全机制使用

即使对于没有直接执行存储过程中的语句的权限的用户，也可以授予其执行该存储过程的权限。

存储过程实际上是存储在数据库服务器上的、由 SQL 语句和流程控制语句组成的预编译集合，它以一个名字存储并作为一个单元进行处理，可由应用程序调用执行，允许包含控制流、逻辑以及数据操作等。存储过程可以接收输入参数，并可具有输出参数，还可以返回单个或多个结果集。

10.1.2　创建和执行存储过程

创建存储过程的 SQL 语句为 CREATE PROCEDURE，其语法格式如下：

```
CREATE { PROC | PROCEDURE } [schema_name.] procedure_name [ ; number ]
  [ { @parameter [ type_schema_name. ] data_type }
  [ = default ] [ OUT | OUTPUT ] [READONLY]
  ] [ ,...n ]
[ WITH <procedure_option> [ ,...n ] ]
AS { [ BEGIN ] sql_statement [;] [ ...n ] [ END ] }
[;]
<procedure_option> ::=
  [ ENCRYPTION ]
  [ RECOMPILE ]
<sql_statement> ::=
{ [ BEGIN ] statements [ END ] }
```

其中各参数的含义如下。

- schema_name：存储过程（简称过程）所属架构的名称。
- procedure_name：新存储过程的名称。过程名称必须遵循有关标识符的规则，且在架构中必须唯一。
  - 建议不要在过程名中使用前缀 sp_，因为此前缀由 SQL Server 使用，以表明是系统存储过程。
  - 可通过在 procedure_name 前面使用一个数字符号（#）（#procedure_name）来创建局部临时过程，使用两个数字符号（##procedure_name）来创建全局临时过程。局部临时过程只对创建该过程的连接可见；全局临时过程则可供所有连接使用。局部临时过程会在当前会话结束时被自动删除；全局临时过程在使用该过程的最后一个会话结束时被删除。
  - 存储过程的完整名称（如果是全局临时过程，则包括 ##）不能超过 128 个字符，局部临时存储过程的完整名称（包括 #）不能超过 116 个字符。
- number：可选整数，用于对同名存储过程分组，例如 orderproc;1、orderproc;2。可通过一个 DROP PROCEDURE 语句将这些分组过程同时删除。例如，DROP PROCEDURE orderproc 语句将删除整个组。
- @parameter：存储过程中的参数。在 CREATE PROCEDURE 语句中可以声明一个或多个参数。除非定义了参数的默认值或者将参数设置为等于另一个参数，否则用户必须在调用存储过程时为每个声明的参数提供值。一个存储过程最多可以有 2100 个参数。参数名称的第一个字符必须是 at 符号（@），参数名称必须符合标识符的规则。每个存储过程的参数仅用于该过程本身，其他存储过程中可以使用相同的参数名称。默认情况下，参数只能代替常量表达式，而不能代替表名、列名或其他数据库对象名。

- [type_schema_name.]data_type：参数和所属架构的数据类型。所有的数据类型都可以用作存储过程的参数。如果未指定 type_schema_name，则 SQL Server 将按以下顺序引用 type_name：
  - SQL Server 系统数据类型。
  - 当前数据库中当前用户的默认架构。
  - 当前数据库中的 dbo 架构。
- default：参数的默认值。如果定义了 default 值，则无须指定此参数的值即可执行存储过程。默认值必须是常量或 NULL。如果使用带 LIKE 关键字的参数，则可包含通配符 %、_、[] 和 [^]。
- OUT | OUTPUT：说明参数是输出参数。此类参数可将存储过程产生的值返回给调用者。OUTPUT 参数不能是 text、ntext 和 image 类型。
- READONLY：指示不能在过程的主体中更新或修改参数。如果参数类型为用户定义的表类型，则必须指定 READONLY。
- RECOMPILE：指示数据库引擎不缓存该过程的计划，该过程在运行时编译。
- ENCRYPTION：指示对创建存储过程的原始文本进行加密。加密后的代码不能在 SQL Server 的任何目录视图中直接显示。
- <sql_statement>：要包含在过程中的一个或多个 T-SQL 语句。

现对存储过程做如下说明。

- 存储过程没有预定义的最大大小。
- 只能在当前数据库中创建用户定义的存储过程。但临时过程是个特例，临时过程总是被创建在 tempdb 数据库中。如果未指定架构名称，则使用创建存储过程的用户的默认架构。
- 在单个批处理中，CREATE PROCEDURE 语句不能与其他 T-SQL 语句组合使用。
- 若要显示 T-SQL 存储过程的定义，可使用该过程所在数据库中的 sys.sql_modules 目录视图。例如，若要查看 Students 数据库中全部存储过程的定义，可使用如下语句：

```
SELECT OBJECT_NAME(object_id) AS object_name, definition
  FROM sys.sql_modules
```

- 存储过程可以被嵌套，即一个存储过程可以调用另一个存储过程。在被调用过程开始运行时，嵌套级将增加，在被调用过程运行结束后，嵌套级将减少。存储过程最多可以嵌套 32 级。

SQL Server 可以在启动时自动执行一个或多个存储过程，这些存储过程必须由系统管理员在 master 数据库中创建，并以 sysadmin 固定服务器角色作为后台进程执行。自动执行的存储过程不能有任何输入参数和输出参数。如果有需要定期执行的操作，或者有作为后台进程运行的存储过程，且希望该存储过程一直处于运行状态，此方法非常有用。

使用 sp_procoption 系统存储过程可以设置或清除某存储过程作为启动时自动执行的存储过程，该存储过程的语法格式如下：

```
sp_procoption [ @ProcName = ] 'procedure'
    , [ @OptionName = ] 'option'
    , [ @OptionValue = ] 'value'
```

其中各参数的含义如下。

- [@ProcName =] 'procedure'：要设置选项的存储过程名。
- [@OptionName =] 'option'：要设置的选项名。option 的唯一值为 startup。
- [@OptionValue =] 'value'：指示是将选项设置为开启（true 或 on）还是关闭（false 或 off）。

例如：将用户定义的 pTest 设置为启动时自动执行的存储过程：

```
sp_procoption 'pTest', 'startup', 'on'
```

执行存储过程的 SQL 语句是 EXECUTE，其语法格式如下：

```
[ EXEC [ UTE ] ] 存储过程名
  [ 实参 [, OUTPUT] [, … n] ]
```

如无特别说明，本章中的所有示例均在第 6 章中建立的 Student、Course 和 SC 表及数据上进行。

例 1 不带参数的存储过程。查询计算机系学生的考试情况，列出学生的姓名、课程名和考试成绩。

```
CREATE  PROCEDURE  p_StudentGrade1
AS
  SELECT Sname, Cname, Grade
    FROM Student s INNER JOIN SC
    ON s.Sno = SC.Sno  INNER JOIN Course c
    ON c.Cno = sc.Cno
    WHERE Dept = '计算机系'
```

执行此存储过程：

```
EXEC p_StudentGrade1
```

执行结果如图 10-1 所示。

	Sname	Cname	Grade
1	李勇	高等数学	96
2	李勇	大学英语	80
3	李勇	大学英语	84
4	李勇	Java	62
5	刘晨	高等数学	92
6	刘晨	大学英语	90
7	刘晨	计算机文化学	84

图 10-1 调用例 1 中的存储过程的执行结果

例 2 带输入参数的存储过程。查询指定系的学生的考试情况，列出学生的姓名、所在系、课程名和考试成绩。

```
CREATE  PROCEDURE  p_StudentGrade2
    @dept char(20)
AS
  SELECT Sname,Dept, Cname, Grade
    FROM Student s INNER JOIN SC
    ON s.Sno = SC.Sno  INNER JOIN Course c
    ON c.Cno = SC.Cno
    WHERE Dept = @dept
```

如果存储过程有输入参数并且没有为输入参数指定默认值，则在调用此存储过程时必须为输入参数指定一个常量值。

执行例 2 中定义的存储过程，查询信息管理系学生的修课情况：

```
EXEC p_StudentGrade2 '信息管理系'
```

执行结果如图 10-2 所示。

例 3 带多个输入参数且有默认值的存储过程。查询某个学生某门课程的考试成绩，课程

	Sname	Dept	Cname	Grade
1	吴宾	信息管理系	高等数学	76
2	吴宾	信息管理系	计算机文化学	85
3	吴宾	信息管理系	Java	73
4	吴宾	信息管理系	数据结构	NULL
5	张海	信息管理系	高等数学	50
6	张海	信息管理系	计算机文化学	80

图 10-2 调用例 2 中的存储过程的执行结果

的默认值为"Java"。

```
CREATE PROCEDURE p_StudentGrade3
    @sname char(10), @cname char(20) = 'Java'
AS
  SELECT Sname, Cname, Grade
      FROM Student s INNER JOIN SC
      ON s.Sno = SC.sno   INNER JOIN Course c
      ON c.Cno = SC.Cno
      WHERE   sname = @sname AND cname = @cname
```

执行带多个参数的存储过程时，参数的传递方式有以下两种。

（1）按参数位置传值

执行存储过程的 EXEC 语句中实参的排列顺序必须与创建存储过程时参数定义的顺序一致。

例如，使用按参数位置传值的方式执行例 3 中所定义的存储过程，查询"吴宾""高等数学"课程的考试成绩，执行语句如下：

```
EXEC p_StudentGrade3 '吴宾', '高等数学'
```

（2）按参数名传值

在执行存储过程的 EXEC 语句中，要指明定义存储过程时指定的参数的名字以及参数的值，而不必关心参数的定义顺序。

例如，使用按参数名传值的方式执行例 3 中所定义的存储过程，查询"吴宾""高等数学"课程的成绩，执行语句如下：

```
EXEC p_StudentGrade3 @sname = '吴宾', @cname = '高等数学'
```

两种调用方式返回的结果均如图 10-3 所示。

如果在定义存储过程时为参数指定了默认值，则在执行存储过程时可以不为有默认值的参数提供值。例如，执行例 3 中的存储过程：

```
EXEC p_StudentGrade3 '吴宾'
```

相当于执行：

```
EXEC p_StudentGrade3 '吴宾', 'Java'
```

执行结果如图 10-4 所示。

图 10-3　调用例 3 中的存储过程并指定全部输入参数的执行结果

图 10-4　调用例 3 中的存储过程并使用默认值的执行结果

例 4　带输出参数的存储过程。统计学生人数，并将统计结果用输出参数返回。

```
CREATE PROCEDURE p_Count
  @total int OUTPUT
As
  SELECT @total = COUNT(*) FROM Student
```

执行此存储过程的示例如下：

```
DECLARE @res int
EXEC p_Count @res OUTPUT
PRINT @res
```

该语句的执行结果为 10。

> 🔍**注意**　1）在执行含有输出参数的存储过程时，执行语句的变量名后必须有output修饰符。
> 2）在调用有输出参数的存储过程时，与输出参数对应的是一个变量，此变量用于保存输出参数返回的结果。

例5　带一个输入参数和一个输出参数的存储过程。统计指定课程（课程名）的平均成绩，并将统计结果用输出参数返回。

```
CREATE PROC p_AvgGrade
  @cn char(20),
@avg_grade int OUTPUT
AS
  SELECT @avg_grade = AVG(Grade) FROM SC
    JOIN Course C ON C.Cno = SC.Cno
    WHERE Cname = @cn
```

执行此存储过程，查询Java课程的平均成绩。

```
DECLARE @Avg_Grade int
EXEC p_AvgGrade 'Java', @Avg_Grade OUTPUT
PRINT @Avg_Grade
```

执行结果为66。

例6　带多个输入参数和多个输出参数的存储过程。统计指定系选修指定课程（课程名）的学生的人数和平均考试成绩，并用输出参数返回选课人数和平均成绩。

```
CREATE PROC p_CountAvg
  @dept varchar(20), @cn varchar(20),
  @cnt int OUTPUT, @avg_grade int OUTPUT
AS
  SELECT @cnt = COUNT(*),@avg_grade = AVG(Grade)
    FROM SC JOIN Course C ON C.Cno = SC.Cno
    JOIN Student S ON S.Sno = SC.Sno
    WHERE Dept = @dept AND Cname = @cn
```

执行此存储过程，查询计算机系修"高等数学"的学生的人数和平均成绩。

```
DECLARE @Count int,@AvgGrade int
EXEC p_CountAvg '计算机系', '高等数学',
  @Count OUTPUT, @AvgGrade OUTPUT
SELECT @Count AS 人数, @AvgGrade AS 平均成绩
```

执行结果如图10-5所示。

使用存储过程不但可以实现数据查询操作，而且还可以实现数据的修改、删除和插入操作。

	人数	平均成绩
1	2	94

图10-5　调用例6中的存储过程的执行结果

例7　给指定课程（课程号）的学分增加指定的分数。

```
CREATE PROC p_UpdateCredit
  @cno varchar(10), @inc int
AS
  UPDATE Course SET Credit = Credit + @inc
    WHERE Cno = @cno
```

例8　删除指定课程（课程名）中考试成绩不及格的学生的此门课程的修课记录。

```
CREATE PROC p_DeleteSC
```

```
    @cn varchar(20)
AS
    DELETE FROM SC WHERE Grade < 60
      AND Cno IN (
        SELECT Cno FROM Course WHERE Cname = @cn)
```

例 9 在课程表中插入一行数据，其各列数据均通过输入参数获得。

```
CREATE PROC p_InsertCourse
    @cno char(6),@cname nvarchar(20),@x tinyint, @y tinyint
AS
    INSERT INTO Course VALUES(@cno,@cname,@x,@y)
```

10.1.3 从存储过程返回数据

SQL Server 存储过程通过以下 4 种形式返回数据：

- 输出参数，既可以返回数据（整型值或字符值等），也可以返回游标变量（游标是可以逐行检索的结果集，具体内容请参见第 9 章中的相关内容）。
- 返回代码，只能是整型值。
- SELECT 语句的结果集，这些语句包含在该存储过程或该存储过程所调用的其他存储过程内。
- 可从存储过程外引用的全局游标。

前面已经介绍了输出参数的使用，下面介绍返回代码的使用。

存储过程可以返回一个称为返回代码的整型值，以表明存储过程的执行状态。指定存储过程的返回代码使用的是 RETURN 语句。与 OUTPUT 参数一样，执行存储过程时必须将返回代码保存到变量中，以便在调用存储过程的代码中使用该返回值。例如，假设要将存储过程 my_proc 的返回代码保存在 @result 变量中，则其代码形式如下：

```
DECLARE @result int
EXECUTE @result = my_proc
```

返回代码通常用在存储过程内的流程控制块中，以便为各种可能的错误状况设置返回代码值。可在 T-SQL 语句后使用 @@ERROR 函数，以检测在该语句的执行期间是否有错误发生。

例 10 建立查询指定系的学生的姓名和性别的存储过程，如果用户未指定系名，则返回代码 1；如果用户指定的系名不存在，则返回代码 2。

```
CREATE PROC p_Student
    @dept varchar(20) = NULL
AS
    IF @dept IS NULL RETURN 1          -- 未指定系名
    IF NOT EXISTS(SELECT * FROM Student WHERE Dept = @dept)
        RETURN 2                       -- 指定的系名不存在
    SELECT Sname, Sex FROM Student
        WHERE Dept = @dept
GO
```

调用该存储过程并根据返回值显示相应的提示信息的代码如下。

```
DECLARE @ret int
EXEC @ret = p_Student
IF @ret = 1 PRINT '必须指定一个系名'
IF @ret = 2 PRINT '指定的系名不存在'
```

例 11 根据各种错误设置不同的返回代码值。查询指定课程（课程名）的平均成绩，对每种可能的错误赋予的返回代码的值如表 10-1 所示。

存储过程代码如下：

```
CREATE PROCEDURE p_GetAvgGrade
  @cname varchar(30) = NULL,
  @avg_grade int OUTPUT
AS
-- 验证 @cname 参数的有效性
  IF @cname IS NULL
    RETURN 1
  -- 验证指定的课程名是否有效
  IF (SELECT COUNT(*) FROM Course WHERE Cname = @cname) = 0
    RETURN 2
  -- 得到指定课程的平均成绩
  SELECT @avg_grade = AVG(Grade) FROM SC
    JOIN Course c ON SC.Cno = c.Cno
    WHERE Cname = @cname
  IF @avg_grade IS NULL    -- 检查该门课程是否已考试
    RETURN 3
  ELSE
  RETURN 0                 -- 成功！
```

表 10-1　对各种错误赋予的返回代码的值

值	含义
0	成功执行
1	未指定课程名
2	指定的课程名无效
3	指定的课程还未考试（平均成绩为 NULL）

当根据不同情况返回不同的代码值时，调用程序可以检测和处理执行存储过程所发生的错误。

```
DECLARE @ret int,@avg int,@tip varchar(40)
EXEC  @ret = p_GetAvgGrade  @avg_grade = @avg output
SET @tip = CASE @ret
    WHEN 1 THEN '提示1：必须指定一个课程名！'
    WHEN 2 THEN '提示2：指定的课程名不存在！'
    WHEN 3 THEN '提示3：指定的课程还没有考试！'
  END
PRINT @tip
```

该代码的执行结果为"提示 1：必须指定一个课程名！"。

10.1.4　查看和维护存储过程

1. 查看已定义的存储过程

SQL Server 2017 会在 SSMS 工具的对象资源管理器中列出已定义好的全部存储过程。查看方法：在 SSMS 的对象资源管理器中展开要查看的存储过程的数据库（这里展开"Students"数据库），然后依次展开该数据库下的"可编程性"→"存储过程"节点，即可看到该数据库下用户定义的全部存储过程，如图 10-6 所示。

在某个存储过程上右击鼠标，在弹出的快捷菜单中选择"修改"命令，即可查看定义该存储过程的代码，如图 10-7 所示（该代码为定义 p_Count 存储过程的代码）。

2. 修改存储过程

可以对已创建好的存储过程进行修改。修改存储过程的 SQL 语句为 ALTER PROCEDURE，其语法格式如下：

```
ALTER PROC [EDURE] 存储过程名
  [ { @参数名  数据类型 } [ = default ] [OUTPUT]
  ] [ , ... n ]
AS
    SQL 语句 [ ... n ]
```

从上述语法格式中可以看出，修改存储过程的语句与

图 10-6　查看已定义的存储过程

定义存储过程的语句基本上是一样的，只是将 CREATE PROC [EDURE] 改成了 ALTER PROC [EDURE]。

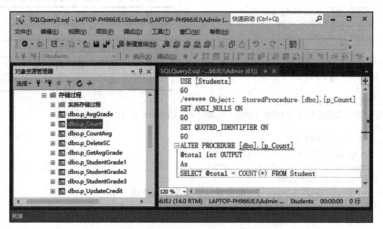

图 10-7　查看定义存储过程的代码

例 12　修改例 2 中定义的存储过程，用其查询指定系考试成绩大于等于 80 分的学生的修课情况。

```
ALTER   PROCEDURE   student_grade2
  @dept char(20)
AS
  SELECT Sname, Sdept, Cname, Grade
    FROM Student s INNER JOIN SC
    ON s.Sno = SC.Sno   INNER JOIN Course c
    ON c.Cno = SC.Cno
    WHERE Sdept = @dept AND Grade >= 80
```

也可以在查看定义存储过程的代码时修改存储过程定义。例如，从图 10-7 所示的窗口中可以看到，系统显示的代码就是修改存储过程的代码。用户可以直接在此处进行修改，修改完成后单击 ▶ 执行(X) 按钮执行修改后的代码即可使修改生效。

3. 删除存储过程

当不再需要某个存储过程时，可将其删除。删除存储过程可通过 SQL 语句实现，也可以通过 SSMS 的对象资源管理器实现。

删除存储过程的 SQL 语句为 DROP PROC[EDURE]，具体语法格式如下：

```
DROP { PROC | PROCEDURE } { 存储过程名 } [ , … n ]
```

例 13　删除 p_StudentGrade1 存储过程。

```
DROP PROC p_StudentGrade1
```

使用 SSMS 工具删除存储过程的方法如下：在 SSMS 工具的对象资源管理器中，展开包含要删除存储过程的数据库→可编程性→存储过程（见图 10-6），在要删除的存储过程上右击鼠标，然后在弹出的快捷菜单中选"删除"命令即可。

10.1.5　一些系统存储过程

在 SQL Server 中，许多管理活动和信息活动都可以使用系统存储过程来执行。本节介绍几个常用的系统存储过程。

1. sp_columns

作用：返回当前环境中指定表或视图的列信息。

语法格式如下：

```
sp_columns [ @table_name = ] object [ , [ @table_owner = ] owner ]
  [ , [ @table_qualifier = ] qualifier ]
  [ , [ @column_name = ] column ]
```

各参数的含义如下。

- @table_name =] object：用于返回目录信息的表或视图的名称。没有默认值。支持通配符模式匹配。
- [@table_owner =] owner：表或视图所属架构的名称。如果未指定 owner，则应用 DBMS 的默认表或视图规则。如果当前用户拥有的表或视图具有指定名称，则返回该表的列。如果未指定 owner，且当前用户不拥有具有指定 object 的表或视图，则 sp_columns 将搜索数据库所有者所拥有的具有指定 object 的表或视图。如果有，则返回该表的列。
- [@table_qualifier =] qualifier：表或视图限定符的名称。在 SQL Server 中为数据库名。
- [@column_name =] column：一个单独的列，当只需要目录信息的一列时可使用该参数。column 的数据类型为 nvarchar(384)，默认值是 NULL。如果未指定 column，则返回所有列。

例 14　查询 Student 表中包含的列信息。

```
EXEC sp_columns @table_name = 'Student'
```

执行结果中的部分列信息如图 10-8 所示。

	TABLE_QUALIFIER	TABLE_OWNER	TABLE_NAME	COLUMN_NAME	DATA_TYPE	TYPE_NAME	PRECISION	LENGTH
1	Students	dbo	Student	Sno	1	char	7	7
2	Students	dbo	Student	Sname	-8	nchar	5	10
3	Students	dbo	Student	Sex	-8	nchar	1	2
4	Students	dbo	Student	Birthdate	-9	date	10	20
5	Students	dbo	Student	Dept	-9	nvarchar	20	40

图 10-8　Student 表的部分列信息

2. sp_pkeys

作用：返回当前环境中单个表的主键信息。

语法格式如下：

```
sp_pkeys [ @table_name = ] 'name'
  [ , [ @table_owner = ] 'owner' ]
  [ , [ @table_qualifier = ] 'qualifier' ]
```

其中，[@table_name =] 'name' 为其返回信息的表名，不支持通配符模式匹配。其他参数的含义同 sp_columns。

例 15　查询 SC 表所包含的主键。

```
EXEC sp_pkeys @table_name = 'SC'
```

执行结果如图 10-9 所示。

	TABLE_QUALIFIER	TABLE_OWNER	TABLE_NAME	COLUMN_NAME	KEY_SEQ	PK_NAME
1	Students	dbo	SC	Sno	1	PK__SC__E6000253417A73EE
2	Students	dbo	SC	Cno	2	PK__SC__E6000253417A73EE

图 10-9　查看 SC 表的主键

3. sp_fkeys

作用：返回当前环境的逻辑外键信息。

语法格式如下：

```
sp_fkeys [ @pktable_name = ] 'pktable_name'
  [ , [ @pktable_owner = ] 'pktable_owner' ]
  [ , [ @pktable_qualifier = ] 'pktable_qualifier' ]
  { , [ @fktable_name = ] 'fktable_name' }
  [ , [ @fktable_owner = ] 'fktable_owner' ]
  [ , [ @fktable_qualifier = ] 'fktable_qualifier' ]
```

各参数的含义如下。

- [@pktable_name =] 'pktable_name'：带主键的表的名称。pktable_name 的数据类型为 sysname，默认值为 NULL。不支持通配符模式匹配。必须提供该参数或 fktable_name 参数，或二者都提供。
- [@pktable_owner =] 'pktable_owner'：表（带主键）的所有者的名称。不支持通配符模式匹配。如果未指定 pktable_owner，则遵循基础 DBMS 的默认表可见性规则。
- [@pktable_qualifier =] 'pktable_qualifier'：表（带主键）限定符的名称。pktable_qualifier 的数据类型为 sysname，默认值为 NULL。在 SQL Server 中，限定符为数据库名称。
- [@fktable_name =] 'fktable_name'：用于返回目录信息的表（带外键）的名称。fktable_name 的数据类型为 sysname，默认值为 NULL。不支持通配符模式匹配。必须提供该参数或 pktable_name 参数，或二者都提供。
- [@fktable_owner =] 'fktable_owner'：用于返回目录信息的表（带外键）的所有者的名称。
- [@fktable_qualifier =] 'fktable_qualifier'：表（带外键）的限定符名称。fktable_qualifier 的数据类型为 sysname，默认值为 NULL。在 SQL Server 中，限定符为数据库名称。

例 16　查看引用 Student 表的外键表和外键列。

```
EXEC sp_fkeys @pktable_name = 'Student'
```

部分执行结果如图 10-10 所示。

	PKTABLE_QUALIFIER	PKTABLE_OWNER	PKTABLE_NAME	PKCOLUMN_NAME	FKTABLE_QUALIFIER	FKTABLE_OWNER	FKTABLE_NAME	FKCOLUMN_NAME
1	Students	dbo	Student	Sno	Students	dbo	SC	Sno

图 10-10　引用 Student 表的外键表和外键列

4. sp_tables

作用：返回可在当前环境中查询的对象列表，也就是返回任何能够在 FROM 子句中出现的对象。

语法格式如下：

```
sp_tables [ [ @table_name = ] 'name' ]
```

```
[ , [ @table_owner = ] 'owner' ]
[ , [ @table_qualifier = ] 'qualifier' ]
[ , [ @table_type = ] "type" ]
[ , [@fUsePattern = ] 'fUsePattern'];
```

各参数的含义如下。

- [@table_name =] 'name'：用来返回目录信息的表名，支持通配符模式匹配。
- [@table_owner =] 'owner'：表的所有者。
- [@table_qualifier =] 'qualifier'：表限定符的名称。
- [, [@table_type =] "'type', 'type'"]：由逗号分隔的值列表，该列表提供有关所有指定表类型的表的信息。这些类型包括 TABLE、SYSTEMTABLE 和 VIEW。默认值为 NULL。

> **注意** 每个表类型都必须用单引号引起来，整个参数必须用双引号引起来。表类型必须大写。如果 SET QUOTED_IDENTIFIER 为 ON，则每个单引号必须换成双引号，整个参数必须用单引号引起来。

- [@fUsePattern =] 'fUsePattern'：确定下划线（_）、百分号（%）和方括号（[或]）是否解释为通配符。有效值为 0（模式匹配为关闭状态）和 1（模式匹配为打开状态）。默认值为 1。

例 17　在 Students 数据库中执行下列语句，查看该数据库中的全部可查询对象。

```
EXEC sp_tables
```

部分执行结果如图 10-11 所示。

例 18　在 Students 数据库中执行下列语句，查看该数据库中的表。

	TABLE_QUALIFIER	TABLE_OWNER	TABLE_NAME	TABLE_TYPE	REMARKS
1	Students	dbo	Course	TABLE	NULL
2	Students	dbo	SC	TABLE	NULL
3	Students	dbo	Student	TABLE	NULL
4	Students	sys	trace_xe_action_map	TABLE	NULL
5	Students	sys	trace_xe_event_map	TABLE	NULL
6	Students	dbo	BT_S	VIEW	NULL
7	Students	dbo	S_G	VIEW	NULL
8	Students	INFORMATION_SCHEMA	CHECK_CONSTRAINTS	VIEW	NULL
9	Students	INFORMATION_SCHEMA	COLUMN_DOMAIN_USAGE	VIEW	NULL

图 10-11　Students 数据库中的可查询对象

```
EXEC sp_tables  @table_type = "'TABLE'"
```

查询结果如图 10-12 所示。

例 19　在 MySimpleDB 数据库中执行下列代码，查看 Production 架构中的可查询对象。

	TABLE_QUALIFIER	TABLE_OWNER	TABLE_NAME	TABLE_TYPE	REMARKS
1	Students	dbo	Course	TABLE	NULL
2	Students	dbo	SC	TABLE	NULL
3	Students	dbo	Student	TABLE	NULL
4	Students	sys	trace_xe_action_map	TABLE	NULL
5	Students	sys	trace_xe_event_map	TABLE	NULL

图 10-12　Students 数据库中的全部用户表

```
EXEC sp_tables
    @table_name = '%',
    @table_owner = 'Production',
    @table_qualifier = 'MySimpleDB';
```

执行结果如图 10-13 所示。

5. sp_MSforeachtable

sp_MSforeachtable 是微软提供的一个不公开的系统存储过程，用于对数据库中

	TABLE_QUALIFIER	TABLE_OWNER	TABLE_NAME	TABLE_TYPE	REMARKS
1	MySimpleDB	Production	BillOfMaterials	TABLE	NULL
2	MySimpleDB	Production	Document	TABLE	NULL
3	MySimpleDB	Production	Product	TABLE	NULL
4	MySimpleDB	Production	ProductReview	TABLE	NULL
5	MySimpleDB	Production	UnitMeasure	TABLE	NULL

图 10-13　MySimpleDB 数据库 Production 架构中的可查询对象

的所有表进行某种操作。调用 sp_MSforeachtable 系统存储过程的语法格式如下：

```
exec @RETURN_VALUE=sp_MSforeachtable @command1, @replacechar,
```

```
@command2, @command3, @whereand, @precommand, @postcommand
```

其中各参数的含义如下。

- @command1 nvarchar(2000)：第一条运行的 SQL 指令。
- @replacechar nchar(1) = N'?'：指定的占位符号。
- @command2 nvarchar(2000) = null：第二条运行的 SQL 指令。
- @command3 nvarchar(2000) = null：第三条运行的 SQL 指令。
- @whereand nvarchar(2000) = null：选择表的条件。
- @precommand nvarchar(2000) = null：执行指令前的操作（类似控件触发前的操作）。
- @postcommand nvarchar(2000) = null：执行指令后的操作（类似控件触发后的操作）。

例 20　在 MySimpleDB 数据库中执行下列代码，列出该数据库中所有表的数据行数。

```
create table #rowcount (tablename varchar(128), rowcnt int)
GO
exec sp_MSforeachtable
  'insert into #rowcount select ''?'', count(*) from ?', N'?'
GO
select * from #rowcount order by rowcnt desc
GO
drop table #rowcount
```

部分执行结果如图 10-14 所示。

	tablename	rowcnt
1	[Sales].[SalesOrderDetail]	121317
2	[Sales].[SalesOrderHeader]	31465
3	[Person].[Address]	19614
4	[Production].[BillOfMaterials]	2679
5	[Production].[Product]	504
6	[Purchasing].[ProductVendor]	460
7	[Sales].[MonthlyRollup]	192
8	[Production].[UnitMeasure]	38
9	[Sales].[SalesPerson]	17
10	[dbo].[MyOrderDetail]	10
11	[dbo].[MyEmployees]	9
12	[Production].[Document]	9
13	[Production].[ProductReview]	4
14	[dbo].[sysdiagrams]	1

图 10-14　MySimpleDB 数据库中所有表的行数

例 21　在 MySimpleDB 数据库中执行下列代码，列出数据行数超过 1 万行的表。

```
create table #rowcount (tablename varchar(128), rowcnt int)
GO
exec sp_MSforeachtable
  'insert into #rowcount select ''?'', count(*) from ?
    having Count(*) > 10000' , N'?'
GO
select * from #rowcount order by rowcnt desc
GO
drop table #rowcount
```

部分执行结果如图 10-15 所示。

例 22　在 MySimpleDB 数据库中执行下列代码，统计其中各表的空间分配和使用情况。

```
CREATE TABLE #TabSpaceused (
    表名    sysname,
    行数    int,
```

	tablename	rowcnt
1	[Sales].[SalesOrderDetail]	121317
2	[Sales].[SalesOrderHeader]	31465
3	[Person].[Address]	19614

图 10-15　行数超过 1 万行的表
及其行数（部分）

```
        预留空间 sysname,
        数据空间 sysname,
        索引空间 sysname,
        未用空间 sysname
)
GO
EXEC sp_MSforeachtable
  @replacechar='?'
,@command1 = "insert into #TabSpaceused exec sp_spaceused '?'"
,@command2 = "update statistics ?"
,@whereand = "and o.name not like 'conflict%' and o.name not like 'sys%' "
GO
SELECT * FROM #TabSpaceused
GO
drop table #TabSpaceused
```

部分执行结果如图 10-16 所示。

10.2 触发器

触发器是一段由对数据的更改操作引发的
自动执行的代码。从传统数据库的角度来看，引
发触发器的更改操作包括 UPDATE、INSERT 和
DELETE。从 SQL Server 2005 开始，微软扩充了
触发器的功能，增加了由数据定义语句引发的触
发器。

	表名	行数	预留空间	数据空间	索引空间	未用空间
1	Document	9	368 KB	344 KB	24 KB	0 KB
2	Product	504	152 KB	104 KB	32 KB	16 KB
3	ProductReview	4	72 KB	16 KB	56 KB	0 KB
4	UnitMeasure	38	32 KB	8 KB	24 KB	0 KB
5	ProductVendor	460	56 KB	40 KB	16 KB	0 KB
6	SalesOrderDetail	121317	14064 KB	11960 KB	1936 KB	168 KB
7	SalesOrderHeader	31465	6888 KB	6384 KB	248 KB	256 KB
8	SalesPerson	17	16 KB	8 KB	8 KB	0 KB
9	MyEmployees	9	16 KB	8 KB	8 KB	0 KB
10	MyOrderDetail	10	16 KB	8 KB	8 KB	0 KB
11	MonthlyRollup	192	16 KB	8 KB	8 KB	0 KB
12	Address	19614	4136 KB	2224 KB	1752 KB	160 KB
13	BillOfMaterials	2679	272 KB	160 KB	32 KB	80 KB

图 10-16　数据库中的各个表的空间分配及
使用情况（部分）

传统数据库上的触发器通常用于保证业务规
则和数据完整性，其主要优点是用户可以通过编
程来实现复杂的处理逻辑和业务规则，增强了数据完整性约束功能。在完整性约束方面，触
发器可以实现比 CHECK 约束更复杂的数据约束。CHECK 可用于约束一个列的取值范围，也
可以约束多个列之间的相互取值约束，比如"最低工资小于等于最高工资"，但这些被约束的
列必须在同一个表中。如果被约束的列位于不同的表中，就需要通过触发器来实现。触发器
除了可以实现复杂的完整性约束之外，还可以实现一些业务规则，比如限制一个学期开设的
课程总门数不能超过 10 门等。

10.2.1　创建触发器

SQL Server 支持两种类型的触发器，一类是由对数据的更改操作（UPDATE、DELETE、
INSERT）引发执行的触发器，这类触发器被称为 DML 触发器；另一类是由对数据库对象的
操作（CREATE、ALTER、DROP、GRANT、DENY、REVOKE 等）引发执行的触发器，这
类触发器被称为 DDL 触发器。

1. DML 触发器

DML 触发器（也称标准触发器）经常用于强制执行业务规则和数据完整性。DML 触
发器是定义在某个表上的，用于实现该表中的某些约束条件，但可以在触发器中引用其他
表中的列。例如，触发器可以通过与其他表中的列进行比较来判断插入或更新的数据是否符合
要求。

创建 DML 触发器的语法格式如下：

```
CREATE TRIGGER [ schema_name. ]trigger_name
  ON { table | view }
  [ WITH ENCRYPTION ]
  { FOR | AFTER | INSTEAD OF }
  { [ INSERT ] [ , ] [ UPDATE ] [ , ] [ DELETE ] }
  AS  sql_statement  [ ; ] [ ,...n ]
```

其中各参数的含义如下。

- schema_name：DML 触发器所属架构的名称。DML 触发器的作用域是创建该触发器的表或视图的架构。
- trigger_name：触发器的名称。trigger_name 必须遵循标识符规则，而且不能以 # 或 ## 开头。
- table|view：对其执行 DML 触发器的表或视图，有时称为触发器表或触发器视图。可以根据需要指定表或视图的完全限定名称。在视图上只能定义 INSTEAD OF 触发器。不能对局部或全局临时表定义 DML 触发器。
- WITH ENCRYPTION：对 CREATE TRIGGER 语句的文本进行模糊处理。使用该选项可以防止将触发器作为 SQL Server 复制的一部分进行发布。
- FOR|AFTER：仅在 SQL 语句中指定的所有操作都已成功执行，并且所有的约束检查也成功完成后，才执行 DML 触发器。
  - 如果仅指定 FOR 关键字，则 AFTER 为默认值。
  - 不能对视图定义 AFTER 触发器。
- INSTEAD OF：指定执行 DML 触发器而不是执行引发触发器执行的 SQL 语句，从而替代引发语句的执行。因此，INSTEAD OF 触发器的优先级高于触发语句的操作。
  对于表或视图，每个 INSERT、UPDATE 或 DELETE 语句最多只能定义一个 INSTEAD OF 触发器。但使用 WITH CHECK OPTION 定义的视图不能定义 INSTEAD OF 触发器。
- { [DELETE] [,] [INSERT] [,] [UPDATE] }：指定数据修改语句，这些语句可在 DML 触发器对表或视图进行操作时激活触发器。必须至少指定一个选项。在触发器定义中允许使用上述选项的任意顺序组合。
  对于 INSTEAD OF 触发器，不允许对具有指定级联操作 ON DELETE 引用关系的表使用 DELETE 选项。同样，也不允许对具有指定级联操作 ON UPDATE 引用关系的表使用 UPDATE 选项。
- sql_statement：触发器执行的操作。

如果定义触发器的表存在约束（包括主键约束、外键约束、CHECK 约束和 UNIQUE 约束），则在 INSTEAD OF 触发器执行之后和 AFTER 触发器执行之前先检查这些约束。如果违反了约束，将回滚 INSTEAD OF 触发器操作，且不激活 AFTER 触发器。

关于 DML 触发器的说明如下。

- CREATE TRIGGER 必须是批处理中的第一条语句，并且只能应用于一个表。
- 触发器只能在当前数据库中创建，但可以引用当前数据库之外的对象。
- 如果指定了触发器架构名称来限定触发器，则将以相同的方式限定表名称。
- 在同一条 CREATE TRIGGER 语句中，可以为多种用户操作（如 INSERT 和 UPDATE）定义相同的触发器操作。
- 对于 AFTER 型触发器，在同一种操作上可以定义多个触发器；对于 INSTEAD OF 型触发器，在同一种操作上只能定义一个触发器。如果在一个表上定义了多个触发器，可以使用 sp_settriggerorder 系统存储过程来指定要对表执行的第一个和最后一个 AFTER 触发器。对于一个表，只能为每个 INSERT、UPDATE 和 DELETE 操作指定一个第一个和最后一个执行的 AFTER 触发器。如果在同一个表上还有其他 AFTER 触发器，这些触发器将随机执行。

- 如果一个表的外键定义了 DELETE/UPDATE 的级联操作，则不能在该表上定义 INSTEAD OF DELETE/UPDATE 触发器。
- 在 DML 触发器中不允许使用 CREATE DATABASE、DROP DATABASE、ALTER DATABASE、RESTORE DATABASE 和 RESTORE LOG 等有关数据库操作的语句，也不允许使用添加、修改或删除列，添加或删除 PRIMARY KEY 或 UNIQUE 约束，创建、删除、修改索引以及删除表的语句。

在 DML 触发器中可以使用两个特殊的临时工作表：INSERTED 表和 DELETED 表，这两个表的结构同建立触发器的表的结构完全相同，而且这两个临时工作表只能用在触发器代码中。其中，INSERTED 表保存 INSERT 操作中新插入的数据和 UPDATE 操作中更新后的数据；DELETED 表保存 DELETE 操作中删除的数据和 UPDATE 操作中更新前的数据。

这两个临时工作表的使用方法同一般基本表一样，可以通过分析这两个临时工作表所保存的数据来判断所执行的操作是否符合约束要求。

2. DDL 触发器

DDL 触发器与标准触发器一样，也是在响应事件时执行，但 DDL 触发器并不在响应表或视图的 UPDATE、INSERT 或 DELETE 语句时执行，而是在响应数据定义语言（DDL）语句时执行，包括 CREATE、ALTER、DROP、GRANT、DENY 和 REVOKE 等。执行 DDL 操作的系统存储过程也可以引发 DDL 触发器。

如果要执行以下操作，可使用 DDL 触发器：

- 防止对数据库架构进行某些更改。
- 希望数据库中发生某种情况以响应数据库架构的更改。
- 记录数据库架构的更改或事件。

从 DBMS 视角来看，DDL 分为实例级和数据库级两种级别。

- 实例级别的 DDL 触发器的影响范围是整个 SQL Server 服务器。例如，数据库的建立、修改与删除；登录账户的建立、修改与删除等。
- 数据库级别的 DDL 触发器主要是对数据库级别安全对象的 DDL 动作进行监控。例如，创建表、删除表、修改表；创建索引等。

创建 DDL 触发器的语法格式如下：

```
CREATE TRIGGER trigger_name
  ON { ALL SERVER | DATABASE }
  [ WITH ENCRYPTION ]
  { FOR | AFTER } { event_type | event_group } [ ,...n ]
AS  sql_statement  [ ; ] [ ,...n ]
```

其中各参数的含义如下。

- DATABASE：将 DDL 触发器的作用域应用于当前数据库。指定此参数后，只要当前数据库中出现 event_type 或 event_group，就会激活该触发器。
- ALL SERVER：将 DDL 触发器或登录触发器的作用域应用于当前服务器。指定此参数后，只要在当前服务器中出现 event_type 或 event_group，就会激活该触发器。

- event_type：执行之后将导致激发 DDL 触发器的 T-SQL 语言事件的名称。
- event_group：预定义的 T-SQL 语言事件分组的名称。执行任何属于 event_group 的 T-SQL 语言事件之后都会激活 DDL 触发器。

10.2.2 DML 触发器示例

1. 后触发型触发器

使用 FOR 或 AFTER 选项定义的触发器为后触发型触发器，即只有在引发触发器执行的语句中指定的操作都已成功执行，并且所有的约束检查也已成功完成后，才执行触发器。

后触发型触发器的执行过程如图 10-17 所示。

从图 10-17 中可以看到，当后触发型触发器执行时，引发触发器执行的数据操作语句已经执行完毕，因此，在编写后触发型触发器时，需要在触发器中判断已实现的操作是否违反了完整性约束，如果是，则必须撤销该操作（回滚操作）。

如无特别说明，本节中所有的示例均在第 6 章中建立的 Student、Course 和 SC 表及数据上进行。

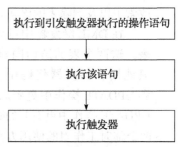

图 10-17 后触发型触发器的执行过程

例 1 使用包含提醒消息的 DML 触发器。用户每在 t1 表中插入一行数据就显示一条提示信息。

t1 表的定义如下：

```
CREATE TABLE t1 (c1 int, c2 char(4))
```

触发器的定义如下：

```
CREATE TRIGGER tri_reminder
  ON t1 AFTER INSERT
AS
  PRINT '向 t1 表中插入了数据！'
GO
```

如果执行插入语句 INSERT INTO t1 VALUES(1,'a')，则系统将显示"向 t1 表中插入了数据！"。

也可以使用 RAISERROR 函数来引发错误提示。RAISERROR 的具体语法格式可参见 SQL Server 联机丛书，这里不作介绍。

例 2 查看后触发型触发器对数据的影响。假设例 1 中创建的 t1 表中包含如下两行数据：

```
(1, 'a')
(2, 'b')
```

在 t1 表上定义如下触发器并执行：

```
CREATE Trigger tri_After
  ON t1 AFTER INSERT
AS
  SELECT * FROM t1
  SELECT * FROM INSERTED
GO
```

现执行下列语句：

```
INSERT INTO t1 VALUES(100,'test')
```

系统返回的结果如图 10-18 所示。从图 10-18 中可以看到，当执行 INSERT 语句时，引发了触发器执行，且在触发器执行时，数据已被插入 t1 表中。也就是说，当后触发型触发器执行时，引发触发器执行的操作语句已经执行完毕。

a）t1 表中数据

例 3　限制列取值范围。限定 Course 表中 Semester 的取值范围为 1～10。

b）INSERTED 表中数据

图 10-18　触发器执行结果

```
CREATE Trigger tri_Semester
  ON Course AFTER INSERT, UPDATE
AS
  IF EXISTS(SELECT * FROM INSERTED        -- 判断是否违反约束
               WHERE Semester NOT BETWEEN 1 AND 10)
    ROLLBACK          -- 撤销操作
GO
```

说明

1）对 EXISTS() 函数，如果其中的 SQL 语句执行结果不为空，则该函数返回"真"；如果执行结果为空则返回"假"。

2）触发器与引发触发器执行的操作共同构成事务，事务是系统隐含建立的。事务的开始是引发触发器执行的操作，事务的结束是触发器的结果。由于在 AFTER 型触发器执行时，引发触发器执行的操作已经执行完毕，因此，在触发器中应使用 ROLLBACK 语句撤销不正确的操作，这里的 ROLLBACK 实际是回滚到引发触发器执行的操作之前的状态，也就是撤销了违反完整性约束的操作。

例 3 所示的约束完全可以用 CHECK 约束来实现，因为它只是限制一个列的取值范围，且这种约束用 CHECK 实现更合适，因为完整性约束的检查效率比触发器要高。

例 4　维护不同表间的列取值约束。设有职工表和工作表，各表定义如下。现要将职工表中的工资限定在工作表中相应工作的最低工资和最高工资范围内。

工作表的定义如下：

```
CREATE TABLE Jobs(
  Jid char(8) PRIMARY KEY,          -- 工作编号
  LowestSalary int,                 -- 最低工资
  HighestSalary int                 -- 最高工资
)
```

职工表的定义如下：

```
CREATE TABLE Employees(
  Eid char(7) PRIMARY KEY,          -- 职工号
  Ename varchar(10) NOT NULL,       -- 职工名
  Jid char(8) REFERENCES Jobs(Jid), -- 工作编号
  Salary int                        -- 工资
)
```

触发器代码如下：

```
CREATE TRIGGER tri_EmpSsalary
```

```
ON Employees AFTER INSERT, UPDATE
AS
  IF EXISTS (
    SELECT * FROM INSERTED a JOIN Jobs b
      ON a.Jid = b.Jid
      WHERE Salary NOT BETWEEN LowestSalary AND HighestSalary )
    ROLLBACK
GO
```

触发器的重要作用之一是维护非规范化数据的一致性。为了提高数据的查询效率，有时会特意在表中保存一些统计数据，以使规范化的表变成非规范化的表。

例 5 维护数据一致性的触发器。设有销售表，且表定义如下。现要求每在销售表中插入一行新数据都会根据本次销售数量和本商品之前的累计销售总量自动计算该商品的最新销售总量，并保存到累计销售总量列中。

销售表定义如下：

```
CREATE TABLE Sales(
  Gid char(10) not null,           -- 商品编号
  Sdate datetime not null,         -- 销售时间
  Qty int,                         -- 本次销售数量
  Total int default 0              -- 累计销售总量
)
```

由于 Total 只与 Gid 有关，因此 Sales 并不是 3NF 表。

实现此数据完整性要求的触发器代码如下：

```
CREATE TRIGGER tri_SalesTotal
  ON Sales  AFTER INSERT
AS
  UPDATE Sales SET Total = (
    SELECT MAX(Total) FROM Sales
      WHERE Gid IN ( SELECT Gid FROM inserted ) )
                  + ( SELECT Qty FROM inserted )
    FROM Sales
    WHERE Gid IN ( SELECT Gid FROM inserted )
GO
```

例 6 维护数据一致性的触发器。假设有教师（Teachers）表和系部（Depts）表，且两个表的定义如下。现要求：每在教师表中插入一行数据都要根据此教师所在的系部和其职称修改相应系部表中相应职称的人数。

系部表的定义如下：

```
CREATE  TABLE Depts (
  DeptName varchar(30) PRIMARY KEY,         -- 系部名
  Professors int default 0,                 -- 教授人数
  AssProfessors int default 0               -- 副教授人数
)
```

教师表的定义如下：

```
CREATE  TABLE Teachers(
  Tid char(8) PRIMARY KEY,                           -- 教师名
  Tname varchar(20) ,                                -- 教师名
  BirthDate date ,                                   -- 出生日期
  DeptName char(10) REFERENCES Depts(DeptName),      -- 所在系部
  Titles varchar(20)                                 -- 职称
)
```

实现此数据一致性要求的触发器代码如下：

```
CREATE TRIGGER tri_Count
  ON Teachers AFTER INSERT
AS
  UPDATE Depts SET Professors = Professors + 1
    FROM Depts d JOIN inserted i ON d.DeptName = i.DeptName
    WHERE i.Titles = '教授'
  UPDATE Depts SET AssProfessors = AssProfessors + 1
    FROM Depts d JOIN inserted i ON d.DeptName = i.DeptName
    WHERE i.Titles = '副教授'
GO
```

在定义维护数据一致性的触发器时，需要考虑到引发触发器的语句可能是一个影响多行数据的语句，而不是仅影响一行的语句。例如，如果允许在 Teachers 表中一次插入多行数据，则首先需要按系部统计出新插入数据中各种职称的人数，然后再修改系部表中相应系部和职称的人数。修改后的触发器代码如下：

```
CREATE TRIGGER tri_Count
  ON Teachers AFTER INSERT
  as
    UPDATE Depts SET Professors = Professors + (
        SELECT COUNT(*) FROM inserted a
          WHERE a.DeptName = d.DeptName and Titles = '教授' )
      FROM Depts d JOIN inserted i ON d.DeptName = i.DeptName
        WHERE i.Titles = '教授'
    UPDATE Depts SET AssProfessors = AssProfessors + (
        SELECT COUNT(*) FROM inserted a
            WHERE a.DeptName = d.DeptName and Titles = '副教授')
      FROM Depts d JOIN inserted i ON d.DeptName = i.DeptName
        WHERE i.Titles = '副教授'
GO
```

例 7 实现业务规则的触发器。限制每个学期开设的课程总数不能超过 10 门（当一个学期开设的课程门数到达 10 门时，就不能再插入该学期开设的课程信息了。假设一次只插入一门课程），如果课程总数超过 10 门，则给出提示信息"本学期课程太多"。

```
CREATE Trigger tri_TotalCno
  ON Course AFTER INSERT
AS
  IF (SELECT COUNT(*) FROM Course C
      JOIN INSERTED I ON I.Semester = C.Semester ) > 10
  BEGIN
    PRINT '本学期课程太多！'
    ROLLBACK
  END
GO
```

例 8 实现业务规则的触发器。在 SC 表中，不能删除考试成绩不及格学生的该门课程的考试记录（假设 60 分为成绩及格）。

```
CREATE Trigger tri_DeleteSC
  ON SC AFTER DELETE
AS
  IF EXISTS(SELECT * FROM DELETED WHERE Grade < 60 )
  BEGIN
    PRINT '不能删除成绩不及格的考试记录！'
    ROLLBACK
  END
GO
```

例 9   实现业务规则的触发器。在 SC 表中，不能将不及格的考试成绩改为及格。

```
CREATE Trigger tri_UpdateGrade
  ON SC AFTER UPDATE
AS
  IF EXISTS(SELECT * FROM INSERTED I
              JOIN DELETED D ON I.Sno = D.Sno AND I.Cno = D.Cno
              WHERE D.Grade < 60 AND I.Grade >= 60)
  BEGIN
    PRINT '不能将不及格成绩改为及格！'
    ROLLBACK
  END
GO
```

2. 前触发型触发器

使用 INSTEAD OF 选项定义的触发器为前触发型触发器。这种模式的触发器是执行指定的触发器，而不是执行引发触发器执行的 SQL 语句，从而替代引发语句的操作。

前触发型触发器的执行过程如图 10-19 所示。

从图 10-19 中可以看到，当前触发型触发器执行时，引发触发器执行的数据操作语句并没有真正执行，因此，在定义前触发型触发器时，需要在触发器中判断未实现的操作是否符合完整性约束，如果符合，则实际执行该操作。

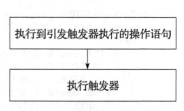

图 10-19　前触发型触发器
的执行过程

例 10   查看前触发型触发器对数据的影响。利用例 1 中建立的 t1 表，假设 t1 表中现包含如下两行数据：

```
(1, 'a')
(2, 'b')
```

在 t1 表上定义如下触发器并执行：

```
CREATE Trigger tri_Instead
  ON t1 INSTEAD OF INSERT
AS
  SELECT * FROM t1
  SELECT * FROM INSERTED
GO
```

为更准确地验证该触发器的执行情况，我们首先删除之前在 t1 表上定义的全部触发器，删除方法可参见 10.2.4 节中的内容。删除完之后执行下列语句：

```
INSERT INTO T1 VALUES(100,'test')
```

系统返回的结果如图 10-20 所示。从图 10-20 中可以看到，当执行 INSERT 语句时引发了触发器的执行，在触发器的执行时，t1 表中的数据并未发生变化，表明数据并没有实际插入 t1 表中。也就是说，在触发器执行时，引发触发器执行的操作语句并没有实际执行。

例 11   用前触发型触发器实现例 3 中的限制 Course 表中 Semester 列的取值范围为 1 ～ 10 的约束。

```
CREATE Trigger tri_Semester1
  ON Course INSTEAD OF INSERT, UPDATE
AS
    IF NOT EXISTS(
```

a) t1 表中的数据

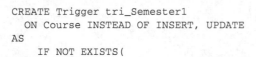

b) INSERTED 表中的数据

图 10-20　触发器执行结果

```
        SELECT * FROM INSERTED                    -- 判断是否符合约束要求
          WHERE Semester NOT BETWEEN 1 AND 10)
        INSERT INTO Course SELECT * FROM INSERTED   -- 重做操作
GO
```

例 12   用前触发型触发器实现例 7 中的限制每个学期开设的课程总数不能超过 10 门的约束。

```
CREATE Trigger tri_TotalCno1
  ON Course INSTEAD OF INSERT
AS
  IF (SELECT COUNT(*) FROM Course C
      JOIN INSERTED I ON I.Semester = C.Semester ) < 10
    INSERT INTO Course SELECT * FROM INSERTED
GO
```

例 13   用前触发型触发器实现例 8 中的不能删除考试成绩不及格学生的该门课程的考试记录的约束。

```
CREATE Trigger tri_DeleteSC1
  ON SC INSTEAD OF DELETE
AS
  IF NOT EXISTS(SELECT * FROM DELETED WHERE Grade < 60 )
    DELETE FROM SC
      WHERE Sno IN( SELECT Sno FROM DELETED )
        AND Cno IN( SELECT Cno FROM DELETED )
GO
```

10.2.3　DDL 触发器示例

例 14   服务器级的 DDL 触发器。以下为防止删除数据库的操作的示例。

```
CREATE TRIGGER ddl_tri_Database
  ON ALL SERVER FOR DROP_DATABASE
AS
    PRINT '不允许删除数据库！'
    ROLLBACK
GO
```

例 15   数据库级别的 DDL 触发器。以下为防止在 Students 数据库中删除和更改表的示例。
在 Students 数据库中创建如下触发器：

```
CREATE TRIGGER ddl_tri_Table
  ON DATABASE FOR DROP_TABLE, ALTER_TABLE
AS
    PRINT '不能在 Students 数据库中删除或更改表！'
    ROLLBACK
GO
```

当在 Students 数据库中执行 DROP TABLE 操作时，将引发该触发器的执行。

10.2.4　查看和维护触发器

定义好触发器后，可以在 SSMS 工具的对象资源管理中查看已定义的触发器，且不同类型的触发器的查看方法也不相同。

1. 查看和维护 DML 触发器

（1）查看 DML 触发器

DML 触发器是定义在具体表上的，因此 DML 触发器与表有关。在对象资源管理器中查看 DML 触发器的方法是，展开要查看触发器的数据库（假设这里展开的是"Students"数据库），然后展开数据库下的"表"节点，展开某个定义了触发器的表（假设这里展开的是 SC 表），最后再展开表下的"触发器"节点，即可看到在该表上定义的全部触发器，如图 10-21 所示。

图 10-21　在 SC 表上定义的触发器

如果要查看定义触发器的代码，只需在要查看代码的触发器上右击鼠标，然后在弹出的快捷菜单中选择"修改"命令，即可弹出可修改的触发器代码，如图 10-22 所示（该图中显示的是 tri_DeleteSC 触发器的代码）。

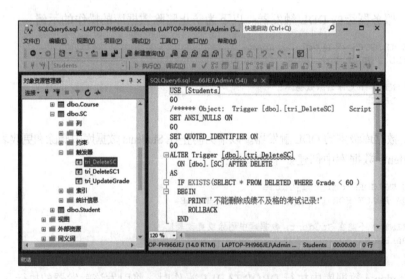

图 10-22　tri_DeleteSC 触发器的代码

（2）修改 DML 触发器

可以对定义好的 DML 触发器代码进行修改，修改 DML 触发器可以通过 SQL 语句实现，也可以通过 SSMS 工具实现。

修改触发器代码的语句为 ALTER TRIGGER，其语法格式与定义触发器的 CRETAE TRIGGER 语句一样，只是将 CREATE 改为 ALTER。

如果是通过 SSMS 工具修改触发器代码，只需在查看触发器代码时直接进行修改即可。

例如，从图 10-22 所示的窗口中可以看到，系统显示的代码就是修改触发器的代码。因此，可以直接在这里对触发器代码进行修改，修改完成之后，需要单击 ▶ 执行(X) 按钮使修改生效。

（3）删除 DML 触发器

删除 DML 触发器的语句是 DROP TRIGGER，其语法格式如下：

```
DROP TRIGGER [schema_name.] trigger_name [ ,...n ] [ ; ]
```

例 16　删除 tri_DeleteSC 触发器。

```
DROP TRIGGER tri_DeleteSC
```

也可以通过 SSMS 的对象资源管理器删除触发器，方法是在要删除的触发器上右击鼠标，然后在弹出的快捷菜单中选择"删除"命令。

2. 查看和维护 DDL 触发器

（1）查看数据库级 DDL 触发器

数据库级 DDL 触发器与具体数据库相关，在对象资源管理器中查看数据库级 DDL 触发器的方法是，展开包含 DDL 触发器的数据库（假设这里展开的是"Students"数据库），并展开数据库下的"可编程性"→"数据库触发器"节点，即可看到该数据库下包含的全部数据库级触发器，如图 10-23 所示。

（2）查看服务器级 DDL 触发器

服务器级 DDL 触发器与具体的服务器相关，在对象资源管理器中查看服务器级 DDL 触发器的方法是，依次展开服务器下的"服务器对象"→"触发器"节点，即可看到全部已定义的服务器级 DDL 触发器，如图 10-24 所示。

图 10-23　查看数据库级 DDL 触发器

图 10-24　查看服务器级 DDL 触发器

（3）修改 DDL 触发器

修改 DDL 触发器的 SQL 语句为 ALTER TRIGGER，其语法格式与定义 DDL 触发器的 CRETAE TRIGGER 语句一样，只是将 CREATE 改为 ALTER。

（4）删除 DDL 触发器

删除 DDL 触发器的 SQL 语句为 DROP TRIGGER，其语法格式如下：

```
DROP TRIGGER trigger_name [ ,...n ]
ON { DATABASE | ALL SERVER }
[ ; ]
```

例 17　删除 ddl_tri_Table 触发器。

```
DROP TRIGGER ddl_tri_Table
    ON DATABASE
```

小结

存储过程是一段可执行的代码块，由该代码块编译生成的可执行代码保存在内存专用区域中，这种模式可以极大地提高后续执行存储过程的效率。同时存储过程还提供了模块共享的功能，简化了客户端数据库访问的编程，且提供了一定的数据安全机制。

DML 触发器是由对表进行插入、删除、更改的语句引发执行的代码，主要用于实现数据完整性约束和业务规则。DDL 触发器是由数据库对象操作语句引发执行的代码，主要用于维护服务器和数据库级对象的安全性。

触发器有前触发和后触发两种类型，如果是前触发型触发器，则系统只执行触发器语句，而并不真正执行引发触发器执行的操作语句；如果是后触发型触发器，则系统是先执行引发触发器操作的语句，然后再执行触发器。当某个约束条件既能够用完整性约束子句（PRIMARY KEY、FOREIGN KEY、CHECK、UNIQUE）实现，也能够既用触发器实现时，一般选择使用完整性约束子句来实现，因为使用触发器的开销比使用完整性约束子句要大。

习题

1. 存储过程的作用是什么？为什么利用存储过程可以提高数据库的操作效率？
2. 用户和存储过程之间如何传递数据？
3. 存储过程的参数有几种形式？
4. DML 触发器的作用是什么？前触发型触发器和后触发型触发器的主要区别是什么？
5. 插入操作产生的临时工作表叫什么？其中存放的是什么数据？
6. 删除操作产生的临时工作表叫什么？其中存放的是什么数据？
7. 更改操作产生的两个临时工作表叫什么？其中存放的分别是什么数据？

上机练习

如无特别说明，以下各题均利用第 6 章中建立的 Students 数据库及 Student、Course 和 SC 表实现。

1. 创建满足下列要求的存储过程，并查看存储过程的执行结果。
   （1）查询每个学生的修课总学分，要求列出学生的学号及总学分。
   （2）查询学生的学号、姓名、选修的课程号、课程名、课程学分，将学生所在系作为输入参数，默认值为"计算机系"。执行此存储过程，并分别指定不同的输入参数值，查看执行结果。
   （3）查询指定系的男生人数，其中系为输入参数，人数为输出参数。
   （4）查询指定学生（姓名）在指定学期的选课门数和考试平均成绩，要求将姓名和学期作为输入参数，选课门数和平均成绩用输出参数返回，平均成绩保留到小数点后 2 位。
   （5）查询指定学生（学号）的选课门数。如果指定的学生不存在，则返回代码 1；如果指定的学生未选课，则返回代码 2；如果指定的学生有选课，则返回代码 0，并用输出参数返回该学生的选课门数。
   （6）删除指定学生（学号）的选修课记录，如果指定的学生不存在，则显示提示信息"没有所指定的学生"；如果指定的学生未选课，则显示提示信息"该学生未选课"。其中学号为输入参数。
   （7）修改指定课程的开课学期。输入参数为课程号和修改后的开课学期。

（8）在 Course 表中插入一行数据，课程号、课程名、学分、开课学期均为输入参数。课程号为 C100、课程名为"操作系统"、学分为 4、开课学期为 4，开课学期的默认值为 3。如果学分大于 10 或者小于 1，则插入数据失败，并显示提示信息"学分为 1 ～ 10 的整数"。

2. 创建满足下列要求的 DML 触发器（前触发型触发器、后触发型触发器均可），并验证触发器的执行情况。

（1）限制学生所在系的取值范围为 { 计算机系，信息管理系，数学系，通信工程系 }。

（2）限制每个学期开设的课程的总学分在 20 ～ 30 范围内。

（3）限制每个学生每学期选课门数不能超过 6 门（设只针对单行插入操作）。

（4）限制不能删除有人选的课程。

（5）利用 10.2.2 节例 6 中创建的 Teachers 表和 Depts 表，编写实现如下要求的触发器：每当在 Teachers 表中修改了某个教师的职称时，系统会自动维护 Depts 表中职称人数统计的一致性（考虑同时修改多名教师职称的情况）。

（6）利用 10.2.2 节例 6 中创建的 Teachers 表和 Depts 表，首先为 Depts 表增加一个记录部门教师人数的列，列名为"DeptCount"，类型为整型。然后编写实现如下要求的触发器：每当在 Teachers 表中插入一行数据或者删除一行数据时，系统会自动维护 Depts 表中的相关信息。

第 11 章　函数和游标

函数是由一个或多个 SQL 语句组成的子程序，可用于封装代码以提供代码共享的功能。在数据库管理系统中，函数一般分为两类：一类是系统提供的内置函数；另一类是用户自己定义的函数。本章主要介绍用户自定义的函数，系统提供的内置函数会在附录部分介绍。

关系数据库的查询结果是一个集合，通常情况下，这个集合会被作为一个整体来处理，用户不能对结果集内部进行操作。如果确实需要对结果集中的数据逐行、逐列进行处理时，就需要使用游标。游标的内容是查询结果，但它支持用户在结果集内部处理数据。

本章主要介绍用户定义的函数和游标，系统提供的内置函数在附录部分介绍。

11.1　用户自定义函数

11.1.1　基本概念

用户自定义函数可以扩展数据操作的功能，在概念上类似于一般的程序设计语言中定义的函数。现在很多大型数据库管理系统都支持用户自定义函数，微软从 SQL Server 2000 开始支持用户自定义函数。在本节我们以 SQL Server 为背景介绍如何创建和使用用户自定义函数。

SQL Server 支持两类用户定义函数：标量函数和表值函数，标量函数只返回单个数据值，而表值函数是返回一个表。表值函数又分为内联表值函数和语句表值函数两类。

11.1.2　创建和调用标量函数

标量函数是返回单个数据值的函数。

1. 定义标量函数

定义标量函数的语法格式如下：

```
CREATE FUNCTION [ schema_name. ] function_name
( [ { @parameter_name [ AS ][ type_schema_name. ] parameter_data_type
    [ = default ] }
    [ ,...n ]
  ]
)
RETURNS return_data_type
  [ AS ]
    BEGIN
      function_body
      RETURN scalar_expression
    END
[ ; ]
```

各参数的说明如下。

- schema_name：用户自定义函数所属架构的名称。
- function_name：用户自定义函数的名称，该名称必须符合有关标识符的规则，并且在数据库和架构中均是唯一的。

- @parameter_name：用户自定义函数中的参数。可声明一个或多个参数。一个函数最多可以有 2100 个参数。执行函数时，如果未定义参数的默认值，则用户必须为每个已声明参数提供值。
- [type_schema_name.]parameter_data_type：参数的数据类型及其所属的架构，后者为可选项。T-SQL 函数允许使用除 timestamp 数据类型之外的所有数据类型。如果未指定 type_schema_name，则数据库引擎将按以下顺序查找 parameter_data_type：
  - 包含 SQL Server 系统数据类型名称的架构。
  - 当前数据库中当前用户的默认架构。
  - 当前数据库中的 dbo 架构。
- [=default]：参数的默认值。如果定义了 default 值，则执行函数时可以不指定此参数的值。如果函数的参数有默认值，则调用该函数以检索默认值时，必须指定关键字 DEFAULT。
- return_data_type：用户自定义函数的返回值。对于 T-SQL 函数，可以使用除 timestamp 数据类型之外的所有数据类型。
- function_body：定义函数值的一系列 T-SQL 语句。
- scalar_expression：指定标量函数返回的标量值。

例 1　创建计算立方体体积的标量函数，此函数有 3 个输入参数，分别为立方体的长、宽和高，类型均为整型，函数返回值也是整型。

```
CREATE FUNCTION dbo.CubicVolume
    (@CubeLength int, @CubeWidth int, @CubeHeight int)
RETURNS int
AS
BEGIN
    RETURN ( @CubeLength * @CubeWidth * @CubeHeight )
END
```

例 2　创建统计指定学生（学号）的选课门数的标量函数。

```
CREATE FUNCTION dbo.f_Count(@sno char(7))
RETURNS int
AS
 BEGIN
   RETURN (SELECT  count(*) FROM SC WHERE SNO = @sno)
 END
```

例 3　创建查询指定课程（课程号）的平均成绩的标量函数，平均成绩保留到小数点后 2 位。

```
CREATE FUNCTION dbo.f_AvgGrade(@cno varchar(20))
RETURNS NUMERIC(4,2)
AS
BEGIN
  DECLARE @avg NUMERIC(4,2)
  SELECT @avg = CAST(AVG(CAST(Grade AS real)) AS NUMERIC(4,2))
    FROM SC WHERE Cno = @cno
  RETURN @avg
END
```

2. 调用标量函数

当调用标量函数时，必须提供最少由两部分组成的名称：函数所属架构名和函数名。只要类型一致，可在任何允许出现表达式的 SQL 语句中调用标量函数。

例 4 调用例 2 中定义的函数，查询"计算机系"的学生的姓名和该系学生的选课门数。

```
SELECT Sname AS 姓名 ,
       dbo.f_Count(Sno) AS 选课门数
  FROM Student
  WHERE Dept = '计算机系'
```

执行结果如图 11-1 所示。

例 5 调用例 3 中定义的函数，查询第 2 ~ 4 学期开设的每门课程的课程名、开课学期和平均成绩，将查询结果按学期升序排序。

	姓名	选课门数
1	李勇	4
2	刘晨	3
3	王敏	0
4	张小红	0

图 11-1　例 4 的执行结果

```
SELECT Cname AS 课程名 , Semester AS 开课学期 ,
    dbo.f_AvgGrade(Cno) AS 平均成绩
  FROM Course
  WHERE Semester BETWEEN 2 AND 4
  ORDER BY Semester ASC
```

执行结果如图 11-2 所示，其中"数据结构"和"计算机网络"的平均成绩为 NULL，表示这些课程还未考试。

	课程名	开课学期	平均成绩
1	大学英语	2	84.00
2	计算机文化学	2	82.83
3	Java	2	66.67
4	数据结构	4	NULL
5	计算机网络	4	NULL

图 11-2　例 5 的执行结果

11.1.3　创建和调用内联表值函数

内联表值函数的返回值是一个表，该表中的内容是一个查询语句的结果。

1. 创建内联表值函数

定义内联表值函数的语法如下：

```
CREATE FUNCTION [ schema_name. ] function_name
( [ [ { @parameter_name [ AS ] [ type_schema_name. ] parameter_data_type
    [ = default ] }
    [ ,...n ]
  ]
)
RETURNS TABLE
  [ AS ]
    RETURN [ ( ) select_stmt [ ) ]
[ ; ]
```

其中 select_stmt 是定义内联表值函数返回值的单个 SELECT 语句。其他各参数的含义同标量函数。

在内联表值函数中，使用单个 SELECT 语句定义 TABLE 返回值。内联表值函数既没有相关联的返回变量，也没有函数体。

例 6 创建查询指定系的学生学号、姓名和平均成绩的内联表值函数。

```
CREATE FUNCTION dbo.f_SnoAvg(@dept char(20))
  RETURNS TABLE
AS
  RETURN (
    SELECT S.Sno, Sname, Avg(Grade) AS AvgGrade
      FROM Student S JOIN SC ON S.Sno = SC.Sno
      WHERE Dept = @dept
      GROUP BY S.Sno, Sname )
```

例 7 创建查询选课门数高于指定门数的学生的姓名、所在系及所选课程名和开课学期的内联表值函数。

```
CREATE FUNCTION dbo.f_MoreCount(@c int)
   RETURNS TABLE
AS
   RETURN (
      SELECT Sname, Dept, Cname, Semester
         FROM Student S JOIN SC ON S.Sno = SC.Sno
         JOIN Course C ON C.Cno = SC.Cno
         WHERE S.Sno IN (
            SELECT Sno FROM SC
               GROUP BY Sno
               HAVING COUNT(*) > @c ))
```

2. 调用内联表值函数

内联表值函数的使用方法与视图非常类似，需要将其放置在查询语句的 FROM 子句部分，其作用类似于带参数的视图。

例 8　调用例 6 中定义的内联表值函数，查询计算机系学生的学号、姓名和平均成绩。

```
SELECT * FROM dbo.f_SnoAvg(' 计算机系 ')
```

执行结果如图 11-3 所示。

	Sno	Sname	AvgGrade
1	0811101	李勇	80
2	0811102	刘晨	88

图 11-3　例 8 的执行结果

例 9　调用例 7 中定义的内联表值函数，查询选课门数超过 3 门的学生的姓名、所在系、所选课程名和课程开课学期。

```
SELECT * FROM dbo.f_MoreCount(3)
```

执行结果如图 11-4 所示。

	Sname	Dept	Cname	Semester
1	李勇	计算机系	高等数学	1
2	李勇	计算机系	大学英语	1
3	李勇	计算机系	大学英语	2
4	李勇	计算机系	Java	2
5	吴宾	信息管理系	高等数学	1
6	吴宾	信息管理系	计算机文化学	2
7	吴宾	信息管理系	Java	2
8	吴宾	信息管理系	数据结构	4

图 11-4　例 9 的执行结果

11.1.4　创建和调用多语句表值函数

多语句表值函数的功能是视图和存储过程的组合，用户可以利用多语句表值函数返回一个表，表中的内容可由复杂的逻辑和多条 SQL 语句构建（类似于存储过程）。可以在 SELECT 语句的 FROM 子句中使用多语句表值函数（同视图）。

1. 创建多语句表值函数

定义多语句表值函数的语法格式如下：

```
CREATE FUNCTION [ schema_name. ] function_name
( [ { @parameter_name [ AS ] [ type_schema_name. ] parameter_data_type
   [ = default ] }
   [ ,...n ]
   ]
)
RETURNS @return_variable TABLE <table_type_definition>
   [ AS ]
   BEGIN
      function_body
      RETURN
   END
[ ; ]
<table_type_definition>:: =
( { <column_definition> <column_constraint>
  | <computed_column_definition> }
      [ <table_constraint> ] [ ,...n ]
)
```

各参数的说明如下。

- function_body：是一系列 T-SQL 语句，用于填充 TABLE 返回变量。
- table_type_definition：定义返回的表的结构，该表结构的定义同创建表的定义。在表结构定义中可以包含列定义、列约束定义、计算列和表约束定义。

例 10 定义查询指定系的学生的姓名、性别和年龄类型的多语句表值函数，其中年龄类型的设置规则如下：如果该学生的年龄超过该系学生平均年龄 2 岁，则为"偏大年龄"；如果该学生年龄在平均年龄的 –1 和 +2 范围内，则为"正常年龄"；如果该学生年龄小于平均年龄 –1，则为"偏小年龄"。

```
CREATE FUNCTION f_SType(@dept varchar(20))
  RETURNS @retSType table(
    Sname char(10),
    Sex char(2),
    SType char(8))
AS
BEGIN
  DECLARE @AvgAge int
  SET @AvgAge = (SELECT AVG(Sage) FROM Student
WHERE Dept = @dept)
  INSERT INTO @retSType
    SELECT Sname, Sex, CASE
      WHEN Sage > @AvgAge+2 THEN '偏大年龄'
      WHEN Sage BETWEEN @AvgAge-1 AND  @AvgAge+2 THEN '正常年龄'
      ELSE '偏小年龄'
      END
    FROM Student WHERE Dept = @dept
  RETURN
END
```

2. 调用多语句表值函数

多语句表值函数的返回值也是一个表，因此多语句表值函数也是放在 SELECT 语句的 FROM 子句部分。

例 11 调用例 10 中定义的函数，查询信息管理系学生的姓名和年龄类型。

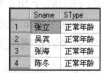

```
SELECT Sname, SType
  FROM f_SType('信息管理系')
```

执行结果如图 11-5 所示。

图 11-5 例 11 的执行结果

11.1.5 查看和修改用户自定义函数

创建好用户自定义函数后，可以通过 SSMS 工具和 T-SQL 语句查看和更改已创建的用户自定义函数。

1. 查看用户自定义函数

定义好的用户自定义函数可以在 SSMS 工具的对象资源管理器中看到，方法是展开要在其中查看用户自定义函数的数据库（假设这里是展开 students 数据库），然后顺序展开"可编程性"→"函数"节点，在"函数"节点下分为"表值函数""标量值函数""聚合函数"和"系统函数"4 类，展开表值函数或标量值函数节点，可以看到我们之前定义好的函数，如图 11-6 所示。

图 11-6　查看已定义的函数

在某个函数上右击鼠标，在弹出的快捷菜单中选择"修改"命令，可查看定义该函数的代码，如图 11-7 所示（图中代码为定义 f_SnoAvg 函数的代码）。

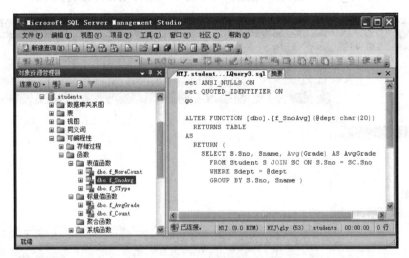

图 11-7　查看定义函数的代码

2. 修改用户自定义函数

修改函数的定义的语句是 ALTER FUNCTION，其语法格式如下：

```
ALTER FUNCTION 函数名
    <新函数定义语句>
```

我们看到，修改函数定义的语句与定义函数的语句基本上是一样的，只是将 CREATE FUNCTION 改为 ALTER FUNCTION。

例 12　修改 f_SnoAvg 函数：查询指定系的学生的学号、姓名、选课门数和平均成绩的内联表值函数。

```
ALTER FUNCTION dbo.f_SnoAvg(@dept char(20))
    RETURNS TABLE
AS
```

```
RETURN (
    SELECT S.Sno, Sname, COUNT(*) AS TotalCno,
        Avg(Grade) AS AvgGrade
    FROM Student S JOIN SC ON S.Sno = SC.Sno
    WHERE Dept = @dept
    GROUP BY S.Sno, Sname )
```

也可以在查看定义函数的代码时修改函数的定义。例如，从图 11-7 所示的窗口中可以看出，系统列出的代码就是修改函数的代码。用户可以直接在这里修改代码，修改完成后单击 ▌执行(X) 按钮即可使修改生效。

11.1.6　删除用户自定义函数

当不再需要某个用户自定义函数时，可以将其删除。删除函数可以使用 SSMS 工具图形化地实现，也可以使用 T-SQL 语句实现。

1. 用 SSMS 工具实现

用 SSMS 工具图形化地删除用户自定义函数的方法：在要删除的用户自定义函数上右击鼠标，在弹出的快捷菜单中选择"删除"命令，会弹出如图 11-8 所示的"删除对象"窗口，勾选右侧列表中的"f_MoreCount"函数），再单击"确定"按钮即可将其删除。

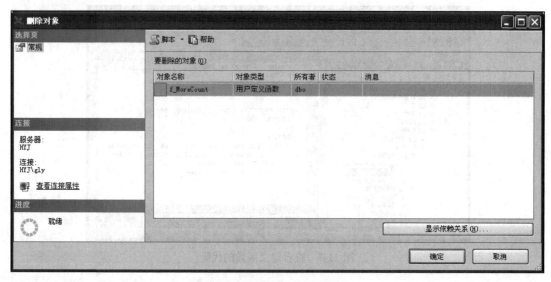

图 11-8　"删除对象"窗口

在实际删除函数之前，可以单击图 11-8 所示窗口中的"显示依赖关系"按钮查看依赖于此函数的其他对象，以确保在没有其他对象依赖于被删除函数的情况下，再将其删除。

2. 用 T-SQL 语句实现

删除函数使用 DROP FUNCTION 语句实现，可使用该语句从当前数据库中删除一个或多个用户自定义函数。

DROP FUNCTION 语句的语法为：

```
DROP FUNCTION { [ 拥有者名 .] 函数名 } [ ,...n ]
```

例 13　删除例 1 中定义的 f_Count 函数。

```
DROP FUNCTION dbo.f_Count
```

11.2 游标

关系数据库中的操作是基于集合的操作，即对整个行集产生影响，由 SELECT 语句返回的行集中包括所有满足条件子句的行，这一完整的行集被称为结果集。执行 SELECT 查询语句就可以得到结果集，但有时用户需要对结果集中的每一行或部分行进行单独的处理，而这在 SELECT 结果集中无法实现。游标就是提供上述机制的结果集扩展，我们可以使用游标逐行处理结果集。

11.2.1 基本概念

游标（cursor）包含如下两部分内容：
- 游标结果集：由定义游标的 SELECT 语句返回的结果的集合。
- 游标当前行指针：指向该结果集中的某一行的指针。

游标的组成示意图如图 11-9 所示。

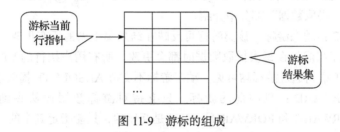

图 11-9　游标的组成

通过游标机制，用户可以使用 SQL 语句逐行处理结果集中的数据。游标具有如下特点：
- 允许定位结果集中的特定行。
- 允许从结果集的当前位置检索一行或多行。
- 支持对结果集中当前行数据的修改。
- 为由其他用户对显示在结果集中的数据所做的更改提供不同级别的可见性支持。

11.2.2 使用游标

游标的一般使用过程如图 11-10 所示。

1. 声明游标

声明游标实际是定义服务器端游标的特性，如游标的滚动行为和用于生成游标结果集的查询语句。声明游标使用 DECLARE CURSOR 语句，该语句有两种格式，一种是基于 SQL-92 标准的语法；另一种是使用 T-SQL 扩展的语法。这里只介绍使用 T-SQL 声明游标的方法。

T-SQL 声明游标的简化语法格式如下：

```
DECLARE cursor_name CURSOR
[ FORWARD_ONLY | SCROLL ]
[ STATIC | KEYSET | DYNAMIC | FAST_FORWARD ]
FOR select_statement
[ FOR UPDATE [ OF column_name [,...n ] ] ]
```

其中各参数的含义如下。

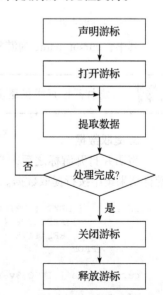

图 11-10　游标的一般使用过程

- cursor_name：游标名称。
- FORWARD_ONLY：指定游标只能从第一行滚动到最后一行。这种方式的游标只支持 FETCH NEXT 提取选项。如果在指定 FORWARD_ONLY 时未指定 STATIC、KEYSET 和 DYNAMIC 关键字，则游标作为 DYNAMIC 游标进行操作。如果 FORWARD_ONLY 和 SCROLL 均未指定，则除非指定了 STATIC、KEYSET 或 DYNAMIC 关键字，否则 默认为 FORWARD_ONLY。STATIC、KEYSET 和 DYNAMIC 游标默认为 SCROLL。
- STATIC：静态游标。游标的结果集在打开时创建在 tempdb 数据库中。因此，在对该 游标进行提取操作时返回的数据并不反映游标打开后用户对基本表所做的修改，并且 该类型游标不允许对数据进行修改。
- KEYSET：键集游标。指定当游标打开时，游标中行的成员和顺序已经固定。任何用 户对基本表中的非主键列所做的更改在用户滚动游标时都是可见的，对基本表数据进 行的插入是不可见的（不能通过服务器游标进行插入操作）。如果某行已被删除，则对 该行进行提取操作时，返回 @@FETCH_STATUS = –2。@@FETCH_STATUS 的含义 在后面的"提取数据"部分中介绍。
- DYNAMIC：动态游标。该类游标可反映在结果集中做的所有更改。结果集中的行数 据值、顺序和成员在每次提取数据时都会更改。所有用户执行的 UPDATE、DELETE 和 INSERT 语句通过游标均可见。动态游标不支持 ABSOLUTE 提取选项。
- FAST_FORWARD：只向前的游标。只支持对游标数据按从头到尾的顺序提取。 FAST_FORWARD 和 FORWARD_ONLY 是互斥的，只能指定其中的一个。
- select_statement：定义游标结果集的 SELECT 语句。
- UPDATE [OF column_name [, ...n]]：定义游标内可更新的列。如果提供了 OF column_name [, ...n]，则只允许修改列出的列。如果未在 UPDATE 中指定列，则所有 列均可更新。

2. 打开游标

打开游标的语句是 OPEN，其语法格式如下：

```
OPEN cursor_name
```

其中，cursor_name 为游标名。

 注意 只能打开已声明但还没有打开的游标。

---

3. 提取数据

声明并打开游标之后，当前行指针就位于结果集中的第一行，可以使用 FETCH 语句从 游标结果集中按行提取数据。其语法格式如下：

```
FETCH   [ [ NEXT | PRIOR | FIRST | LAST
           | ABSOLUTE { n }
           | RELATIVE { n } ]
        FROM
        ]
cursor_name [ INTO @variable_name [,...n ] ]
```

各参数的含义如下。

- NEXT：返回紧跟当前行的数据行，并且当前行递增为结果行。如果 FETCH NEXT 是对游标的第一次提取操作，则返回结果集中的第一行。NEXT 为默认的游标提取选项。
- PRIOR：返回紧临当前行前面的数据行，并且当前行递减为结果行。如果 FETCH PRIOR 为对游标的第一次提取操作，则没有行返回并且将游标当前行置于第一行之前。
- FIRST：返回游标中的第一行并将其作为当前行。
- LAST：返回游标中的最后一行并将其作为当前行。
- ABSOLUTE n：如果 n 为正数，返回从游标第一行开始算起的第 n 行并将返回的行变成新的当前行。如果 n 为负数，则返回从游标最后一行开始向前算起的第 n 行并将返回的行变成新的当前行。如果 n 为 0，则没有行返回。n 必须为整型常量。
- RELATIVE n：如果 n 为正数，则返回当前行之后的第 n 行并将返回的行变成新的当前行。如果 n 为负数，则返回当前行之前的第 n 行并将返回的行变成新的当前行。如果 n 为 0，则返回当前行。如果对游标的第一次提取操作时将 FETCH RELATIVE 的 n 置为负数或 0，则没有行返回。n 必须为整型常量。
- cursor_name：要从中进行提取数据的游标的名称。
- INTO @variable_name [, ...n]：将提取的列数据存放到局部变量中。列表中的各个变量从左到右与游标结果集中的相应列对应。各变量的数据类型必须与相应的结果列的数据类型匹配。变量的数目必须与游标选择列表中的列的数目一致。

在对游标数据进行提取的过程中，可以使用 @@FETCH_STATUS 全局变量判断数据提取的状态。@@FETCH_STATUS 返回 FETCH 语句执行后的游标最终状态。@@FETCH_STATUS 的取值和含义如表 11-1 所示。

表 11-1　@@FETCH_STATUS 函数的取值和含义

返回值	含义
0	FETCH 语句执行成功
−1	FETCH 语句执行失败或此行不在结果集中
−2	要提取的行不存在

@@FETCH_STATUS 返回的数据类型是 int。

由于 @@FETCH_STATUS 对于在一个连接上的所有游标是全局性的，不管是对哪个游标，只要执行一次 FETCH 语句，系统都会对 @@FETCH_STATUS 全局变量赋一次值，以表明该 FETCH 语句的执行情况。因此，在每次执行完一条 FETCH 语句后，都应该测试一下 @@FETCH_STATUS 全局变量的值，以观测提取游标数据的当前语句的执行情况。

 注意　在对游标进行提取操作前，@@FETCH_STATUS 的值未定义。

4. 关闭游标
关闭游标使用 CLOSE 语句，其语法格式如下：

```
CLOSE cursor_name
```

在使用 CLOSE 语句关闭游标后，系统并没有完全释放游标资源，也没有改变游标定义，可再次使用 OPEN 语句打开此游标。

5. 释放游标
释放游标是指释放分配给游标的所有资源。释放游标使用 DEALLOCATE 语句，其语法格式如下：

```
DEALLOCATE   cursor_name
```

11.2.3   游标示例

如无特别声明，本节示例均在第 6 章中创建的 Student 表、Course 表和 SC 表上进行。

例 1   定义查询姓"王"的学生的姓名和所在系的游标，并输出游标结果。

```
DECLARE @sn CHAR(10), @dept VARCHAR(20)          -- 声明存放结果集数据的变量
DECLARE Sname_cursor CURSOR FOR                  -- 声明游标
  SELECT Sname, Dept FROM Student
    WHERE Sname LIKE '王%'
OPEN Sname_cursor                                -- 打开游标
FETCH NEXT FROM Sname_cursor INTO @sn, @dept     -- 首先提取第一行数据
-- 通过检查 @@FETCH_STATUS 的值判断是否还有可提取的数据
WHILE @@FETCH_STATUS = 0
BEGIN
  PRINT @sn + @dept
  FETCH NEXT FROM Sname_cursor INTO @sn, @dept
END
CLOSE Sname_cursor
DEALLOCATE Sname_cursor
```

此游标的执行结果如图 11-11 所示。

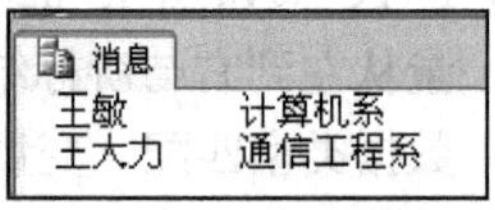

消息	
王敏	计算机系
王大力	通信工程系

图 11-11   例 1 中的游标的执行结果

例 2   声明带 SCROLL 选项的游标，并通过绝对定位功能实现游标当前行在任意方向上的滚动。声明查询计算机系学生的姓名、所选课程名和成绩的游标，并将游标内容按成绩降序排序。

```
DECLARE CS_cursor SCROLL CURSOR FOR
  SELECT Sname, Cname, Grade FROM Student S
  JOIN SC ON S.Sno = SC.Sno
  JOIN Course C ON C.Cno = SC.Cno
  WHERE Dept = '计算机系'
  ORDER BY Grade DESC
OPEN CS_cursor
FETCH LAST FROM CS_cursor                -- 提取游标中的最后一行数据
FETCH ABSOLUTE 4 FROM CS_cursor          -- 提取游标中的第四行数据
FETCH RELATIVE 3 FROM CS_cursor          -- 提取当前行后面的第三行数据
FETCH RELATIVE -2 FROM CS_cursor         -- 提取当前行前面的第二行数据
CLOSE CS_cursor
DEALLOCATE CS_cursor
```

该游标的结果集内容如图 11-12 所示，游标的执行结果如图 11-13 所示。

	Sname	Cname	Grade
1	李勇	高等数学	96
2	刘晨	高等数学	92
3	刘晨	大学英语	90
4	刘晨	计算机文化学	84
5	李勇	大学英语	84
6	李勇	大学英语	80
7	李勇	Java	62

图 11-12   例 2 中的游标的结果集数据

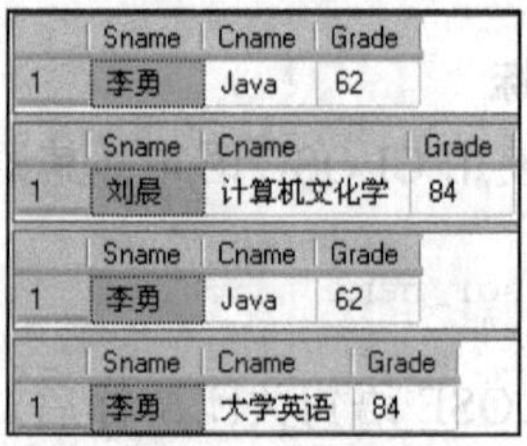

	Sname	Cname	Grade
1	李勇	Java	62

	Sname	Cname	Grade
1	刘晨	计算机文化学	84

	Sname	Cname	Grade
1	李勇	Java	62

	Sname	Cname	Grade
1	李勇	大学英语	84

图 11-13   例 2 中的游标的执行结果

例 3   建立生成报表的游标。生成显示如下报表的游标：首先列出一门课程的课程名

（只考虑有人选修的课程），然后在此课程下列出该门课程考试成绩大于等于 70 分的学生的姓名、性别、所在系和成绩；然后再列出第二门课程的课程名，然后再在此课程下列出该门课程考试成绩大于等于 80 分的学生的姓名、性别、所在系和成绩；以此类推，直到列出全部的有人选修的课程的指定信息。

实现代码如下：

```
DECLARE @cname varchar(20),@sname char(10),@sex char(6),
@dept char(14),@grade tinyint
DECLARE C1 CURSOR FOR
  SELECT DISTINCT Cname FROM Course -- 查找有人选修的课程的课程名
    WHERE Cno IN (SELECT Cno FROM SC WHERE Grade IS NOT NULL)
OPEN C1
FETCH NEXT FROM C1 INTO @cname
WHILE @@FETCH_STATUS = 0
BEGIN
  PRINT @cname
  PRINT '姓名      性别      所在系        成绩'
  DECLARE C2 CURSOR FOR
    SELECT Sname, Sex, Dept,Grade FROM Student S
      JOIN SC ON S.Sno = SC.Sno
      JOIN Course C ON C.Cno = SC.Cno
      WHERE Cname = @cname AND Grade >= 70
  OPEN C2
  FETCH NEXT FROM C2 INTO @sname, @sex, @dept, @grade
  WHILE @@FETCH_STATUS = 0
  BEGIN
    PRINT @sname + @sex + @dept + cast(@grade as char(4))
    FETCH NEXT FROM C2 INTO @sname, @sex, @dept, @grade
  END
  CLOSE C2
  DEALLOCATE C2
  PRINT ''
  FETCH NEXT FROM C1 INTO @cname
END
CLOSE C1
DEALLOCATE C1
```

此游标的执行结果如图 11-14 所示。

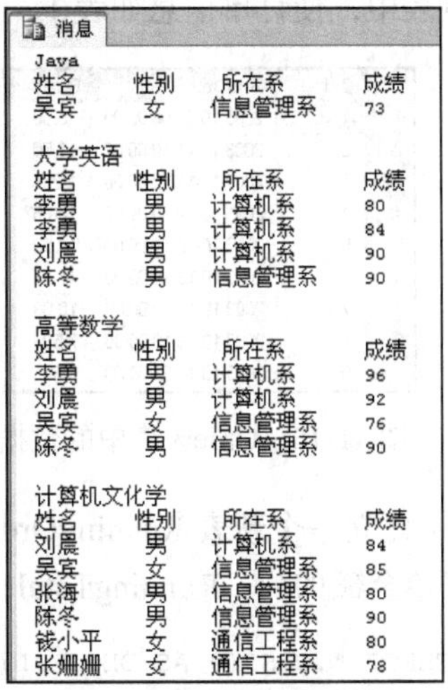

可以通过游标实现逐行修改和删除数据的操作。如果是更改或删除游标当前行指针所指行的数据，则只需在 UPDATE 或 DELETE 语句的 WHERE 子句中写入 "CURRENT OF" 即可。

例 4　删除数据的游标。设有工作表 Job，且表定义如下：

```
CREATE TABLE Job(
  Jobid char(4) primary key, -- 工作编号
  [Desc] varchar(40),        -- 工作描述
  Level tinyint              -- 工作级别
)
```

设此表包含的数据如表 11-2 所示。

现要求工作级别相同的工作只保留一项，保留工作编号小的一项工作，删除工作编号大的工作。实现代码如下：

图 11-14　例 3 中的游标的执行结果

表 11-2　Job 表原始数据

Jobid	desc	Level
J01	软件开发	10
J02	硬件开发	12
J03	软件测试	10
J04	硬件维护	8
J05	硬件测试	12

```
DECLARE @jid_1 varchar(4),@jid_2 varchar(4), @Level_1 int,@Level_2 int
DECLARE cur_job cursor DYNAMIC for
  SELECT jobid, [Level] FROM Job Order by [Level], Jobid
OPEN cur_job
FETCH NEXT FROM cur_job INTO @jid_1,@Level_1
WHILE @@FETCH_STATUS = 0
BEGIN
  FETCH NEXT FROM cur_job INTO @jid_2,@Level_2
  WHILE @Level_1=@Level_2 AND @@FETCH_STATUS = 0
  BEGIN
    DELETE FROM Job WHERE CURRENT OF cur_job -- 删除游标当前行数据
    FETCH NEXT FROM cur_job into @jid_2,@Level_2
    END
  SET @Level_1 = @Level_2
  SET @jid_1 = @jid_2
END
CLOSE cur_job
DEALLOCATE cur_job
GO
```

	Jobid	desc	level
1	J01	软件开发	10
2	J02	硬件开发	12
3	J04	硬件维护	8

图 11-15　改造后 Job 表的数据

改造后的 Job 表中的数据如图 11-15 所示。

例 5　更改数据的游标。设有订购表 Orders，且表定义如下：

```
CREATE TABLE Orders(
 OrderID int identity(1,1) PRIMARY KEY, -- 订单号
 OrderDate SmallDatetime,              -- 订单时间
 OrderAmt Decimal(8,2) )               -- 订单金额
```

设该表中有图 11-16 所示的数据。

现希望每产生一个订单，就计算一次累计订单金额，并将累计订单金额与订单信息一起保存到表中，使订单信息如表 11-17 所示。

	OrderID	OrderDate	OrderAmt
1	1	2003-10-11 08:00:00	10.50
2	2	2003-10-11 10:00:00	11.50
3	3	2003-10-11 12:00:00	1.25
4	4	2003-10-12 09:00:00	100.57
5	5	2003-10-12 11:00:00	19.99
6	6	2003-10-13 10:00:00	47.14
7	7	2003-10-13 12:00:00	10.08
8	8	2003-10-13 19:00:00	7.50
9	9	2003-10-13 21:00:00	9.50

图 11-16　Orders 表中的数据

	OrderID	OrderDate	OrderAmt	RunningTotal
1	1	2003-10-11 08:00:00	10.50	10.50
2	2	2003-10-11 10:00:00	11.50	22.00
3	3	2003-10-11 12:00:00	1.25	23.25
4	4	2003-10-12 09:00:00	100.57	123.82
5	5	2003-10-12 11:00:00	19.99	143.81
6	6	2003-10-13 10:00:00	47.14	190.95
7	7	2003-10-13 12:00:00	10.08	201.03
8	8	2003-10-13 19:00:00	7.50	208.53
9	9	2003-10-13 21:00:00	9.50	218.03

图 11-17　保存累计订单金额的数据

1）建立一个新表 RunningOrders，该表除具有 Orders 表的结构和数据外，还有一个保存累计订单金额的列：RunningTotal，该列各行的初始值均为 0。语句如下：

```
SELECT *,CAST(0 AS DECIMAL(8,2)) AS RunningTotal
  INTO RunningOrders
  FROM Orders
  ORDER BY OrderDate ASC
```

2）建立统计累计订单金额的游标，并在游标中更改 RunningTotal 列中各行的值。

```
DECLARE @sum decimal(10,2), @OrderAmt decimal(8,2)
DECLARE cur_sum CURSOR FOR
  SELECT OrderAmt FROM RunningOrders
OPEN cur_sum
FETCH NEXT FROM cur_sum INTO @OrderAmt
SET @sum = 0
```

```
WHILE @@FETCH_STATUS = 0
BEGIN
  SET @sum = @sum + @OrderAmt
  UPDATE RunningOrders SET RunningTotal = @sum -- 更改当前行的 RunningTotal 值
    WHERE CURRENT OF cur_sum
  FETCH NEXT FROM cur_sum INTO @OrderAmt
END
CLOSE cur_sum
DEALLOCATE cur_sum
GO
```

游标执行完毕后，查询 RunningOrders 表中的数据，结果亦如图 11-16 所示。

例 5 中的操作要求也可通过相关子查询实现（下列语句未创建新表，只是查询出累计订单金额）：

```
SELECT OrderID, OrderDate, O.OrderAmt,
  (SELECT sum(OrderAmt) FROM Orders WHERE OrderID <= O.OrderID)
    as 'RunningTotal'
  FROM Orders O
```

例 6 改进例 5 中的数据操作要求，按日统计每天的订单总金额。数据形式如图 11-18 所示。

1）创建一个新表 DayOrders，该表除具有 Orders 表的结构和数据外，还有一个保存日累计订单金额的列：DayTotal，该列的各行初始值均为 0。语句如下：

```
SELECT OrderID, convert(char(10),OrderDate,101) AS OrderDate,
  CAST(0 AS DECIMAL(8,2)) AS DayTotal
  INTO DayOrders
  FROM Orders
  ORDER BY OrderDate ASC
```

	OrderID	OrderDate	OrderAmt	DayTotal
1	1	10/11/2003	10.50	23.25
2	2	10/11/2003	11.50	23.25
3	3	10/11/2003	1.25	23.25
4	4	10/12/2003	100.57	120.56
5	5	10/12/2003	19.99	120.56
6	6	10/13/2003	47.14	74.22
7	7	10/13/2003	10.08	74.22
8	8	10/13/2003	7.50	74.22
9	9	10/13/2003	9.50	74.22

图 11-18　保存日累计订单
金额的数据

2）创建统计单日累计订单金额的游标，并在游标中更改 DayOrders 列中各行的值。

```
DECLARE @sum decimal(10,2)
DECLARE @OrderDate1 date,@OrderAmt1 decimal(8,2)
DECLARE @OrderDate2 date,@OrderAmt2 decimal(8,2)
DECLARE cur_sum CURSOR FOR
  SELECT OrderDate, OrderAmt FROM RunningOrders
OPEN cur_sum
FETCH NEXT FROM cur_sum INTO @OrderDate1, @OrderAmt1
WHILE @@FETCH_STATUS = 0
BEGIN
  SET @sum = @OrderAmt1
  FETCH NEXT FROM cur_sum INTO @OrderDate2, @OrderAmt2
  WHILE @OrderDate1 = @OrderDate2 AND @@FETCH_STATUS = 0
  BEGIN
    SET @sum = @sum + @OrderAmt2
    FETCH NEXT FROM cur_sum INTO @OrderDate2, @OrderAmt2
  END
  UPDATE DayOrders SET DayTotal = @sum    -- 更改当日的 DayTotal 值
    WHERE OrderDate = @OrderDate1
  SET @OrderDate1 = @OrderDate2
  SET @OrderAmt1 = @OrderAmt2
END
CLOSE cur_sum
DEALLOCATE cur_sum
GO
```

例 6 中的操作也可以通过开窗函数实现，语句如下所示（下列语句直接查询出结果，未创建新表）。

```
SELECT OrderId,OrderDate, OrderAmt,
    sum(OrderAmt) over(PARTITION by OrderDate)  AS DayTotal
FROM DayOrders
```

通过例 5 和例 6 中的例子可以看到，相关子查询、开窗函数的代码比游标代码要简单得多。请读者自行思考如何用相关子查询和开窗函数实现例 5、例 6 中的将结果保存到永久表的操作。

小结

用户自定义函数是一个可共享的代码段，它支持输入参数，并能返回执行结果。SQL Server 支持 3 种类型的用户自定义函数：标量函数、内联表值函数和多语句表值函数。标量函数类似于普通编程语言中的函数，它返回的是单个数据值；内联表值函数的使用方法与视图类似，其功能类似于带参数的视图；多语句表值函数的函数体类似于存储过程，其使用方法类似于视图，可以根据用户输入参数的不同而返回内容不同的表。

游标是由一个查询语句产生的结果，被保存在内存中，并允许用户对其进行定位访问，利用游标可以实现对查询集合内部的操作。但游标提供的定位操作是有代价的，它降低了数据访问效率，因此当不需要深入结果集内部操作数据时，应尽量避免使用游标机制。

习题

1. SQL Server 支持哪几类用户自定义函数？
2. 表值函数的返回值是什么类型？
3. 表值函数分为哪几类？简述每类函数的特点。
4. 游标的作用是什么？
5. 如何判断游标当前行指针是否移出了结果集范围？
6. 简述使用游标的一般过程。
7. 关闭游标与释放游标的区别是什么？

上机练习

如无特别说明，以下各题均利用第 6 章中创建的 Student 表、Course 表和 SC 表实现。

1. 创建满足下列要求的用户自定义标量函数。
   （1）查询指定学生已经得到的修课总学分（考试及格的课程才能拿到学分），学号为输入参数，总学分为函数返回结果。并写出利用此函数查询 0811101 号学生的姓名、所修的课程名、课程学分、考试成绩以及拿到的总学分的 SQL 语句。
   （2）查询指定系的指定课程（课程号）的平均考试成绩。
   （3）查询指定系的男生中选课门数超过指定门数的学生人数。
2. 创建满足下列要求的用户自定义内联表值函数。
   （1）查询选课门数在指定范围内的学生的姓名、所在系和所选的课程名。
   （2）查询指定系考试成绩高于或等于 90 分的学生的姓名、所在系、课程名和考试成绩。并写出利用此函数查询计算机系学生考试情况的 SQL 语句，只列出学生姓名、课程名和考试成绩。

3. 创建满足下列要求的用户自定义多语句表值函数。

（1）查询指定系年龄最大的前 2 名学生的姓名和年龄，包括并列的情况。

（2）查询指定学生（姓名）的考试情况，列出姓名、所在系、所修的课程名和考试情况，其中考试情况列的取值规则是，如果成绩高于或等于 90 分，则为"优"；如果成绩为 80 ～ 89 分，则为"良好"；如果成绩为 70 ～ 79 分，则为"一般"；如果成绩为 60 ～ 69 分，则为"不太好"；如果成绩低于 60 分，则为"很糟糕"。并写出利用此函数查询李勇的考试情况的 SQL 语句。

4. 创建满足下列要求的游标。

（1）查询 Java 课程的考试情况，并按图 11-19 所示的样式显示结果数据。

（2）统计每个系的男生人数和女生人数，并按图 11-20 所示的样式显示结果数据。

图 11-19　游标（1）的显示样式　　　　图 11-20　游标（2）的显示样式

（3）列出各个系的学生信息，要求首先列出一个系的系名，然后在该系名下列出本系学生的姓名和性别；再列出下一个系名，然后在此系名下再列出该系学生的姓名和性别；以此类推，直至列出全部系的学生信息。要求按图 11-21 所示的样式显示结果数据。

（4）针对 11.2.3 节中例 4 中创建的 Job 表和数据，用游标对 Job 表数据进行如下修改：将工作级别相同的工作只保留工作编号较小的一项工作，同时，将这些工作的工作描述拼接为一个工作描述，中间用逗号分隔。修改后的数据样式如表 11-3 所示。

表 11-3　修改后的 Job 表数据

Jobid	Desc	Level
J01	软件开发，软件测试	10
J02	硬件开发，硬件测试	12
J04	硬件维护	8

（5）针对 11.2.3 节中例 5 中创建的 Orders 表和数据，实现按日统计每日的累计订单总额，处理结果如图 11-22 所示。

图 11-21　游标（3）的显示样式　　　　图 11-22　具有日累计订单金额信息的数据

第12章 安全管理

安全性对于任何一个数据库管理系统来说都是至关重要的。数据库中通常存储了大量的数据,这些数据可能是个人信息、客户清单或其他机密资料。如果有人未经授权而非法侵入数据库,并窃取了查看和修改数据的权限,将会造成极大的危害,特别是在银行、金融等系统中更是如此。SQL Server通过身份验证、数据库用户权限确认等措施来保护数据库中的信息资源,以防止这些资源被破坏。本章首先介绍数据库安全控制模型,然后讨论如何在 SQL Server 2017 中实现安全控制,包括用户身份的确认和用户操作权限的授予等。

12.1 安全控制概述

安全性问题并非数据库管理系统所独有,实际上,在许多系统上都存在同样的问题。数据库的安全控制是指在数据库应用系统的不同层次提供对有意和无意损害行为的安全防范。

在数据库中,对有意的非法活动可采用加密存、取数据的方法进行控制;对有意的非法操作可使用用户身份验证、限制操作权限的方法来控制;对无意的损坏可采用提高系统的可靠性和数据备份等方法来控制。

在介绍数据库管理系统如何实现对数据的安全控制之前,读者有必要先了解一下数据库的安全控制模型和数据库中对用户的分类。

在一般的计算机系统中,安全措施是一级一级层层设置的。图 12-1 所示为应用系统中从用户使用数据库应用程序开始一直到访问后台数据库数据需要经过的安全认证过程。

图 12-1 计算机系统的安全模型

当用户要访问数据库中的数据时,首先要进入数据库系统,这一步骤通常是通过数据库应用程序实现的,这时用户要向数据库应用程序提供其身份,然后数据库应用程序将用户的身份递交给数据库管理系统进行验证,只有合法的用户才能进入下一步操作。当合法的用户在数据库中进行操作时,DBMS 还要验证此用户是否具有相应的操作权限。如果用户有操作权限系统会执行相应操作,否则会拒绝执行用户的操作。操作系统一级也有自己的保护措施。比如,设置文件的访问权限等。对于存储在磁盘上的文件,还可以进行加密存储,这样即使数据被人窃取,也很难将其读懂。另外,还可以将数据库文件保存多份,以免出现意外情况(如磁盘破损)造成数据丢失。

这里只讨论与数据库相关的用户身份验证和用户操作权限管理等技术。

在数据库管理系统中,按操作权限的不同可将用户分为如下 3 类。

(1)系统管理员

系统管理员具有数据库服务器上的全部权限,包括对数据库服务器进行配置和管理等权限，也包括对全部数据库的所有操作权限。当用户以系统管理员的身份进行操作时，系统不对其进行权限检验。每个数据库管理系统安装完成之后都有默认的系统管理员，可以授予其他用户具有系统管理员权限。SQL Server 安装完成之后的默认系统管理员是"sa"。

（2）数据库对象拥有者

创建数据库对象的用户即为数据库对象拥有者。数据库对象拥有者具有其所拥有的对象的全部操作权限。

（3）普通用户

普通用户只具有对数据库数据的查询、插入、删除和修改的权限。

12.2　SQL Server 的安全控制

用户要访问 SQL Server 数据库中的数据必须经过 3 个认证过程：第一个是身份验证，该过程通过登录账户（SQL Server 称之为登录名）来标识用户，身份验证只验证用户连接到 SQL Server 数据库服务器的资格，即验证该用户是否具有连接到数据库服务器的"连接权"；第二个是访问权认证，当用户访问数据库时，必须具有数据库的访问权限，即验证用户是否是数据库的合法用户；第三个是操作权认证，当用户操作数据库中的数据或对象时，必须具有相应的操作权限。安全认证的三个过程的示意图如图 12-2 所示。

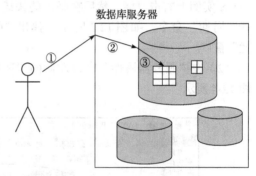

图 12-2　安全认证的三个过程

SQL Server 与 Windows 操作系统的安全性很好地融合在了一起，SQL Server 的一些安全控制功能利用了操作系统提供的安全控制机制。因此，SQL Server 支持以下两种类型的登录账户。

- Windows 授权用户。即来自 Windows 的用户或组。
- SQL 授权用户。即来自非 Windows 的用户，也将这类用户称为 SQL 用户。

SQL Server 为不同类型的登录账户提供了不同的身份认证模式，主要有"Windows 身份验证模式""SQL Server 和 Windows 身份验证模式"两种。

1. Windows 身份验证模式

"Windows 身份验证模式"只允许 Windows 操作系统的授权用户连接到 SQL Server 数据库服务器。在这种身份验证模式下，SQL Server 通过 Windows 操作系统来获得用户信息，并对账户名和密码进行重新验证。

当使用"Windows 身份验证模式"时，用户必须首先登录到 Windows 操作系统中，然后再连接到 SQL Server。而且用户连接到 SQL Server 时，只需选择 Windows 身份验证模式，无须再提供登录名和密码，系统会从用户登录到 Windows 操作系统时提供的用户名和密码查找当前用户的登录信息，以判断其是否是 SQL Server 的合法用户。

对于 SQL Server 来说，一般推荐使用"Windows 身份验证模式"，因为这种安全模式能够与 Windows 操作系统的安全系统集成在一起，以提供更多的安全功能。

使用"Windows 身份验证模式"进行的连接，被称为信任连接（Trusted Connection）。

2. SQL Server 和 Windows 身份验证模式

"SQL Server 和 Windows 身份验证模式"允许 Windows 授权用户和 SQL 授权用户两种

用户连接到 SQL Server 数据库服务器，也将这种模式称为"混合身份验证模式"。如果希望不是 Windows 操作系统的用户也能连接到 SQL Server 数据库服务器，则应该选择"混合身份验证模式"。如果在"混合身份验证模式"下选择使用 SQL 授权用户连接 SQL Server 数据库服务器，则必须提供登录名和密码，因为 SQL Server 必须要用其来验证用户的合法身份。

3. 设置身份验证模式

系统管理员可以根据系统的实际应用情况设置 SQL Server 的身份验证模式。设置身份验证模式可以在安装 SQL Server 时进行，也可以在安装完成之后通过 SSMS 工具进行。

在 SSMS 中设置身份验证模式的步骤如下：

1）以系统管理员身份连接到 SSMS 工具，在 SSMS 工具的对象资源管理器中在要设置身份验证模式的 SQL Server 实例上右击鼠标，然后在弹出的快捷菜单中选择"属性"命令，如图 12-3 所示，弹出"服务器属性"窗口。

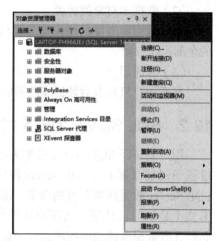

图 12-3   选择"属性"命令

2）在"服务器属性"窗口左侧的"选择页"下选择"安全性"选项，此时窗口形式如图 12-4 所示。

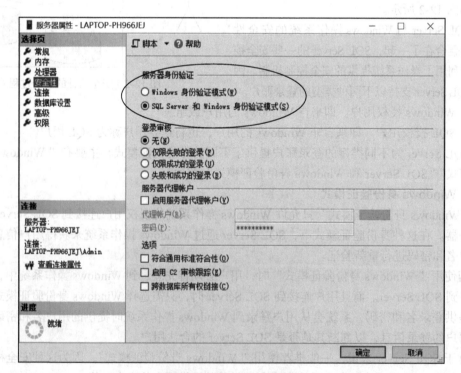

图 12-4   "安全性"选项页

3）在图 12-4 所示窗口的"服务器身份验证"部分设置该实例的身份验证模式。

● Windows 身份验证模式：仅允许 Windows 身份的用户连接到该 SQL Server 实例。

- SQL Server 和 Windows 身份验证模式：即混合身份验证模式，同时允许 Windows 身份的用户和非 Windows 身份的用户（SQL Server 用户）连接到 SQL Server 实例。

4）选定一个身份认证模式（这里选择"SQL Server 和 Windows 身份验证模式"），然后单击"确定"按钮，弹出如图 12-5 所示的提示窗口，单击"确定"按钮，关闭此窗口。

图 12-5　提示重新启动服务窗口

> **注意**　设置完身份验证模式之后，必须重新启动 SQL Server 服务才能使设置生效。在 SQL Server 实例上右击鼠标，然后在弹出的快捷菜单中选择"重新启动"命令（见图 12-3），即可让 SQL Server 按新的设置启动服务。

12.3　管理登录账户

SQL Server 的安全管理基于标识用户身份的登录标识符（Login ID，登录 ID），登录 ID 就是控制访问 SQL Server 数据库服务器的用户账户，即登录名。如果未指定有效的登录 ID，则用户不能连接到 SQL Server 数据库服务器。

前文我们介绍了 SQL Server 有两类登录账户，一类是由 SQL Server 自身负责身份验证的登录账户；另一类是连接到 SQL Server 的 Windows 网络账户，可以是 Windows 的组或单个用户。在安装完 SQL Server 之后，系统会自动创建一些登录账户，称为内置系统账户，用户也可以根据实际需要创建自己的登录账户。

12.3.1　创建登录账户

在 SQL Server 中，有两种创建登录账户的方法，一种是通过 SQL Server 的 SSMS 工具图形化地实现；另一种是通过 T-SQL 语句实现。下面分别对这两种实现方法进行介绍。

1. 用 SSMS 工具创建 Windows 身份验证的登录账户

使用 Windows 登录名连接到 SQL Server 时，SQL Server 依赖操作系统的身份验证，而且只检查该登录名是否已经在 SQL Server 实例上映射了相应的登录名，或者该 Windows 用户是否属于某个已经映射到 SQL Server 实例上的 Windows 组。

创建 Windows 身份验证模式的登录账户实际上就是将 Windows 用户映射到 SQL Server 中，使之能够连接到 SQL Server 实例上。

在使用 SSMS 工具创建 Windows 身份验证的登录账户之前，应先在操作系统中建立一个 Windows 用户。假设我们已经创建两个 Windows 用户，分别为 Win_User1 和 Win_User2。

在 SSMS 工具中创建 Windows 身份验证的登录账户的步骤如下：

1）以系统管理员身份连接到 SSMS 工具，在 SSMS 工具的对象资源管理器中依次展开"安全性"→"登录名"节点。在"登录名"节点上右击鼠标，在弹出的快捷菜单中选择"新建登录名"命令，如图 12-6 所示，弹出如图 12-7

图 12-6　选择"新建登录名"命令

所示的"登录名 – 新建"窗口。

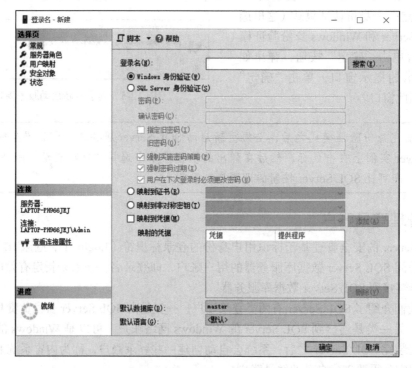

图 12-7 "登录名 – 新建"窗口

2）在图 12-7 所示窗口中单击"搜索"按钮，弹出如图 12-8 所示的"选择用户或组"窗口。

3）在图 12-8 所示窗口中单击"高级"按钮，弹出如图 12-9 所示的"选择用户或组"高级选项窗口。

4）在图 12-9 所示窗口中单击"立即查找"按钮，下面的"搜索结果"列表框中将列出查找到的结果，如图 12-10 所示。

5）图 12-10 所示窗口中列出了全部可用的 Windows 用户和组。用户可以选择组，也可以选择用户。如果选择一个组，则表示该 Windows 组中的所有用户都可以登录到 SQL Server，而且它们都对应到 SQL Server 的一个登录账户上。这里我们选中"Win_User2"，然后单击"确定"按钮，返回到"选择用户或组"窗口，此时窗口形式如图 12-11 所示。

6）在图 12-11 所示窗口中单击"确定"按钮，返回到图 12-7 所示窗口，此时此窗口的"登录名"框中会出现"服务器名\Win_User2"。在此窗口中单击"确定"按钮，完成登录账户的创建。

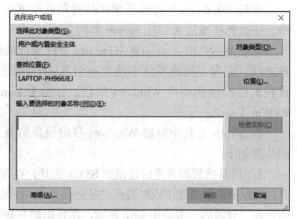

图 12-8 "选择用户或组"窗口

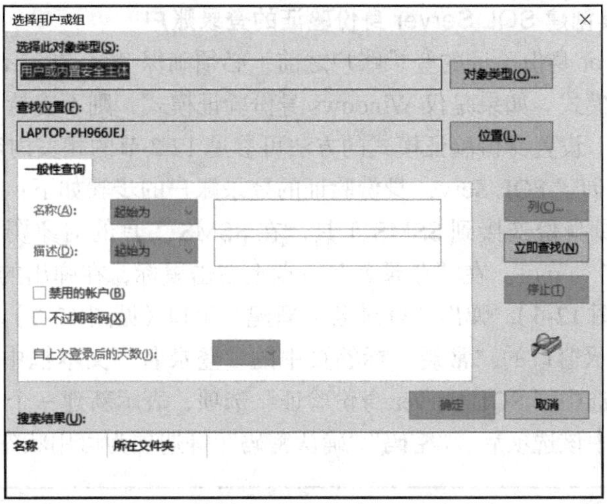

图 12-9 “选择用户或组”高级选项窗口

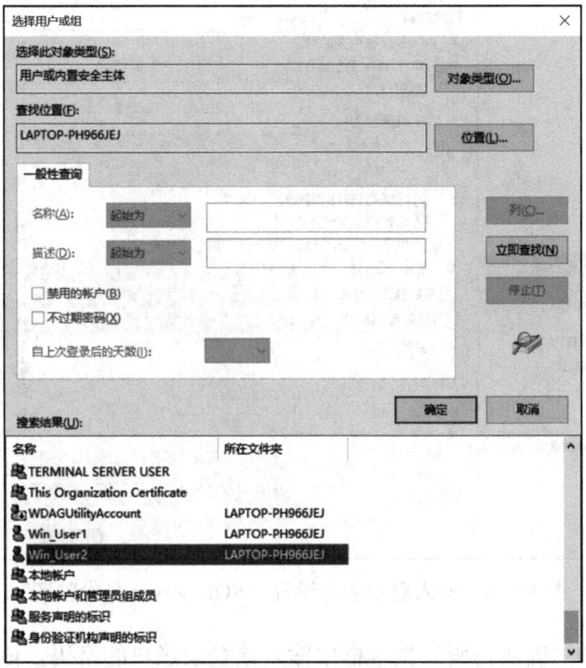

图 12-10 查询结果窗口

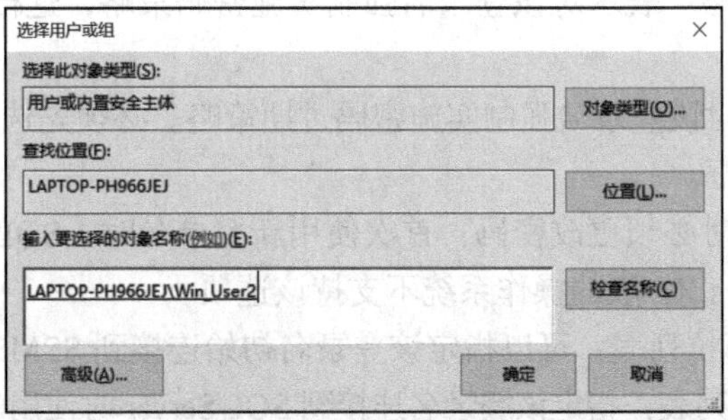

图 12-11 选择登录名后的“选择用户或组”窗口

2. 用 SSMS 工具创建 SQL Server 身份验证的登录账户

在创建 SQL Server 身份验证的登录账户之前，必须确保 SQL Server 实例支持的身份验证模式是混合身份验证模式。如果是仅 Windows 身份验证模式，则不支持 SQL Server 身份的账户登录到 SQL Server。设置身份验证模式的方法可参见 12.2 节的相关内容。

通过 SSMS 工具创建 SQL Server 身份验证的登录账户的步骤如下：

1）以系统管理员身份连接到 SSMS 工具，在 SSMS 工具的对象资源管理器中依次展开"安全性"→"登录名"节点。在"登录名"节点上右击鼠标，在弹出的快捷菜单中选择"新建登录名"命令（见图 12-6），弹出"登录名 – 新建"窗口（见图 12-7）。

2）在图 12-7 所示窗口的"常规"标签页中的"登录名"文本框中输入"SQL_User1"，在身份验证模式部分选中"SQL Server 身份验证"选项，表示新建一个 SQL Server 身份验证模式的登录账户。选中该选项后，"密码""确认密码"等选项为可用状态，如图 12-12 所示。

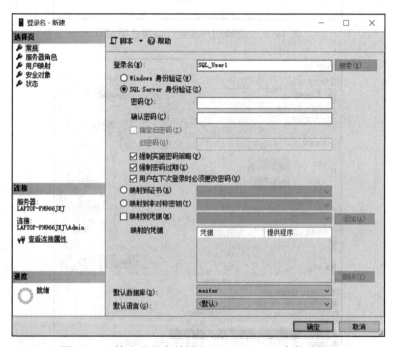

图 12-12　输入登录名并设置"SQL Server 身份验证"

3）在"密码"和"确认密码"文本框中输入该登录账户的密码。该窗口中的几个主要选项的说明如下。

- 强制实施密码策略：表示对该登录名强制实施密码策略，这样可强制用户的密码具有一定的复杂性。
- 强制密码过期：对该登录名强制实施密码过期策略。必须先选中"强制实施密码策略"才能启用此复选框。
- 用户在下次登录时必须更改密码：首次使用新登录名时，SQL Server 将提示用户输入新密码。Windows XP 版的操作系统不支持该选项。
- "默认数据库"下拉列表：可以指定该登录名初始连接到 SSMS 工具时访问的数据库。
- "默认语言"下拉列表：指定该登录名连接到 SQL Server 时使用的默认语言。一般情况下使用"默认值"，使该登录名使用的语言与所连接的 SQL Serer 实例所使用的语言一致。

4）这里我们取消勾选"强制实施密码策略"复选框。单击"确定"按钮，完成登录账户的创建。

3. 用 T-SQL 语句创建登录账户

创建新的登录账户的 T-SQL 语句是 CREATE LOGIN，其简化语法格式如下：

```
CREATE LOGIN login_name { WITH <option_list1> | FROM <sources> }
<sources> ::=
    WINDOWS [ WITH <windows_options> [ ,... ] ]
<option_list1> ::=
    PASSWORD = 'password' [ , <option_list2> [ ,... ] ]
<option_list2> ::=
    | DEFAULT_DATABASE = database
    | DEFAULT_LANGUAGE = language
<windows_options> ::=
    DEFAULT_DATABASE = database
    | DEFAULT_LANGUAGE = language
```

其中各参数的含义如下。

- login_name：指定创建的登录名。如果从 Windows 域账户映射 login_name，则 login_name 必须用方括号（[ ]）括起来。
- WINDOWS：指定将登录名映射到 Windows 域账户。
- PASSWORD = 'password'：仅适用于 SQL Server 身份验证的登录名。指定正在创建的登录名的密码。
- DEFAULT_DATABASE = database：指定新建登录名的默认数据库。如果未包括此选项，则默认数据库将设置为 master。
- DEFAULT_LANGUAGE = language：指定新建登录名的默认语言。如果未包括此选项，则默认语言将设置为服务器的当前默认语言。即使以后服务器的默认语言发生变化，登录名的默认语言也保持不变。

例 1　创建 SQL Server 身份验证的登录账户。登录名为"SQL_User2"，密码为"a1b2c3XY"。

```
CREATE LOGIN SQL_User2 WITH PASSWORD = 'a1b2c3XY';
```

例 2　创建 Windows 身份验证的登录账户。从 Windows 域账户创建 [HYJ\Win_User2] 登录账户。

```
CREATE LOGIN [HYJ\Win_User2] FROM WINDOWS;
```

例 3　创建 SQL Server 身份验证的登录账户。登录名为"SQL_User3"，密码为"AD4h9 fcdhx32MOP"。

```
CREATE LOGIN SQL_User3 WITH PASSWORD = 'AD4h9fcdhx32MOP';
```

12.3.2　删除登录账户

由于 SQL Server 的登录账户可以是多个数据库中的合法用户，因此在删除登录账户时应先删除该登录账户在各个数据库中映射的用户（如果有的话），然后再删除登录账户。否则会产生没有对应的登录账户的孤立的数据库用户。

删除登录账户可以在 SSMS 工具中实现，也可以使用 T-SQL 语句实现。

1. 用 SSMS 工具实现

我们以删除 NewUser 登录账户为例（假设系统中已建有此登录账户）来说明删除登录账

户的步骤。

1) 以系统管理员身份连接到 SSMS 工具，在 SSMS 工具的对象资源管理器中，依次展开"安全性"→"登录名"节点。

2) 在要删除的登录账户"NewUser"上右击鼠标，在弹出的快捷菜单中选择"删除"命令，弹出"删除对象"窗口，如图 12-13 所示。在此窗口中单击"确定"按钮，将弹出如图 12-14 所示的提示窗口。在此窗口中单击"确定"按钮以彻底删除登录账户。

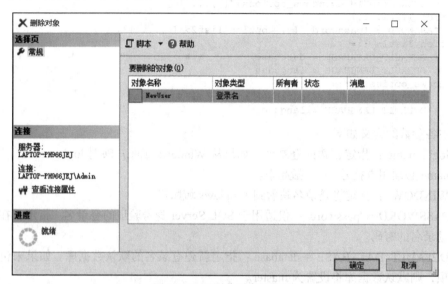

图 12-13   "删除对象"窗口

图 12-14   删除登录账户的确认窗口

2. 用 T-SQL 语句实现

删除登录账户的 T-SQL 语句为 DROP LOGIN，其语法格式如下：

```
DROP LOGIN login_name
```

其中 login_name 为要删除的登录账户的名字。

> **注意** 不能删除正在使用的登录账户，也不能删除拥有数据库和服务器级别对象的登录账户。

例 4   删除 SQL_User2 登录账户。

```
DROP LOGIN SQL_User2
```

12.4 管理数据库用户

数据库用户是数据库级别的主体。用户在具有登录账户之后，只能连接到数据库服务器，并不具有访问用户数据库的权限，只有成为数据库的合法用户后才能访问此数据库。本节介绍如何对数据库用户进行管理。

数据库用户一般都来自服务器上已有的登录账户，使登录账户成为数据库用户的操作称为"映射"。一个登录账户可以映射为多个数据库的用户。建立数据库用户的过程实际上就是建立登录账户与数据库用户之间的映射关系的过程。默认情况下，新建的数据库中已有一个用户 dbo，它是数据库的拥有者。

12.4.1 创建数据库用户

创建数据库用户可以用 SSMS 工具实现，也可以使用 T-SQL 语句实现。

1. 用 SSMS 工具实现

在 SSMS 工具中创建数据库用户的步骤如下：

1）以系统管理员身份连接到 SSMS 工具，在 SSMS 工具的对象资源管理器中，展开要创建数据库用户的数据库（假设这里我们展开的是 Students 数据库）。

2）展开"安全性"节点，在其下的"用户"节点上右击鼠标，在弹出的快捷菜单中选择"新建用户"命令，弹出如图 12-15 所示的"数据库用户 – 新建"窗口。

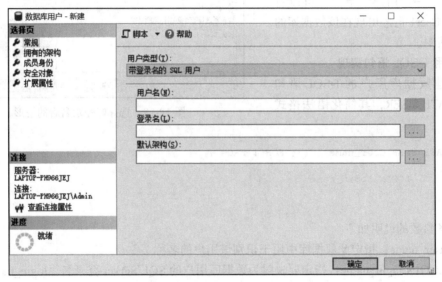

图 12-15   "数据库用户 – 新建"窗口

3）在图 12-15 所示窗口中的"用户名"文本框中输入一个与登录名对应的数据库用户名；在"登录名"部分指定将要成为此数据库用户的登录名，可以通过单击"登录名"文本框右侧的□按钮查找某个存在的登录名。

这里我们在"用户名"文本框中输入"SQL_User1"，然后单击"登录名"文本框右侧的□按钮，弹出如图 12-16 所示的"选择登录名"窗口。

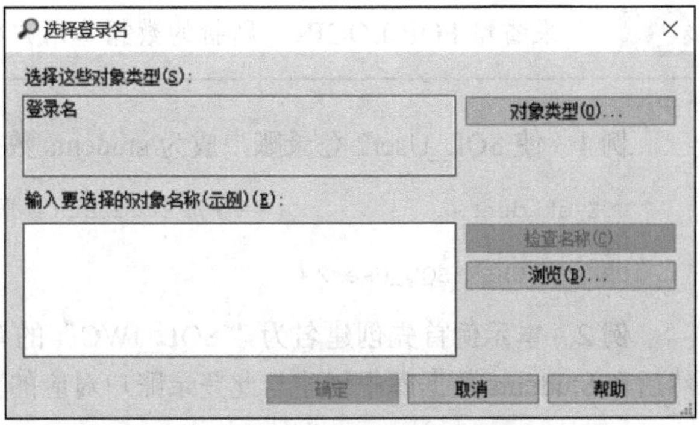

图 12-16   "选择登录名"窗口形

4）在图 12-16 所示窗口中单击"浏览"按钮，弹出如图 12-17 所示的"查找对象"窗口。

5）在图 12-17 所示窗口中勾选 "[SQL_User1]"前的复选框，表示让该登录账户成为 Students 数据库中的用户。单击"确定"按钮关闭"查找对象"窗口，返回到"选择登录名"窗口，此时该窗口的形式如图 12-18 所示。

图 12-17   "查找对象"窗口

6）在图 12-18 所示窗口中单击 "确定"按钮，返回到"数据库用户 – 新建"窗口。在此窗口中再次单击 "确定"按钮关闭该窗口，完成数据库用户的创建。

此时展开 Students 数据库下的 "安全性"→"用户"节点，可以看到 SQL_User1 已经出现在该数据库的用户列表中。

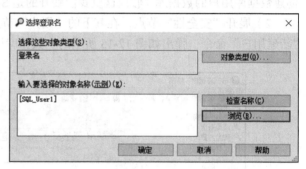

图 12-18   选择好登录名后的情形

2. 用 T-SQL 语句实现

创建数据库用户的 T-SQL 语句是 CREATE USER，其简化语法格式如下：

```
CREATE USER user_name [ { { FOR | FROM }
    {
        LOGIN login_name
    }
]
```

其各参数的说明如下。

- user_name：指定此数据库中用于识别该用户的名称。
- LOGIN login_name：指定要映射为数据库用户的 SQL Server 登录名。login_name 必须是服务器中的有效登录名。

> **注意**   如果省略 FOR LOGIN，则新的数据库用户将被映射到同名的 SQL Server 登录名。

例 1   使 SQL_User2 登录账户成为 students 数据库中的用户，并且用户名同登录名。

```
USE students          -- 使用 Students 数据库
GO
CREATE USER SQL_User2
```

例 2   本示例首先创建名为 "SQL_JWC"的有密码的 SQL Server 身份验证的登录账户，然后在 Students 数据库中创建与此登录账户对应的数据库用户 JWC。

```
CREATE LOGIN SQL_JWC
```

```
        WITH PASSWORD = 'jKJl3$nN09jsK84'
GO
USE Students
GO
CREATE USER JWC FOR LOGIN SQL_JWC
GO
```

 注意 一定要清楚服务器登录账户与数据库用户是完全不同的两个概念。具有登录账户的用户可以登录到 SQL Server 实例，而且只局限于在实例上进行操作。而数据库用户则是登录账户以什么样的身份在数据库中进行操作，是登录账户在具体数据库中的映射，映射名（数据库用户名）可以与登录名一样，也可以不一样。为了便于理解和管理，可采用相同的名字。

12.4.2 删除数据库用户

从当前数据库中删除用户，实际上就是解除登录账户和数据库用户之间的映射关系，但并不影响登录账户的存在。删除数据库用户之后，其对应的登录账户仍然存在。

删除数据库用户可以用 SSMS 工具实现，也可以使用 T-SQL 语句实现。

1. 用 SSMS 工具实现

我们以删除 Students 数据库中的 SQL_User2 用户为例，说明使用 SSMS 工具删除数据库用户的步骤。

1）以系统管理员身份连接到 SSMS 工具，在 SSMS 工具的对象资源管理器中依次展开"数据库"→"Students"→"安全性"→"用户"节点。

2）在要删除的"SQL_User2"用户名上右击鼠标，在弹出的快捷菜单中选择"删除"命令，弹出与图 12-13 类似的"删除对象"窗口。在窗口中单击"确定"按钮，可删除此用户。

2. 用 T-SQL 语句实现

删除数据库用户的 T-SQL 语句是 DROP USER，其语法格式如下：

```
DROP USER user_name
```

其中 user_name 为要在此数据库中删除的用户名。

 注意 不能从数据库中删除拥有对象的用户。

例 3 删除 Students 数据库中的 SQL_User2 用户。

```
DROP USER SQL_User2
```

12.5 管理权限

在现实生活中，单位的每个职工都有一定的工作职能以及相应的配套权限。在数据库中也是如此，为了使数据库中的用户能够进行特定的操作，SQL Server 提供了一套完整的权限管理机制。

登录账户成为数据库合法用户之后，并不具有对数据库中的用户数据和对象的任何操作权限，因此，需要为数据库用户授予相应的数据库数据及对象的操作权限。

12.5.1 权限的种类

SQL Server 数据库管理系统将权限分为对象权限、语句权限和隐含权限 3 种类型。

对象权限是用户在已经创建好的对象上行使的权限，主要包括以下几种。

- DELETE、INSERT、UPDATE 和 SELECT：具有对表和视图数据进行删除、插入、更改和查询的权限，其中 UPDATE 和 SELECT 可以对表或视图的单个列进行授权。
- EXECUTE：具有执行存储过程的权限。

语句权限主要包括以下几种。

- CRAETE TABLE：具有在数据库中创建表的权限。
- CREATE VIEW：具有在数据库中创建视图的权限。
- CREATE PROCEDURE：具有在数据库中创建存储过程的权限。
- CREATE DATABASE：具有创建数据库的权限。
- BACKUP DATABASE 和 BACKUP LOG：具有备份数据库和备份日志的权限。

隐含权限是指由 SQL Server 预定义的服务器角色、数据库角色（在 12.6 节中详细介绍）、数据库拥有者和数据库对象拥有者所具有的权限，隐含权限相当于内置权限，不需要显式地授予。例如，数据库拥有者具有对数据库进行任何操作的权限。

12.5.2 权限管理

在上面介绍的 3 种权限中，隐含权限是由系统预先定义的，这类权限不需要也不能进行设置。因此，权限的设置实际上是指对对象权限和语句权限的设置。权限的管理包含如下 3 部分内容：

- 授予权限。授予用户或角色具有某种操作权。
- 收回权限。收回（或称撤销）曾经授予用户或角色的权限。
- 拒绝权限。拒绝某用户或角色具有某种操作权限。一旦拒绝了用户的某个操作权限，则用户从任何地方都不能获得该权限。

1. 对象权限的管理

对对象权限的管理可以通过 SSMS 工具实现，也可以通过 T-SQL 语句实现。

（1）用 SSMS 工具实现

我们以在 Students 数据库中授予 SQL_User1 用户具有 Student 表的 SELECT 和 INSERT 权限、Course 表的 SELECT 权限为例，说明在 SSMS 工具中授予用户对象权限的过程。

在授予 SQL_User1 用户权限之前，我们先做个试验。用 SQL_User1 创建一个新的数据库引擎查询（在工具栏上单击"数据库引擎查询"图标，弹出"连接到服务器引擎"窗口，在此窗口中将"身份验证"设置为"SQL Server 身份验证"，在"登录名"文本框中输入"SQL_User1"，然后单击"连接"按钮，如图 12-19 所示）。

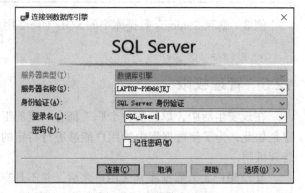

图 12-19 设置连接身份

在 SSMS 工具栏的"可用数据库"下拉列表中选择 Students 数据库，然后输入并执行如下代码：

```
SELECT * FROM Student
```

执行该代码后，SSMS 工具的界面如图 12-20 所示。

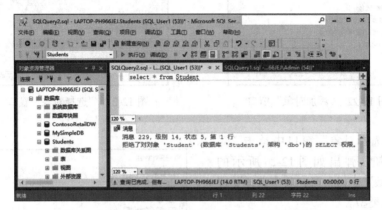

图 12-20 没有查询权限时执行查询语句出现的错误

该试验表明，在授权之前数据库用户在数据库中是没有对用户数据的任何操作权限的。

下面介绍使用 SSMS 工具对数据库用户进行授权的方法。

1）在 SSMS 工具的对象资源管理器中依次展开"数据库"→"Students"→"安全性"→"用户"节点，在"SQL_User1"上右击鼠标，在弹出的快捷菜单中选择"属性"命令，弹出"数据库用户 –SQL_User1"窗口。在此窗口中单击左侧的"选择页"下的"安全对象"选项，出现如图 12-21 所示的"安全对象"窗口。

2）在图 12-21 所示窗口中单击"搜索"按钮，弹出如图 12-22 所示的"添加对象"窗口，可在该窗口中选择要添加的对象类型。默认添加"特定对象"类。

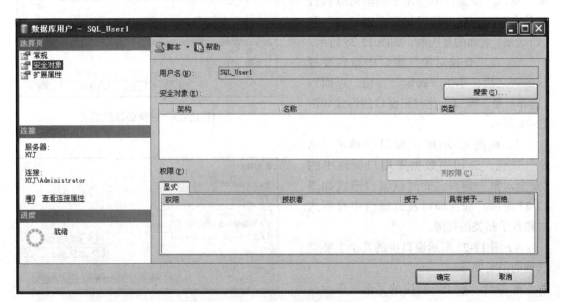

图 12-21 "安全对象"窗口

3）在"添加对象"窗口中，我们使用默认设置，单击"确定"按钮，弹出如图 12-23 所示的"选择对象"窗口。在这个窗口中可以通过选择对象类型来筛选对象。

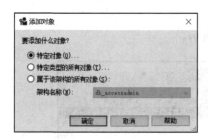

图 12-22 "添加对象"窗口

图 12-23 "选择对象"窗口

4）在"选择对象"窗口中单击"对象类型"按钮，弹出如图 12-24 所示的"选择对象类型"窗口，可在其中选择要授予权限的对象类型。

由于我们是要授予 SQL_User1 用户对 Student 和 Course 表的权限，因此要在"选择对象类型"窗口中勾选"表"前面的复选框，如图 12-24 所示。单击"确定"按钮，返回到"选择对象"窗口，此时在该窗口的"选择这些对象类型"列表框中已列出所选的"表"对象类型。

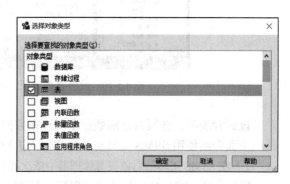

图 12-24 "选择对象类型"窗口

5）在"选择对象"窗口中单击"浏览"按钮，弹出如图 12-25 所示的"查找对象"窗口。该窗口中列出了当前可以被授权的全部表。这里我们勾选"Student"和"Course"前面的复选框，如图 12-25 所示。

6）在"查找对象"窗口中指定要授权的表之后，单击"确定"按钮，返回到"选择对象"窗口，此时该窗口的形式如图 12-26 所示。

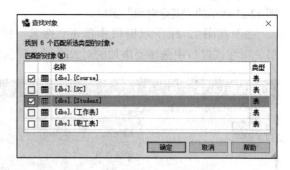

图 12-25 选择要授权的表

7）在图 12-26 所示窗口中单击"确定"按钮，返回到数据库用户属性中的"安全对象"窗口，此时该窗口形式如图 12-27 所示。现在即可在此窗口中对所选对象授予相关的权限。

8）图 12-27 所示窗口中的几个主要复选框的说明如下：

- 勾选"授予"对应的复选框表示授予该项权限；

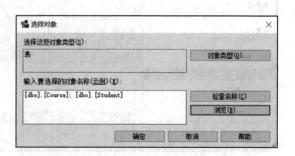

图 12-26 指定要授权的表之后的"选择对象"窗口

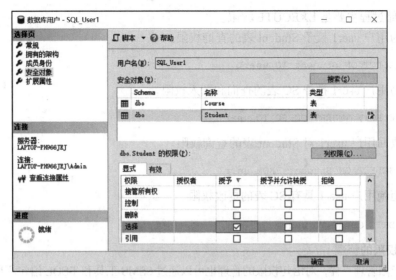

图 12-27　授权之后的"数据库用户 –SQL_User1"窗口

- 勾选"授予并允许转授"对应的复选框表示在授权时同时授予该权限的转授权，即该用户可以将其获得的权限授予其他人；
- 勾选"拒绝"对应的复选框表示拒绝用户获得该权限。

这里我们首先在"安全对象"列表框中选中"Course"选项，然后在下面的权限部分勾选"选择"（SELECT）对应的"授予"复选框，表示授予对 Course 表的 SELECT 权限。然后再在"安全对象"列表框中选中"Student"选项，并在下面的权限部分分别勾选"选择"和"插入"对应的"授予"复选框。图 12-27 所示为授予 Student 表的 SELECT 和 INSERT 权限后的情形。

至此，对数据库用户的授权操作已完成。

此时，以 SQL_User1 身份再次执行代码"SELECT * FROM Student"会执行成功，系统将返回执行的结果。

（2）用 T-SQL 语句实现

在 T-SQL 语句中，用于管理权限的语句有以下 3 个。

- GRANT：用于授予权限。
- REVOKE：用于收回或撤销权限。
- DENY：用于拒绝权限。

1）授权语句。授权语句的格式如下：

```
GRANT 对象权限名 [ , ... ] ON { 表名 | 视图名 | 存储过程名 }
   TO { 数据库用户名 | 用户角色名 } [ , ... ]
```

2）收权语句。收权语句的格式如下：

```
REVOKE 对象权限名 [ , ... ] ON { 表名 | 视图名 | 存储过程名 }
  FROM { 数据库用户名 | 用户角色名 } [ , ... ]
```

3）拒绝权限语句。拒绝权限语句的格式如下：

```
DENY 对象权限名 [ , ... ] ON { 表名 | 视图名 | 存储过程名 }
   TO { 数据库用户名 | 用户角色名 } [ , ... ]
```

其中对象权限包括以下几类。

- 对表和视图主要是 INSERT、DELETE、UPDATE 和 SELECT 权限。

- 对存储过程主要是 EXECUTE 权限。

例 1 为用户 user1 授予 Student 表的查询权限。

```
GRANT SELECT ON Student TO user1
```

例 2 为用户 user1 授予 SC 表的查询和插入权限。

```
GRANT SELECT, INSERT ON SC TO user1
```

例 3 收回用户 user1 对 Student 表的查询权限。

```
REVOKE SELECT ON Student FROM user1
```

例 4 拒绝用户 user1 具有 SC 表的更改权限。

```
DENY UPDATE ON SC TO user1
```

2. 语句权限的管理

同对象权限管理一样,对语句权限的管理也可以通过 SSMS 工具和 T-SQL 语句两种方式实现。

（1）用 SSMS 工具实现

我们以在 Students 数据库中授予 SQL_User1 用户具有创建表的权限为例,说明使用 SSMS 工具授予用户语句权限的过程。

在授予 SQL_User1 用户权限之前,我们先以该用户创建一个新的数据库引擎查询,然后输入并执行如下代码:

```
CREATE Table Teachers(      -- 创建教师表
    Tid    char(6),         -- 教师号
    Tname varchar(10)       -- 教师名
)
```

执行该代码后,SSMS 工具的界面如图 12-28 所示,说明 SQL_User1 并没有创建表的权限。

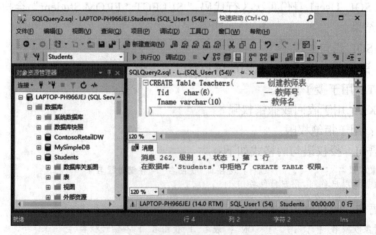

图 12-28　执行建表语句时出现的错误

使用 SSMS 工具授予用户语句权限的步骤如下:

1）在 SSMS 工具的对象资源管理器中依次展开"数据库"→"Students"→"安全性"→"用户"节点,在"SQL_User1"用户上右击鼠标,在弹出的快捷菜单中选择"属性"命令,弹出用户属性窗口,在此窗口中单击左侧的"选择页"下的"安全对象"选项,在"安全对

象"窗口（见图 12-21）中单击"搜索"按钮。在弹出的"添加对象"窗口（见图 12-22）中确认
选中"特定对象"选项，单击"确定"按钮，在弹
出的"选择对象"窗口（见图 12-23）中单击"对象
类型"按钮，弹出"选择对象类型"窗口。

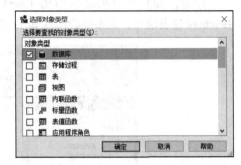

2）在"选择对象类型"窗口中勾选"数据库"
前的复选框，如图 12-29 所示。单击"确定"按钮，
返回到"选择对象"窗口，此时该窗口的"选择对
象类型"列表框中已经列出了"数据库"选项。

3）在"选择对象"窗口中单击"浏览"按
钮，弹出如图 12-30 所示的"查找对象"窗口，
在此窗口中选择要进行授权操作的数据库。由于

图 12-29　勾选"数据库"前的复选框

我们是要授予 SQL_User1 Students 数据库中的建表权，因此在此窗口中勾选"[Students]"前
的复选框。单击"确定"按钮，返回到"选择对象"窗口，此时该窗口的"输入要选择的对
象名称"列表框中已经列出了"[Students]"数据库，如图 12-31 所示。

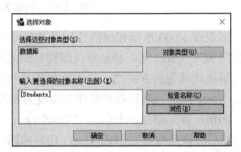

图 12-30　"查找对象"窗口（勾选"[students]"　　图 12-31　指定授权对象后的"选择对象"窗口
　　　　　前的复选框）

4）在"选择对象"窗口中单击"确定"按钮，返回到数据库用户属性窗口，可以在此窗
口中选择合适的语句权限授予相关用户。

5）在此窗口下方的权限列表框中勾选"创建表"对应的"授予"复选框，如图 12-32 所示。

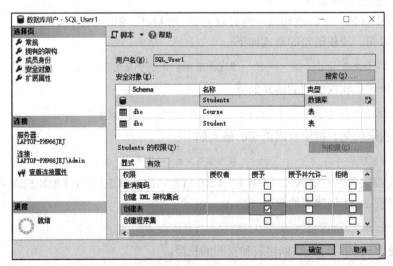

图 12-32　指定授权对象后的"安全对象"窗口

6）单击"确定"按钮，完成授权操作并关闭此窗口。

注意，如果此时再次在 SQL_User1 创建的数据库引擎查询中执行之前的 Create Table Teachers 建表语句，则系统会出现如图 12-33 所示的错误信息。

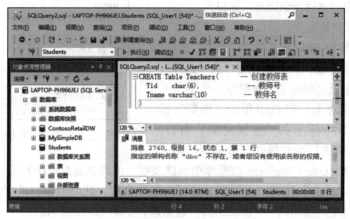

图 12-33　创建表时出现的另一个错误

出现图 12-33 所示错误的原因是 SQL_User1 用户没有在 dbo 架构中创建对象的权限，也没有为 SQL_User1 用户指定默认架构，因此创建 dbo.Teachers 的操作执行失败。

解决此问题的方法之一是由数据库系统管理员定义一个架构，并将该架构的所有权赋予 SQL_User1 用户，然后再将新建架构设为 SQL_User1 用户的默认架构。

示例：首先创建一个名为"TestSchema"的架构，将该架构的所有权赋予 SQL_User1 用户，然后将该架构设为 SQL_User1 用户的默认架构。

```
CREATE SCHEMA TestSchema AUTHORIZATION SQL_User1
GO
ALTER USER SQL_User1 WITH DEFAULT_SCHEMA = TestSchema
```

此时再让 SQL_User1 用户执行创建表的语句，就不会出现错误了。这时创建的表名为"TestSchema.Teachers"。

（2）用 T-SQL 语句实现

同对象权限管理一样，语句权限的管理也有 GRANT、REVOKE 和 DENY 3 个语句。

1）授权语句。授权语句的格式如下：

```
GRANT  语句权限名 [ , ... ]  TO { 数据库用户名 | 用户角色名 } [ , ... ]
```

2）收权语句。收权语句的格式如下：

```
REVOKE 语句权限名 [ , ... ]  FROM { 数据库用户名 | 用户角色名 } [ , ... ]
```

3）拒绝权限语句。拒绝权限语句的格式如下：

```
DENY  语句权限名 [ , ... ]  TO  { 数据库用户名 | 用户角色名 } [ , ... ]
```

其中语句权限包括 CREATE TABLE、CREATE VIEW、CREATE PROCEDURE 等。

例 5　授予 user1 创建表的权限。

```
GRANT CREATE TABLE TO user1
```

例 6　授予 user1 和 user2 创建表和视图的权限。

```
GRANT CREATE TABLE, CREATE VIEW TO user1, user2
```

例 7   收回 user1 创建表的权限。

```
REVOKE CREATE TABLE FROM user1
```

例 8   拒绝 user1 具有创建视图的权限。

```
DENY CREATE VIEW TO user1
```

12.6   角色

在数据库中，为便于对用户及权限进行管理，可以将一组具有相同权限的用户组织在一起，这组具有相同权限的用户就称为角色（Role）。角色类似于 Windows 操作系统中的组的概念。在实际工作中，有很多用户的权限是一样的，如果让数据库管理员针对每个用户分别授权，将是一件非常麻烦的事情。但如果把具有相同权限的用户集中在角色中进行管理则会方便很多。

为一个角色进行权限管理就相当于对该角色中的所有成员进行操作。可以为有相同权限的一类用户建立一个角色，然后为角色授予合适的权限。当有人新加入工作中时，只需将他添加到该工作的角色中，当有人离开时也只需从角色中删除此用户即可，而不需要在每个工作人员进入或离开工作时反复进行权限设置。

使用角色的好处就在于系统管理员只需对权限的种类进行划分，然后再将不同的权限授予不同的角色，而不必关心有哪些具体的用户。而且当角色中的成员发生变化时，比如添加或删除成员，系统管理员无须做任何关于权限的操作。

在 SQL Server 中，角色分为系统预定义的固定角色和用户根据实际需要定义的用户角色。系统角色又根据其作用范围的不同分为固定的服务器角色和固定的数据库角色，服务器角色是为整个服务器设置的，而数据库角色是为具体的数据库设置的。

12.6.1   固定的服务器角色

固定的服务器角色的作用域属于服务器范围，这些角色具有完成特定服务器级管理活动的权限。用户不能添加、删除或更改固定的服务器角色。可以将登录账户添加到固定的服务器角色中，使其成为服务器角色中的成员，从而具有服务器角色的权限。固定的服务器角色中的每个成员都具有向其所属角色添加其他登录账户的权限。

表 12-1 中列出了 SQL Server 2017 支持的固定的服务器角色及其所具有的权限。

表 12-1   固定的服务器角色及其权限

固定的服务器角色	描述
bulkadmin	具有执行 BULK INSERT 语句的权限
dbcreator	具有创建数据库的权限
diskadmin	具有管理磁盘资源的权限
processadmin	具有管理全部的连接以及服务器状态的权限
securityadmin	具有管理服务器登录账户的权限
serveradmin	具有全部配置服务器范围的设置
setupadmin	具有更改任何链接服务器的权限
sysadmin	系统管理员角色。具有服务器及数据库上的全部操作权限
public	默认只有浏览数据库的权限。所有登录名都自动属于 public 角色成员

注意   不要为服务器角色 public 进行任何授权。

1. 用 SSMS 工具管理固定的服务器角色成员

（1）添加角色成员

系统管理员可以通过 SSMS 工具图形化地将登录账户添加到系统提供的服务器角色中。我们以将 SQL_User1 登录名添加到 sysadmin 角色中为例说明具体实现步骤。

方法一：

1）以系统管理员身份连接到 SSMS 工具，在 SSMS 工具的对象资源管理器中依次展开"安全性"→"登录名"节点，在"SQL_User1"登录名上右击鼠标，在弹出的快捷菜单中选择"属性"命令，弹出"登录属性"窗口。

2）在"登录属性"窗口中，单击"选择页"下的"服务器角色"选项，在对应的窗口中勾选"sysadmin"前的复选框，如图 12-34 所示。表示将当前登录名添加到该角色中。

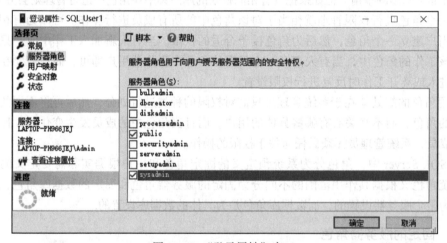

图 12-34 "登录属性"窗口

3）单击"确定"按钮，关闭"登录属性"窗口。

方法二：

1）以系统管理员身份登录到 SSMS 工具，在 SSMS 工具的对象资源管理器中依次展开"安全性"→"服务器角色"节点，在"sysadmin"角色上右击鼠标，在弹出的快捷菜单中选择"属性"命令，弹出如图 12-35 所示的"服务器角色属性"窗口。

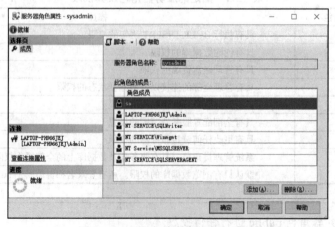

图 12-35 "服务器角色属性"窗口

2）在图 12-35 所示窗口中单击"添加"按钮，在弹出的"选择登录名"窗口中单击"浏览"按钮，弹出如图 12-36 所示的"查找对象"窗口。

3）在"查找对象"窗口中选择要添加到该角色中的登录名（这里我们选择"[SQL_User1]"），然后单击"确定"按钮，返回到"选择登录名"窗口，此时该窗口中的"输入要选择的对象名称"列表框中已经列出了所选的登录名。

图 12-36 "查找对象"窗口

4）在"选择登录名"窗口中单击"确定"按钮，返回到"服务器角色属性"窗口，此时该窗口的中"角色成员"列表框中已经列出了新选择的登录名。

5）在"服务器角色属性"窗口中再次单击"确定"按钮，关闭此窗口，完成在服务器角色中添加成员的操作。

（2）删除角色成员

如果不再希望某个登录账户是某服务器角色中的成员，可将其从服务器角色中删除。

用 SSMS 工具删除服务器角色中的成员的方法与添加成员类似，也是有两种方法。我们以从 sysadmin 角色中删除 SQL_User1 成员为例，说明具体实现过程。

方法一：

1）以系统管理员身份连接到 SSMS 工具，在 SSMS 工具的对象资源管理器中依次展开"安全性"→"登录名"节点，在"SQL_User1"登录名上右击鼠标，在弹出的快捷菜单中选择"属性"命令，弹出"登录属性"窗口。

2）在"登录属性"窗口中，单击"选择页"下的"服务器角色"选项，在对应的窗口（如图 12-34 所示）中取消勾选"sysadmin"前的复选框，表示将当前登录名从此角色中删除。

3）单击"确定"按钮，关闭"登录属性"窗口，完成删除角色成员的操作。

方法二：

1）以系统管理员身份连接到 SSMS 工具，在 SSMS 工具的对象资源管理器中依次展开"安全性"→"服务器角色"节点，在"sysadmin"上右击鼠标，在弹出的快捷菜单中选择"属性"命令，弹出如图 12-35 所示的"服务器角色属性"窗口。

2）在"服务器角色属性"窗口的"角色成员"列表框中选择要删除的登录名，然后单击"删除"按钮，即可将选中的登录名从该角色中删除。

3）删除完成后，单击"确定"按钮，关闭"服务器角色属性"窗口。

2. 用 T-SQL 语句管理固定的服务器角色成员

在固定的服务器角色中添加或删除成员使用的是 ALTER SERVER ROLE 语句，该语句的语法格式如下：

```
ALTER SERVER ROLE server_role_name
{
    [ ADD MEMBER server_principal ]
  | [ DROP MEMBER server_principal ]
  | [ WITH NAME = new_server_role_name ]
} [ ; ]
```

其中各参数的含义如下。

● server_role_name：要更改的服务器角色的名称。

- ADD MEMBER server_principal：将指定的服务器主体添加到服务器角色中。server_principal 可以是登录名或用户定义的服务器角色，但不能是固定服务器角色、数据库角色或 sa。
- DROP MEMBER server_principal：从服务器角色中删除指定的服务器主体。server_principal 可以是登录名或用户定义的服务器角色，但不能是固定服务器角色、数据库角色或 sa。
- WITH NAME =new_server_role_name：指定用户定义的服务器角色的新名称。不能是服务器中已经存在的名称。

关于该语句的执行权限如下：

- 在服务器上具有 ALTER ANY SERVER ROLE 权限才能更改用户定义的服务器角色的名称。
- 若要为固定服务器角色添加成员，必须是该固定服务器角色的成员，或者是 sysadmin 固定服务器角色的成员。

例 1   在服务器角色中添加域账户。将 works\Win_User1 域账户添加到 sysadmin 固定服务器角色中。

```
ALTER SERVER ROLE sysadmin ADD MEMBER [works\Win_User1] ;
```

例 2   在服务器角色中添加 SQL Server 登录名。将 SQL_User2 SQL Server 登录名添加到 diskadmin 固定服务器角色中。

```
ALTER SERVER ROLE diskadmin ADD MEMBER SQL_User2 ;
```

例 3   从服务器角色中删除域账户。将 works\Win_User1 域账户从 sysadmin 固定服务器角色中删除。

```
ALTER SERVER ROLE sysadmin DROP MEMBER [works\Win_User1] ;
```

例 4   从服务器角色中删除 SQL Server 登录名。将 SQL Server 登录名 SQL_User2 从 diskadmin 固定服务器角色中删除。

```
ALTER SERVER ROLE diskadmin DROP MEMBER SQL_User2 ;
```

12.6.2   固定的数据库角色

固定的数据库角色是定义在数据库级别上的，它存在于每个数据库中，为管理数据库一级的权限提供了便利。用户不能添加、删除或更改固定的数据库角色，但可以将数据库用户添加到固定的数据库角色中，使其成为固定数据库角色中的成员，从而具有角色的权限。固定的数据库角色中的成员来自各个数据库中的用户。

表 12-2 中列出了 SQL Server 2017 支持的固定的数据库角色及其具有的权限。

表 12-2   固定的数据库角色及其权限

固定的数据库角色	描 述
db_accessadmin	具有添加或删除数据库用户的权限
db_backupoperator	具有备份数据库、备份日志的权限
db_datareader	具有查询数据库中所有用户表数据的权限
db_datawriter	具有更改数据库中所有用户表数据的权限
db_ddladmin	具有创建、修改和删除数据库对象的权限
db_denydatareader	不允许具有查询数据库中所有用户表数据的权限

（续）

固定的数据库角色	描　　述
db_denydatawriter	不允许具有更改数据库中所有用户表数据的权限
db_owner	具有数据库中的全部操作权限
db_securityadmin	具有管理数据库角色和角色成员以及数据库中的语句权限和对象权限的权限
public	每个数据库用户都自动属于 public 角色成员，用户可为此角色授权

1. 用 SSMS 工具管理固定的数据库角色成员

数据库角色成员的来源是数据库中的用户。将数据库用户添加到固定的数据库角色中可以使用 SSMS 工具实现，也可以使用 T-SQL 语句实现。

（1）添加固定的数据库角色成员

我们以在 Students 数据库中将 SQL_User2（假设该登录名已是 Students 数据库中的用户）添加到 db_datareader 角色中为例，说明具体实现步骤。

方法一：

1）以系统管理员身份连接到 SSMS 工具，在 SSMS 工具的对象资源管理器中依次展开"数据库"→"Students"→"安全性"→"用户"节点，在"SQL_User2"上右击鼠标，在弹出的快捷菜单中选择"属性"命令，弹出"数据库用户"属性窗口。

2）在"数据库用户"属性窗口左侧的"选择页"下选择"成员身份"选项，窗口形式如图 12-37 所示。该窗口的"数据库角色成员身份"列表框中列出了全部的数据库角色，勾选对应角色前的复选框，这里我们选择"db_datareader"，表示将当前用户添加到此角色中。

3）单击"确定"按钮，关闭"数据库用户"属性窗口。

方法二：

1）以系统管理员身份连接到 SSMS 工具，在 SSMS 工具的对象资源管理器中依次展开"数据库"→"Students"→"安全性"→"角色"节点，在"db_datareader"角色上右击鼠标，在弹出的快捷菜单中选择"属性"命令，弹出如图 12-38 所示的"数据库角色属性"窗口。

2）在图 12-38 所示窗口中单击"添加"按钮，在弹出的"选择数据库用户或角色"窗口中单击"浏览"按钮，弹出如图 12-39 所示的"查找对象"窗口。

3）在"查找对象"窗口中勾选要添加的用户名前的复选框，表示将此用户添加到该角色中，这里我们勾选"[SQL_User2]"前的复选框。单击"确定"按钮，返回到"选择数据库用户或角色"窗口，此时该窗口中的"输入要选择的对象名称"列表框中已经列出了所选的用户。

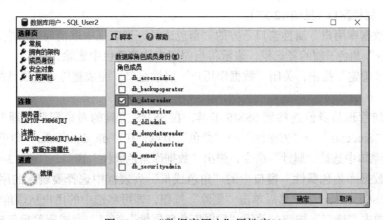

图 12-37　"数据库用户"属性窗口

图 12-38 "数据库角色属性"窗口

4）在"选择数据库用户或角色"窗口中单击"确定"按钮，返回到"数据库角色属性"窗口，此时该窗口中的"角色成员"列表框中已经列出了新选择的用户。

5）在"数据库角色属性"窗口中再次单击"确定"按钮，完成在数据库角色中添加成员的操作。

（2）删除固定的数据库角色成员

删除数据库角色成员的方法与添加成员类似，也是有两种方法。我们以从 db_datareader 角色中删除 SQL_User2 成员为例说明具体删除过程。

方法一：

1）以系统管理员身份连接到 SSMS 工具，在 SSMS 工具的对象资源管理器中依次展开"数据库"→"Students"→"安全性"→"用户"节点，在"SQL_User2"用户上右击鼠标，在弹出的快捷菜单中选择"属性"命令，弹出"数据库用户"属性窗口（见图 12-37）。

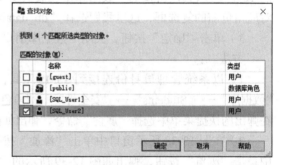

图 12-39 "查找对象"窗口

2）在"数据库用户"属性窗口下方的"角色成员"列表框中取消勾选对应角色（这里是"db_datareader"角色）前的复选框，表示将当前用户从该角色中删除。

3）单击"确定"按钮，关闭"数据库用户"属性窗口，完成删除角色成员的操作。

方法二：

1）以系统管理员身份连接到 SSMS 工具，在 SSMS 工具的对象资源管理器中依次展开"数据库"→"Students"→"安全性"→"角色"节点，在"db_datareader"角色上右击鼠标，在弹出的快捷菜单中选择"属性"命令，弹出"数据库角色属性"窗口，如图 12-40 所示。

2）在"数据库角色属性"窗口中的"角色成员"列表框中选择要删除的用户（图 12-40 中选中的是"SQL_User2"），然后单击"删除"按钮，即可将选中的用户从该角色中删除。

3）然后单击"确定"按钮，关闭"数据库角色属性"窗口，完成删除角色成员的操作。

图 12-40 "数据库角色属性"窗口

2. 用 T-SQL 语句管理固定的数据库角色成员

在数据库角色中添加成员使用的是 ALTER ROLE 语句，该语句的语法格式如下：

```
ALTER ROLE role_name
  {  ADD MEMBER database_principal
   | DROP MEMBER database_principal
   | WITH NAME = new_name } [;]
```

其中各参数的含义如下。

- role_name：指定要更改的数据库角色。
  - ADD MEMBER database_principal：指 定 向 数 据 库 角 色 添 加 的 数 据 库 主 体。database_principal 是数据库用户或用户定义的数据库角色，不能是固定的数据库角色或服务器主体。
  - DROP MEMBER database_principal：指定从数据库角色的成员身份中删除数据库主体。database_principal 是数据库用户或用户定义的数据库角色，不能是固定的数据库角色或服务器主体。
- WITH NAME = new_name：指定更改用户定义的数据库角色的名称。数据库中必须尚未包含新名称。更改数据库角色的名称不会更改角色的 ID 号、所有者或权限。

注意 不能更改固定数据库角色的名称。

须具有以下一项或多项权限或成员身份才能运行该语句：

- 对角色具有 ALTER 权限；
- 对数据库具有 ALTER ANY ROLE 权限；
- 具有 db_securityadmin 固定数据库角色的成员身份。

若要更改固定数据库角色中的成员身份还需要具有 db_owner 固定数据库角色的成员身份。

例 5 将 SQL_User1 数据库用户添加到 db_datawriter 角色中。

```
ALTER ROLE db_datawriter ADD MEMBER SQL_User1;
```

例 6 从 db_datawriter 角色中删除 SQL_User1 成员。

```
ALTER ROLE db_datawriter DROP MEMBER SQL_User1;
```

例 7 更改角色名。将 buyers 角色名改为"purchasing"。

```
ALTER ROLE buyers WITH NAME = purchasing;
```

注意 不能更改系统提供的角色名。

12.6.3 用户定义的角色

SQL Server 除了提供系统预定义角色外，还提供了用户自定义角色的功能。用户定义的角色均属于数据库一级的角色。数据库管理员可以根据用户对数据库的实际操作需要，将用户分为不同的组，每个组中的用户具有相同的操作权限，这些具有相同权限的用户组在数据库中就称为用户定义的角色。有了角色的概念，系统管理员不再需要直接管理每个具体数据库用户的权限，而只需将数据库用户放置到合适的角色中即可。当组的工作职能发生变化时，只需更改角色的权限，而无须更改角色中的成员的权限。用户定义角色的成员可以是数据库中的用户，也可以是用户定义的角色。只要权限未被拒绝，角色成员的权限就是其所在角色的权限加上他们自己被授予的权限。如果某个权限在角色中被拒绝，即使为成员授予了此权限角色中的成员也不能再拥有此权限。

用户定义的角色主要是为简化用户在使用数据库时的权限管理。

1. 创建用户定义的角色

创建用户定义的角色可以在 SSMS 工具中实现，也可以使用 T-SQL 语句实现。下面我们以在 Students 数据库中创建 Software 用户角色为例，说明其实现过程。

（1）用 SSMS 工具实现

使用 SSMS 工具创建用户定义的角色的步骤如下：

1）以系统管理员身份连接到 SSMS 工具，在对象资源管理器中依次展开"数据库"→"Students"→"安全性"→"角色"节点，在"角色"上右击鼠标，在弹出的快捷菜单中选择"新建"→"新建数据库角色"命令，或者是在"角色"节点下的"数据库角色"上右击鼠标，在弹出的快捷菜单中选择"新建数据库角色"命令，弹出"数据库角色 – 新建"窗口，如图 12-41 所示。

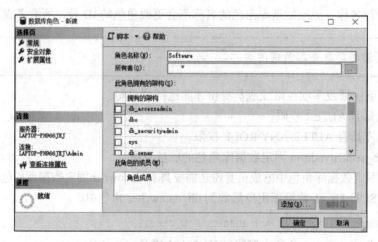

图 12-41 "数据库角色 – 新建"窗口

2）在"角色名称"文本框中输入角色的名字，我们这里输入的是"Software"，如图 12-41
所示。

3）在"所有者"文本框中可输入拥有该角色的用户名或数据库角色名，也可以指定该角
色的拥有者。方法是单击其右侧的□□按钮，在弹出的如图 12-42 所示的"选择数据库用户或
角色"窗口中单击"浏览"按钮，弹出如图 12-43 所示的"查找对象"窗口，可以在此窗口
中指定拥有该角色的用户名或数据库角色名。这里我们选中的是"[win_User1]"。

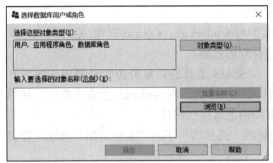

图 12-42 "选择数据库用户或角色"窗口

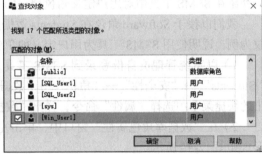

图 12-43 指定数据库角色的拥有者

4）单击"确定"按钮，返回到"选择数据库用户或角色"窗口，在此窗口的"输入要选
择的对象名称"列表框中已经列出了所选的所有者。再次单击"确定"按钮，返回到"数据
库角色 – 新建"窗口，此时该窗口中的"所有者"文本框中会显示出所指定的所有者。

5）在定义数据库角色的同时还可以添加该角色的成员。方法是在"数据库角色 – 新建"
窗口中定义好角色之后，单击"添加"按钮，然后在弹出的窗口中指定要添加的成员。也可
以在该窗口中单击"确定"按钮，创建新角色，以后再给角色添加成员。这里我们单击"确
定"按钮，关闭"数据库角色 – 新建"窗口。

此时在对象资源管理器中依次展开"数据库"→"Students"→"安全性"→"角
色"→"数据库角色"节点，即可看到新建的用户角色。

（2）用 T-SQL 语句实现

创建用户定义角色的 T-SQL 语句是 CREATE ROLE，其语法格式如下：

```
CREATE ROLE role_name [ AUTHORIZATION owner_name ]
```

其中各参数的含义如下。

- role_name：要创建的角色的名称。
- AUTHORIZATION owner_name：将拥有新角色的数据库用户或角色的名称。如果未
  指定，则执行 CREATE ROLE 的用户将拥有该角色。

例 8 在 Students 数据库中创建用户定义角色：CompDept，其拥有者为创建该角色的用户。
首先选中 Students 数据库，然后执行下述语句：

```
CREATE ROLE CompDept
```

例 9 在 Students 数据库中创建用户定义角色：InfoDept，其拥有者为 SQL_User1。
首先选中 Students 数据库，然后执行下列语句：

```
CREATE ROLE InfoDept AUTHORIZATION SQL_User1;
```

例 10   在 Students 数据库中创建用户定义角色：MathDept，其拥有者为 Software 角色。
首先选中 Students 数据库，然后执行下列语句：

```
CREATE ROLE MathDept AUTHORIZATION Software
```

2. 为用户定义的角色授权

为用户定义的角色授权可以在 SSMS 工具中实现，也可以使用 T-SQL 语句实现。使用
SQL 语句对用户定义角色授权的方法与为数据库用户授权的方法相同，此处不再赘述。这里，
只介绍在 SSMS 工具中对用户定义角色授权的方法。

我们以授予 Software 角色在 Students 数据库中对 Student 表、Course 表和 SC 表具有查询
权为例，说明使用 SSMS 工具为用户定义的角色授权的过程。

1）以系统管理员身份登录到 SSMS 工具，在 SSMS 工具的对象资源管理器中依次展开
"Students"→"安全性"→"角色"→"数据库角色"节点，在 Software 上右击鼠标，在弹
出的快捷菜单中选择"属性"命令，弹出"数据库角色属性"窗口。

2）在"数据库角色属性"窗口中，单击左侧的"选择页"下的"安全对象"选项，窗口
形式如图 12-44 所示。

图 12-44   "数据库角色属性"窗口

3）在图 12-44 所示窗口中单击"搜索"按钮，弹出"添加对象"窗口（见图 12-22）。

4）在"添加对象"窗口中，选中"特定类型的所有对象"单选按钮，单击"确定"按
钮，弹出"选择对象类型"窗口（见图 12-24）。

5）在"选择对象类型"窗口中勾选"表"对应的复选框（见图 12-24），单击"确定"按
钮关闭"选择对象类型"窗口，返回到"数据库角色属性"窗口，此时该窗口上方的"安全对
象"列表框中已列出全部的表，在下方的"显式"列表框中已列出可授予这些表的全部权限。

6）在"安全对象"列表框中选中要授权的对象（表名），然后勾选"显式"列表框列出
的权限相应的"授予"复选框，即可完成对具体对象的授权操作。图 12-45 所示为 Software
角色授予 Student 表的 SELECT（图中为"选择"）权限的情形。

7）单击"确定"按钮，关闭"数据库角色属性"窗口，完成授权操作。

从上述授权过程中可以看到，为数据库角色授权的过程与为数据库用户授权的过程实际
上是一样的。

3. 添加和删除用户定义角色中的成员

为用户定义角色添加和删除成员也可以通过 SSMS 工具和 T-SQL 语句两种方法实现，其

实现过程与为固定的数据库角色添加和删除成员的过程相同，读者可参考本章前面介绍的对固定的数据库角色的操作过程，这里不再赘述。

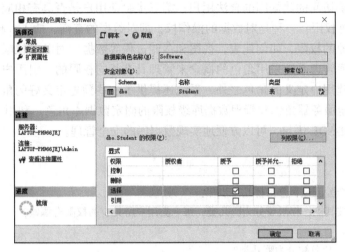

图 12-45　为角色授予具体权限

4. 删除用户定义的角色

当不再需要某个用户定义的角色时，可将其删除。删除用户定义的角色可在 SSMS 工具中实现，也可以使用 T-SQL 语句实现。

（1）用 SSMS 工具实现

用 SSMS 工具删除用户定义角色的步骤如下：

1）用系统管理员身份连接到 SSMS 工具，在对象资源管理器中展开要删除角色的数据库，并展开数据库下的"安全性"→"角色"→"数据库角色"节点。

2）在要删除的用户定义角色名上右击鼠标，在弹出的快捷菜单中选择"删除"命令，在弹出的"删除对象"窗口（见图 12-13）中确认删除地象，然后单击"确定"按钮完成删除用户定义角色的操作。

（2）用 T-SQL 语句实现

删除用户定义的角色的 T-SQL 语句是 DROP ROLE，其语法格式如下：

```
DROP ROLE role_name
```

其中 role_name 为要删除的角色的名称。

 注意　不能删除固定的数据库角色。

例 11　删除用户定义的角色 InfoDept。

```
DROP ROLE InfoDept
```

小结

数据库的安全管理是数据库系统中非常重要的部分，安全管理设置的好坏会直接影响数据库中数据的安全。因此，数据库系统管理员一定要仔细考虑数据的安全性问题，并进行恰当的设置。

本章中介绍了数据库安全控制模型、SQL Server 的安全验证过程以及实现方法。SQL Server 将权限的验证过程分为三步：第一步验证用户是否是服务器的合法登录账户；第二步验证用户是否是要访问的数据库的合法用户；第三步验证用户是否具有相应的操作权限。可以为用户授予两种权限：一种是对数据的操作权，即对数据的查询、插入、删除和更改权限；另一种是创建对象的权限，如创建表、视图和存储过程等数据库对象的权限。为简化用户和权限管理，数据库管理系统采用角色的概念来管理具有相同权限的一组用户。除了可以根据实际操作情况创建用户定义的角色之外，系统还提供了一些预先定义好的角色，包括管理服务器级权限的固定服务器角色和管理数据库级权限的固定数据库角色。利用 SQL Server 提供的 SSMS 工具和 T-SQL 语句，可以方便地实现数据库的安全管理。

习题

1. SQL Server 的安全验证过程分为哪几个步骤？

2. 数据库中的用户按其操作权限可分为哪几类，每一类用户所具有的权限有哪些？

3. 简述角色的作用。

4. 在 SQL Server 中，角色被分为哪几类？

5. SQL Server 的身份验证模式有哪几种？

6. SQL Server 的默认系统管理员是什么？该管理员是 Windows 的账户吗？

7. SQL Server 登录账户的来源有哪些？

8. 写出实现下列操作的 SQL 语句。

（1）授予用户 u1 对 Course 表的插入和删除权限。

（2）收回用户 u1 对 Course 表的删除权限。

（3）拒绝用户 u1 获得对 Course 表中的数据进行更改的权限。

（4）授予用户 u1 创建表的权限。

（5）收回用户 u1 创建表的权限。

上机练习

利用第 3 章和第 6 章中创建的 Students 数据库和其中的 Student 表、Course 表、SC 表，用 SSMS 工具完成下列操作。

1. 创建 SQL Server 身份验证的登录账户 log1、log2 和 log3。

2. 用 log1 新建一个数据库引擎查询，此时能否在 "可用数据库" 下拉列表中选中 Students 数据库？为什么？

3. 将 log1、log2 和 log3 映射为 Students 数据库中的用户，用户名同登录名。

4. 在 log1 创建的数据库引擎查询中，在 "可用数据库" 下拉列表中选中 Students 数据库，这次能否成功？为什么？

5. 在 log1 创建的数据库引擎查询中执行下列语句，能否成功？为什么？

```
SELECT * FROM Course
```

6. 授予 log1 Course 表的查询权限，授予 log2 Course 表的插入权限。

7. 用 log2 创建一个新的数据库引擎查询，然后执行下列两条语句，能否成功？为什么？

```
INSERT INTO Course VALUES('C101', '算法分析', 2, 3)
INSERT INTO Course VALUES('C102', '操作系统', 4, 4)
```

再执行下列语句，能否成功？为什么？

```
SELECT * FROM Course
```

8. 在 log1 创建的数据库引擎查询中，再次执行下述语句：

```
SELECT * FROM Course
```

这次能否成功？为什么？

让 log1 执行下列语句，能否成功？为什么？

```
INSERT INTO Course VALUES('C103', '软件工程 ', 4, 6)
```

9. 在 Students 数据库中创建用户角色 Role1，并将 log1、log2 添加到此角色中。

10. 授予 Role1 Course 表的插入、删除和查询权限。

11. 在 log1 创建的数据库引擎查询中，再次执行下列语句，能否成功？为什么？

```
INSERT INTO Course VALUES('C103', '软件工程 ', 4, 6)
```

12. 在 log2 创建的数据库引擎查询中，再次执行下列语句，能否成功？为什么？

```
SELECT * FROM Course
```

13. 用 log3 创建一个数据库引擎查询，并执行下列语句，能否成功？为什么？

```
SELECT * FROM Course
```

14. 将 log3 添加到 db_datareader 角色中，并在 log3 创建的数据库引擎查询中再次执行下列语句，能否成功？为什么？

```
SELECT * FROM Course
```

15. 在 log3 创建的数据库引擎查询中执行下列语句，能否成功？为什么？

```
INSERT INTO Course VALUES('C104', 'C语言', 3, 1)
```

16. 在 Students 数据库中，授予 public 角色 Course 表的查询和插入权限。

17. 在 log3 创建的数据库引擎查询中，再次执行下列语句，能否成功？为什么？

```
INSERT INTO Course VALUES('C104', 'C语言', 3, 1)
```

第 13 章 备份和还原数据库

数据库中的数据是有价值的信息资源，数据库中的数据是不允许丢失或损坏的。因此，在维护数据库时，一项重要的任务就是如何保证数据库中的数据不损坏、不丢失，即使是在存放数据库的物理介质损坏的情况下，也应该能够保证数据不丢失。本章介绍的数据库备份和恢复技术就是保证数据库不损坏、数据不丢失的一种技术，本章主要介绍在 SQL Server 环境下如何实现数据库的备份和恢复。

13.1 备份数据库

备份数据库就是将数据库中的数据和保证数据库系统正常运行的有关信息保存起来，以备系统出现问题时恢复数据库使用。

13.1.1 为什么要进行数据备份

备份是制作数据的副本，包括数据库结构、对象和数据。备份数据库的主要目的是防止数据丢失。可以设想一下，如果银行等大型部门中的数据由于某种原因丢失或者被破坏，会产生什么后果？在现实生活中，数据的安全性、可靠性问题无处不在。

造成数据丢失的原因主要包括如下几种情况：

1）存储介质故障，比如磁盘损坏。

2）用户操作错误，比如误删除了数据或表。

3）服务器故障。

4）自然灾难。这种情况下应该在本地位置之外的其他区域创建一个站外备份，以便在本地位置发生自然灾难时仍可以使用数据库。

总之，可能造成数据库数据损坏和不可用的外在因素有很多，因此备份数据库是数据库管理员的重要任务。一旦数据库出现问题，可以利用数据库的备份恢复数据库，从而将数据恢复到正确的状态。

备份数据库的另一个作用是进行数据转移，我们可以先对一台服务器上的数据库进行备份，然后在另一台服务器上进行恢复，从而使这两台服务器上具有相同的数据库。

13.1.2 备份内容及备份时间

1. 备份内容

正常运行的数据库系统中除了用户的数据库之外，还有维护系统正常运行的系统数据库。因此，在备份数据库时，不但要备份用户的数据库，还要备份系统数据库，以保证在系统出现故障时，能够完全地恢复数据库。

2. 备份时间

不同类型的数据库对备份的要求是不同的，对于系统数据库（不包括 tempdb 数据库）来说，一般是在进行修改之后立即做备份比较合适。比如对 master 数据库，当执行了创建、修改或删除数据库的操作，或者是执行了更改服务器或数据库的配置、创建或更改登录账户等操作后，都应该对 master 数据库进行备份。

对用户数据库则不能采用立即备份的方式，因为系统数据库中的数据不经常变化，而用户数据库中的数据经常变化，特别是联机事务处理型的应用系统，比如处理银行业务的数据库。因此，对用户数据库应该采取周期性备份的方法。至于多长时间备份一次，与数据的更改频率和用户能够允许的数据丢失量有关。如果数据修改比较少，或者用户可以忍受的数据丢失时间比较长，则可以让备份的时间间隔长一些，否则就让备份的时间间隔短一些。

但在进行下列操作后，最好能立刻对用户数据库进行备份：

- 创建数据库之后，或者在数据库中批量加载数据之后。
- 创建索引之后。因为创建索引时系统要重新排列一些数据，这一过程需要消耗时间和系统资源。
- 执行清理事务日志的操作之后。比如在执行了 BACKUP LOG WITH TRUNCATION ONLY 或 BACKUP LOG WITH NO_LOG 语句后，系统会自动清空数据库日志，这时应对数据库进行备份，因为此时的事务日志已经没有了用于恢复数据库的日志信息，因此也就不能通过日志来恢复数据库。
- 执行大容量数据操作之后。比如执行了 SELECT INTO 语句或 BULK INSERT 语句批量加载了大量数据。

SQL Server 数据库管理系统在备份过程中允许用户操作数据库（不同的数据库管理系统在这方面的处理方式是有差别的），因此对用户数据库的备份一般都选在数据操作相对较少的时间进行，比如在夜间进行，这样可以尽可能地减少对备份和数据库操作性能的影响。

3. 其他考虑

应将数据库和备份放置在不同的设备上。否则，如果包含数据库的设备损坏，备份也将不可用。此外，将数据和备份放置在不同的设备上还可以提高写入备份和使用数据库时的 I/O 性能。

13.1.3 常用术语

1. 备份（动词）

创建备份（名词）的过程，通过复制 SQL Server 数据库中的数据记录或复制其事务日志中的日志记录完成。

2. 备份（名词）

可用于在出现故障后还原或恢复数据的数据副本。数据库备份还可用于将数据库副本还原到新位置。

3. 备份设备

要写入数据库备份且能从中还原这些备份的磁盘或磁带设备称为备份设备。

4. 备份介质

已写入一个或多个备份的一个或多个磁带或磁盘文件称为备份介质。

5. 恢复（recover）

即将数据库恢复到稳定且一致的状态。

6. 恢复（recovery）

即将数据库恢复到事务一致状态的数据库启动阶段或 Restore With Recovery 阶段。

7. 还原 (restore)

包括多个恢复阶段的完整过程称为还原。

13.2　SQL Server 支持的备份机制

13.2.1　备份设备

SQL Server 将备份数据库的场所称为备份设备，它支持将数据库备份到磁带或磁盘上。备份设备在操作系统一级实际上就是物理存在的磁带或磁盘上的文件。SQL Server 支持两种备份方式，一种是先建立备份设备，然后再将数据库备份到备份设备上；另一种是直接将数据库备份到物理文件上。

创建备份设备时，需要指定备份设备（逻辑备份设备）对应的操作系统文件名和文件的存放位置（物理备份设备）。SQL Server 支持两种备份方法，一种是通过 SSMS 工具图形化地创建；另一种是用 T-SQL 语句创建。

1. 用 SSMS 工具图形化地创建备份设备

在 SSMS 工具中图形化地创建备份设备的步骤如下：

1）在 SSMS 工具的对象资源管理器中展开服务器实例下的"服务器对象"节点，在"备份设备"上右击鼠标，在弹出的快捷菜单中选择"新建备份设备"命令，弹出如图 13-1 所示的窗口。

2）在图 13-1 所示窗口的"设备名称"文本框中输入备份设备的名称（这里我们输入"bk1"），单击"文件"文本框右侧的███按钮修改备份设备文件的存储位置和备份文件名。备份设备的默认存储位置为 SQL Server 安装文件夹中的 \Program Files\Microsoft SQL Server\MSSQL14.MSSQLSERVER\MSSQL\Backup\ 文件夹下，默认的文件扩展名为 ".bak"。

3）单击"确定"按钮，关闭此窗口并创建备份设备。

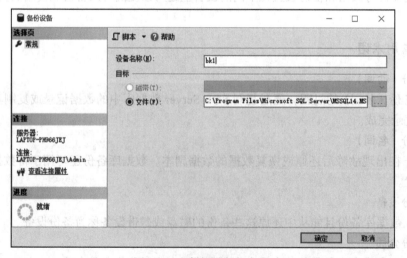

图 13-1　"备份设备"窗口

2. 用 T-SQL 语句创建备份设备

创建备份设备的 T-SQL 语句是 sp_addumpdevice 系统存储过程，其语法格式如下：

```
sp_addumpdevice [ @devtype = ] 'device_type'
```

```
    , [ @logicalname = ] 'logical_name'
    , [ @physicalname = ] 'physical_name'
```

其中各参数的含义如下。

- [@devtype =] 'device_type'：备份设备的类型。device_type 的数据类型为 varchar(20)，无默认值，可以是下列值之一。
  - Disk：备份设备为磁盘上的文件。
  - Type：备份设备为 Windows 支持的任何磁带设备。

> 说明　SQL Server 的未来版本将不再支持磁带备份设备。因此应避免在新的开发工作中使用该功能。

- [@logicalname =] 'logical_name'：备份设备的逻辑名称。
- [@physicalname =] 'physical_name'：备份设备的物理文件名，且必须包含完整路径。

该存储过程返回 0（成功）或 1（失败）。

例 1　建立一个名为"bk2"的磁盘备份设备，其物理存储位置及文件名为"D:\dump\bk.bak"。

```
EXEC sp_addumpdevice 'disk', 'bk2', 'D:\dump\bk2.bak'
```

13.2.2　恢复模式

1. 三种恢复模式

SQL Server 数据库的恢复模式决定了数据库支持的备份类型和还原方案。恢复模式旨在控制事务日志维护，"恢复模式"是一种数据库属性，它控制如何记录事务，事务日志是否需要（及允许）备份，以及可以使用哪些类型的还原操作。SQL Server 数据库有三种恢复模式：简单恢复模式、完整恢复模式和大容量日志恢复模式。通常情况下，数据库使用完整恢复模式或简单恢复模式。数据库可以随时切换为其他恢复模式。

表 13-1 所示为这三种恢复模式的区别。

表 13-1　三种恢复模式的对比

恢复模式	说明	工作丢失的风险	能否恢复到时点？
简单	无日志备份 自动回收日志空间以减少空间需求，实际上不需要再管理事务日志空间	最新备份之后的更改不受保护。在发生灾难时，这些更改必须重做	只能恢复到备份的结尾
完整	需要日志备份 数据文件丢失或损坏不会导致丢失工作 可以恢复到任意时点（如应用程序或用户错误发生之前）	正常情况下没有 如果日志尾部损坏，则必须重做自最新日志备份之后所做的更改	如果备份在接近特定的时点完成，则可以恢复到该时点
大容量日志	需要日志备份 是完整恢复模式的附加模式，允许执行高性能的大容量复制操作 通过使用最小方式记录大多数大容量操作，减少日志空间使用量	如果在最新日志备份后发生日志损坏或执行大容量日志记录操作，则必须重做自上次备份之后所做的更改。否则不丢失任何工作	可以恢复到任何备份的结尾。不支持时点恢复

（1）简单恢复模式

简单恢复模式可最大限度地减少事务日志的管理开销，因为这种恢复模式不备份事务日志。但如果数据库损坏，简单恢复模式将面临极大的工作丢失风险。在这种恢复模式下，数据只能恢复到数据的最新备份状态。因此，在简单恢复模式下，备份间隔应尽可能缩短，以防止数据大量丢失。

通常情况下，对于用户数据库，简单恢复模式只用于测试和开发数据库，或用于主要包含只读数据的数据库（如数据仓库），这种模式并不适合生产系统，因为对生产系统而言，丢失最新的更改是无法接受的。

（2）完整恢复模式

完整恢复模式会完整地记录所有的事务，并将事务日志记录一直保留到对其备份完毕。如果在出现故障后能够备份日志尾部，则可以使用完整恢复模式将数据库恢复到故障点。完整恢复模式还支持还原单个数据页。

（3）大容量日志恢复模式

大容量日志恢复模式只对大容量操作进行最小记录，使事务日志不会被大容量加载操作填充。但最小记录是有限定的。例如，如果被大容量加载的表中已经有数据，并且有一个聚集索引，那么即使使用大容量日志恢复模式，系统也会将该大容量加载完整地记录下来。

大容量日志恢复模式可以保护大容量操作不受媒体故障的危害，能够提供最佳性能并占用最小日志空间。

大容量日志恢复模式一般只作为完整恢复模式的附加模式。对于某些大规模大容量操作（如大容量导入或索引创建），暂时切换到大容量日志恢复模式可提高操作性能，并可减少日志空间使用量。与完整恢复模式相同，大容量日志恢复模式也将事务日志记录一直保留到对其备份完毕。由于大容量日志恢复模式不支持时点恢复，因此必须在增大日志备份与增加工作丢失风险之间进行权衡。

数据库的最佳恢复模式取决于用户业务需求。若要免去事务日志管理工作并简化备份和还原，可使用简单恢复模式。若要在限定管理开销的情况下使工作丢失的风险最低，可使用完整恢复模式。

2. 查看和更改恢复模式

在 SQL Server 2017 中，查看和更改恢复模式可以在 SSMS 工具中用图形化的方法实现。下面我们以查看 Students 数据库的恢复模式为例，说明如何在 SSMS 工具中用图形化的方法查看和更改恢复模式。

1）在 SSMS 工具的对象资源管理器中展开"数据库"节点，在"Students"数据库上右击鼠标，在弹出的快捷菜单中选择"属性"命令，打开"数据库属性"窗口。

2）在"数据库属性"窗口的"选择页"窗格中单击"选项"，在"恢复模式"下拉列表中可以看到当前设置的恢复模式。可以通过在下拉列表中选择不同的模式更改数据库的恢复模式，可选模式有"完整""大容量日志""简单"，如图 13-2 所示。

也可以使用 ALTER DATABASE 语句更改和设置数据库的恢复模式，其基本格式如下：

```
ALTER DATABASE database_name  SET
   RECOVERY { FULL | BULK_LOGGED | SIMPLE  }
```

其中"FULL"为完整恢复模式，"BULK_LOGGED"为大容量日志恢复模式，"SIMPLE"

为简单恢复模式。

　　例 2　将 test 数据库的恢复模式设置为完整恢复模式。

```
ALTER DATABASE test SET RECOVERY FULL
```

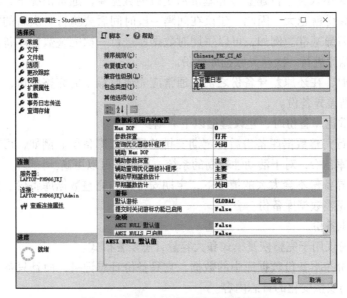

图 13-2　Students 数据库的恢复模式

13.2.3　备份类型及策略

　　SQL Server 2017 支持的备份类型有数据库备份、文件备份和事务日志备份等。下面我们主要介绍数据库备份和事务日志备份。

　　1. 主要备份类型

　　（1）数据库备份

　　SQL Server 支持的数据库备份方式有完整数据库备份和差异数据库备份两种类型。

　　1）完整数据库备份。也称完整备份，将备份特定数据库中的所有数据，以及足够恢复这些数据的日志。

　　完整数据库备份是所有备份方法中最基本也是最重要的，是备份的基础。完整数据库备份方式可备份数据库中的全部信息，是恢复的基线。在进行完整备份时，不仅会备份数据库的数据文件、日志文件，而且还会备份文件的存储位置信息和数据库中的全部对象。

　　当数据库比较大时，进行完整数据库备份需要消耗较长的时间和资源。SQL Server 支持在备份数据库的过程中，允许用户对数据库数据进行增、删、改等操作，因此，备份并不影响用户对数据库的操作，而且在备份数据库时还能将在备份过程中所发生的操作全部备份下来。例如，假设在上午 10：00 开始对某数据库进行完整数据库备份，到 11：00 备份结束，则用户在 10：00 ～ 11：00 之间对该数据库所进行的更改操作均会被备份下来。

　　2）差异数据库备份。也称差异备份，是备份从最近的完整备份之后数据库中发生变化的全部内容，它以前一次完整备份为基准点（称为差异基准），备份完整备份之后变化了的数据文件、日志文件以及数据库中其他被修改的内容。因此，差异数据库备份通常比完整数据库备份占用的空间要小，且执行速度更快，但会增加备份的复杂程度。对于大型数据库，差异备份的时间间隔通常比完整数据库备份的时间间隔更短，以降低工作丢失风险。

差异备份也备份差异备份过程中用户对数据库进行的操作。

差异备份的大小取决于自建立差异基准后更改的数据量。通常情况下，差异基准的时间越早，新的差异备份就越大。因此，建议在间隔一段时间后要执行一次新的完整备份，以便为数据建立新的差异基准。例如，可以每周对数据库进行一次完整数据库备份，然后在该周内每隔一天对数据库进行一次差异数据库备份。

还原数据库时，在还原差异备份之前，通常应先还原最新的完整备份，然后再还原基于该完整备份的最新差异备份。

在使用差异数据库备份时，建议遵循以下原则：

- 在每次进行完整数据库备份后，定期安排差异数据库备份。例如，可以每天执行一次差异数据库备份，对于活动性较高的系统，此频率可以更高。
- 在确保差异备份不会太大的情况下，定期安排新的完整数据库备份。例如，可以每周进行一次完整数据库备份。

（2）事务日志备份

事务日志备份仅用于完整恢复模式和大容量日志恢复模式。

事务日志备份并不备份数据库中的数据，它只备份日志记录，而且只备份从上次备份之后到当前备份时间发生变化的日志内容。

使用事务日志备份可以将数据库恢复到故障点或特定的某个时间点。一般情况下，事务日志备份比完整备份和差异备份使用的资源要少，因此，可以更频繁地使用事务日志备份，以减少数据丢失的风险。

只有当启动事务日志备份序列时，完整备份或差异备份才必须与事务日志备份同步。每个事务日志备份的序列都必须在执行完整备份或差异备份之后启动。

连续的日志备份序列称为"日志链"。日志链从数据库的完整备份开始。通常情况下，仅当第一次进行完整数据库备份，或者将数据库恢复模式从简单恢复模式切换到完整恢复模式或大容量日志恢复模式之后，才会开始一个新的日志链。若要将数据库还原到故障点，必须保证日志链是完整的。也就是说，事务日志备份的连续序列必须能够延续到故障点。此日志序列的开始位置取决于还原的数据备份类型，对于数据库备份，日志备份序列必须从数据库备份的结尾处开始延续。

通常来说在完整恢复模式或大容量日志恢复模式下，从 SQL Server 2008 版本开始要求用户备份日志尾部以捕获尚未备份的日志记录。在进行还原操作之前对日志尾部执行的备份称为"结尾日志备份"，结尾日志备份可以防止工作丢失并确保日志链的完整性。在将数据库恢复到故障点的过程中，结尾日志备份是恢复计划中的最后一个备份。如果无法备份日志尾部，则只能将数据库恢复到故障发生之前创建的最后一个备份。

> 注意 简单恢复模式不支持事务日志备份。

2. 设计备份策略

建立备份的目的是方便恢复已损坏的数据库。但是，备份和还原的策略必须根据特定环境进行定义，并且必须使用可用资源。因此，要设计良好的备份策略，除了要考虑特定业务要求外，还应尽量提高数据的可用性并尽量减少数据的丢失。

备份策略的制定包括定义备份的类型和频率、备份所需硬件的特性和速度、备份的测试方法以及备份媒体的存储位置和方法。

要想设计有效的备份策略需要仔细计划、实现和测试，而且测试是必需的环节。在成功还原备份策略中的所有备份后才能生成备份策略。在制定备份和恢复策略时必须考虑以下因素：

- 使用数据库的组织对数据库的生产目标，尤其是对可用性和防止数据丢失的要求。
- 每个数据库的特性，包括大小、使用模式、内容特性和数据要求等。
- 对资源的约束，如硬件、人员、备份媒体的存储空间和所存储媒体的物理安全性等。

当为特定数据库选择了可满足业务要求的恢复模式后，需要制定并实现相应的备份策略。最佳备份策略取决于多种因素，以下因素尤其重要：

1）一天中应用程序访问数据库的时间有多长？如果存在一个可预测的非高峰时段，则建议将完整数据库备份安排在此时段内完成。

2）更改和更新可能发生的频率如何？如果经常发生数据更改操作，可考虑下列事项：

- 在简单恢复模式下，可在完整数据库备份之间安排差异数据库备份。
- 在完整恢复模式下，应安排经常性的日志备份，同时在完整备份之间安排差异备份，这样可减少数据还原后需要还原的日志备份数，从而缩短还原时间。

3）是只需要更改数据库的小部分内容，还是需要更改数据库的大部分内容？对于更改集中于部分文件或文件组的大型数据库，部分备份和/或文件备份非常有用。

4）完整数据库备份需要多少磁盘空间？在实现备份与还原策略之前，应当估计完整数据库备份将使用的磁盘空间。备份操作会将数据库中的数据复制到备份文件。备份仅包含数据库中的实际数据，而不包含任何未使用的空间。因此，备份通常小于数据库本身。

常用的备份策略如下。

（1）仅使用完整数据库备份

仅使用完整数据库备份策略适合数据库不是很大，而且数据更改不是很频繁的情况。完整备份一般可以几天进行一次或几周进行一次。

当对数据库数据的修改不是很频繁，数据库比较小，且允许一定量的数据丢失时，仅使用完整数据库备份是一种比较好的备份策略。

在简单恢复模式下，每次备份后如果出现严重故障，则数据库可能会丢失一些工作，而且每次更新都会增加丢失工作的风险，这种情况将一直持续到下一次完整备份。图 13-3 为只采用完整备份策略的备份示意图。如果系统在周三出现故障，则数据库只能恢复到周二零点时刻的状态。

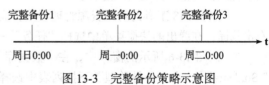

图 13-3　完整备份策略示意图

（2）完整数据库备份 + 日志备份

如果用户不允许丢失太多的数据，而且又不希望经常进行完整备份（因为完整备份占用的时间比较长），则可以将恢复模式设置为完整恢复模式或大容量日志恢复模式，这样就可以在完整备份中间加入若干次日志备份。例如，可以每天 0：00 进行一次完整备份，然后每隔几个小时进行一次日志备份。

图 13-4 为在完整恢复模式下采用完整数据库备份 + 日志备份的备份策略的示意图。在此

图中，已完成了一个完整数据库备份和 3 个例行日志备份：日志备份 1、日志备份 2 和日志备份 3。假设在日志备份 3 后的某个时刻数据库出现问题。在利用已有备份还原数据库前，可先对日志进行一次尾部备份（从上次备份到数据库故障点之间的日志），然后再还原数据库，这样可以把数据库恢复到故障点，从而恢复所有数据。

图 13-4   完整备份 + 日志备份策略

（3）完整数据库备份 + 差异数据库备份 + 日志备份

如果进行一次完整备份的时间比较长，而数据更改又比较频繁，则可以采取第三种备份策略，即完整备份 + 差异备份 + 日志备份的备份策略。在完整备份中间加入一些差异备份，比如每周周日 0：00 进行一次完整备份，然后每天 0：00 进行一次差异备份，然后再在两次差异备份之间进行若干次日志备份。这种备份策略的优点是备份和恢复的速度都比较快，而且当系统出现故障时，丢失的数据也非常少。

完整备份加差异备份再加日志备份策略的示意图如图 13-5 所示。

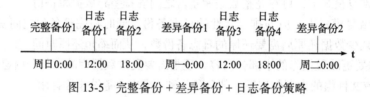

图 13-5   完整备份 + 差异备份 + 日志备份策略

如果系统在周二的差异备份 2 之前出现故障，则应首先尝试备份活动日志（日志尾部），然后再按顺序恢复完整备份 1、差异备份 1、日志备份 3 和日志备份 4，最后再恢复备份的尾部日志。如果尾部日志备份成功，则数据库可以还原到故障点。

13.2.4   实现备份

在 SQL Server 中，可以在 SSMS 工具中用图形化的方法实现备份，也可以使用 T-SQL 语句实现备份。下面我们分别对这两种方法进行介绍。

1. 使用 SSMS 工具图形化地备份数据库

我们以用备份设备 bk1 对 Students 数据库进行一次完整备份为例，说明使用 SSMS 工具图形化地备份数据库的实现过程。

1）在 SSMS 工具的对象资源管理器中，展开"数据库"节点，在"Students"数据库上右击鼠标，在弹出的快捷菜单中选择"任务"→"备份"命令，弹出如图 13-6 所示的窗口。

2）在图 13-6 所示的窗口中，在"数据库"下拉列表中选择要备份的数据库（这里选择"Students"）；在"备份类型"下拉列表中选择备份的类型，这里选择的是"完整"；在"备份到"列表框中显示了数据库的备份位置，默认情况下，是将数据库以文件的方式备份到 \Microsoft SQL Server\MSSQL14.MSSQLSERVER\MSSQL\Backup\ 文件夹下，默认备份文件名为"数据库名.bak"。单击"添加"按钮，可以更改数据库的备份方式和备份位置。

3）单击"添加"按钮，弹出如图 13-7 所示的"选择备份目标"窗口。如果选中"文件名"单选按钮，则表示要将数据库直接备份到物理文件上，可以单击 添加(a)… 按钮修改文件存储位置和文件名。如果选中"备份设备"单选按钮，则表示要将数据库备份到备份设备上，可从下拉列表中选择一个已经创建好的备份设备名（如图 13-8 所示，这里选择"bk1"设备）。

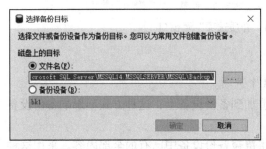

图 13-6 "备份数据库"窗口

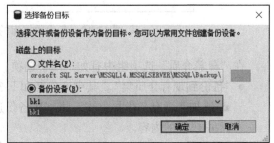

图 13-7 "选择备份目标"窗口　　　　　　　图 13-8 选择备份设备

4）单击"确定"按钮，返回到图 13-6 所示的窗口。此时该窗口中的"备份到"列表框中列出的内容是数据库将要备份到的位置。由于我们只希望将 Students 数据库备份到 bk1 设备上，因此选中第一个文件，然后单击"删除"按钮，从列表框中删除该备份文件，只留下 bk1 设备，如图 13-9 所示。

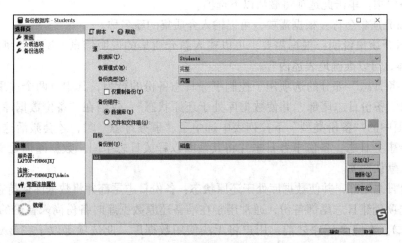

图 13-9 设置备份设备后的"备份数据库"窗口

5）单击图 13-9 所示窗口左侧的 "选择页" 下的 "介质选项"，此时窗口形式如图 13-10 所示。

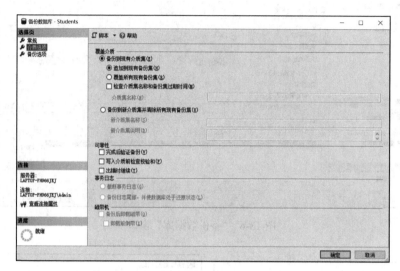

图 13-10 备份数据库的 "介质选项" 页窗口

在 "覆盖介质" 选项组中有如下两个选项。

- "备份到现有介质集"。其中又包括如下 3 个选项。
  - 追加到现有备份集：表示将本次备份追加到备份设备上，这种方式不影响备份设备中已有的内容。
  - 覆盖所有现有备份集：表示本次备份将覆盖备份设备中已有的全部内容。采用这种方式会删除备份设备中已有备份内容。
  - 检查介质集名称和备份集过期时间：如果备份到现有介质集，还可以要求备份操作验证备份集的名称和过期时间。勾选此复选框将激活 "介质集名称" 文本框，可在该文本框中指定用于此备份操作的介质集的名称。
- 备份到新介质集并清除所有现有备份集。采用这种方式会使用新介质集，并清除以前的备份集。单击此选项将激活以下选项。
  - 新介质集名称：根据需要，可以输入介质集的新名称。
  - 新介质集说明：根据需要，可以输入新介质集的说明信息，说明信息应该足够具体，可以准确地表述内容。

在 "事务日志" 部分的选项用于控制事务日志备份的行为，其中有两个选项："截断事务日志" 和 "备份日志尾部，并使数据库处于还原状态"，仅当在 "备份数据库" 窗口中的 "常规" 选项中的 "备份类型" 下拉列表中选中了 "事务日志" 时，才会激活这两个选项。

- 截断事务日志：备份事务日志并将其截断以释放日志空间。数据库仍处于联机状态。这是默认选项。
- 备份日志尾部，并使数据库处于还原状态：备份日志尾部并将数据库保持在还原状态。此选项创建日志尾部备份，通常用于在准备还原数据库时备份尚未备份的日志（活动日志）。在完全还原之前，用户将无法使用数据库。此选项等效于在 BACKUP 语句（Transact-SQL）中指定 "WITH NO_TRUNCATE, NORECOVERY"。

这里我们在"覆盖介质"中选择第一个选项"追加到现有备份集",单击"确定"按钮,
开始备份数据库,备份完成后系统会给
出如图 13-11 所示的提示窗口,表示备份
已成功完成。

图 13-11   备份成功完成的提示窗口

如果要进行日志尾部备份,则在图 13-6
所示窗口的"备份类型"下拉列表中选
择"事务日志",然后单击左侧的"选择
页"下的"介质选项",此时窗口形式如图 13-12 所示。

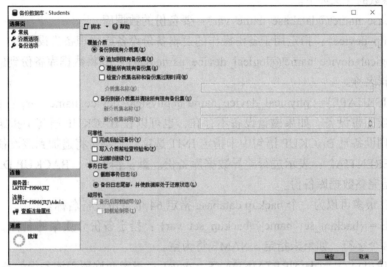

图 13-12   进行日志尾部备份的窗口

在该窗口中的"事务日志"选项组中选中"备份日志尾部,并使数据库处于还原状态"
选项,然后单击"确定"按钮,即可实现事务日志的尾部备份。

> **注意** 在进行尾部日志备份之前,不能在数据库引擎查询窗口的"可用数据库"下拉列表中选中进行日志尾部备份的数据库,否则备份将失败。

完成数据库尾部日志备份后,Students 数据库将处于
正在还原状态,这种状态的数据库是不可访问的,SSMS
工具中的显示形式是"正在还原 ...",如图 13-13 所示。

2. 用 T-SQL 语句备份数据库

备份数据库使用的是 BACKUP 语句,该语句分为备
份数据库和备份日志两种语法格式。

备份数据库的 BACKUP 语句的基本语法格式如下:

图 13-13   正在还原的数据库状态

```
BACKUP DATABASE { database_name | @database_name_var }
    TO <backup_device> [ ,...n ]
```

```
   [ WITH { DIFFERENTIAL | <general_WITH_options> [ ,...n ] } ]
[;]
<backup_device>::=
 {
   { logical_device_name | @logical_device_name_var }
 | { DISK | TAPE } =
   { 'physical_device_name' | @physical_device_name_var }
 }
<general_WITH_options> [ ,...n ]::=
 NAME = { backup_set_name | @backup_set_name_var }
| { EXPIREDATE =  { 'date' | @date_var }
  | RETAINDAYS = { days | @days_var } }
```

其中各参数的含义如下。

- {database_name|@database_name_var}：要备份的数据库。
- <backup_device>：指定用于备份操作的逻辑备份设备或物理备份设备。
  - {logical_device_name|@logical_device_name_var}：要将数据库备份到的备份设备的逻辑名称。
  - {DISK|TAPE}={'physical_device_name'|@physical_device_name_var}：指定磁盘文件或磁带设备。如果磁盘设备不存在，也可以在 BACKUP 语句中指定。如果存在物理设备且 BACKUP 语句中未指定 INIT 选项，则备份将追加到该设备。
- DIFFERENTIAL：表示进行差异数据库备份。默认情况下，BACKUP DATABASE 创建的是完整数据库备份。
- [,...n]：最多可以为一个 backup database 指定 64 个备份设备名称。
- NAME = {backup_set_name|@backup_set_var}：指定备份介质集的名称。名称最长可达 128 个字符。如果未指定，NAME 将为空。
- {EXPIREDATE = 'date'|RETAINDAYS = days}：指定允许覆盖该备份的备份集的日期。如果同时使用这两个选项，则 RETAINDAYS 的优先级将高于 EXPIREDATE。
  - EXPIREDATE = {'date'|@date_var}：指定备份集到期和允许被覆盖的日期。
  - RETAINDAYS = {days|@days_var}：指定必须经过多少天才可以覆盖该备份媒体集。

备份日志的 BACKUP 语句的基本语法格式如下：

```
BACKUP LOG { database_name | @database_name_var }
  TO <backup_device> [ ,...n ]
 [ WITH { <general_WITH_options> | <log_specific_optionspec> } [ ,...n ] ]
[;]
<log_specific_optionspec> ::=
 { NORECOVERY | STANDBY = standby_file_name }
 | NO_TRUNCATE
```

其中：

- NORECOVERY：备份日志的尾部并使数据库处于 RESTORING 状态。当执行 RESTORE 操作前保存日志尾部时，NORECOVERY 很有用。
- STANDBY = standby_file_name：备份日志的尾部并使数据库处于只读和 STANDBY 状态。使用 STANDBY 选项等同于 BACKUP LOG WITH NORECOVERY 后跟 RESTORE WITH STANDBY。
- NO_TRUNCATE：指定不截断日志，并使数据库引擎不用考虑数据库的状态而执行备份。因此，使用 NO_TRUNCATE 执行的备份可能具有不完整的元数据。该选项允许在数据库损坏时备份日志。

其他选项同备份数据库语句的选项。

除了前面介绍的各选项外，SQL Server 还针对备份提供了关于媒体集的如下选项：

```
{ NOINIT | INIT } | { NOSKIP | SKIP } | { NOFORMAT | FORMAT }
```

其中各选项的含义如下。

- {NOINIT|INIT}：控制备份操作是追加到还是覆盖备份媒体中的现有备份集。默认为追加（NOINIT）。
  - NOINIT：表示将该次备份内容追加到指定的媒体集上，以保留原有的备份集。
  - INIT：指定覆盖媒体集上的所有备份内容，但保留媒体标头。
- {NOSKIP|SKIP}：控制备份操作是否在覆盖媒体中的备份集之前检查它们的过期日期和时间。
  - NOSKIP：指示 BACKUP 语句在覆盖媒体上的所有备份集之前先检查它们的过期日期。这是默认行为。
  - SKIP：不进行备份集的过期和名称检查。
- {NOFORMAT|FORMAT}：指定是否应该在用于此备份操作的卷上写入媒体标头，以覆盖现有的媒体标头和备份集。
  - NOFORMAT：指定备份操作在用于此备份操作的媒体卷上保留现有的媒体标头和备份集。这是默认行为。
  - FORMAT：指定创建新的媒体集。FORMAT 将使备份操作在用于备份操作的所有媒体卷上写入新的媒体标头。媒体卷的现有内容将失效。

注意 使用 FORMAT 时要谨慎，因为格式化媒体集的任意卷都将使整个媒体集不可用。

例 3　对 Students 数据库进行一次完整数据库备份，备份到 MyBK_1 备份设备上（假设此备份设备已创建好），并覆盖该备份设备上已有的备份集。

```
BACKUP DATABASE Students TO MyBK_1 WITH INIT
```

例 4　对 Students 数据库进行一次差异数据库备份，也备份到 MyBK_1 备份设备上，并保留该备份设备上已有的内容。

```
BACKUP DATABASE Students TO MyBK_1 WITH DIFFERENTIAL, NOINIT
```

例 5　对 Students 数据库进行一次事务日志备份，直接备份到 D:\LogData 文件夹（假设此文件夹已存在）下的 Students_log.bak 文件上。

```
BACKUP LOG Students TO DISK = 'D:\LogData\Students_log.bak'
```

例 6　将数据库同时备份到多个设备（介质集）上。将 Students 数据库完整备份到 D:\Data\Students1.bak 和 D:\Data\Students2.bak 两个磁盘文件中。

```
BACKUP DATABASE Students
TO DISK='d:\data\Students1.bak',
    DISK='d:\data\Students2.bak'
WITH FORMAT
```

13.3 还原数据库

当数据库系统出现故障或异常损坏时，可以利用已有的数据库备份对数据库进行还原。

13.3.1 还原数据库的顺序

1. 还原前的准备

在对数据库进行还原操作之前，如果数据库没有毁坏，则应先对数据库的访问进行一些必要的限制。因为在还原数据库的过程中不允许用户访问数据库。如果要还原有用户访问的数据库，则在还原数据库时会在还原数据库的界面中出现还原错误提示，单击此错误提示将显示如图 13-14 所示的错误信息。

图 13-14　还原有用户访问的数据库时出现的错误

防止出现上述错误的简单方法之一是在 SSMS 工具的数据库引擎查询窗口中的"可用数据库"下拉列表中取消勾选要还原的数据库。

2. 还原的顺序

在还原数据库之前，如果数据库的日志文件没有损坏，为尽可能地减少数据丢失，可在还原之前对数据库进行一次尾部日志备份，这样可将数据损失减少到最小。

备份数据库是按一定的顺序进行的，还原数据库也有一定的顺序。还原数据库的顺序如下：

1）恢复最近的完整数据库备份。因为最近的完整数据库备份中记录了数据库最近的全部信息。

2）恢复完整备份之后的最近的差异数据库备份（如果有的话）。因为差异备份记录的是相对完整备份之后对数据库所做的全部修改。

3）从最后一次还原的完整或差异备份后创建的第一个事务日志备份开始，按日志备份的先后顺序恢复所有日志备份。由于日志备份记录的是自上次备份之后新记录的日志部分，因此，必须按顺序恢复自最近的完整备份或差异备份之后进行的全部日志备份。

示例：表 13-2 所示为对某个数据库的备份操作序列。

表 13-2　数据库备份操作序列

时间	事件
8：00	进行完整数据库备份
12：00	进行事务日志备份
16：00	进行事务日志备份
18：00	进行完整数据库备份
20：00	进行事务日志备份
21：45	出现故障

如果要将数据库还原到 21：45（故障点）的状态，需要以下还原过程：

首先进行一次日志尾部备份；然后恢复 18：00 进行的完整数据库备份；之后恢复 20：00 进行的日志备份；最后再恢复日志尾部备份。

13.3.2　实现还原

还原数据库可以在 SSMS 工具中图形化地实现，也可以使用 T-SQL 语句实现。

1. 用 SSMS 工具图形化地实现还原

我们以在 SSMS 工具中还原 Students 数据库为例（假设已对 Students 数据库进行了一次完整备份、一次差异备份和一次日志尾部备份，且这些备份均在 bk1 设备上实现），说明用图形化方法还原数据库的过程。

1）在 SSMS 工具的对象资源管理器中展开"数据库"节点，在"Students"数据库上右击鼠标，在弹出的快捷菜单中选择"任务"→"还原"→"数据库"命令，弹出如图 13-15 所示窗口。

2）在图 13-15 所示窗口中的"要还原的备份集"列表框中列出了对 Students 数据库进行的全部备份，单击"确定"按钮，即可将 Students 数据库还原到最终的备份状态。

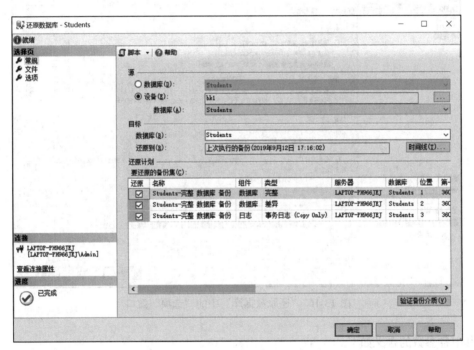

图 13-15　"还原数据库"窗口

如果希望还原到中间某个备份状态，比如只还原到完整备份后的状态，则可取消勾选下面的差异备份和日志备份前的复选框。然后单击左侧的"选择页"下的"选项"，此时窗口形式如图 13-16 所示，在此窗口中勾选"覆盖现有数据库（WITH REPLACE）"复选框，然后再单击"确定"按钮即可。

2. 用 T-SQL 语句还原数据库

还原数据库和事务日志的 T-SQL 语句分别是 RESTORE DATABASE 和 RESTORE LOG。

还原数据库的 RESTORE 语句的简单语法格式如下：

```
RESTORE DATABASE { database_name | @database_name_var }
[ FROM <backup_device> [ ,...n ] ]
[ WITH
```

```
   {[ FILE = { backup_set_file_number | @backup_set_file_number ]
      | [ RECOVERY | NORECOVERY ]
      | , <general_WITH_options> [ ,...n ]
      | , <point_in_time_WITH_options>
     } [ ,...n ]
 ]
[;] ]
<general_WITH_options> [ ,...n ]::=
   MOVE 'logical_file_name_in_backup' TO 'operating_system_file_name'
          [ ,...n ]
 | REPLACE
 | RESTART
 | RESTRICTED_USER
<point_in_time_WITH_options>::=
   { STOPAT = { 'datetime' | @datetime_var }
```

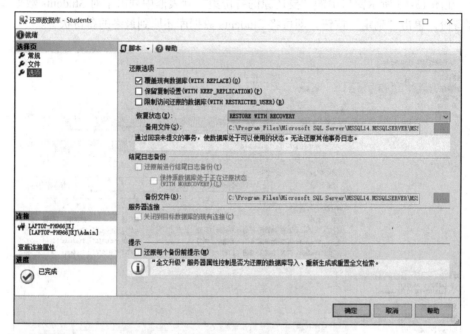

图 13-16 "还原数据库"中的"选项"窗口

其中各参数的含义如下。

- FILE = {backup_set_file_number|@backup_set_file_number}：标识要还原的备份集。例如，backup_set_file_number 为 1 指示备份媒体中的第一个备份集，backup_set_file_number 为 2 指示第二个备份集。未指定时，默认值是 1。

- NORECOVERY：表明对数据库的恢复操作还未完成，可以继续恢复后续的备份。

- RECOVERY：默认值。表明数据库的恢复已全部完成，数据库成可用状态，而且不能再还原后续的备份。

- MOVE 'logical_file_name_in_backup' TO 'operating_system_file_name'：由 logical_file_name_in_backup 指定的数据或日志文件的逻辑名称，将被还原到 operating_system_file_name 指定的位置，以达到在还原时移动数据库文件的目的。

- [,...n]：在还原时可以指定多个 MOVE 子句。

- REPLACE：指定即使存在另一个名字相同的数据库，SQL Server 也要创建指定的数据库及其相关文件。这种情况下将删除现有的同名数据库。如果未指定 REPLACE 选项，则 SQL Server 将执行安全检查，查看是否存在名字相同的数据库，如果有则不进行还原操作，以防意外覆盖其他数据库。

- RESTART：指定 SQL Server 应重新启动被中断的还原操作。RESTART 从中断点重新启动还原操作。
- RESTRICTED_USER：限制只有 db_owner、dbcreator 或 sysadmin 角色中的成员才能访问新还原的数据库。
- STOPAT = {'datetime'|@datetime_var}：指定将数据库还原到它在 datetime 或 @datetime_var 参数指定的日期和时间时的状态。

> 📊 **说明**　如果 STOPAT 指定的时间在最后的日志备份之后，则数据库仍将处于未恢复状态，情况同用 NORECOVERY 运行 RESTORE LOG。

还原日志的 RESTORE 语句与还原数据库的语句基本相同，其基本语法格式如下：

```
RESTORE LOG { database_name | @database_name_var }
[ FROM <backup_device> [ ,...n ] ]
 [ WITH
   {
     [ RECOVERY | NORECOVERY ]
   | , <general_WITH_options> [ ,...n ]
       | , <point_in_time_WITH_options >
     } [ ,...n ]
 ]
[;]
<point_in_time_WITH_options>::=
   { STOPAT = { 'datetime' | @datetime_var } }
```

各选项的含义与 RESTORE DATABASE 语句相同。

例 1　还原有完整数据库备份的数据库。设在简单恢复模式下已将 Students 数据库完整备份到 MyBK_1 设备上，假设此备份设备只包含 Students 数据库的完整备份。则还原 Students 数据库的语句如下：

```
RESTORE DATABASE students FROM MyBK_1
```

例 2　还原有完整数据库备份和差异数据库备份的数据库。设对 Students 数据库进行了如图 13-17 所示的备份过程。设完整数据库备份是 bk1 设备上的第 2 个备份（FILE = 2），差异数据库备份是 bk1 设备上的第 4 个备份（FILE = 4）。

则数据库还原过程如下：

```
ESTORE DATABASE Students
  FROM bk1  WITH FILE = 2 NORECOVERY;
RESTORE DATABASE Students
  FROM bk1  WITH FILE = 4 RECOVERY;
```

图 13-17　Students 数据库的备份过程

例 3　使用 RESTART 选项还原数据库。本示例使用 RESTART 选项重新启动因服务器电源故障而中断的 RESTORE 操作。

```
-- 设在执行如下还原的过程中由于电源故障导致还原未完成
RESTORE DATABASE Students FROM StudentsBackup
```

```
-- 重新开始还原数据库的操作
RESTORE DATABASE Students
  FROM StudentsBackup WITH RESTART
```

例 4   还原数据库并移动数据库文件。本示例还原完整数据库备份和事务日志备份，并将还原后的数据库文件移动到 D:\Students_Data 文件夹下。

```
RESTORE DATABASE Students
  FROM StudentsBackup
  WITH NORECOVERY,
  MOVE 'Students_Data' TO 'D:\Students_Data\Students.mdf',
  MOVE 'Students_Log' TO 'D:\Students_Data\Students.ldf'
RESTORE LOG Students FROM StudentsBackup
  WITH RECOVERY
```

小结

　　本章中介绍了维护数据库中很重要的一项工作——备份和恢复数据库。SQL Server 2017 支持文件备份和数据库备份两种备份类型，我们介绍了其中的数据库备份，包括完整数据库备份、差异数据库备份和事务日志备份。完整数据库备份是将数据库的全部内容均备份下来，对数据库进行的第一个备份必须是完整数据库备份；差异数据库备份是备份数据库中相对于最近的一次完整备份之后数据库变化的部分；日志备份是备份自前一次备份之后新增加的日志内容。根据不同的日志记录备份要求，SQL Server 提供了恢复模式的概念，包括完整恢复模式、大容量日志恢复模式和简单恢复模式，其中简单恢复模式不支持日志备份。

　　数据库的还原是有一定的顺序要求的，一般是先恢复完整数据库备份，然后恢复最近的差异备份，最后再按备份的顺序恢复差异备份之后的所有日志备份。在恢复数据库的过程中，在恢复完最后一个备份之前，应保持数据库为不可用状态（恢复时使用 NORECOVERY 选项）。如果数据库日志未损坏，则在还原之前，可以进行一次日志尾部备份，以使数据的丢失减至最少。SQL Server 支持在备份的同时允许用户访问数据库，但在将数据库还原到正确状态之前，不允许用户访问数据库。

　　数据库的备份位置可以是磁盘，也可以是磁带。在备份数据库时可以将数据库备份到备份设备上，也可以直接备份到物理文件上。

习题

1. 在确定用户数据库的备份周期时应考虑哪些因素？
2. 在创建备份设备时需要指定备份设备的大小吗？备份设备的大小是由什么决定的？
3. 日志备份对数据库恢复模式有什么要求？
4. 差异数据库备份方式备份的是哪段时间的哪些内容？
5. 日志备份方式备份的是哪段时间的哪些内容？
6. 还原数据库时，对各数据库备份的恢复顺序是什么？
7. 写出对 Students 数据库分别进行一次完整备份、差异备份和日志备份的 T-SQL 语句，设这些备份均备份到 bk2 设备上，完整备份时要求覆盖 bk2 设备上的已有内容。
8. 写出利用第 7 题中进行的全部备份还原 Students 数据库的 T-SQL 语句。

上机练习

1. 按顺序完成如下操作：

（1）创建永久备份设备 backup1 和 backup2，存放在默认文件夹下。

（2）将 Students 数据库完整备份到 backup1 上。

（3）在 Student 表中插入一行新的记录，然后将 Students 数据库差异备份到 backup2 上。

（4）将新插入的记录删除。

（5）利用所做的备份还原 Students 数据库。还原完成后，Student 表中有新插入的记录吗？为什么？

2. 按顺序完成如下操作：

（1）将 Students 数据库的恢复模式设置为"完整"。

（2）对 Students 数据库进行一次完整备份，以覆盖的方式备份到 backup1 上。

（3）删除 SC 表。

（4）对 Students 数据库进行一次日志备份，并以追加的方式备份到 backup1 上。

（5）利用所做的全部备份还原 Students 数据库，还原完成后，SC 是否已完全恢复？

（6）再次还原 Students 数据库，这次只利用所做的完整备份进行还原，还原完成后，SC 表是否已完全恢复？为什么？

3. 按顺序完成如下操作：

（1）对 Students 数据库进行一次完整备份，以覆盖的方式备份到 backup2 上。

（2）删除 SC 表。

（3）对 Students 数据库进行一次差异备份，以追加的方式备份到 backup2 上。

（4）删除 Students 数据库。

（5）利用 backup2 设备对 Students 数据库进行的全部备份还原 Students 数据库，还原完成后，查看 Students 数据库中是否有 SC 表？为什么？

（6）再次删除 Students 数据库。

（7）利用 backup2 设备对 Students 数据库进行的完整备份还原 Students 数据库，还原完成后，查看 Students 数据库中是否有 SC 表？为什么？

第14章 数据传输

数据传输（或数据转移）是指把不同数据来源的数据进行相互传输，使之能相互利用其他数据源上的数据。SQL Server 提供了一个数据集成服务 SSIS（SQL Server Integration Service）来实现包括数据传输、转换、加载等数据集成工作以及工作流解决方案。

SQL Server 提供了数据导入和导出向导，利用这些向导可以方便地实现同构以及异构数据源之间的数据传输，而且可以在传输时对数据进行处理，比如筛选数据、对数据进行合并或分解等。图 14-1 为数据导入和导出过程的示意图。

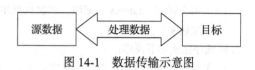

图 14-1 数据传输示意图

14.1 导出数据

本节以将 Students 数据库中的数据导出到 Excel 格式文件和文本格式文件为例，说明如何使用 SQL Server 的导出向导。设要将 Students 数据库中的 Student 表、Course 表和 SC 表中的数据导出到一个 Excel 文件中，将 SC 表中有考试成绩的数据导出到一个文本文件中。

在 SSMS 工具中，在"Students"数据库上右击鼠标，在弹出的快捷菜单中选择"任务"→"导出数据"命令，在弹出的导入和导出向导欢迎窗口中单击"下一步"按钮，弹出"选择数据源"窗口。该窗口的"数据源"下拉列表中列出了 SQL Server 支持的数据源种类，包括 Access、Excel、Oracle、SQL Server 等。

通常从名称即可判断出所需的数据提供程序（Data Provider），因为提供程序的名称通常包含数据源的名称（如平面文件源、Microsoft Excel、Microsoft Access、.Net Framework Data Provider for SqlServer 以及 .Net Framework Data Provider for Oracle）。

可用于数据源的访问接口可能不止一个，通常可以选择任何一个可用于源的提供程序。例如，若要连接到 SQL Server，可以使用".Net Framework Data Provider for SqlServer"或".Net Framework Data Provider for Odbc"。

📖注意 SQL Server 2012 之后的版本将不再支持用于 Microsoft OLE DB Provider for SQL Server 和 SQL Server Native Client 的数据源，请改用 ODBC 驱动程序。

"数据源"列表中只列出了计算机上已安装的提供程序，如果需要的数据源不在下拉列表中，用户需要自己从 Microsoft 或第三方下载数据提供程序。如果有用于数据源的 ODBC 驱动程序，则应选择".Net Framework Data Provider for Odbc"，然后输入特定于驱动程序的信息。

📖注意 如果是在 64 位计算机上运行导入导出向导，则"数据源"列表框中不会列出仅安装了 32 位提供程序的数据源，反之亦然。

1）使用"	.Net Framework Data Provider for SqlServer"连接方式连接到 SQL Server，窗口形式如图 14-2 所示。该窗口中需要设置的主要信息如下：

- Data Source（在"源"分类下）：指定要传输数据所在的服务器，可以输入源或目标服务器名称或 IP 地址，或从下拉列表中选择服务器。若要指定非标准 TCP 端口，需要在服务器名称或 IP 地址之后输入逗号，然后输入端口号。
- Initial Catalog（在"源"分类下）：输入或从下拉列表中选择要传输数据所在的数据库。
- Integrated Security（在"安全性"分类下）：指定进行数据传输操作的用户身份验证模式。若要使用 Windows 集成身份验证进行连接（建议），将此项指定为"True"；若要使用 SQL Server 身份验证进行连接，将此项指定为"False"。如果指定为"False"，则必须输入用户 ID 和密码。该项的默认值为"False"。
- user ID：如果使用 SQL Server 身份验证模式，需输入进行数据传输操作的用户名。
- Password：输入"user ID"指定用户的登录密码。

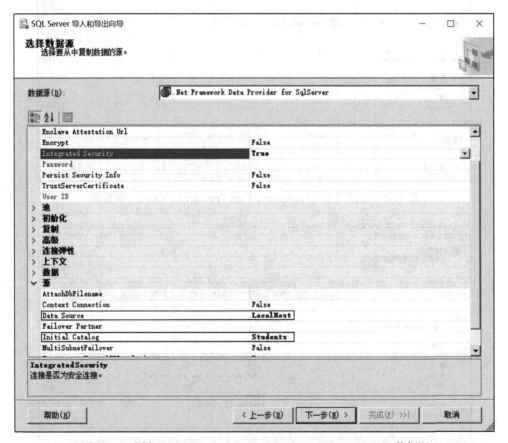

图 14-2　选择"	.Net Framework Data Provider for SqlServer"数据源

2）使用"	.Net Framework Data Provider for Odbc"连接方式连接到 SQL Server 的窗口形式如图 14-3 所示，这种连接方式需要在"数据"项下输入连接字符串。

- 若使用 Windows 身份验证模式，其连接字符串的格式如下：

```
Driver={ODBC Driver 13 for SQL Server};server=<server>;
database=<database>;trusted_connection=Yes;
```

● 若使用 SQL Server 身份验证模式，其连接字符串的格式如下：

```
Driver={ODBC Driver 13 for SQL Server};server=<server>;
database=<database>;uid=<user id>;pwd=<password>;
```

示例：数据源为本地服务器上的 Students 数据库、连接方式为 Windows 身份验证模式，则连接字符串如下：

```
Driver={ODBC Driver 13 for SQL Server};server=LocalHost;
database=Students;trusted_connection=Yes;
```

在"数据"项下的"ConnectionString"文本框中输入上述连接字符串。输入完成后，向导会分析该字符串，并在列表中显示各个属性及其值。此时的窗口形式如图 14-4 所示。

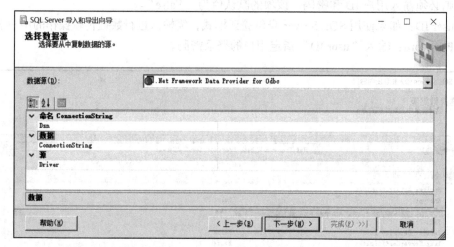

图 14-3　选择".Net Framework Data Provider for Odbc"数据源

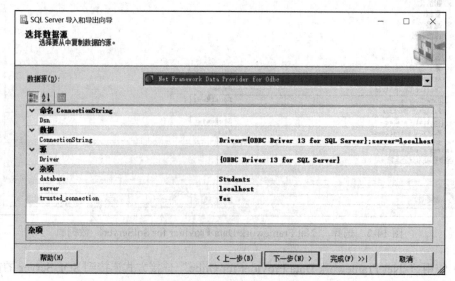

图 14-4　系统分析完连接字符串后的窗口样式

由于我们是要导出 SQL Server 数据库中的数据，因此在"选择数据源"窗口的"数据源"下拉列表中选择".Net Framework Data Provider for SqlServer"，将"Intgrated Security"

设置为 True，在"Data Source"文本框中输入"LocalHost"，表示传输当前服务器上的数据；在"Initial Catalog"下拉列表中选"Students"。设置好后窗口形式如图 14-2 所示。

单击"下一步"按钮，进入如图 14-5 所示的"选择目标"窗口。

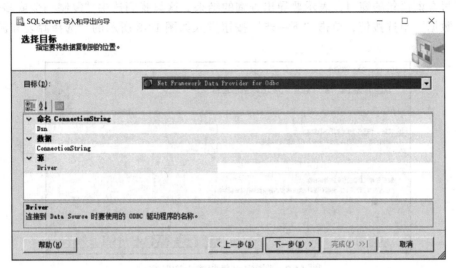

图 14-5　"选择目标"窗口

在图 14-5 所示窗口中，"目标"下拉列表中列出的内容与"选择数据源"窗口中"数据源"下拉列表中的内容相同，其各选项的含义和设置方法也相同。

下面分别介绍导出到 Excel 和文本文件的操作方法。

1. 导出到 Excel 文件

在图 14-5 所示窗口中的"目标"下拉列表中选择"Microsoft Excel"，窗口形式如图 14-6 所示。在"Excel 文件路径"文本框中指定目标文件的存放位置和文件名，也可以单击右侧的"浏览"按钮指定文件的存放位置（我们指定的是"D:\Data\Students.xls"）。在"Excel 版本"下拉列表中指定使用的目标文件版本（这里选择的是"Microsoft Excel 97-2003"）。勾选"首行包含列名称"复选框表示 Excel 表格中的第一行数据是列标题，以提高数据的可读性。

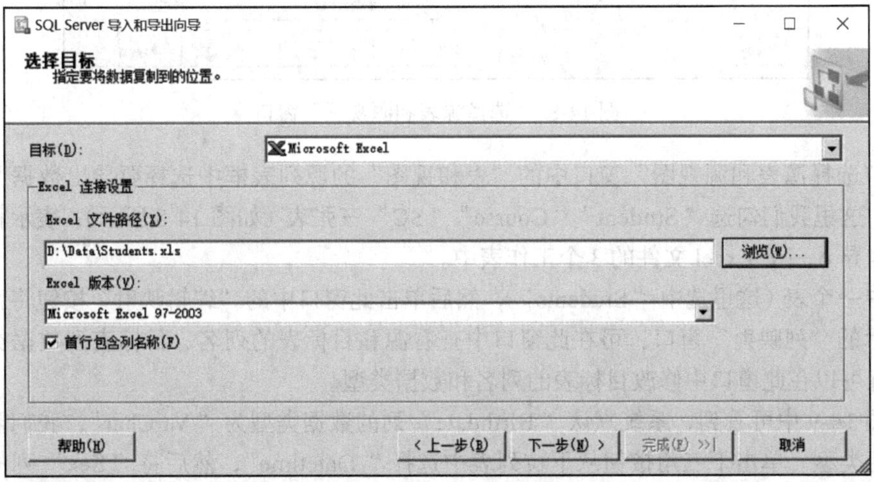

图 14-6　"选择目标"窗口

　　单击"下一步"按钮，弹出如图14-7所示的"指定表复制或查询"窗口。在此窗口中，若选中"复制一个或多个表或视图数据"单选按钮，表示要导出指定表或视图中的全部数据；若选中"编写查询以指定要传输的数据"单选按钮，则单击"下一步"按钮后会出现一个编写查询语句的窗口，表示要导出查询的结果。这里我们选中"复制一个或多个表或视图的数据"单选按钮，单击"下一步"按钮进入如图14-8所示的"选择源表和源视图"窗口。

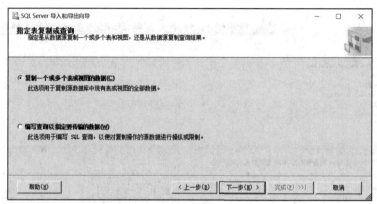

图14-7　"指定表复制或查询"窗口

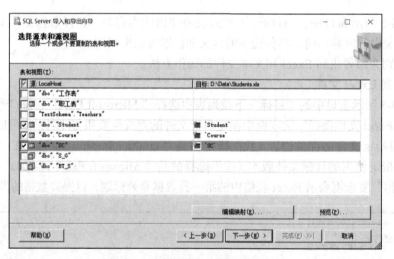

图14-8　"选择源表和源视图"窗口

　　在"选择源表和源视图"窗口中的"表和视图"的源列表框中选择要导出数据所在的表或视图，这里我们勾选"Student""Course""SC"三张表（如图14-8所示），表示将这三张表的数据导入一个Excel文件的3个工作表中。

　　选中一个表（这里选中"Students"），然后单击此窗口中的"编辑映射"按钮将弹出如图14-9所示的"列映射"窗口，可在此窗口中查看源和目标表的列名、目标表列数据类型等信息，而且可以在此窗口中修改目标表的列名和数据类型。

　　从图14-9中可看到，系统默认"Birthdate"列的数据类型为"VarChar"，我们需要将其改为日期类型。单击下三角按钮从下拉列表中选择"Datetime"，然后将"Sex"列的大小改为"2"，如图14-10所示。

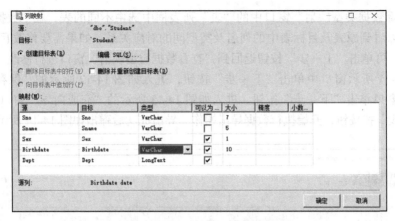

图 14-9　Student 表的"列映射"窗口

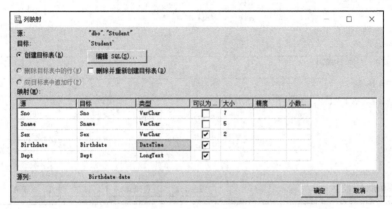

图 14-10　修改"Birthdate"列的类型及"Sex"列的大小

单击图 14-10 所示窗口中的"确定"按钮，关闭"列映射"窗口，返回到"选择源表和源视图"窗口，在此窗口中单击"下一步"按钮，进入如图 14-11 所示的"查看数据类型映射"窗口。

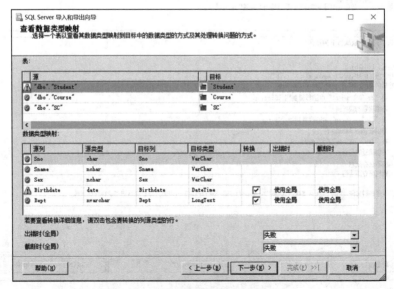

图 14-11　"查看数据类型映射"窗口

在"查看数据类型映射"窗口中的"表"列表框中选中不同的表,在"数据类型映射"列表框中可以看到原表及目标表中的列名及类型间的对应关系。如果需要修改目标表的列名或数据类型,可单击"上一步"按钮返回到"查看数据类型映射"窗口进行修改。

在图 14-11 所示窗口中单击"下一步"按钮,进入如图 14-12 所示的"保存并运行包"窗口。在此窗口单击"下一步"按钮,进入如图 14-13 所示的"完成向导"窗口,在此窗口中单击"完成"按按钮,开始执行数据导出操作。导出成功后弹出如图 14-14 所示的窗口。

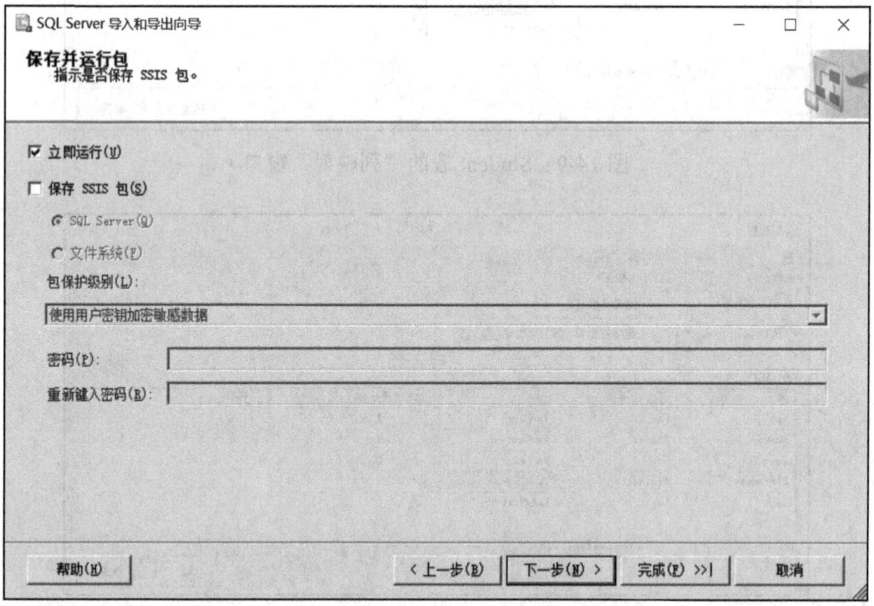

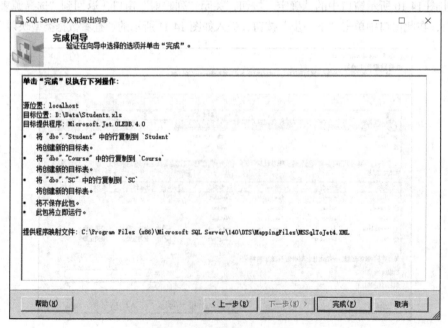

图 14-12 "保存并运行包"窗口

图 14-13 "完成向导"窗口

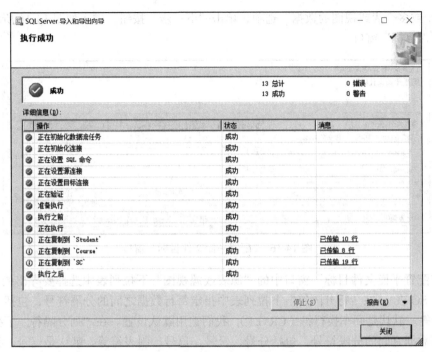

图 14-14 "执行成功"窗口

至此，将 SQL Server 数据库中数据导出到 Excel 文件中的操作已完成，打开该 Excel 文件，可看到其包含 3 个工作表，每个工作表的名字就是表名，工作表中包含了导出的数据。

2. 导出到文本文件

如果要将数据库数据导出到文本文件中，需在图 14-6 所示窗口的"目标"下拉列表中选择"平面文件目标"，此时窗口形式如图 14-15 所示。除了要指定文件的存放位置及文件名（我们指定的是 D:\Data\SC.txt）之外，还可以指定文本文件的格式，比如文本限定符。图 14-15 中设置的导出文件格式为文本限定符用双引号（"），第一行是数据的列标题（勾选"在第一个数据行中显示列名称"复选框）。

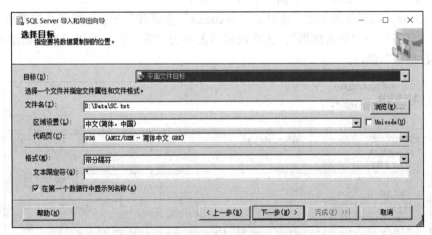

图 14-15 选择目标为"平面文件目标"

单击"下一步"按钮，进入"指定表复制或查询"窗口（如图 14-7 所示），我们还是选中

"复制一个或多个表或视图的数据"选项，单击"下一步"按钮，进入如图 14-16 所示的"配置平面文件目标"窗口。

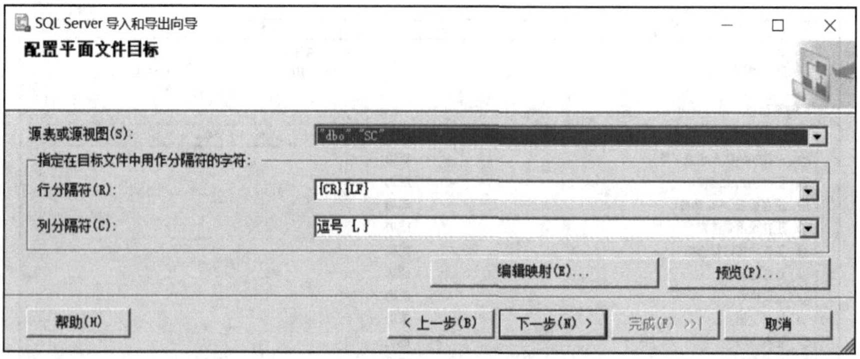

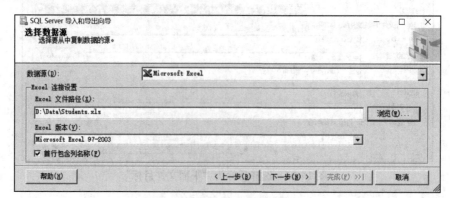

图 14-16　"配置平面文件目标"窗口

在"配置平面文件目标"窗口中的"源表或源视图"下拉列表中选择要导出的表（这里选择的是 SC 表）。在"行分隔符"下拉列表中指定每行数据之间的分隔符号，包括分号、冒号、逗号等。默认是回车换行符（CR+LF），我们选用默认设置。在"列分隔符"下拉列表中指定每列数据之间的分隔符号，包括分号、冒号、逗号、制表符等。默认是逗号，我们选用默认设置。单击"预览"按钮，可以查看选中表的数据。

设置完成后单击"下一步"按钮，进入"保存并运行包"窗口，如图 4-12 所示。

之后的操作同导出到 Excel 一样，这里不再赘述。

14.2　导入数据

导入数据与导出数据的过程非常相似，下面我们以将 14.1 节导出的 Students.xls 及 SC.txt 文件中的数据导入 Students 数据库为例，说明导入数据的过程。

在导入数据之前，首先删除 Students 数据库中的 Student 表、Course 表和 SC 表中的数据。

1. 将 Excel 数据导入数据库中

将 Excel 文件中的数据导入数据库中的步骤如下：

1）在要导入数据的数据库（这里是"Students"数据库）上右击鼠标，在弹出的快捷菜单中选择"任务"→"导入数据"，在欢迎窗口上单击"下一步"按钮，进入如图 4-17 所示的"选择数据源"窗口。

图 14-17　选择 Excel 数据源

2）在"数据源"下拉列表中选择"Microsoft Excel"，在"Excel 文件路径"中指定要导入文件所在的位置和文件名，在"Excel 版本"下拉列表中选择与导入的 Excel 文件匹配的版本，根据 Excel 文件中第一行数据是否为列标题来选择是否勾选"首行包含列名称"复选框。

3）设置完成后单击"下一步"按钮，进入"选择目标"窗口，在"目标"列表框中，如果是导入 SQL Server 数据库中可选择".Net Framework Data Provider for SqlServer"，选中该选项后的界面形式如图 14-2 所示，参数的设置也相同。在该窗口中，将"Integrated Security"指定为"True"，在"Data Source"文本框中输入"LocalHost"，在"Initial Catalog"下拉列表中选择"Students"数据库。设置完成后的界面如图 14-18 所示。

4）单击"下一步"按钮，进入"指定表复制或查询"窗口（见图 14-7）。再次单击"下一步"按钮，进入如图 14-19 所示的"选择源表和源视图"窗口。

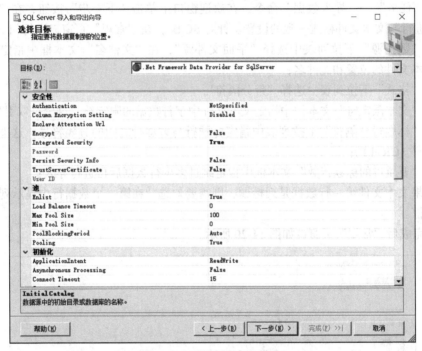

图 14-18　"选择目标"窗口

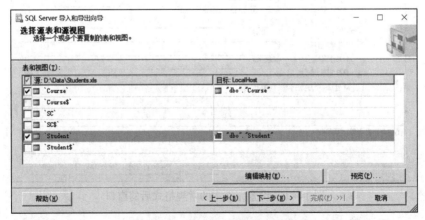

图 14-19　"选择源表和源视图"窗口

5）在图 14-19 所示窗口的"表和视图"列表框中，在"源"列将每个 Excel 工作表都列出了两次，比如"Course"和"Course\$"，如果预览这些数据会发现这两个表的中数据相同。因此在导入时只需选中其中一个表即可。在"源"列中选中一个表后，在"目标"列的相应位置要指定一个接收导入数据的表。我们这里导入"Course"和"Student"表中的数据，设置完成后如图 14-19 所示。

6）单击"下一步"按钮，并在弹出的窗口中连续单击"下一步"按钮，直到出现"完成该向导"窗口，在此窗口中单击"完成"按钮，完成数据的导入操作。

2. 将文本文件数据导入数据库中

我们以将 SC.txt 文件中的数据导入 Students 数据库的 SC 表为例，介绍其导入过程。

1）在要导入数据的数据库（这里是"Students"数据库）上右击鼠标，在弹出的快捷菜单中选择"任务"→"导入数据"命令，在欢迎窗口上单击"下一步"按钮，在"选择数据源"窗口进行与文本文件格式一致的设置。针对 SC.txt，在"常规"页窗口进行如下设置：

- 在"数据源"下拉列表中选择"平面文件源"，在"文件名"文本框中指定要导入的文本文件的位置和文件名；
- 在"格式"下拉列表中选择"带分隔符"；
- 在"文本限定符"文本框中指定文本文件中字符数据的限定符，这里是双引号（"）；
- 在"标题行分隔符"下拉列表中指定标题行与数据行之间的分隔符号，这里是回车换行符（CR+LF）；
- 在"要跳过的标题行数"文本框中指定跳过多少行数据后再进行导入；
- 如果文本文件第一行数据是列标题，则需要勾选"在第一个数据行中显示列名称"复选框。

设置完成后"常规"页窗口如图 14-20 所示。

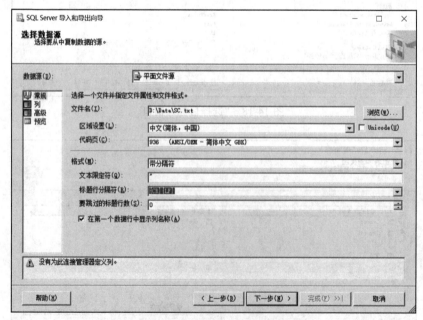

图 14-20   设置完文本的常规格式后的窗口

2）单击图 14-20 左侧的"数据源"中的"列"选项可对行分隔符和列分隔符进行设置，

如图 14-21 所示。可以在"行分隔符"和"列分隔符"下拉列表中选择某个分隔符，若列表框中没有与文本文件对应的分隔符，可以手动输入合适的分隔符。

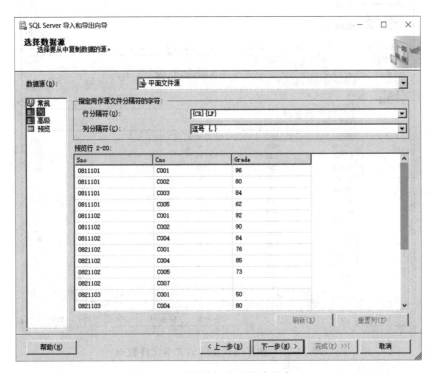

图 14-21　设置文本列格式的窗口

3）单击图 4-20 左侧的"数据源"列表框中的"预览"选项，可查看根据所设置的文本格式显示的数据形式，如果格式设置正确，则数据显示正确。图 4-22 为预览文本文件数据的情形。如果文本文件的格式设置得不正确，则预览的数据也会不正确。图 4-23 显示的是未设置文本限定符，也未勾选"在第一个数据行中显示列名称"复选框时预览数据的情形。

从图 14-23 中可看到，由于文本文件格式设置得不正确，导致数据的列标题作为第一行数据被导入，双引号成为数据的一部分。这种格式不正确的数据不能正确导入数据库表中。此时可单击窗口左侧的"常规"图标，再次回到图 14-20 所示窗口，进行正确的设置。

4）设置正确后，单击"下一步"按钮，进入"选择目标"窗口。后面的操作与导入 Excel 文件类似，这里不再赘述。

3. 平面文件向导

SQL Server Management Studio (SSMS) v17.3 或更高版本提供了一个专门用于将平面文件导入 SQL Server 的向导——平面文件向导，利用该向导可以轻松地将数据从平面文件（.csv、.txt）复制到数据库的新表中。

下面我们以将 SC.txt 文件中的数据导入 Students 数据库的新表"New_SC"中为例，说明平面文件向导的使用方法。

1）在"Students"数据库上右击鼠标，在弹出的快捷菜单中选择"任务"→"导入平面文件"命令，弹出如图 14-24 所示的"简介"窗口。在此窗口中单击"下一步"按钮进入如

图 14-25 所示的"指定输入文件"窗口。

图 14-22   预览格式正确的文本文件数据

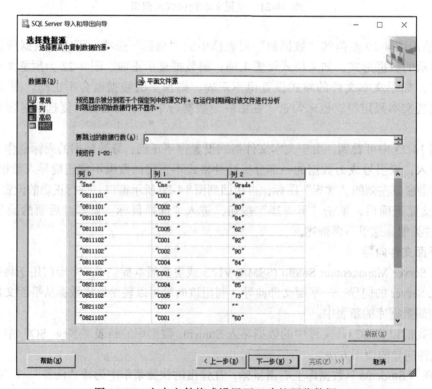

图 14-23   文本文件格式设置不正确的预览数据

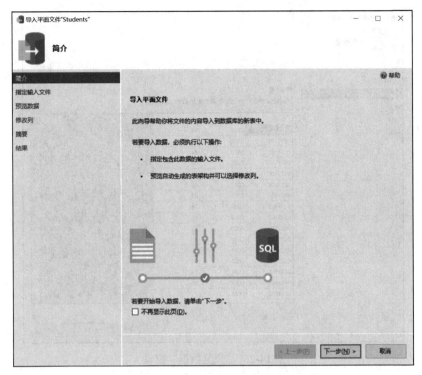

图 14-24　导入平面文件的"简介"窗口

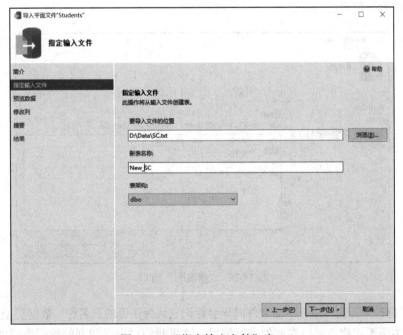

图 14-25　"指定输入文件"窗口

2）在"指定输入文件"窗口中的"要导入文件的位置"文本框中输入或单击右侧的"浏览"按钮指定包含数据的文本文件；在"新表名称"文本框中输入新表名，这里输入的是"New_SC"。设置完成后如图 14-25 所示。单击"下一步"按钮进入如图 14-26 所示的"预览数据"窗口。

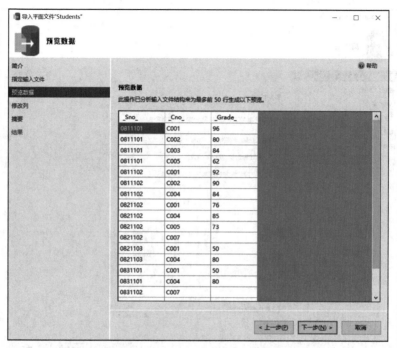

图 14-26　"预览数据"窗口

3）在平面文件向导生成的预览中可以查看前 50 行数据。单击"下一步"按钮进入如图 14-27
所示的"修改列"窗口。

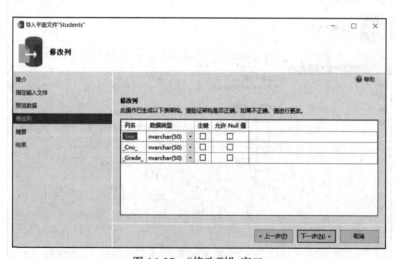

图 14-27　"修改列"窗口

4）在"修改列"窗口中，平面文件向导会标识它认为正确的列名称、数据类型等。如果字
段名或数据类型不正确，可以在此处进行编辑。这里我们对列名和列的数据类型做如图 14-28
所示的修改。

5）单击"下一步"按钮进入如图 14-29 所示的"摘要"窗口，在此窗口中单击"完成"
按钮开始进行数据导入操作，导入完成后出现如图 14-30 所示的"结果"窗口。

至此，将平面文件导入到 SQL Server 数据库的操作已全完成。

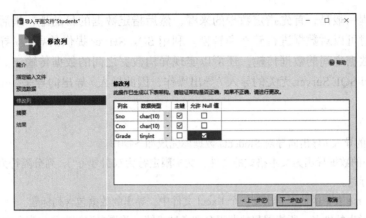

图 14-28   修改列名和数据类型

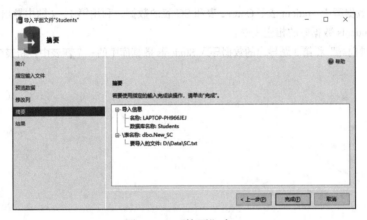

图 14-29   "摘要"窗口

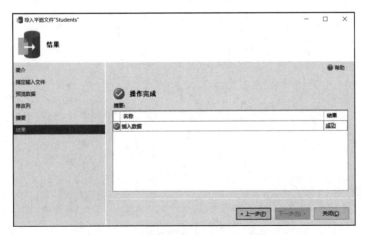

图 14-30   导入成功后的"结果"窗口

小结

数据的导入和导出是在数据库应用系统开发过程中经常用到的操作。本章介绍了使用 SQL Server 的导入和导出向导, 在异构的数据源 / 目标之间导入、导出数据的方法。导入、导出操作的过程一般是，首先指定数据的来源，然后指定数据的目的地，最后指定数据传输内容，在传输时可以对数据进行筛选和转换。利用 SQL Server 提供的导入 / 导出向导，不仅可以实现同构数据之间的数据传输，还可以实现异构数据之间的数据传输，而且支持数据源与目标数据均与 SQL Server 无关的导入 / 导出操作，因此导入 / 导出向导是一个通用的工具。

上机练习

利用 SQL Server 的导入 / 导出向导对 Students 数据库完成如下操作。

1. 将 Student 表中的数据导出为文本格式的文件，文本限定符为双引号（"），列分隔符为分号（;），导出的数据包含列标题。
2. 将 SC 表和 Course 表中的数据导出到一个 Excel 文件中，导出的数据包含列标题。
3. 查询计算机系学生的姓名、所修课程的课程名和考试成绩，并将查询结果导出到文本文件中，导出的数据包含列标题。
4. 删除 Students 数据库中 Student 表、Course 表和 SC 表的数据，利用第 1、2 题中导出的数据，将这些数据再导入 Students 数据库的相应表中。
5. 利用"平面文件向导"将第 3 题导出的数据导入 Students 数据库中的一个新表中，新表名为"SC_CS"。

附录　系统提供的常用函数

　　SQL Server 提供了许多内置函数，通过这些函数可以方便快捷地执行某些操作。这些函数通常用在查询语句中，用来计算查询结果或修改数据格式和查询条件。一般来说，允许使用变量、字段或表达式的地方都可以使用内置函数。我们在本书第 6 章中介绍了一些实现统计功能的聚合函数，本附录主要介绍常用的日期和时间函数、数学函数、字符串函数、类型转换函数、逻辑函数、元数据函数等。

A.1　日期和时间函数

　　日期和时间函数用于对日期和时间型的数据执行操作，并返回一个字符串、数字值或日期和时间值。

1. GETDATE

　　作用：按 datetime 值的 SQL Server 标准内部格式返回当前的系统日期和时间。

　　返回类型：datetime。

　　说明：日期函数可用在 SELECT 语句的选择列表或查询语句的 WHERE 子句中。

　　例 1　用 GETDATE 返回系统当前的日期和时间。

```
SELECT GETDATE()
```

　　例 2　在 CREATE TABLE 语句中使用 GETDATE 函数作为列的默认值，以简化用户对业务发生日期和时间的输入。此示例创建 Employees 表，用 GETDATE 函数的返回值作为员工报到的默认时间。

```
CREATE TABLE Employees(
 eid char(11) NOT NULL,
 ename char(10) NOT NULL,
 hire_date datetime DEFAULT GETDATE() )
```

2. DATEADD

　　作用：对给定的日期加上一段时间，返回新的 datetime 值。

　　语法：DATEADD(datepart，number，date)。

　　其中：

● datepart：是与 number 相加的 date 部分。表 A-1 所示为有效的 datepart 参数。

表 A-1　SQL Server 识别的日期部分和缩写形式

datepart	缩写	含义
year	yy，yyyy	年
quarter	qq，q	季度
month	mm，m	月份
dayofyear	dy，y	一年中的第几天
day	dd，d	日

（续）

datepart	缩写	含义
week	wk，ww	一年中的第几周
weekday	dw，w	周几
hour	hh	小时
minute	mi，n	分钟
second	ss，s	秒
millisecond	ms	毫秒
microsecond	mcs	微妙
nanosecond	ns	纳秒

- number：是一个整数或表达式，是与 date 的 datepart 相加的值。注意该值不能超出 int 的取值范围。
- date：可解析为下列值之一的表达式。
  - date；
  - datetime；
  - datetimeoffset；
  - datetime2；
  - smalldatetime；
  - Time。

 注意 不允许 date 参数增加至其数据范围的值。例如：下列语句中，与 date 值相加的 number 值超出了 date 数据类型的取值范围。

```
SELECT DATEADD(year,2147483647,'20190731');
```

SQL Server 将返回以下错误消息：

```
消息 517，级别 16，状态 1，第 1 行
将值添加到 'datetime' 列导致溢出。
```

返回类型：返回值的数据类型取决于为 date 提供的参数。如果 date 的值是字符串文本日期，则返回日期/时间值；如果为 date 提供的是其他有效输入的数据类型，则返回相同的数据类型；如果字符串文本秒数的小数位超过 3 位（.nnn）或如果字符串文本包含时区偏移量部分，则引发错误。

如果 datepart 为 month，且 date 的月份比返回月份的天数多，或者 date 日在返回月份中不存在，DATEADD 函数都将返回月份的最后一天。例如，下列两条语句均返回 2019-09-30 00:00:00.000，因为 9 月份只有 30 天。

```
SELECT DATEADD(month, 1, '20190830');
SELECT DATEADD(month, 1, '20190831');
```

说明
- DATEADD 函数可用在 SELECT<list>、WHERE、HAVING、GROUP BY 和 ORDER BY 子句中。
- 毫秒的小数位数为 3（.123）；微秒的小数位数为 6（.123456）；纳秒的小数位数为 9（.123456789）。

例 3　计算当前日期加上 100 天得到的日期。

```
SELECT DATEADD(DAY,100,GETDATE())
```

例 4　查询 2019 年 10 月 1 日加上 100 天得到的日期。

```
SELECT DATEADD( day,100, '2019/10/1' ) AS 新日期
```

3. DATEDIFF

作用：返回两个指定日期之间的日期差。

语法：DATEDIFF(datepart, startdate, enddate)。

参数：datepart 的取值如表 A-1 所示。

返回类型：int。

> 说明　返回结果是用结束日期（enddate）减去开始日期（startdate）。如果开始日期比结束日期晚，则返回负值。

例 5　计算 2019 年 5 月 1 日到 2019 年 10 月 1 日之间的天数。

```
SELECT DATEDIFF( DAY,'2019/5/1', '2019/10/1' )
```

例 6　利用 Student 表查询到当前日期（2019 年 10 月）为止，每个学生的年龄（出生年数）。

```
SELECT Sno AS 学号,Sname AS 姓名,
       DATEDIFF(year, Birthdate, Getdate()) AS 年龄,
       Birthdate AS 出生日期
  FROM Student
```

结果如图 A-1 所示。

4. DATEFROMPARTS

作用：返回映射到指定年、月、日值的 date 值。

语法：DATEFROMPARTS（year，month，day）。

参数：

- year：指定年份的整数表达式。
- month：指定月份（从 1 到 12）的整数表达式。
- day：指定日期的整数表达式。

返回类型：date。

例 7　将 2019、10 和 20 拼为一个日期类型的数据。

```
SELECT DATEFROMPARTS(2019, 10, 20) AS Result
```

执行结果如图 A-2 所示。

5. DATETIMEFROMPARTS

作用：对指定日期和时间参数返回 datetime 值。

语法：DATETIMEFROMPARTS(year, month, day, hour, minute, seconds, milliseconds)。

参数：

- year：指定年份的整数表达式。
- month：指定月份（从 1 到 12）的整数表达式。

	学号	姓名	年龄	出生日期
1	0811101	李勇	29	1990-05-06
2	0811102	刘晨	28	1991-08-08
3	0811103	王敏	29	1990-03-18
4	0811104	张小红	27	1992-01-10
5	0821101	张立	29	1990-10-12
6	0821102	吴宾	28	1991-03-20
7	0821103	张海	28	1991-06-03
8	0831101	钱小平	29	1990-11-09
9	0831102	王大力	29	1990-05-06
10	0831103	张姗姗	28	1991-02-26

图 A-1　例 6 的执行结果

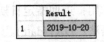

	Result
1	2019-10-20

图 A-2　例 7 的执行结果

- day：指定日期的整数表达式。
- hour：指定小时的整数表达式。
- minute：指定分钟的整数表达式。
- seconds：指定秒数的整数表达式。
- milliseconds：指定毫秒数的整数表达式。

返回类型：datetime。

例 8　下列语句拼出一个完整的日期时间数据。

```
SELECT DATETIMEFROMPARTS ( 2019, 12, 31, 23, 59, 59, 0 ) AS Result;
```

执行结果如图 A-3 所示。

6. DATENAME

作用：返回代表给定日期的指定日期部分的字符串描述。

语法：DATENAME(datepart，date)。

参数：datepart 的取值如表 A-1 所示。

返回类型：nvarchar。

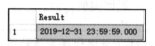

	Result
1	2019-12-31 23:59:59.000

图 A-3　例 8 的执行结果

说
明　：SQL Server 自动在字符和 datetime 值间按需进行转换。

例 9　查询计算机系每个学生的学号、姓名、出生月份和出生日。

```
SELECT Sno,Sname,DATENAME(month, Birthdate) AS Birth_Month,
               DATENAME(day, Birthdate) AS Birth_Day
   FROM Student
   WHERE Dept = '计算机系'
```

执行结果如图 A-4 所示。

7. DATEPART

作用：返回代表给定日期的指定日期部分的整数。

语法：DATEPART(datepart, date)。

参数：datepart 的取值如表 A-1 所示。

返回类型：int。

	Sno	Sname	Birth_Month	Birth_Day
1	0811101	李勇	05	6
2	0811102	刘晨	08	8
3	0811103	王敏	03	18
4	0811104	张小红	01	10

图 A-4　例 9 的执行结果

例 10　从 GETDATE 函数返回的当前日期中得到年份。

```
SELECT DATEPART (year, GETDATE()) AS 'Current year'
```

例 11　用 DATEPART 函数实现例 7 中的查询。

```
SELECT Sno,Sname,DATEPART(month, Birthdate) AS Birth_Month,
               DATEPART(day, Birthdate) AS Birth_Day
   FROM Student
   WHERE Dept = '计算机系'
```

8. DAY

作用：返回指定日期的日部分的整数。

语法：DAY(date)。

返回类型：int。

说明 此函数等价于 DATEPART(day，date)。

例 12 返回当前日期的日部分。

```
SELECT DAY(getdate()) AS 'Day Number'
```

9. MONTH

作用：返回指定日期的月份的整数。

语法：MONTH (date)。

返回类型：int。

说明 此函数等价于 DATEPART(month，date)。

10. YEAR

作用：返回指定日期中的年份的整数。

语法：YEAR(date)。

返回类型：int。

说明 此函数等价于 DATEPART(year，date)。

11. EOMONTH

作用：返回包含指定日期所在月份的最后一天的日期。

语法：EOMONTH(start_date[, month_to_add])。

参数：

- start_date：日期表达式，指定要为其返回该月的最后一天的日期。
- month_to_add：可选的整数表达式，指定要加到 start_date 的月份数。如果 month_to_add 参数有值，则 EOMONTH 向 start_date 添加指定月份数，然后返回结果日期所在月份的最后一天。如果增加后超过有效的日期范围将引发错误。

返回类型：date。

例 13 具有显式 datetime 类型的 EOMONTH 函数。

```
DECLARE @date DATETIME = '12/1/2019';
SELECT EOMONTH ( @date ) AS Result;
```

	Result
1	2019-12-31

图 A-5 例 13 的执行结果

执行结果如图 A-5 所示。

例 14 带和不带 month_to_add 参数。返回 2019 年 12 月 31 日的最后一天以及前一个月的最后一天和后一个月的最后一天。

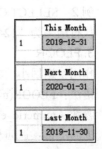

```
DECLARE @date DATETIME = '2019-12-31';
SELECT EOMONTH ( @date ) AS 'This Month';
SELECT EOMONTH ( @date, 1 ) AS 'Next Month';
SELECT EOMONTH ( @date, -1 ) AS 'Last Month';
```

	This Month
1	2019-12-31

	Next Month
1	2020-01-31

	Last Month
1	2019-11-30

图 A-6 例 14 的执行结果

执行结果如图 A-6 所示。

12. ISDATE

作用：判断数据是否是日期或日期和时间类型的。

语法：ISDATE(expression)。

参数：expression 为字符串或者可以转换为字符串的表达式。表达式的长度不能超过 4000 个字符。不允许将日期和时间数据类型（datetime 和 smalldatetime 除外）作为 ISDATE 的参数。

返回类型：int。

> **说明** 如果表达式是有效的 date、time 或 datetime 值，则返回 1；否则返回 0。如果表达式为 datetime2 值，则返回 0。

例 15　使用 ISDATE 函数测试某一字符串是否是有效的 datetime 数据。

```
IF ISDATE('2019-05-12 10:19:41.177') = 1
    PRINT 'VALID'
ELSE
    PRINT 'INVALID';
```

执行结果为：VALID。

A.2　数学函数

1. ABS

作用：返回指定数值表达式的绝对值（正值）。

语法：ABS(numeric_expression)。

参数：numeric_expression 为精确数值或近似数值数据类型的表达式。

返回类型：返回与 numeric_expression 相同的类型。

例 1　显示对 3 个不同数字使用 ABS 函数所得的结果。

```
SELECT ABS(-1.0), ABS(0.0), ABS(1.0);
```

返回结果为 "1.0 0.0 1.0"。

2. CEILING

作用：返回大于或等于指定数值表达式的最小整数。

语法：CEILING(numeric_expression)。

参数：numeric_expression 是精确数值或近似数值类型（bit 类型除外）的表达式。

返回类型：返回与 numeric_expression 相同的类型。

例 2　SELECT CEILING($123.45), CEILING($-123.45), CEILING($0.0)

执行结果为 "124.00，-123.00，0.00"。

3. FLOOR

作用：返回小于或等于指定数值表达式的最大整数。

语法：FLOOR(numeric_expression)。

参数：numeric_expression 的含义同 Ceiling 函数。

返回类型：返回与 numeric_expression 相同的类型。

例 3　SELECT FLOOR(123.45), FLOOR(-123.45), FLOOR($123.45)

执行结果为"123，−124.00，123.00"。

4. POWER

作用：返回指定表达式的指定幂的值。

语法：POWER(float_expression , y)。

参数：

- float_expression：float 类型或能隐式转换为 float 类型的表达式。
- y：要将 float_expression 提升到的幂。y 可以是精确或近似数值数据类型类别（bit 数据类型除外）的表达式。

返回类型：取决于 float_expression 的输入类型。

例4　计算两个数的立方值。

```
DECLARE @input1 float;
DECLARE @input2 float;
SET @input1= 2;
SET @input2 = 2.5;
SELECT POWER(@input1,3) AS Result1, POWER(@input2,3) AS Result2;
```

执行结果如图 A-7 所示。

5. RAND

作用：返回一个在 0 到 1（不包括 0 和 1）之间的伪随机 float 值。

语法：RAND([seed])。

参数：seed 为提供种子值的整数表达式（tinyint、smallint 或 int）。如果未指定 seed，则 SQL Server 数据库引擎将随机分配种子值。

返回类型：float。

例5　本示例将产生由 RAND 函数生成的 4 个不同的随机数。

```
DECLARE @counter smallint;
SET @counter = 1;
WHILE @counter < 5
   BEGIN
      SELECT RAND() Random_Number
      SET @counter = @counter + 1
   END;
```

执行结果如图 A-8 所示。

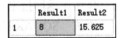

	Result1	Result2
1	8	15.625

图 A-7　例 4 的执行结果

6. ROUND

作用：返回一个舍入到指定的长度或精度的数值。

语法：ROUND(numeric_expression, length [,function])。

参数：

- numeric_expression：含义同 Ceiling 函数。
- length：numeric_expression 的舍入精度。length 必须是 tinyint、smallint 或 int 类型的表达式。如果 length 为正数，则将 numeric_expression 舍入到 length 指定的小数位数。如果 length 为负数，则将 numeric_expression 小数点左边部分舍入到 length 指定的长度。

	Random_Number
1	0.28769876521071

	Random_Number
1	0.100505471175005

	Random_Number
1	0.292787286982702

	Random_Number
1	0.868829058415689

图 A-8　例 5 的执行结果

- function：要执行的操作类型。function 必须为 tinyint、smallint 或 int。如果省略 function 或其值为 0（默认值），则将舍入 numeric_expression。如果指定了 0 以外的值，则将截断 numeric_expression。

返回类型：返回与 numeric_expression 相同的类型。

📊 **说明** ROUND 始终返回一个值。如果 length 为负数，并且大于小数点前的数字个数，则 ROUND 将返回 0。

例 6 ROUND(748.58, -4) 的返回结果为 "0.00"。

📊 **说明** 如果 length 为负数，则无论什么数据类型，ROUND 都将返回一个舍入的值。

例 7

ROUND(748.58, –1) 的返回结果为 "750.00"。

ROUND(748.58, –2) 的返回结果为 "700.00"。

7. SQRT

作用：返回指定浮点值的平方根。

语法：SQRT(float_expression)。

参数：float_expression 为 float 类型或能隐式转换为 float 类型的表达式。

返回类型：float。

例 8 计算 1.00 到 10.00 之间的数字的平方根。

```
DECLARE @myvalue float;
SET @myvalue = 1.00;
WHILE @myvalue < 10.00
    BEGIN
        SELECT SQRT(@myvalue);
        SET @myvalue = @myvalue + 1
    END;
```

8. SQUARE

作用：返回指定浮点值的平方。

语法：SQUARE(float_expression)。

参数：同 SQRT。

返回类型：float。

例 9 计算半径为 1、高为 5 的圆柱的体积。

```
DECLARE @h float, @r float;
SET @h = 5;
SET @r = 1;
SELECT PI() * SQUARE(@r) * @h AS 'Cyl Vol';
```

A.3 字符串函数

字符串函数用于对字符串进行操作，返回字符串或数字值。

1. LEFT

作用：返回从字符串左边开始指定个数的字符串。

语法：LEFT(character_expression, integer_expression)。

参数：

- character_expression：字符或二进制数据表达式，可以是常量、变量或列。
- integer_expression：正整数，指定 character_expression 将返回的字符数。如果 integer_expression 为负，则将返回错误。
- 返回类型：
- 当 character_expression 为非 Unicode 字符类型时，返回 varchar。
- 当 character_expression 为 Unicode 字符类型时，返回 nvarchar。

例 1 返回字符串"abcdefg"最左边的两个字符。

```
SELECT LEFT('abcdefg', 2)
```

执行结果为"ab"。

例 2 对 Student 表，查询所有不同的姓氏（假设没有复姓）。

```
SELECT DISTINCT LEFT(Sname,1) AS 姓氏 FROM Student
```

执行结果如图 A-9 所示。

2. RIGHT

作用：返回字符串中从右边开始指定个数的字符串。

语法：RIGHT(character_expression, integer_expression)。

参数：各参数含义及返回类型同 LEFT。

例 3 返回字符串"abcdefg"最右边的两个字符。

图 A-9　例 2 的执行结果

```
SELECT RIGHT ('abcdefg', 2)
```

执行结果为"fg"。

3. LEN

作用：返回给定字符串中字符（而不是字节）的个数，其中不包含尾随空格。

语法：LEN(string_expression)。

返回类型：如果 string_expression 的类型为 varchar(max)、nvarchar(max) 或 varbinary(max)，则为 bigint；否则为 int。

例 4 返回字符串"数据库系统基础"的字符个数。

```
SELECT LEN(' 数据库系统基础 ')
```

结果为"7"。

例 5 对 Student 表，统计名字为两个汉字和 3 个汉字的学生人数。

```
SELECT LEN(Sname) AS 人名长度 , COUNT(*) AS 人数
  FROM Student WHERE LEN(Sname) IN (2,3)
  GROUP BY LEN(Sname)
```

执行结果如图 A-10 所示。

4. SUBSTRING

作用：返回字符串中的指定部分。

语法：SUBSTRING(value_expression, start_expression , length_expression)。

参数：

- value_expression：是 character、binary、text、ntext 或 image

图 A-10　例 5 的执行结果

表达式。

- start_expression：指定返回字符的起始位置的整数。如果 start_expression 小于 0，则生成错误并终止语句的执行。如果 start_expression 大于表达式中的字符数，将返回一个零长度的表达式。
- length_expression：指定要返回的 value_expression 的字符个数。如果 length_expression 小于 0，则生成错误并终止语句的执行。如果 start_expression 与 length_expression 的总和大于 value_expression 中的字符个数，则返回整个值表达式。

返回类型：如果 expression 是受支持的字符类型，则返回字符数据。如果 expression 是某个二进制类型，则返回二进制数据。返回的字符串类型与指定表达式的类型相同。

例 6 返回名字的第二个字是"小"或"大"的学生的姓名。

```
SELECT Sname FROM Student
WHERE SUBSTRING(Sname,2,1) IN ('小', '大')
```

执行结果如图 A-11 所示。

5. LTRIM

作用：删除字符串左边的起始空格。

语法：LTRIM(character_expression)。

返回类型：varchar 或 nvarchar。

	Sname
1	钱小平
2	王大力
3	张小红

图 A-11 例 6 的执行结果

6. RTRIM

作用：删除字符串右边的所有尾随空格。

语法：RTRIM(character_expression)。

返回类型：varchar 或 nvarchar。

例 7 查询姓"王"且名字是 3 个字的学生的姓名。

```
SELECT Sname FROM Student
  WHERE Sname LIKE '王%' AND LEN(RTRIM(Sname)) = 3
```

例 8 查询名字的最后一个字是"勇""平"或"力"的学生的姓名和所在系。

```
SELECT Sname, Dept FROM Student
  WHERE RIGHT(RTRIM(Sname), 1) IN ('勇','平','力')
```

执行结果如图 A-12 所示。

7. TRIM

作用：删除字符串开头和结尾的空格字符或其他指定字符。

语法：TRIM([charactersFROM] string)。

参数：

	Sname	Sdept
1	李勇	计算机系
2	钱小平	通信工程系
3	王大力	通信工程系

图 A-12 例 8 的执行结果

- Characters：包含应删除的字符的任何非 LOB 字符类型（nvarchar、varchar、nchar 或 char）的文本、变量或函数调用。不能使用 nvarchar(max) 和 varchar(max) 类型。
- String：应删除字符的任何字符类型（nvarchar、varchar、nchar 或 char）的表达式。

返回类型：返回一个字符串参数类型的字符表达式，且已从两侧删除空格字符或其他指定字符。如果输入字符串是 NULL，则返回 NULL。

例 9 删除字符串两侧的空格字符。

```
SELECT TRIM( '    test    ') AS Result;
```

返回结果为"test"

例 10   删除字符串两侧的指定字符。本示例删除"#"前"test"词后的尾随句点和空格。

```
SELECT TRIM( '.,! ' FROM '    #    test    .') AS Result;
```

返回结果为"#   test"。

8. REVERSE

作用：返回字符串表达式的逆向表达式。

语法：REVERSE(character_expression)。

返回类型：varchar 或 nvarchar。

例 11   返回字符串 'abcd' 的逆向字符串。

```
SELECT REVERSE('abcd')
```

执行结果为"'dcba'"。

9. SPACE

作用：返回由重复的空格组成的字符串。

语法：SPACE(integer_expression)。

参数：integer_expression 是指示空格个数的正整数。如果 integer_expression 为负，则返回空字符串。

返回类型：char。

例 12   剪裁学生姓氏，并用逗号、两个空格将学生姓氏和姓名串接起来。

```
SELECT Sname, LEFT(Sname,1) + ',' + SPACE(2)
          + RIGHT(RTRIM(Sname),LEN(RTRIM(Sname)) - 1)
FROM Student
ORDER BY Sname
```

执行结果如图 A-13 所示。

10. STR

作用：返回由数字数据转换而成的字符数据。

语法：STR(float_expression [, length[, decimal]])。

参数：

- float_expression：带小数点的近似数值（float）数据类型的表达式。

- length：总长度。包括小数点、符号位、数字以及空格。默认值为 10。

	Sname	(无列名)
1	李勇	李, 勇
2	刘晨	刘, 晨
3	钱小平	钱, 小平
4	王大力	王, 大力
5	王敏	王, 敏
6	吴宾	吴, 宾
7	张海	张, 海
8	张立	张, 立
9	张姗姗	张, 姗姗
10	张小红	张, 小红

图 A-13   例 12 的执行结果

- decimal：小数点后的位数。decimal 必须小于或等于 16。如果 decimal 大于 16，则会截断小数点 16 位之后的数字。

返回类型：char。

说明   如果为 STR 提供 length 和 decimal 参数值，则这些值应该是正数。在默认情况下或 Decimal 为 0 时，数字舍入为整数。指定的长度应大于或等于小数点前面的部分加上数字符号（如果有）的长度。短的 float_expression 在指定长度内右对齐，长的 float_expression 则截断为指定的小数位数。例如，STR（12, 10）输出的结果是 12，且在结果集内右对齐。而 STR（1223, 2）则将结果集截断为 **。可以嵌套字符串函数。

例 13　本示例将由 5 个数字和一个小数点组成的数字转换为有 6 个字符的字符串。数字的小数部分舍入为一个小数位。

```
SELECT STR(123.45, 6, 1);
```

执行结果为 "123.5"。

例 14　当表达式超出指定长度时，字符串为指定长度返回 **。

```
SELECT STR(123.45, 2, 2);
```

执行结果为 "**"。

例 15　带指定格式的字符数据。

```
SELECT STR (FLOOR (123.45), 8, 3) ;
```

执行结果为 "123.000"。

11. STUFF

作用：将一个字符串插入另一个字符串中。它在第一个字符串中从开始位置起删除指定长度的字符，然后将第二个字符串插入第一个字符串的开始位置。

语法：STUFF(character_expression1, start , length , character_expression2)。

参数：

- character_expression：字符数据表达式。
- Start ：一个整数值，指定删除和插入的开始位置。如果 start 或 length 为负，则返回空字符串。如果 start 比 character_expression1 长，则返回空字符串。
- Length ：一个整数值，指定要删除的字符数。如果 length 比 character_expression1 长，则最多删除到 character_expression1 中的最后一个字符。

返回类型：同 character_expression 类型。

例 16　在第一个字符串 'abcdef' 中删除从第 2 个位置（字符 b）开始的 3 个字符，然后在删除的起始位置插入第二个字符串，从而创建并返回一个新字符串。

```
SELECT STUFF('abcdef', 2, 3, 'ijklmn')
```

执行结果为 "aijklmnef"

12. CONCAT

作用：将若干个字符串连接成一个字符串。

语法：CONCAT(string_value1, string_value2[, string_valueN])。

参数：string_value 即要与其他字符串联接的字符串值。CONCAT 函数至少需要两个 string_value 字符串，并且最多不能超过 254 个。

返回类型：字符串。

例 17　连接若干个字符串。

```
SELECT CONCAT( 'Happy ', 'Birthday ', '11', '/', '25' )
```

执行结果为 "Happy Birthday 11/25"。

13. TRANSLATE

作用：用特定的字符串替换字符串中指定的字符串。

语法：TRANSLATE(inputString, characters, translations)。

参数：

- inputString：要搜索的字符串表达式。可以是任何字符数据类型（nvarchar、varchar、nchar、char）。
- characters：包含应替换字符的字符串表达式。
- translations：包含替换字符的字符串表达式。必须与 characters 的数据类型和长度相同。

返回类型：与 inputString 具有相同数据类型的字符表达式。

例 18　将字符串"abcdef"中的"abc"替换为"bcd"。

```
SELECT TRANSLATE('abcdef','abc','bcd') AS Translated
```

执行结果为"bcddef"。

例 19　将字符串中的方括号和大括号替换为圆括号。

```
SELECT TRANSLATE('2*[3+4]/{7-2}', '[]{}', '()()');
```

执行结果为"2*(3+4)/(7-2)"。

例 20　将 GeoJSON 点转换为 WKT 坐标。GeoJSON 格式可用于对各种地理数据结构进行编码。通过 TRANSLATE 函数，可以轻松地将 GeoJSON 点转换为 WKT 格式的坐标，反之亦然。下列语句中第一个 TRANSLATE 将字符串中的方括号替换为圆括号，第二个 TRANSLATE 将圆括号替换为方括号。

```
SELECT TRANSLATE('[137.4, 72.3]', '[,]', '( )') AS 点,
       TRANSLATE('(137.4 72.3)', '( )', '[,]') AS 坐标;
```

执行结果如图 A-14 所示。

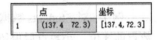

	点	坐标
1	(137.4 72.3)	[137.4, 72.3]

图 A-14　例 20 的执行结果

A.4　类型转换函数

类型转换函数是将某种数据类型的表达式显式地转换为另一种数据类型。SQL Server 2017 提供了两个类型转换函数：CAST 和 CONVERT，这两个函数功能相似。

语法：

CAST 函数的语法格式如下。

```
CAST ( expression AS data_type [ ( length ) ] )
```

CONVERT 函数的语法格式如下。

```
CONVERT ( data_type [ ( length ) ] , expression [ , style ] )
```

参数：

- expression：任何有效的表达式。
- data_type：目标数据类型。不能使用别名数据类型。
- length：指定目标数据类型长度的可选整数。默认值为 30。
- Style：指定 CONVERT 函数如何转换 expression 的整数表达式。如果 Style 为 NULL，则返回 NULL。该范围由 data_type 确定。

返回类型：返回转换为 data_type 的 expression。

说明　如果 expression 为 date 或 time 数据类型，则 style 可以为表 A-2 中的值之一。其他值作为 0 处理。SQL Server 使用科威特算法来支持阿拉伯样式的日期格式。

表 A-2　style 的主要取值

4 位数字年（yyyy）	标准	输入 / 输出①
100	默认	mon dd yyyy hh:miAM（或 PM）
101	美国	mm/dd/yyyy
102	ANSI	yy.mm.dd
103	英国 / 法国	dd/mm/yyyy
104	德国	dd.mm.yyyy
105	意大利	dd-mm-yyyy
106)	—	dd mon yyyy
107)	—	mon dd, yyyy
108		hh:mi:ss
109	默认设置＋毫秒	mon dd yyyy hh:mi:ss:mmmAM（或 PM）
110	美国	mm-dd-yyyy
111	日本	yyyy/mm/dd
112	ISO	yyyymmdd
13 或 113	欧洲默认设置＋毫秒	dd mon yyyy hh:mi:ss:mmm(24h)
114	—	hh:mi:ss:mmm(24h)
20 或 120	ODBC 规范	yyyy-mm-dd hh:mi:ss(24h)
21 或 121	ODBC 规范（带毫秒）	yyyy-mm-dd hh:mi:ss.mmm(24h)
126	ISO8601	yyyy-mm-ddhh:mi:ss.mmm（无空格）

①转换为 datetime 时输入；转换为字符数据时输出。

例 1　对 Students 数据库中的 SC 表计算每个学生的平均考试成绩，将平均成绩转换为小数点前 3 位，小数点后保留两位的定点小数。

```
SELECT Sno AS 学号,
  CAST(AVG(CAST(Grade AS real)) AS numeric(5,2)) AS 平均成绩
  FROM SC GROUP BY Sno
```

执行结果如图 A-15 所示。

	学号	平均成绩
1	0811101	80.50
2	0811102	88.67
3	0821102	78.00
4	0821103	65.00
5	0831101	65.00
6	0831102	NULL
7	0831103	71.50

图 A-15　例 1 的执行结果

注意　默认情况下，AVG 函数返回结果的类型与进行统计的列的数据类型相同，由于 Grade 是 int 型的，因此，若不进行类型转换，则 AVG 函数返回的结果就是整型的。

例 2　使用包含 LIKE 子句的 CAST。本例将 int 转换为 char(10)，以便用在 LIKE 子句中。查询成绩 90 ～ 99 分的学生姓名、所在系、课程名和成绩。

```
SELECT Sname,Dept,Cname,Grade
  FROM Student S JOIN SC ON S.Sno = SC.Sno
```

```
JOIN Course C ON C.Cno = SC.Cno
WHERE CAST(Grade AS char(10)) LIKE '9_'
```

执行结果如图 A-16 所示。

例 3 对日期和时间数据使用 CAST 和 CONVERT。本示例显示了系统当前日期和时间，并使用 CAST 函数将当前日期和时间改为字符数据类型，然后使用 CONVERT 以 ODBC 规范格式显示日期和时间。

	Sname	Dept	Cname	Grade
1	李勇	计算机系	高等数学	96
2	刘晨	计算机系	高等数学	92
3	刘晨	计算机系	大学英语	90

图 A-16　例 2 的执行结果

```
SELECT
    GETDATE() AS UnconvertedDateTime,
    CAST(GETDATE() AS nvarchar(30)) AS UsingCast,
    CONVERT(nvarchar(30), GETDATE(), 126) AS UsingConvertTo_ISO8601
```

执行结果如图 A-17 所示。

	UnconvertedDateTime	UsingCast	UsingConvertTo_ISO8601
1	2019-10-17 09:52:04.430	10 17 2019 9:52AM	2019-10-17T09:52:04.430

图 A-17　例 2 的执行结果

A.5　逻辑函数

1. CHOOSE

作用：从值列表返回指定索引处的项。

语法：CHOOSE(index, val_1, val_2[, val_n])。

参数：

- index：一个整数表达式，表示其后的项列表从 1 开始的索引。如果提供的索引值是 int 之外的数值数据类型，则将其值隐式地转换为整数。如果索引值超出了列表中值的个数，则 CHOOSE 返回 Null。
- val_1…val_n：任何数据类型的逗号分隔的值列表。

返回类型：从传递到函数的类型集中返回优先级最高的数据类型。

例 1 从所提供的值列表中返回第三项。

```
SELECT CHOOSE( 3,'Manager','Director','Developer','Tester' );
```

执行返回结果为 "Developer"。

例 2 查询学生姓名、出生日期和出生的季节，季节按 "春""夏""秋""冬"显示。

```
SELECT sname AS 姓名 , Birthdate AS 出生日期 ,
    CHOOSE(MONTH(Birthdate),'冬','冬', '春','春','春','夏',
        '夏','夏','秋','秋','秋','冬') AS 出生季节
FROM student
ORDER BY YEAR(Birthdate);
```

执行结果如图 A-18 所示。

2. IIF

作用：根据布尔表达式计算为 true 还是 false，返回其中一个值。

语法：IIF(boolean_expression, true_value, false_value)。

参数：

- boolean_expression：一个有效的布尔表达式。如果此参数不是布尔表达式，则引发一个语法错误。
- true_value：boolean_expression 计算结果为 true 时要

	姓名	出生日期	出生季节
1	李勇	1990-05-06	春
2	王敏	1990-03-18	春
3	张立	1990-10-12	秋
4	钱小平	1990-11-09	秋
5	王大力	1990-05-06	春
6	张姗姗	1991-02-26	冬
7	吴宾	1991-03-20	春
8	张海	1991-06-03	夏
9	刘晨	1991-08-08	夏
10	张小红	1992-01-10	冬

图 A-18　例 2 的执行结果

　　返回的值。

- false_value：boolean_expression 计算结果为 false 时要返回的值。

返回类型：从 true_value 和 false_value 的类型中返回优先级最高的数据类型。

　　IIF 是一种用于编写 CASE 表达式的快速方法。它将传递的布尔表达式计算为第一个参数，然后根据计算结果返回其他两个参数之一。即如果布尔表达式为 true，则返回 true_value；如果布尔表达式为 false 或未知，则返回 false_value。true_value 和 false_value 可以是任何类型。

例 3　简单示例。

```
DECLARE @a int = 45, @b int = 40;
SELECT IIF ( @a > @b, 'TRUE', 'FALSE' ) AS Result;
```

执行此语句将返回结果"TRUE"。

例 4　带 NULL 常量的 IIF。

```
SELECT IIF ( 45 > 30, NULL, NULL ) AS Result;
```

此语句将返回如下错误：

```
消息 8133, 级别 16, 状态 1, 第 1 行
CASE 说明中至少有一个结果表达式必须为 NULL 常量之外的表达式。
```

例 5　带 NULL 参数的 IIF。

```
DECLARE @P INT = NULL, @S INT = NULL;
SELECT IIF ( 45 > 30, @p, @s ) AS Result;
```

执行此语句将返回结果"NULL"。

A.6　元数据函数

1. COL_LENGTH

作用：返回指定列的长度（以字节为单位）。

语法：COL_LENGTH('table' ,'column')。

参数：

- table：要确定列长度的列所在的表名。table 是 nvarchar 类型的表达式。
- column：要确定列长度的列名。column 是 nvarchar 类型的表达式。

返回类型：smallint。

例 1　查看 Student 表中 Sname 列和 Dept 列的长度。

```
SELECT COL_LENGTH('Student','Sname')AS 'Sname_Len',
       COL_LENGTH('Student','Dept')AS 'Dept_Len';
```

执行结果如图 A-19 所示。

2. COL_NAME

作用：根据表的标识号和列的序号值返回该列的名称。

语法：COL_NAME(table_id, column_id)。

参数：

- table_id：包含该列的表的标识号。
- column_id：列的序号。

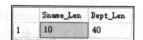

	Sname_Len	Dept_Len
1	10	40

图 A-19　例 1 的执行结果

返回类型：sysname。

例2 查看 Student 表的第一列和第二列的列名。

```sql
SELECT COL_NAME(OBJECT_ID('dbo.Student'), 1) AS FirstColumnName,
       COL_NAME(OBJECT_ID('dbo.Student'), 2) AS SecondColumnName;
```

执行结果如图 A-20 所示。

	FirstColumnName	SecondColumnName
1	Sno	Sname

图 A-20 例 2 的执行结果

A.7 其他函数

1. COALESCE

作用：返回参数中的第一个非空表达式。

语法：COALESCE(expression[,...n])。

参数：expression 为任何类型的表达式。

返回类型：返回数据类型优先级最高的 expression 的数据类型。

说明 如果所有参数均为 NULL，则 COALESCE 返回 NULL。

例1 本示例首先创建 wages 表，该表包含 3 个有关雇员工资信息的列：hourly wage（小时工资）、salary（月工资）和 commission（佣金）。每个雇员只能接受一种支付方式。使用 COALESCE 函数查询每个雇员的月度收入总额。

（1）创建表

```sql
CREATE TABLE wages(
    emp_id        tinyint    identity,   -- 雇员 ID
    hourly_wage   decimal    NULL,       -- 小时工资
    salary        decimal    NULL,       -- 月工资
    commission    decimal    NULL,       -- 佣金
    num_sales     tinyint    NULL );     -- 销售数量
```

（2）插入数据

```sql
INSERT wages VALUES(10.00, NULL, NULL, NULL);
INSERT wages VALUES(20.00, NULL, NULL, NULL);
INSERT wages VALUES(30.00, NULL, NULL, NULL);
INSERT wages VALUES(40.00, NULL, NULL, NULL);
INSERT wages VALUES(NULL, 2000.00, NULL, NULL);
INSERT wages VALUES(NULL, 3000.00, NULL, NULL);
INSERT wages VALUES(NULL, 4000.00, NULL, NULL);
INSERT wages VALUES(NULL, 5000.00, NULL, NULL);
INSERT wages VALUES(NULL, NULL, 1500, 3);
INSERT wages VALUES(NULL, NULL, 2500, 2);
INSERT wages VALUES(NULL, NULL, 2000, 6);
INSERT wages VALUES(NULL, NULL, 1400, 4);
```

（3）查询雇员 ID、月收入。

```sql
SELECT emp_id,
       COALESCE(hourly_wage * 40 * 4,
                Salary,
                commission * num_sales)
AS 'Total Salary'
FROM wages;
```

	emp_id	Total Salary
1	1	1600.00
2	2	3200.00
3	3	4800.00
4	4	6400.00
5	5	2000.00
6	6	3000.00
7	7	4000.00
8	8	5000.00
9	9	4500.00
10	10	5000.00
11	11	12000.00
12	12	5600.00

执行结果如图 A-21 所示。

图 A-21 例 1 的执行结果

COALESCE 函数的作用与下列形式的 CASE 表达式等效：

```
CASE
    WHEN (expression1 IS NOT NULL) THEN expression1
    ...
    WHEN (expressionN IS NOT NULL) THEN expressionN
    ELSE NULL
END
```

因此，该查询也可写为：

```
SELECT emp_id, CASE
        WHEN hourly_wage IS NOT NULL THEN hourly_wage * 40 * 4
        WHEN Salary IS NOT NULL THEN Salary
        WHEN commission IS NOT NULL THEN commission * num_sales
        END AS 'Total Salary'
FROM wages;
```

2. ISNULL

作用：使用指定的值替换 NULL。

语法：ISNULL(check_expression, replacement_value)。

参数：

- check_expression：被检查是否为 NULL 的表达式。check_expression 可以为任何类型。
- replacement_value：当 check_expression 为 NULL 时要返回的表达式。replacement_value 必须是可以隐式地转换为 check_expression 类型的类型。

返回类型：返回与 check_expression 相同的类型。

 说明　如果 check_expression 不为 NULL，则返回它的值；否则，在将 replacement_value 隐式地转换为 check_expression 的类型（如果这两个类型不同）后，返回前者。

例 2　统计每门课程的平均成绩，如果平均成绩是 NULL（未考）则显示 0。

```
SELECT Cno AS 课程号 ,(ISNULL(AVG(Grade), 0)) AS 平均成绩
    FROM SC
    GROUP BY Cnoo
```

执行结果如图 A-22 所示。

3. ISNUMERIC

作用：确定表达式是否为有效的数值类型。

语法：ISNUMERIC(expression)。

返回类型：int。

	课程号	平均成绩
1	C001	72
2	C002	85
3	C003	84
4	C004	81
5	C005	66
6	C007	0

图 A-22　例 2 的执行结果

说明　当 expression 的计算结果为有效的 numeric 数据类型时，ISNUMERIC 返回 1；否则返回 0。有效的 numeric 数据类型包括整型、定点小数类型、浮点类型和货币类型。

例 3　查询 Student 表中所有非数值的学号。

```
SELECT Dept, Sno, Sname FROM Student
    WHERE ISNUMERIC(Sno)<> 1
```

4. NULLIF

作用：如果两个指定的表达式相等，则返回空值。

语法：NULLIF(expression1, expression2)。

返回类型：与 expression1 相同。

说明　如果两个表达式不相等，则 NULLIF 返回 expression1 的值。如果表达式相等，则返回一个空值。

例如：语句 SELECT NULLIF（4，4）AS Same 将返回 NULL，因为两个值相同。

语句 SELECT NULLIF（5，7）AS Different 将返回 5，因为两个值不相等，所以返回第一个值（5）。

例 4　本示例创建一个 budgets 表，该表包含部门（dept）、部门的当年预算（current_year）以及上一年预算（previous_year）。对于当年预算值与上一年预算值相同的部门，其当年预算列值为 NULL，对于当年预算还没有确定的部门，其当年预算列的值为 0。现要求只计算那些接收预算的部门的预算平均值，并包含上一年的预算值（当 current_year 为 NULL 时，使用 previous_year 的值）。

（1）创建 budgets 表

```
CREATE TABLE budgets(
    dept           tinyint   IDENTITY,
    current_year   decimal   NULL,
    previous_year  decimal   NULL );
```

GO

（2）插入数据

```
INSERT budgets VALUES(100000, 150000);
INSERT budgets VALUES(NULL, 300000);
INSERT budgets VALUES(0, 100000);
INSERT budgets VALUES(NULL, 150000);
INSERT budgets VALUES(300000, 250000);
GO
```

（3）查询数据

```
SELECT AVG(NULLIF(COALESCE(current_year,
    previous_year), 0.00)) AS 'Average Budget'
FROM budgets;
```

执行结果如图 A-23 所示。

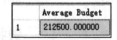

图 A-23　例 4 的执行结果

推荐阅读

计算机系统导论

作者：袁春风,余子濠 编著
ISBN：978-7-111-73093-4 定价：79.00元

计算机算法基础 第2版

作者：[美] 沈孝钧 著
ISBN：978-7-111-74659-1 定价：79.00元

操作系统设计与实现：基于LoongArch架构

作者：周庆国 杨虎斌 刘刚 陈玉聪 张福新 著
ISBN：978-7-111-74668-3 定价：59.00元

计算机网络 第3版

作者：蔡开裕 陈颖文 蔡志平 周寰 编著
ISBN：978-7-111-74992-9 定价：79.00元

数据库技术及应用

作者：林育蓓 汤德佑 汤娜 编著
ISBN：978-7-111-75254-7 定价：79.00元

数据库原理与应用教程 第5版

作者：何玉洁 编著
ISBN：978-7-111-73349-2 定价：69.00元

推荐阅读

新编计算机科学概论（第2版）

作者：蔡敏 刘艺 吴英 等编著
ISBN：978-7-111-71816-1 定价：69.00元

数据结构：抽象建模、实现与应用

作者：孙涵 黄元元 高航 秦小麟 编著
ISBN：978-7-111-64820-8 定价：49.00元

算法设计与分析（第2版）

作者：黄宇 编著 ISBN：978-7-111-65723-1 定价：59.00元

Linux系统应用与开发教程（第4版）

作者：刘海燕 荆涛 主编 王子强 武卉明 杨健康 周睿 编著
ISBN：978-7-111-65536-7 定价：69.00元

软件需求工程

作者：梁正平 毋国庆 袁梦霆 李勇华 编著
ISBN：978-7-111-66947-0 定价：59.00元

编译方法导论

作者：史涯晴 贺汛 编著
ISBN：978-7-111-67421-4 定价：59.00元

推荐阅读

从问题到程序：C/C++程序设计基础

作者：裘宗燕 李安邦 编著
ISBN：978-7-111-72426-1 定价：69.00元

程序设计教程：用C++语言编程（第4版）

作者：陈家骏 郑滔 编著
ISBN：978-7-111-71697-6 定价：69.00元

程序设计实践教程：Python语言版

作者：苏小红 孙承杰 李东 等编著
ISBN：978-7-111-69654-4 定价：59.00元

数据结构与算法：Python语言描述（第2版）

作者：裘宗燕 编著
ISBN：978-7-111-69425-0 定价：79.00元

网络工程设计教程：系统集成方法（第4版）

作者：陈鸣 李兵 雷磊 编著
ISBN：978-7-111-69479-3 定价：79.00元

智能图像处理：Python和OpenCV实现

作者：赵云龙 葛广英 编著
ISBN：978-7-111-69403-8 定价：79.00元